高压电工实用技能全书

秦钟全　主编

化学工业出版社
·北京·

图书在版编目（CIP）数据

高压电工实用技能全书 / 秦钟全主编. —北京：化学工业出版社，2019.2（2023.5重印）
ISBN 978-7-122-33303-2

Ⅰ. ①高…　Ⅱ. ①秦…　Ⅲ. ①高电压 - 电工技术　Ⅳ. ① TM8

中国版本图书馆 CIP 数据核字（2018）第 259561 号

责任编辑：卢小林　　文字编辑：孙凤英
责任校对：王素芹　　装帧设计：王晓宇

出版发行：化学工业出版社（北京市东城区青年湖南街13号　邮政编码100011）
印　　装：大厂聚鑫印刷有限责任公司
787mm×1092mm　1/16　印张18　字数482千字　2023年5月北京第1版第7次印刷

购书咨询：010-64518888　　售后服务：010-64518899
网　　址：http://www.cip.com.cn
凡购买本书，如有缺损质量问题，本社销售中心负责调换。

定　　价：68.00元

前　言

PREFACE

随着经济建设的蓬勃发展，从事高压作业的电工人员需求也在迅速增加，为了满足广大高压运行管理从业人员的需要，我们编写了这本《高压电工实用技能全书》。

全书以实际工作中需要解决的问题为主线，结合高压电工操作技能要求以图文并茂的形式，详细讲解了从事高压运行工作的必备知识和工作内容，例如，针对初学人员对二次回路不易完全理解的问题，书中收集了高压常用的各种二次回路，做了详细介绍和电路运行描绘；书中的图片详细地介绍了 10kV 系统常用的高压电器，会使学员对高压设备的认识更加直观。

本书是针对高压电工从入门到精通的一站式图书，作为一本强调实用性的电工读物，全书立足于求新、求精和手把手。

求新：以图文并茂的形式一看就懂。

求精：对高压电工工作进行提炼，选出最迫切、最实用的奉献给学员。

手把手：力求通俗易懂，步步引导，使学员快速掌握。

本书结合高压电工考核培训教材，能有效地提高高压上岗电工的技术水平。

本书在编写及修改的过程中，得到了邢秋田、陈政红 、李宝兰、刘静 、肖艳英、吴立起、郭佳玲、贾凡 、梁建松、刘欣玫 、王敏芳、白秀丽、张学信、李红、张鹏、白璇、梁冰、韩冰、王林、李聚生、蒋国栋、张书栋、赵亚君、崔克俭、马福乐、董遇友、李屹、秦钟庆、秦钟禹、崔奕、王淑霞、李泉水、马建辉 、王维初 、白雪飞、史云花、殷美艳等老师的帮助，在此表示由衷感谢。

由于知识有限，书中难免有不足之处，敬请专业人员和读者批评指正。

编　者

目 录
CONTENTS

第六章　高压电器的操作与巡视　/ 66

第七章　高压电器的绝缘检查　/ 119

第一章

高压电工的特点

一、高压电工与低压电工的区别

高压电工与低压电工有很大的区别，低压电工是针对我们日常使用的各种电气的安装、维护工作，工作时可以接触到电气元件，在工作时需要有良好的操作技能，如钳工知识、导线的连接工艺、电路原理的分析、电气元件的正确选择、安装调试、仪器仪表的正确使用等。而且低压电工维护检修时所面对的往往是一个电气部件或小范围的用电设备，设备检修停电所造成的影响很小。

而高压电工主要的工作对象是变配电所（室）的高压设备、监视设备运行、倒闸操作、定期维护保养、设备安装、设备检修、设备施工、设备调试及绝缘工器具保管等。需要直接动手连接的技能工作较少，又由于高压电工不可能向低压电工那样可以接触到运行的电气设备，必须通过开关柜上的仪器仪表的指示监视系统运行状况，并能根据仪器仪表的异常指示准确地分析判断故障性质，这就要求高压电工必须有良好的系统分析能力，当系统出现异常时能够迅速作出正确的判断和采取正确的处理办法，如变压器电流的正确判断、故障信号的处理和重要设备的维护检修安排等。

高压电工的工作对象看似是一个高压电器，实际是对一个用电系统的操作和监视，如果出现故障影响的是一个用电系统，而不是一个用电器，这就要求高压电工必须严格遵守安全操作规程和操作顺序，防止造成人身触电或单位及区域停电事故，这就是高压电工与低压电工最大的区别。

二、高压电工需要的条件

由于高压电工的安全操作要求很高，这就要求操作者应有良好的电工基础知识，应当先学习好低压电工知识，并从事一段时间的低压电工工作，对电器工作运行有所了解后，再学高压电工，安全生产管理规定只有在取得了低压电工操作证后，才可以考取高压电工操作证。

三、高压电工应该掌握的知识内容

高压电工需要掌握的知识主要有变压器巡视与维护、仪用互感器的作用与维护、高压电器的巡视与维护、高压电器的操动机构原理、继电保护种类与作用、高压线路和电缆的维护、变配电室的安全管理、配电室直流系统的维护、变配电系统的倒闸操作等。与低压电工不同，高压电工更多的是要全面地了解高压设备的特征和运行维护要求，以及运行中的各种异常现象的分析处理，例如利用电流表指示分析变压器和系统的运行状态、利用温度监视变压器是否有异常情况、利用电压表监视高压对地绝缘以及电压互感器熔丝是否熔断等情况，尤其是对工作命令票的理解和执行要正确无误，并能够工作命令正确填写系统倒闸操作票，并正确完成倒闸操作任务。

四、高压电工必须掌握的安全操作规程

由于高压电工在工作时操作的系统电压很高，因此除必须要保证电气安全操作距离外，还要严格遵守操作顺序、严格执行安全技术措施和组织措施，并严格落实安全制度，不然的话，所产生的后果是很严重的。这一点可以从电工基础中的欧姆定律中得到一个简单的答案，电工都知道电流 = 电压 ÷ 电阻，当电阻不变时电压越高电流就越大，电流越大所产生的破坏力也就越大。

五、我国高压与低压的划分

① 采用对地电压划分：根据我国的有关规定对地电压在 250V 以上的为高压，在日常生活工作的电气设备的额定电压为 380V/220V，对地电压都在 250V 以下，我们称为低压电器。高压电器是对地电压 250V 以上的电气设备，主要有变配电设施。对地电压系指带电设备带电部分（或非正常带电的金属部位）与大地零电位之间的电位差。图 1-1 为对地电压的表现。

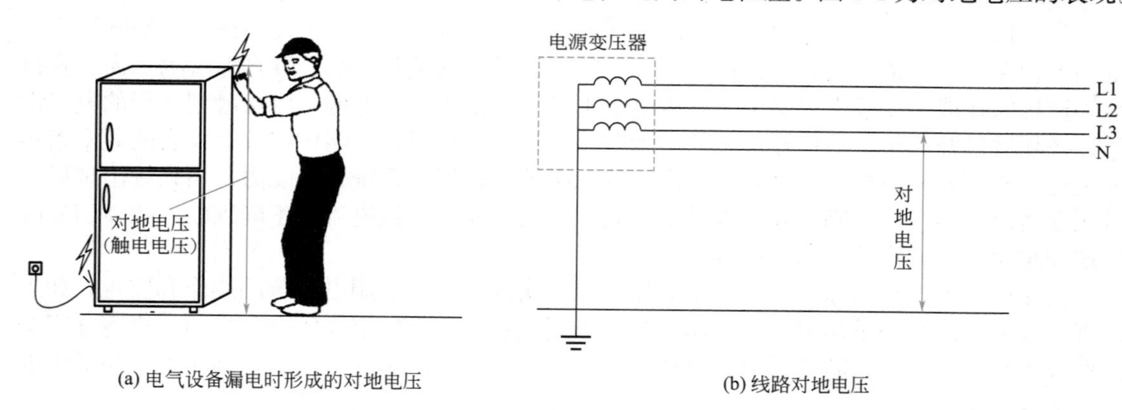

(a) 电气设备漏电时形成的对地电压

(b) 线路对地电压

图 1-1　对地电压的表现

② 采用设备额定电压划分标准：规定凡设备额定电压超过 1kV 的为高压；在 1kV 以下的为低压。

第二章

电力系统知识

一、电力系统主要包括的设备

电力系统是由发电、变电、输电、配电和用电五个环节组成的电能生产与消费系统。它的功能是将自然界的一次能源通过发电动力装置（主要包括锅炉、汽轮机、发电机及电厂辅助生产系统等）转化成电能，再经输、变电系统及配电系统将电能供应到各负荷中心，通过各种设备再转换成动力、热、光等不同形式的能量，为地区经济和人民生活服务。

电源地与负荷中心多数处于不同地区，电能也无法大量储存，而且生产、输送、分配和消费都在同一时间内完成，并在同一地域内有机地组成一个整体，电能生产必须时刻保持与消费平衡。因此，电能的集中开发与分散使用，以及电能的连续供应与负荷的随机变化，就制约了电力系统的结构和运行。所以电力系统要实现其整体功能，就需在各个环节和不同层次设置相应的信息和控制系统，以便对电能的生产和输运过程进行测量、调节、控制、保护、通信和调度，确保用户获得安全、经济、优质的电能。图 2-1 表示的是电力系统的各个环节。

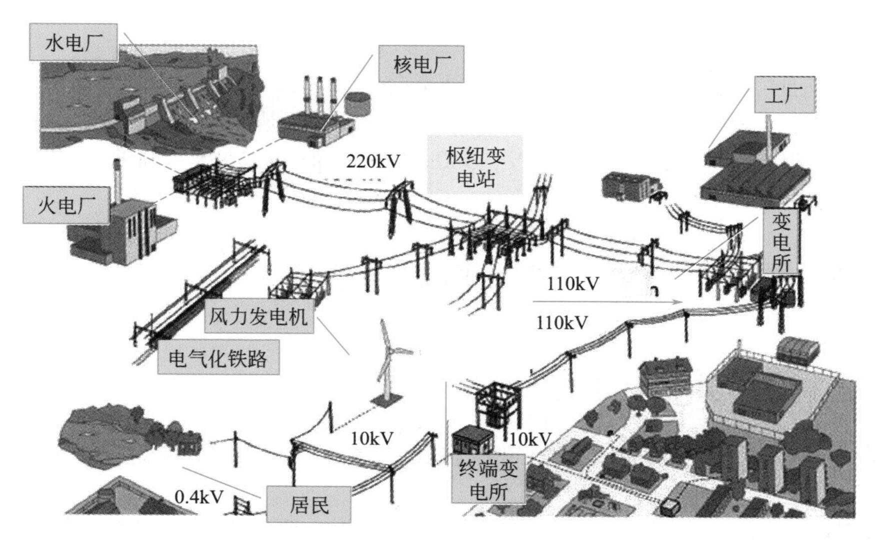

图 2-1　电力系统环节

属于供电部门的产权范围内的设施都可以叫电力设施，比如：高压铁塔、10kV 线路、电杆、变压器、总路漏保等。

电力设备包括：断路器、隔离开关、电流互感器、电压互感器、避雷器、母线、线路塔杆、输电电缆、电抗器、电容器、各种变压器、高低压配电柜。

电力设备的分类如下：

① 根据电力系统中的先后顺序可分为发电设备、变电设备、输电设备和用电设备；

② 根据电力系统中的主要作用可分为一次设备、二次设备；

③ 根据重要程度可以分为核心设备、辅助设备；

④ 根据价格高低可以分为大型贵重设备、普通设备。

二、电力网的构成

电力网是电力系统的一部分。它是所有的变、配电所的电气设备以及各种不同电压等级的输电网和配电网组成的统一整体。它的作用是将电能转送和分配给各用电单位。

为了管理和计算方便，通常将电力网分为地方电网和区域电网。电压在 110kV 及以上、供电范围较广、输送功率较大的电力网，称为区域电力网。

电压在 110kV 以下、供电距离较短、输电功率较小的电力网，称为地方电力网。电压在 6 ～ 10kV 的配电网，称为中压配电网。城市电网中 35kV 的配电网亦称为中压配电网。电压为 380V/220V 的配电网，称为低压配电网。

根据电力网的结构形式，又分为开式电力网和闭式电力网。凡用户只能从单方向得到电能的电力网，称为开式电力网；凡用户至少可以从两个或更多方向同时得到电能的电力网，称为闭式电力网。

根据电压等级的高低，电力网还可分为低压、高压、超高压几种。通常把 1kV 以下的电力网称为低压电力网，1 ～ 220kV 的电力网称为高压电力网，330kV 及以上的电力网称为超高压电力网。

三、电力系统输、配电的电压等级

电力系统电压等级分为输电网和配电网两部分。

（1）电力输电网电压　根据《城市电力网规定设计规则》规定输电网电压分为：特高压（1000kV、750kV）、超高压（500kV、330kV）、高压（220kV、110kV）。

（2）电力配电网电压

① 高压配电网电压：110kV、66kV；

② 中压配电网电压：20kV、10kV、6kV；

③ 低压配电网电压：0.4kV（380V/220V）。

四、我国交流电压的等级

为实现电气设备的生产和标准化，我国在 20 世纪 80 年代初就发布了额定电压的统一等级，共分三类。

第一类额定电压为在 100V 以下的电压，这类电压主要用于安全照明、蓄电池、直流操作电源，三相 36V 电压只作为潮湿场所和房屋的局部照明负荷之用，具体有：

① 单相交流电压 12V、36V；
② 三相交流电压 36V；
③ 直流电压 6V、12V、24V、36V、48V。
第二类额定电压为大于 100V 小于 1000V 的电压，主要用于动力及照明设备，具体有：
① 三相交流线电压 220V、380V、400V；
② 单相交流电压 127V、220V；
③ 直流电压 110V、220V、440V。
第三类额定电压是 1kV 以上的电压，主要用于发电机、输配电线路、变压器、高压电动机等，具体有：
① 交流发电机电压 3.15V、6.3V、10.5V、15.75kV；
② 输配电线路及配电设备 10kV、35kV、110kV、220kV、330kV、500kV、750kV，未来 1000kV 全国电网，已经在规划中。

一般将 35 ～ 220kV 的电压等级称为 HV（高压），330 ～ 1000kV 的电压称为 EHV（超高压），1000kV 及以上的电压称为 UHV（特高压）。

五、电力系统中发电、供电及用户之间的关系

电能生产的特点是产、供、销同时发生、同时完成，既不能中断又不能储存。电力系统是一个由发、供、用三者联合组成的一个整体。其中任何一个环节配合不好，都不能保证电力系统的安全、经济运行。电力系统中，发、供、用之间始终是保持平衡的。因此，发电厂需要按照电力系统的负荷需要制订它的生产计划。

如果电力系统中发电厂发出的有功功率不足，就会使得电力系统的频率降低，不能保持额定 50Hz 的频率，造成供电质量低劣，影响用户的正常生产用电。

如果电力系统中发出的无功功率不足，就会使得电网的电压降低，不能保持额定电压。

如果电网的电压和频率继续降低，反过来又会使系统中发电厂的出力降低，严重时，还会造成整个电力系统崩溃、瓦解。此外。用户的变、配电所都是与电力系统相连接的，无论哪一个环节发生事故，不但对发生事故的单位造成严重的损失，而且影响更多的用户正常用电。

电力系统运行的经济、合理性，除取决于正确调度本系统的运行方式外，还取决于用户用电的合理性。如果用户都能够做到无功功率大体上就地平衡，即用户本身的功率因数很高，基本上不需要电网供给无功负荷，那么，就会降低网络中的功率损耗，提高电网运行的经济性。因此，电力系统中发、供、用之间是一个密切不可分割的整体。所以，为了保证电力系统的经济运行，备用电单位也必须做好电气设备的运行管理工作。

六、电力负荷的种类与功率

对发电、供电及用电而言，关于负荷有不同的概念。
① 发电负荷：电厂的发电机向电网提供的电力。
② 供电负荷：发电负荷扣除厂用电的厂变损耗、线路损耗后的负荷。
③ 线损负荷：电力网在电力的输送和分配过程中的各种损耗的总和。
④ 用电负荷：用户实际使用的负荷。
负荷的计算就是功率的计算。关于功率的计算有以下三个。

（1）有功功率：指的是有功负荷，又称作电力，单位为kW。有功功率又叫平均功率。交流电的瞬时功率不是一个恒定值，功率在一个周期内的平均值叫做有功功率，有功功率是保持用电设备正常运行所需的电功率，也就是将电能转换为其他形式能量（机械能、光能、热能）的电功率。有功功率的符号用 P 表示，单位有瓦（W）、千瓦（kW）、兆瓦（MW）。

有功功率　$P=UI\cos\varphi$

（2）无功功率：无功功率绝不是无用功率，它的用处很大。电动机需要建立和维持旋转磁场，使转子转动，从而带动机械运动，电动机的转子磁场就是靠从电源取得无功功率建立的。变压器也同样需要无功功率，才能使变压器的一次线圈产生磁场，在二次线圈感应出电压。因此，没有无功功率，电动机就不会转动，变压器也不能变压，交流接触器不会吸合。

无功功率比较抽象，它是用于电路内电场与磁场的交换，并用来在电气设备中建立和维持磁场的电功率。它不对外做功，而是转变为其他形式的能量。凡是有电磁线圈的电气设备，要建立磁场，就要消耗无功功率。

由于它不对外做功，才被称为“无功”。无功功率的符号用 Q 表示，单位为乏（var）或千乏（kvar）。

无功功率　$Q=UI\sin\varphi$

（3）视在功率：交流电源所能提供的总功率，称为视在功率或表现功率，在数值上是交流电路中电压与电流的乘积。视在功率用 S 表示。单位为伏·安（V·A）或千伏·安（kV·A）。

视在功率既不等于有功功率，又不等于无功功率，但它既包括有功功率，又包括无功功率。能否使视在功率100kV·A的变压器输出100kW的有功功率，主要取决于负载的功率因数 φ。

视在功率　$S=UI$

七、电力负荷的分类

我国根据用电单位对电力需求的重要性，将负荷分为三级（GB 50052—2013）。

（1）一级负荷：具有下列情况之一者为一级负荷。

① 中断供电将造成人身伤亡者；

② 中断供电将造成重大政治影响者；

③ 中断供电将造成重大经济损失者；

④ 中断供电将造成公共场所秩序严重混乱者。

（2）二级负荷：具有下列情况之一者为二级负荷。

① 中断供电将造成较大政治影响者；

② 中断供电将造成较大经济损失者；

③ 中断供电将造成公共场所秩序混乱者。

（3）三级负荷：凡不属于一级和二级负荷者。

根据GB 50052—2013民用建筑中重要负荷为一级负荷的主要如下：

建筑物名称	电力负荷名称
重要办公建筑	客梯电力、主要办公室、会议室、总值班室、档案室及主要通道照明
一、二级旅馆	经营用计算机系统电源、人员集中的宴会厅、会议厅、餐厅、主要通道等

续表

建筑物名称	电力负荷名称
科研院所和高等学校	重要实验室
地市级以上气象台	气象雷达、电报及传真、卫星接收机、机房照明和主要业务计算机电源
计算机中心	主要业务用的计算机系统电源
大型博物馆、展览馆	防盗信号、珍贵展品的照明
甲等剧场	舞台照明、舞台机械电力、广播系统、转播新闻摄影照明
重要图书馆	计算机检索系统
市级以上体育馆	电子计分系统、比赛场地、主席台、广播
县级以上医院	诊室、手术室、血库等救护科室用电
银行	计算机系统电源、防盗信号电源
大型百货商店	计算机系统电源、营业厅照明
广播电台、电视台	广播机房电源、计算机电源
火车站	站台、天桥、地下通道
飞机场	航管设备设施、安检设备、候机楼、站坪照明、油库、航班预报系统
水运客运站	通信枢纽、导航设备、收发讯台
电话局、卫星地面站	设备机房电力
监狱	警卫照明

根据 JGJ/T 16—2008 民用建筑中重要负荷为二级负荷的主要如下：

建筑物名称	电力负荷名称
高层住宅	客梯电力、生活水泵电力、主要通道照明
一、二级旅馆	普通客房照明
地市级以上气象台	客梯电力
计算机中心	客梯电源
大型博物馆、展览馆	展览照明
重要图书馆	辅助用电
县级以上医院	客梯照明
银行	营业厅、门厅照明
大型百货商店	扶梯、客梯电力
广播电台、电视台	客梯、楼道照明
水运客运站	港口作业区
电话局、卫星地面站	客梯、楼道照明
冷库	冷库内的设施

八、供电质量要求

供电电能是有质量指标的，主要有电压、频率、波形和三相电压的对称性及可靠性。其中前三项指标为技术性的，后一项是运行调度指标。

1. 供电电压的允许偏差（GB/T 12325—2008）

① 35kV 及以上供电电压正、负偏差的绝对值之和不超过标称系统电压的 10%。

② 10 kV 及以下三相供电电压允许偏差为标称系统电压的 ±10%。

③ 220V 单相供电电压允许偏差为标称系统电压的 +7%、-10%。

④ 对供电电压允许偏差有特殊要求的用户，由供用电双方协议确定。

2. 频率指标

我国规定供电系统的频率标称值为 50Hz；运行中允许偏差的绝对值应不大于下述要求。

① 电力网容量在 3000MW 及以上者：±0.2Hz。

② 电力网容量在 3000MW 以下者：±0.5Hz。

3. 波形及三相电压对称性

电力网上的工频电压应是准确的正弦波形；三相电压应相等并且相位上互差 120°。如果电压波形不是正弦波形，我们称作波形失真或叫作波形畸变。

九、变配电所在电力系统中的作用

变电所在电力系统中的作用主要是将发电机输出的电压转换为用户使用的电压等级，分配输送给用户使用。一般有升压型和降压型变电所，其主要设备一般包括变压器、开关柜、无功补偿电容器柜、交直流屏等，变压器的作用就是按用户要求将电压转换，开关柜的作用是控制电路的通断，无功补偿电容器柜的作用就是改善电路的功率因数，提高用电效率，交直流屏的作用是为整个变电所提供交直流电源或控制电源。

十、用电单位常用变配电所的类型

（1）室外变电所：是指变压器、断路器等主要电气设备均安装于室外，而仪表、继电保护装置、直流电源以及部分低压配电装置都装于室内或箱内的变电所。这种变电所的特点是占地面积大，但建筑面积小，土建费用低，受环境污染的影响比较严重，对于化工行业、建材行业等周围有空气污染的地区不宜采用。目前较高电压等级的变电所大多为室外变电所。

（2）室内变电所：是指高、低压主要电气设备均装于室内，采用的变压器、断路器等电器均安装于室内的变电所。这种变电所的特点是采用室内型设备，占用空间较小，并且可以立体布置，占地面积小，但是建筑费用高，一般适用于市内居民密集的地区和位于海岸、盐湖等污秽严重的工业区以及周围空气污染的地区。室内式变电所的电压一般不超过 110kV。

（3）地下变电所：变电所的电气设备基本都置于地下建筑中。它适用于建筑物密布、人口很密集的地区。地下式变电所，大多数采用六氟化硫全封闭组合电器、干式变压器以及以六氟化硫和真空为介质的断路器等，因此造价很高。

（4）移动式变电所：多为临时向重要用电单位或施工单位供电时采用。设备均安装于列车或汽车上，一般容量不大，设备简单，使用比较灵活。

此外，若按值班方式分类，可分为有人值班变电所与无人值班变电所。无人值班变电所的自动化水平应较高，可以通过网络远动装置进行遥控、遥信和遥测。

十一、变配电所的电源引入方式

（1）隔离开关引入。这种是较为常用的高压接线方式，通过隔离开关可以有效地看到线路断口，防止维护人员因断电不明显而引发触电事故。

（2）跌落式熔断器引入。小容量变压器（315kV·A 以下）常采用跌落式熔断器引入电源，从而节约了高压开关柜的成本，又可以对变压器进行基础的熔断器保护。

（3）电缆直接接入。对于较小的变压器，考虑场地、空间等因素，也可以直接将 10kV 电缆接入到变压器高压端，节约安装空间。

（4）隔离开关与接地开关引入。10kV 高压电源通过隔离开关与接地开关引入可以进一步保护维修、维护人员安全，隔离开关断开的同时，接地开关接地，确保人身和设备安全。

（5）负荷开关与熔断器接入。变电站高压侧通过负荷开关与熔断器组合形式接入电源，可以在有效保护变压器的同时最大限度地节约成本，因此是目前最常用的高压开关柜类型。

（6）隔离开关与断路器接入方式。当变压器容量超过 800kV·A 时，就不能采用负荷开关进行高压线路的开断，需要采用断路器开关控制开断。为了确保相关操作人员安全，断电时必须看到断路器明显断口，所以还需要加装隔离开关。

十二、供电与用电对双方责任分界点的划分

根据《供电营业规则》规定，供电设施的运行维护管理范围，按产权归属确定。责任分界点按下列各项确定。

（1）公用低压线路供电的，以供电接户线用户端（用户电表）最后支持物（绝缘瓷瓶）为分界点，支持物属供电企业。

（2）10kV 及以上公用高压线路供电的，以用户厂界外或配电室前的第一断路器或第一支持物为分界点，第一断路器或第一支持物属供电企业。

（3）35kV 及以上高压线路供电的，以用户厂界外或用户变电站外第一基电杆为分界点，第一基电杆属供电企业。

（4）采用电缆供电的，本着便于维护管理的原则，分界点由供电企业与用户协商确定。

（5）产权属于用户且由用户运行维护的线路，以公用线路分支杆或专用线路接引的公用变电站外第一基电杆为分界点，专用线路第一基电杆属用户，在电气上的具体分界点由供用双方协商确定。

十三、电能计量的基本形式

供电系统按供电电压和计量方式分为两大类，即高供高量系统和高供低量系统。

1. 高供高量用电系统与电能消耗的计算

高供高量即高压供电高压计量的系统，这种系统一般容量在 630kV·A 及以上的用户，有完整高压配电装置和高压电能计量设备，也就是计量柜，计量柜必须配置符合计量标准精度等级要求的电压、电流互感器和电能计量表计，按电源分为单电源系统和双电源系统，图 2-2 是单电源的一带一高供高量系统（一个电源带一台变压器），图 2-3 是一带二高供高量系统（一个电源带两台变压器）。图 2-4 是双电源高供高量系统（两个电源带两台变压器或四台变压器）。

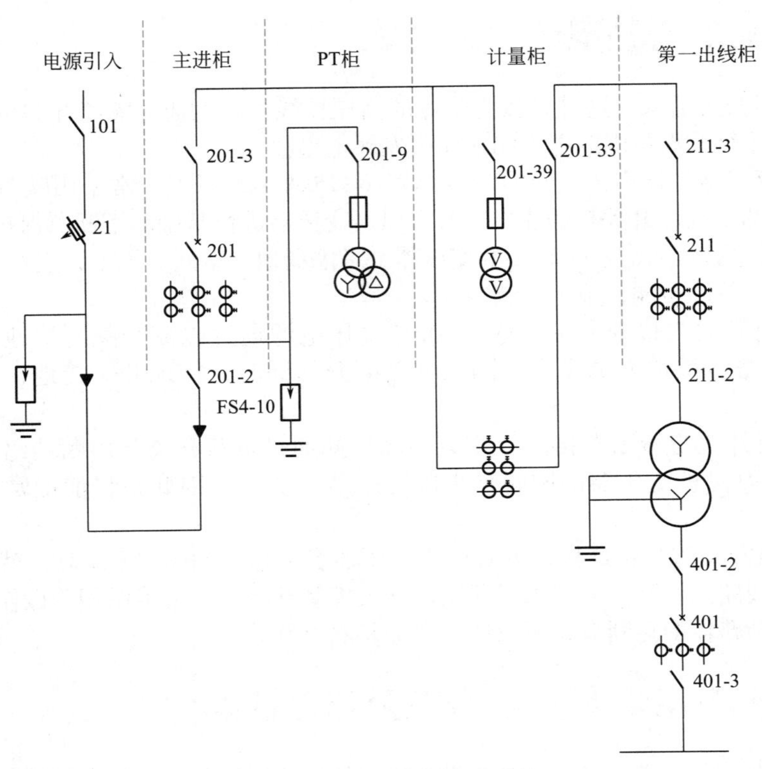

图 2-2　一带一高供高量系统

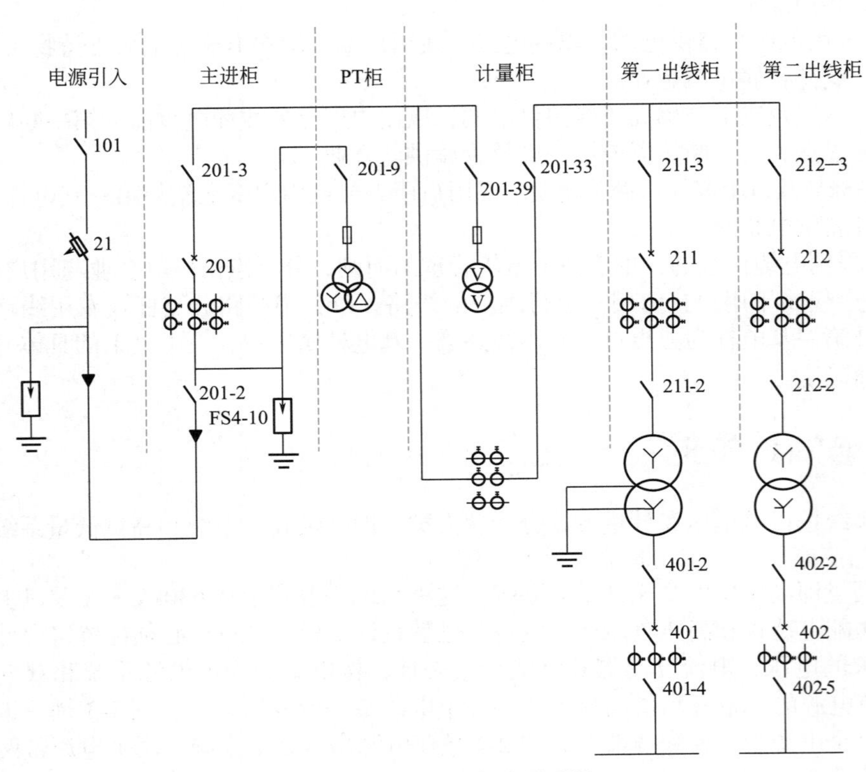

图 2-3　一带二高供高量系统

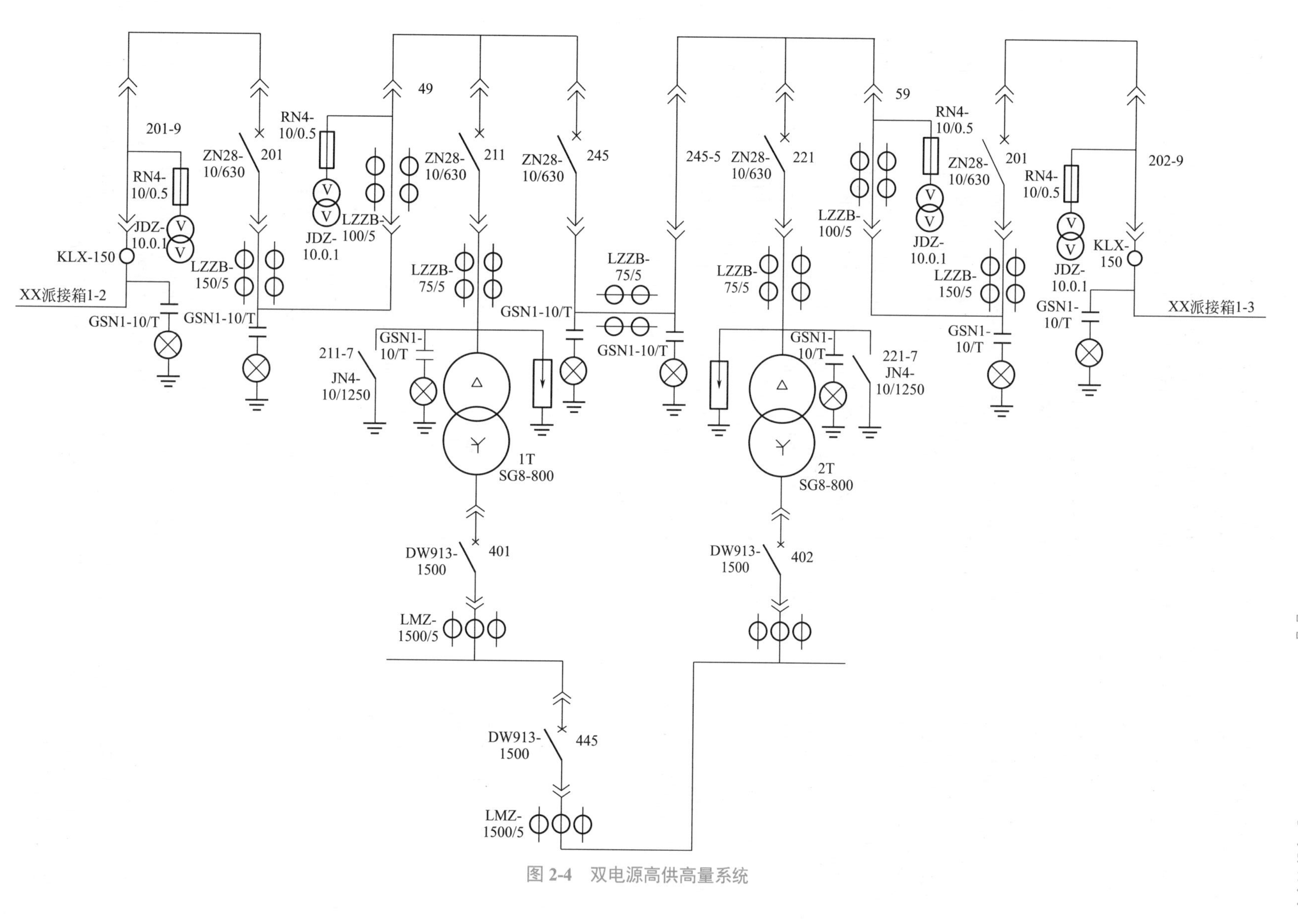

图 2-4　双电源高供高量系统

高供高量计算电能消耗时，用已知的有功、无功电能表的记录数据乘以电压互感器（PT）和电流互感器（CT）的变比，就可以分别得到有功和无功电能的消耗数值。

例：某变配电站的电压互感器为 10kV/0.1kV，电流互感器为 300A/5A，有功电能表当月累积数据是 46，无功电能表当月累积数据时 14，计算本站当月的电能消耗是多少?

解：电压互感器变比 10/0.1=100

电流互感器变比 300/5=60

本站当月有功电能消耗 P：46×100×60=276000（kW・h）

本站当月无功电能消耗 Q：14×100×60=84000（kvar・h）

2. 高供低量用电系统与电能消耗的计算

高供低量即 10kV 高压供电低压计量的系统，这种系统一般容量在 500kV・A 及以下的用户，有简单的高压配电装置。采用低压电能计量的系统，一般为中小企业用电，按用电形式的不同又分成光力合计、光力分计、光力子母表形式。光指的是照明、生活、办公用电，力指的是生产设备用电。

光力合计用户如图 2-5 所示，一般为容量在 315kV・A 以下的用户，动力用电和照明用电统一计价，计量用电流互感器接在变压器低压出线侧，也就是低压主进隔离开关 401-2 的前端，计量用电流互感器的电流比应等于或略大于变压器二次电流。

光力分计用户是生产设备用电和办公生活用电分别计量的如图 2-6 所示，变压器低压侧分成两路，一路用于生产设备用电；另一路用于办公生活用电。计量用的两组电流互感器一次电流的和应等于变压器二次额定电流，例如，一台 500kV・A 的变压器二次电流约 750A，两组电流互感器一组为 400/5，另一组为 350/5。不可以大于变压器二次额定电流，否则将会造成变压器的超载，不符合安全运行要求。

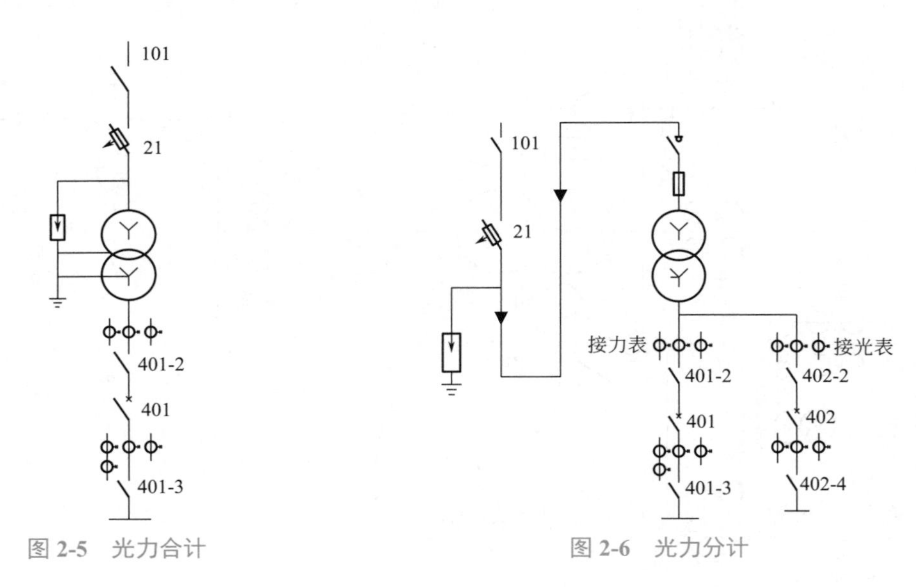

图 2-5　光力合计　　图 2-6　光力分计

光力子母表用户如图 2-7 所示。电路是在主计量电流互感器之下分成两路，其中一路单独计量，这种计量方式特别适用于季节性用电变化明显的用户，主表的电流互感器的一次电流应等于变压器二次电流，分表的电流互感器一次电流可以等于或小于主表的电流互感器的一次电流，例如，分表为生活办公用电，计费时主表的电表数减去分表数就等于生产用电量，分表读数是生活办公用电量。

高供低量计算电能消耗时，用已知的有功、无功电能表的记录数据乘以电流互感器的变比就可得到有功和无功电能的消耗数值。

例：某变配电站的变压器为 500kV・A，电流互感器为 750A/5A，有功电能表当月累积数据是 570，无功电能表当月累积数据是 98，计算本站当月的电能消耗是多少？

解：电流互感器变比 750/5=150

本站当月有功电能消耗 P：570×150=85500（kW・h）

本站当月无功电能消耗 Q：98×150=14700（kvar・h）

3. 低供低量用电系统与电能消耗的计算

低供低量多为公共变压器供电的用户，电压等级为 0.4kV/0.23kV，这种系统的特点是它的计量总表属于供电部门管理，用户侧只需按照自身负荷需要配置电能计量表，也就是用户分表即可，如图 2-8 所示，低供低量的用电户多为居民和小型单位，使用直入式电能表的居多，少数容量较大的用户则采用经过电流互感器（CT）进行电能计量。

电能计算如下：

直入式电能表：　　本月数值－上月数值＝当月的用电量

经过电流互感器的电能表：　　（本月数值－上月数值）×CT 比＝当月的用电量

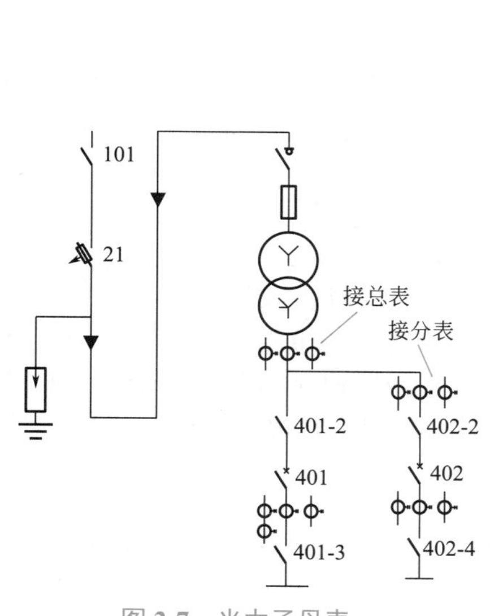

图 2-7　光力子母表

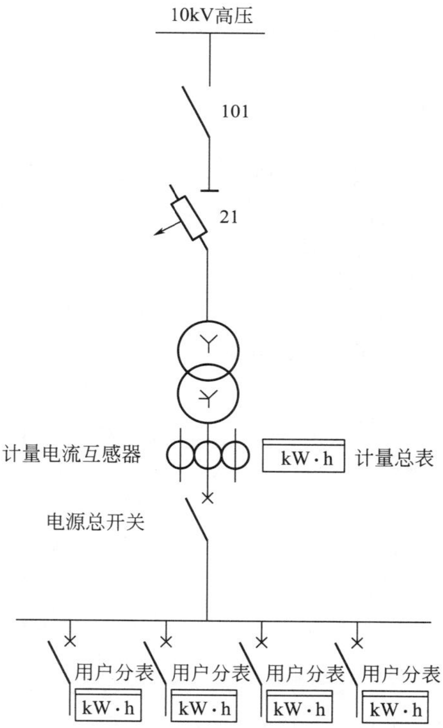

10kV高压
101
21
计量电流互感器
kW・h
计量总表
电源总开关
用户分表
kW・h
用户分表
kW・h
用户分表
kW・h
用户分表
kW・h

图 2-8　低供低量总表与分表计量接线

4. 电能计量精度的划分

运行中的电能计量装置按其所计量电能量的多少和计量对象的重要程度分五类（Ⅰ、Ⅱ、Ⅲ、Ⅳ、Ⅴ）进行管理。

Ⅰ类电能计量装置：月平均用电量 500 万千瓦・时及以上或变压器容量为 10000kV・A 及以上的高压计费用户。

Ⅱ类电能计量装置：月平均用电量 100 万千瓦・时及以上或变压器容量为 2000kV・A

及以上的高压计费用户。

Ⅲ类电能计量装置：月平均用电量10万千瓦·时及以上或变压器容量为315kV·A及以上的计费用户。

Ⅳ类电能计量装置：负荷容量为315kV·A以下的计费用户。

Ⅴ类电能计量装置：单相供电的电力用户计费用电能计量装置。

各类电能计量装置应配置的电能表、互感器的准确度等级不应低于下表所示值。

电能计量装置类别	准确度等级			
	有功电能表	无功电能表	电压互感器	电流互感器
Ⅰ	0.2	2.0	0.2	0.2
Ⅱ	0.5	2.0	0.2	0.2
Ⅲ	1.0	2.0	0.5	0.5
Ⅳ	2.0	3.0	0.5	0.5
Ⅴ	2.0	—	—	0.5

十四、用户与电力网的接线形式

对于用户侧的配电线路，在接线方式上，有多种接线方案供选择，主要依据用电单位的负荷级别、用户设备保障性的要求和本地区电力网的具体条件而定。

1.T形接线

单电源T接。其是用户变配电所仅与电力网的一处做T接引入。这种供电的可靠性不高，适用于一般中小企事业单位，以及容量不太大，且对供电的可靠性无太高要求的用户，一般为三级负荷的用户。

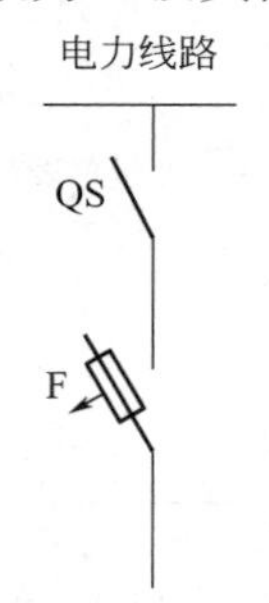

图2-9 T形接线方式

但结构简单，投资少。适用于10kV进线的变配电所。最简单的还可采用户外式。但在人口较密地区或污染较重时，一般都应采用户内式。即一次进线经架空或电缆至户内的高压配电装置。若采用电缆接至电力网的架空线路，一般要在架空线路与电缆之间装设户外式隔离开关及跌开式熔断器，以防用户电缆或配电装置发生事故影响电力网的安全运行。若电缆较长还应在跌开式熔断器与电缆之间装设避雷器。单电源T形接线引入如图2-9所示。

2.双电源Π形接线

Π形接线也称为双T形接线，实际是将两路T形接线同时引入变电站，如图2-10所示，在高压侧设置或不设置联络开关，这种接线配备了高压的双路电源、两台或两台以上的变压器，并增加了低压侧的联络开关后，可以升级为二级负荷供电，使运行方式灵活性和可靠性得到进一步的提高。增加高压联络开关后，可以演变出各种高低压不同的运行方式，满足各种负荷用电的不同的需求，它是目前变配电系统应用最多的接线模式。

3.放射式接线

放射式接线有高压放射式接线和低压放射式接线，如图2-11所示。这种接线的特点是供电设置在中间，而负载遍布在周围。这种方式下电力是在中心部位的，且向四周放射。配电系统采用放射式，则供电可靠性高，便于管理，但线路和开关柜数量多。

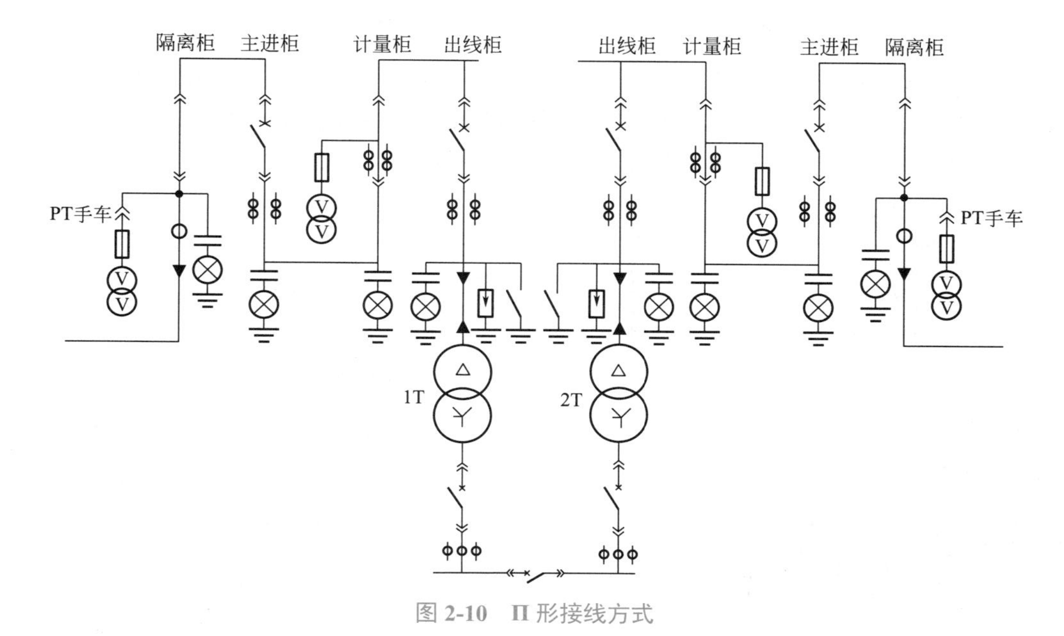

图 2-10　Π 形接线方式

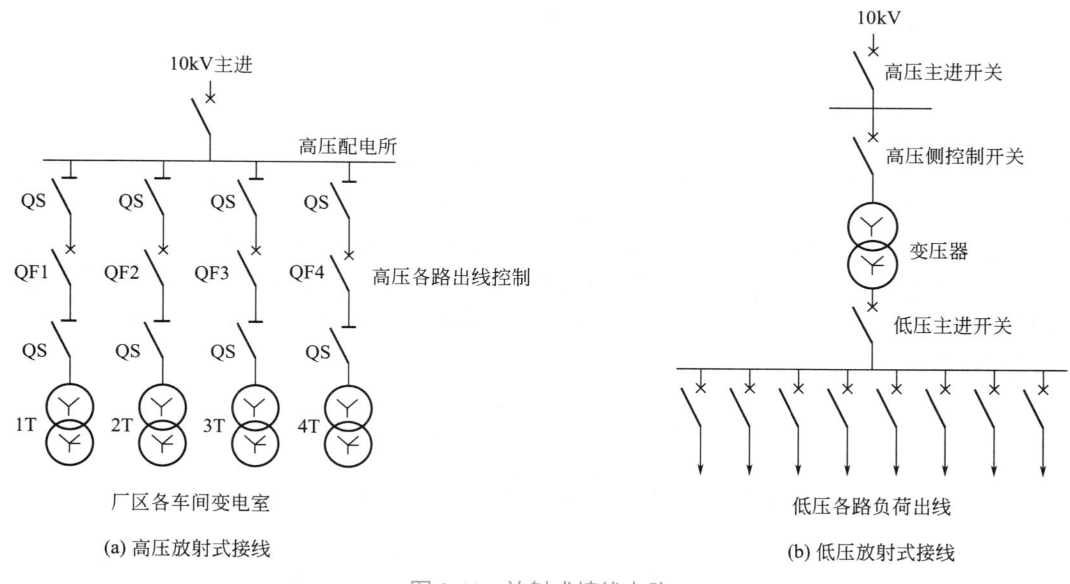

图 2-11　放射式接线电路

放射式接线的优点是每个负荷由一单独线路供电，因此发生故障时影响范围小，可靠性高，控制灵活，易于实现集中控制。缺点是线路多，所用开关设备多，投资大，因此这种接线多用于供电可靠性要求较高的设备。

4. 树干式接线

树干式接线是直线供电形式，如图 2-12 所示，多个负荷由一条干线供电。其优点是开关设备及有色金属消耗少，采用的高压开关数少，比较经济。缺点是干线故障时，停电范围大，供电可靠性低；实现自动化方面适应性较差，因此一般很少单用树干式配电，往往采用混合式配电以减少停电范围。

5. 混合式接线

混合式接线是树干式与放射式的混合，如图 2-13 所示。变压器低压侧出线经过低压断路器将干线引入某一供电区，然后由支线引至用电设备。当任何一路干线发故障时，可以通过联络开关继续保持向用户供电，此种接线方式采用较多。

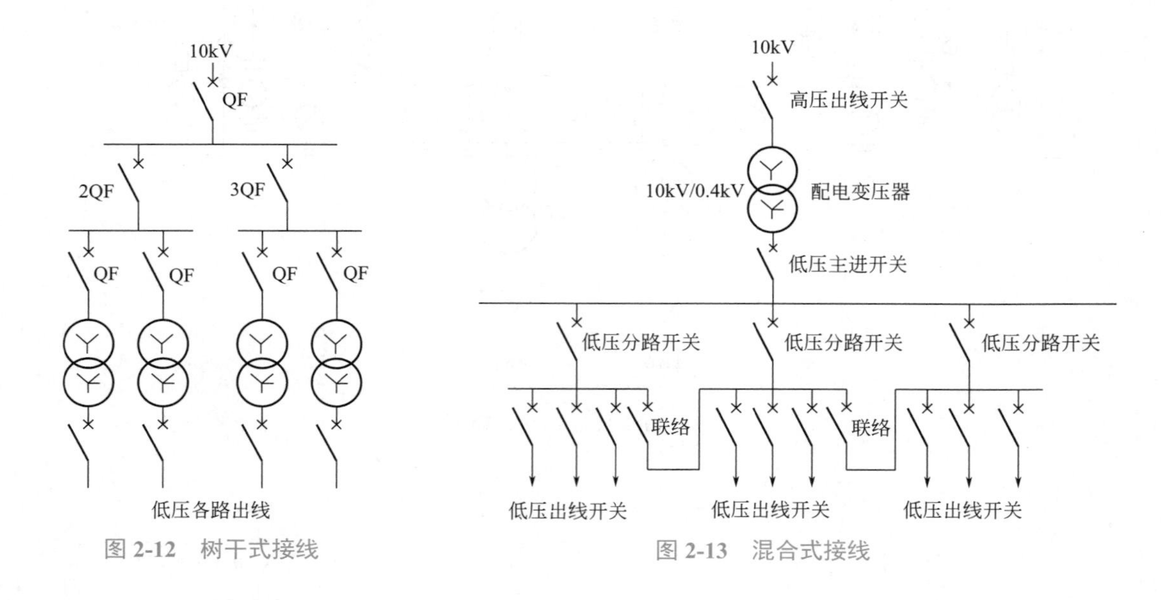

图 2-12　树干式接线

图 2-13　混合式接线

6. 环形接线

环形接线往往应用在高压系统中，在高压一次配置了联络开关的情况下，又增设了外线路联络线，如图 2-14 所示，一般在正常情况下，环路中总有一处是断开的，采用热备用自投或冷备用的方式，任何一路的故障都不会造成对负荷供电的中断，环形接线提高了供电的可靠性，满足各种负荷用电的需求，但是这种系统配置复杂，增加了设备数量，同时增加了倒闸操作的难度，对值班人员的要求比较高，运行值班人员或检修人员应特别注意防止反送电源及停电后自投造成的再次送电。

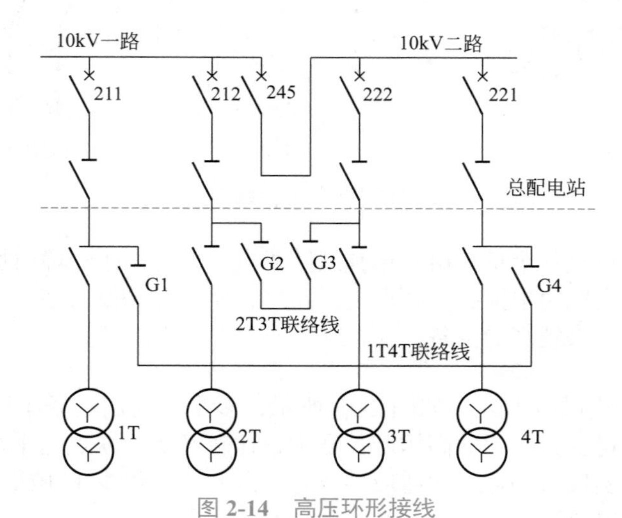

图 2-14　高压环形接线

第三章

变配电所（站）安全工作的要求

一、变配电所电气工作人员应具备的条件

高压电工与低压电工不同，其工作范围主要是变配电所的值班工作应具备的条件如下：

①熟悉变配电所中各项规程制度；

②掌握本变配电所中各种运行方式的操作要求和步骤；

③掌握本变配电所中主设备的一般构造和原理、技术要求和负载情况；

④掌握本所继电保护的定值和保护范围；

⑤能正确执行安全技术措施和组织措施；

⑥能够独立进行倒闸操作、查找分析及处理设备异常和事故情况。

二、变配电所电气工作人员的职责范围和岗位责任制的内容

1. 变配电所的负责人和值班长应具备的条件

变配电所的负责人和值班长必须具备变电运行专业知识和运行操作经验，技术比较熟练，能独立进行和全面指导所管理的变配电所中各种电气设备的运行操作和事故处理工作。

一般应具备下列条件：

①掌握本变配电所电气设备的参数、构造和工作原理以及运行特性要求；

②掌握变配电所设备的负荷情况、变化规律及经济运行方式；

③熟知变配电所中有关规程制度的要求及其实质；

④能够指挥本所值班人员进行倒闸操作和事故处理；

⑤能够根据本所内的各项工作内容，制订和审查、执行所制订的安全措施；

⑥能够组织本所值班人员，做好运行分析和管理工作，适时提出电气设备的反事故措施；

⑦能够进行本所设备的维护工作和设备的验收工作；

⑧熟练地掌握触电急救法。

2. 值班长和值班员岗位职责的基本内容

变配电室值班长负责本值的安全、运行、维护工作；领导本值接受、执行调度命令，正确、迅速地进行倒闸操作和事故处理；发现和及时处理缺陷；受理和审查工作票，并参加验收工作；组织好设备维修工作；审查本值记录；完成本值培训工作。

值班员的职责是在值班长领导下，做好本值的安全、运行、维护工作。按时巡视设备做好记录；进行倒闸操作；按时做好各种记录；管理好安全用具和仪表工具；做好交接班工作；在值班长不在时代理值班长执行必要的业务工作。

三、变配电站值班的要求

（1）变电站值班人员除符合第一条规定外，还应熟悉所管范围内电气设备性能，一、二次系统接线图，并能熟练地进行操作与事故的处理。

变、配电所的一、二次接线图要反映电力系统的实际接线情况。将变、配电所的电源、各种开关电器、电力变压器、母线、电力电缆和电力电容器等电气设备依一定次序相连接的馈受和分配电能的电路，应采用国家标准（GB 4728.1-13-5）规定的图形符号绘制，一、二次接线系统图是运行分析、维修工作的主要技术资料。

变、配电所的一次接线系统图又称主系统单线接线图，或称单线系统图，图 3-1 是一个单电源双变压器的系统图。

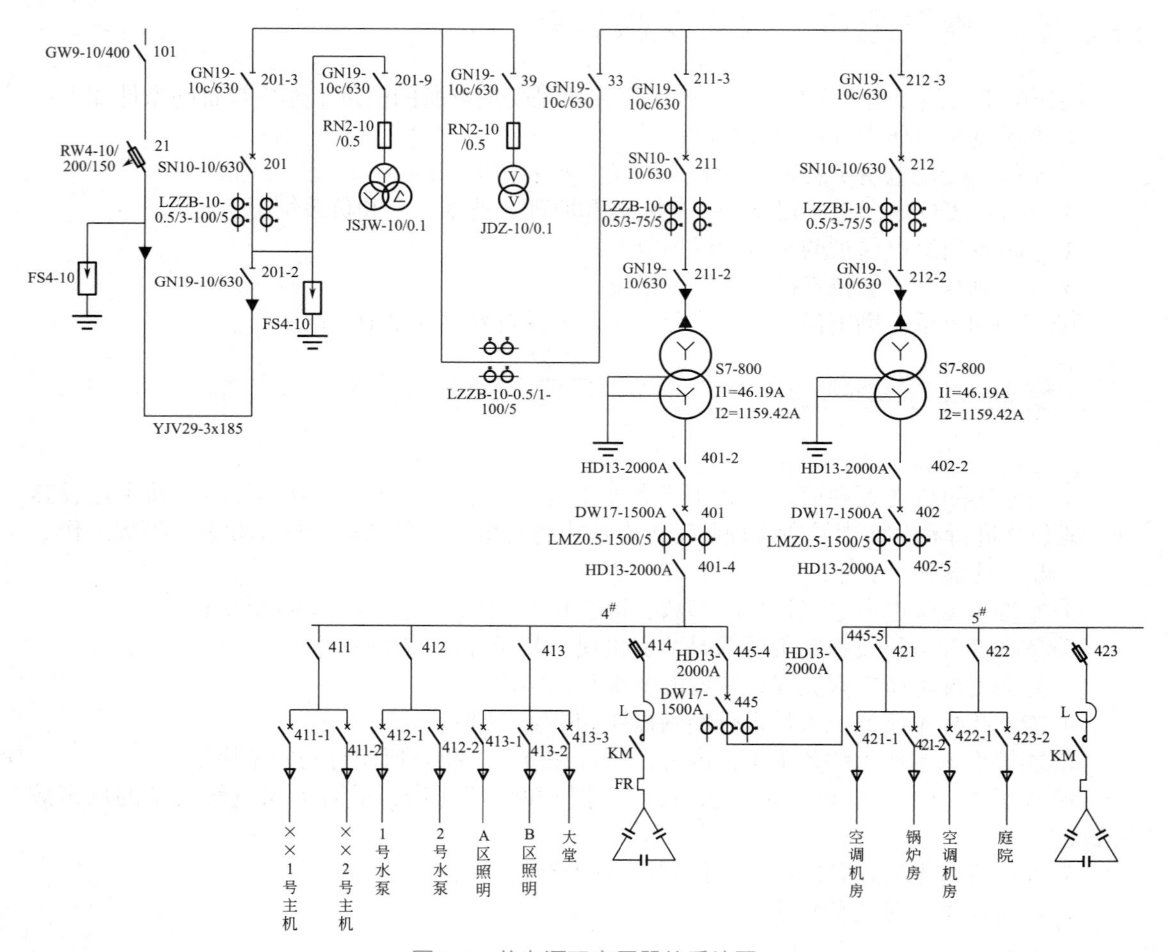

图 3-1　单电源双变压器的系统图

（2）变电站值班人员，每班不得少于 2 人，特殊情况下仅留 1 人时，此人必须具有独立工作和处理事故的能力，并只能监护设备运行，不得单独从事修理工作。图 3-2 为变配电值班人员巡视运行情况。值班人员必须坚守岗位，熟悉所管辖范围内的电气设备性能及运行状况，认真巡视检查，并能准确、熟练地进行倒闸操作及事故处理。

图 3-2　变配电值班人员巡视运行情况

四、变配电站值班人员的主要工作

（1）监护仪表保证设备的正常运行，正确果断地排除故障和事故。

（2）根据负荷大小、设备状况、检修试验等任务，调整运行方式，实施安全技术措施和安全组织措施，配合完成作业任务。

（3）严肃认真，正确无误地记录运行日志，按时抄报所规定的表单和报表。

（4）做好调整负荷节电工作。

（5）做好设备缺陷的检查记录和设备的维护、保养工作，提高设备的完好率。

（6）保管好站内消防器材及常用工具。

（7）做好设备和工作场所的清洁卫生工作。

（8）未经批准不得进入变电站，外来参观检查人员，进站必须进行登记。

（9）值班人员不得在值班时间做与工作无关的事，不得擅自离开工作岗位。

（10）值班人员在巡视检查设备运行和检修时，监护人员提醒检修人员注意保持与带电体之间的安全距离，如图 3-3 所示。6 ～ 10kV 的电力设备有遮栏时不应小于 0.35m，无遮栏时不应小于 0.7m。

图 3-3　监护检修人员注意的安全距离

（11）值班人员应妥善保管的安全用具如图 3-4 所示，保管的方法如下：

① 应存放在干燥、通风处所；

② 绝缘杆应悬挂在支架上，不应与墙面接触；

③ 绝缘手套应存放在密闭的橱内，并与其他工具、仪表分别存放；

④ 绝缘靴应存入厨内，绝缘靴不准代替雨靴使用；

⑤ 试电笔应存放在防潮的匣内，并放在干燥的地方；

⑥ 所有安全用具不准代替其他工具使用。

图 3-4　值班人员应妥善保管的安全用具

五、正确读取运行电流

1. 会读取高压出线柜的电流

高压出线柜（211、221 等）的电流表主要反映该电路的负荷电流，也就是所控制的变压器的高压电流，在读数时首先应当与设备（变压器）的额定电流进行比较，从三个方面分析电流：一是变压器的运行状态，当电流为额定电流的 60% ～ 80% 时为变压器运行的最佳状态；二是三相电流的不平衡度不得超过 10%；三是与低压进线柜（401、402 等）电流值比较，根据变压器的工作原理，电流变比与电压变比是一样的，都符合 1 ∶ 25 的比例，一旦出现比例失调，不管是一相还是三相电流，不是 1 ∶ 25 而是 1 ∶ 24 或 1 ∶ 23，可以确定变压器内部出现了故障。高压出线柜上的电流表如图 3-5 所示。

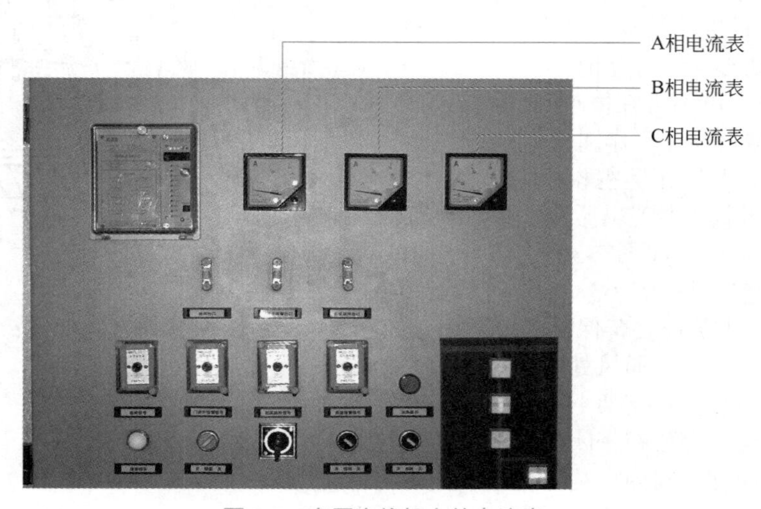

图 3-5　高压出线柜上的电流表

2. 会读取高压联络柜的电流

高压联络柜的电流，是在双路供电电源采用一用一备的时候，一路电源带全站的负荷，联络柜上的开关担负着另一侧母线的负荷（1# 电源供电时担负 5# 母线的电流或 2# 电源供电时担负 4# 母线的电流）。这个电流与主进线柜（201 或 202）电流及另一侧母线所带的出线柜有着重要的关系。根据这个特点，可以在联络开关 245 合闸运行后，掌握另一侧母线的负荷电流运行状态。分列运行时 245 开关处于分闸状态，245 柜上的电流表无显示。

3. 会读取变压器的低压电流

变压器的低压电流是在电压进线柜 401 或 402 上读取，这个电流也是低压负荷电流，首先要观察负荷电流与变压器二次额定电流值并进行比较，用以确定变压器运行状态是否过载，三相负载电流的平衡度不应超出标准，当两台变压器并列运行时，还要查看两台变压器的电流分配是否合理。各个部位电流表反映的电流如图 3-6 所示。

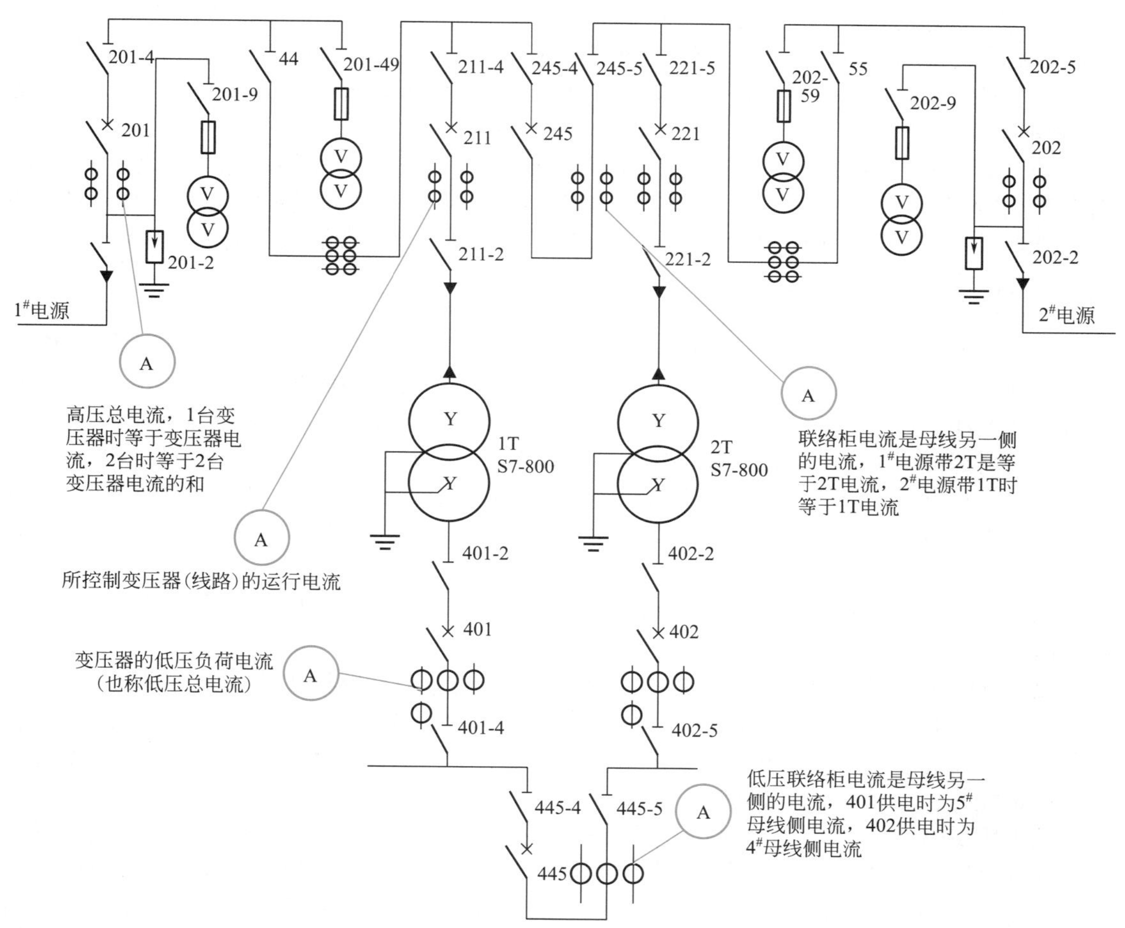

图 3-6　变电室不同位置电流表监测的电流

六、保证检修工作安全的技术措施

在全部停电或部分停电的电气设备上工作，必须完成的安全技术措施有停电、验电、装设临时接地线、悬挂标示牌和装设临时遮栏。这些措施由值班员执行，并应有人监护。对于无人经常值班的设备的线路，可由工作负责人执行。

保证安全的技术措施依据 GB 26860—2016《电业安全工作规程：发电厂和变电站电气部分》。

1. 停电

认真执行正确的停电措施是防止发生触电事故的一个极为重要的环节，一个正确的停电措施应做到以下各点。

① 将停电工作设备可靠地脱离电源，也就是必须正确地将有可能给停电设备送电或向停电设备倒送电的各方面电源断开。

② 断开电源，至少要有一个明显的断开点。其目的是做到一目了然，应将与停电设备有关的变压器和电压互感器从高压和低压两侧断开。对于柱上变压器等，应将高压熔断器的熔丝管取下。

③ 停电操作时，必须先停负荷，后拉开关，最后拉隔离开关。严禁带负荷拉隔离开关。为了防止因误操作或因校验引起的保护动作等造成开关或远方控制的刀闸突然合闸而发生意外，根据需要取下开关控制回路的熔丝管。对一经合闸就可能送电至停电设备的刀闸操作把手必须锁住。

④ 邻近带电设备与工作人员在进行工作时，在 10kV 及以下正常活动范围必须大于 0.7m。当小于 0.7m 而大于 0.35m 时，该带电设备应同时停电或在工作人员和邻近带电设备之间加设安全遮栏；如果附近带电设备与工作人员在进行工作时，正常活动范围小于 0.35m，则该邻近带电设备必须同时停电。

2. 验电

检修的电气设备停电后，在悬挂接地线之前必须用验电器检验有无电压。这是检验停电措施的制订和执行是否正确、完善的重要手段之一。因为有很多因素可能导致认为已停电的设备实际上却是带电的。认为已无电但实际上却带电的情况还有很多，不胜枚举，很多意想不到的情况都可能发生，因此必须使用电压等级合适，经试验合格，试验期限有效的验电器进行验电。验电前，应先将验电器在带电的设备上检验其是否良好。验电工作应在施工或检修设备的进出线的各相进行。

验电应注意的事项如下。

① 验电应分相逐相进行，对在断开位置的开关或刀闸进行验电时，还应同时对两侧各相验电。

② 当对停电的电缆线路进行验电时，如线路上未连接有能够构成放电回路的三相负荷，由于电缆的电容量较大，剩余电荷较多，一时不易将电荷泄放光，因此刚停电后即进行验电，验电器仍会发亮，直至验电器指示无电为止。切记决不能认为是剩余电荷作用所致，就盲目进行接地操作，这是十分危险的。

③ 同杆塔架设的多层电力线路进行验电时，先验低压，后验高压；先验下层，后验上层。

④ 信号和表计等通常可能因失灵而错误指示。因此表示设备断开的常设信号或标志、表示允许进入间隔的闭锁装置信号，以及接入的电压表指示无压和其他无压信号指示，只能作为参考不能作为设备无电的根据。但如果信号和表计指示有电，在未查明原因、排除异常的情况，即使验电器检测无电，也应禁止在设备上工作。

⑤ 高压验电必须戴绝缘手套。35kV 及以上的电气设备，可以使用绝缘杆验电，根据绝缘杆顶部有无火花和放电“噼啪”声来判断有无电压。但不能光凭一片或几片瓷瓶无放电声而认为是无电，而必须对整串瓷瓶进行检查后才能确认无电，以防止开始被测瓷瓶原系零值瓷瓶而造成误判断。同时在验电前同样应在有电设备瓷瓶上进行检测，以证明瓷瓶检测器之间的距离是合适的。500V 及以下的设备，可以使用低压试电笔或白炽灯检验有无电压。

3. 装设接地线

对于突然来电的防护，采用的主要措施或者就是唯一的措施是装设接地线。装设接地线包括合上接地刀闸和悬挂临时接地线，接地刀闸和接地线均由两部分组成：三相短接部分和集中接地部分。在装设接地线以后即使停电设备实现了三相短接后再集中统一接地。这项工作是在验电之前就应先准备好合格的接地线，检验确无电压后立即将三相短路接地，接地端采用插入式接地棒时，接地棒在地中的插入深度不得小于 0.6m。接地线和导体或接地端的夹具要固定，严禁用缠绕的方法进行短路和接地。

装设接地线应遵循一定的原则，对于可能送电至停电设备的各个电源侧，均应装设接地线，以做到从电源侧看过去，工作人员均在接地线的后面，即在接地线的保护之下工作。装设接地线必须注意以下问题：

① 对于可能送电至停电设备的各方面（包括线路的各支路）或停电设备可能产生感应电压的，都要装设接地线。接地线应装设在工作地点可以看见的地方。接地线与带电部分的距离符合安全距离的规定。

② 检修部分若分成几个在电器上不相连的部位（如分段母线以隔离开关或开关隔开），则各段分别验电并接地。

降压变电所全部停电时，应将各个可能来电侧的部位悬挂接地线，其余部分不必每段都设接地线。

③ 检修母线时，应根据母线的长短和有无感应电压等实际情况确定接地线组数。检修段 10m 及以下的母线，可以只装设一组接地线。

④ 在室内配电装置上接地线应装在未涂相色漆的地方。

⑤ 接地线与检修部分之间不应连接有开关或熔断器。

⑥ 装设接地线必须先接地端，后接导体端。拆地线的顺序与此相反。装拆接地线均应使用绝缘棒或戴绝缘手套。

⑦ 接地线必须使用专用的线夹固定在导体上，禁止用缠绕的方法进行接地或短路。

⑧ 接地线应用多股软裸铜导线，其截面应符合短路电流稳定的要求，但最小截面不应小于 $25mm^2$，接地线每次使用前应进行检查。禁止使用不符合规定的导线做接地线。

⑨ 变（配）电所内，每组接地线均应编号，并存放在固定地点。存放位置亦应编号，接地线号码与存放位置号码必须一致。拆装接地线，应做好记录，交接班时，应交代清楚。

⑩ 带有电容的设备，悬挂接地线之前，应先放电。

⑪ 线路杆塔无接地引下线时，接地线的接地钎子的连接应用螺钉卡接，若用绑线缠绕，其缠绕长度不应小于 100mm。

⑫ 高压回路上的工作，在装、拆临时接地线时，应得到值班员的许可（根据调度员命令装设的接地线，必须得到调度员的许可），方可进行。工作完毕后应立即恢复。

4. 悬挂标示牌和装设临时遮栏

悬挂标示牌可提醒有关人员及时纠正将要进行的错误操作和做法。为防止因误操作而错误地向有人工作的设备合闸送电，要求一经合闸即可送电到工作地点的开关和刀闸的操作把手上，均应悬挂“禁止合闸，有人工作！”的标示牌。如果停电设备有两个断开点串联时，标示牌应悬挂在靠近电源的刀闸把手上。对远方操作的开关和刀闸，标示牌应悬挂在控制盘上的操作把手上；对同时能进行远距离和就地操作的刀闸，则应在刀闸操作把手上悬挂标示牌。在开关柜悬挂接地线后，应在开关柜的门上悬挂“已接地”的标示牌。除以上两点外应对以下的地点悬挂标示牌。

① 在变（配）电所外线路上的工作，其控制设备在变（配）电所室内的，则应在控制线路的开关或隔离开关操作把手悬挂“禁止合闸，线路有人工作！”的标示牌。标示牌的数

量应与参加工作班组数相同。标示牌特别注明线路有人工作的字样，这是考虑到变电所值班员无法直观掌握线路上是否有人工作等情况，故在标示牌上加以注明以提醒值班员注意，不要只看到变电所内的工作结束后就以为全部工作结束，而发生向有人工作的线路误送电行为。有关线路工作标示牌的悬挂和拆除，须按调度员的命令或工作票的规定执行。

② 在变（配）电所室内的设备上工作，应在工作地点旁间隔、对面间隔的遮栏上，以及禁止通行的过道上悬挂“止步，高压危险！”的标示牌，以警告检修人员不要误入带电间隔或接近带电的部分。

③ 在变（配）电所室外的配电装置，大多设有固定的围栏，布置得也比较分散。因此在室外配电装置上进行部分停电工作时，应在工作地点四周用红绳做好围栏，围栏上悬挂适当数量的红旗，以限制检修人员的活动范围，防止误登邻近有带电设备和构架；围栏上应悬挂适当数量的“止步，高压危险！”的标示牌，并在围栏内侧方向悬挂，字必须朝向围栏里面。

④ 在变（配）电所部分停电工作时，还须在工作地点或工作设备上悬挂“在此工作！”的标示牌。有时为了防止人身或停电部分对邻近带电设备的接近，须在停电部分和带电设备之间加装临时遮栏，并悬挂“止步，高压危险！”的标示牌。临时遮栏与带电部分之间的距离应符合有关规定，以确保在工作中始终保持带电部分之间有足够的安全距离。

⑤ 在室外架构上工作，应在工作地点邻近带电部分的横梁上，悬挂“止步，高压危险！”的标示牌。在工作人员上、下用的铁架或梯子上，应悬挂“从此上下！”的标示牌。在临近其他可能误登的架构上，应悬挂“禁止攀登、高压危险！”的标示牌。

七、保证电气安全的工作制度

保证电气安全工作制度的依据为 GB 26860—2016《电业安全工作规程：发电厂和变电站电气部分》。

1. 工作票制度

在电气设备上工作，必须得到许可或按命令进行，工作票就是准许在电气设备上工作的书面命令，通过工作票还可明确安全职责，履行工作许可、工作间断、转移和终结手续。以及作为完成其他安全措施的书面依据。因此，除一些特定的工作外，凡在电气设备上进行工作的，均须填写工作票。

工作票的工作范围：

① 在高压电气设备（包括线路）上工作，需要全部停电或部分停电设备；

② 进行其他工作（如二次回路），需要将高压设备停电或做安全技术措施的。

以下几种工作可以不填写工作票：

① 事故紧急抢修工作；

② 线路运行人员在巡视工作中，需登杆检查或捅鸟巢等；

③ 用绝缘工具做低压测试工作。

一个负责人，一个班组，在同一个时间内只能执行一张工作票。

工作票签发人：指电器负责人，生产领导以及指定有实践经验的技术人员。工作负责人：指带领一个或几个小组进行工作的人，主要是负责填写工作票及做监护人，但不能签发工作票。工作票的填写应清楚整洁，不得涂改。工作票执行后，保存日期不应少于三个月。

2. 查活及交底制度

填写了工作票和操作票仅仅是做到了一个方面，自始自终认真执行工作票和操作票时，应根据系统情况和工作内容，认真考虑安全措施，在拟定安全措施时，不能单凭脑子记忆或主观臆想，而必须认真核对系统模拟图板或系统图，认真了解当时系统的实际运行方式或接线方式，必要时还应到现场进行察看，核实情况。工作负责人必须熟悉工作票和操作票的内容，并向全体工作人员传达和交底。

工作前，工作负责人应根据工作任务到现场查清电源和工作范围，以及设备编号等。并应根据查活情况，制订现场安全措施，填写好工作票。工作负责人应根据工作任务现场情况，提出所使用的安全工具、起重工具和材料等，并指定专人检查。工作前一天，查清所使用的材料、工具是否齐全合格。工作负责人应对停电范围内以及附近的环境、道路等情况做好调查，尤其是运输较笨重设备时，应事先考虑好安全措施。

3. 工作许可制度

在电气设备上进行工作，必须事先征得工作许可人的许可，未经许可，不准擅自进行工作。

在电气设备上所进行的工作，包括不停电工作和停电工作两种。当进行带电作业等不停电工作时，通过办理许可手续，还可以尽可能地做好必要的安全措施。

在电气设备上进行停电工作，必须事先办理停电申请，并征得工作许可人的许可，方可开始工作。工作前征得许可是确保停电设备处于检修状态的必不可少的手续，因此必须认真执行。工作许可人必须有专门的书面许可手续，并存放在固定地方，以便随时进行查对。严禁采用临时和凭口头记忆进行。

4. 工作监护制度

执行工作监护制度，可使工作人员在工作过程中得以受到监护人一定的指导与监督，以及时纠正一切不安全的动作和其他错误做法。

① 工作监护制度是保证人身安全及操作正确的主要措施。监护人的安全技术等级应高于操作人。

② 带电作业或在带电设备附近工作时，应设监护人，工作人员应服从监护人的指挥。监护人在执行监护时，不应兼做其他工作。

③ 监护人因故离开工作现场时，应由工作负责人事先指派了解有关安全措施的人员接替监护，使监护工作不致间断。

④ 监护人所监护的内容如下：部分停电时，应始终不断地对所有工作人员的活动范围进行监护，使其与带电设备保持安全距离。带电作业时，应监护所有工作人员的活动范围不应小于与接地部位的安全距离，工具使用是否正确、工作位置是否安全以及操作方法是否正确等；监护人发现某些工作人员有不正确的动作时，应及时提出纠正，必要时令其停止工作。

5. 工作间断和工作转移制度

工作间断和转移制度是对工作间断和转移后，是否需要再次履行工作许可手续而作的规定。因此，实际上它属于工作许可制度的一个方面。该制度规定了当天的工作间断，间断后继续工作无须再次征得许可。而对隔日的工作间断，次日复工，则应重新履行工作许可手续。对线路工作来说，如果经调度允许的连续停电线路（夜间不送电），工作地点的接地不拆除的，次日复工应派人检查地线，但可不重新履行工作许可手续。

工作间断期间，遇有紧急情况需要送电时，值班员应得到工作负责人的许可，并通知全体工作人员撤离现场，拆除临时遮栏、接地线和标示牌，恢复常设遮栏和原标示牌，方可提前送电。

6. 工作终结及送电制度

工作终结，送电前应按以下顺序进行检查：

① 检查设备上、线路上及工作现场的工具和材料，不应有遗漏；

② 拆除临时遮栏、标示牌，恢复永久遮栏、标示牌等，同时清点全体人员的人数，无误；

③ 拆除临时接地线，所拆的接地线组数应与挂接地线组数相同（接地隔离开关的分、

合位置与工作票的规定相符）；

④ 送电前应检查与送电线路有关的开关确在断开位置。

八、变（配）电所（室）设备安全巡视的要求

变（配）电所（室）设备巡视是保证安全运行最基本的工作，能够及时地发现事故隐患，在设备巡视时，值班人员为保证自身的安全应做到如下几点。

（1）对设备进行巡视检查时，通过值班人员的观察和必要的仪器辅助（红外测温仪等），认真分析。发现异常现象时，要及时处理，并做好记录。对于重大异常现象应及时报告上级或有关部门。

（2）对新投入运行或大修后投入运行的设备的试运行阶段（一般为72h）应加强巡视，确认无异常情况后，方可按正常巡视周期进行巡视。

（3）巡视检查工作可由一人进行，但应遵守《电气安全工作规程》的有关规定，不得做与巡视无关的工作。

（4）变（配）电所（室）内进行巡视检查时，还应对以下项目进行检查：

① 变（配）电所的暖气装置应无漏水或漏气现象；

② 变（配）电所的门、窗应完整，开闭应灵活；

③ 变（配）电所的正常照明和事故照明应完整齐全；

④ 变（配）电室出入口应设置高度不低于400mm的防鼠挡板。图3-7为配电室入口挡板。

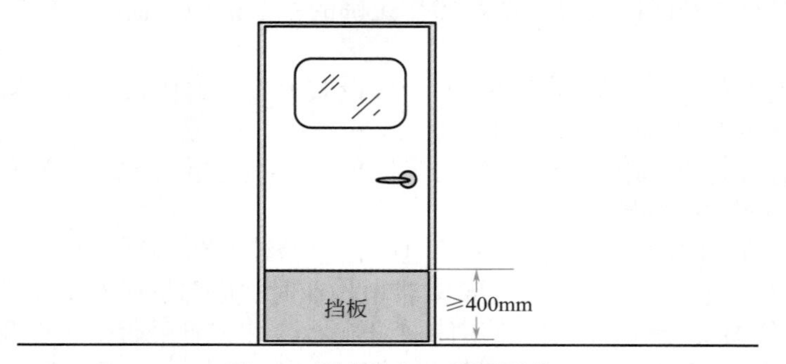

图 3-7　配电室入口挡板要求

（5）巡视检查一般必须两人进行，巡视检查期间，不得打开电气设备遮栏进行工作（见图3-8），对工作量不大，在符合下列条件时，准许打开遮栏或越过遮栏进行工作：

① 带电部分在工作人员的前面或一侧；

② 人体对带电部分的最小距离为6kV及以下≥35cm；10kV≥70cm；

③ 接地情况良好；

④ 6～10kV系统没有单相接地现象。

变配电设施巡视检查时，凡是人体容易接触的带电设备（如高压开关、变压器等）应设置牢固的遮栏，并挂上“止步，高压危险！”的警告牌。

（6）巡视检查时，应穿绝缘鞋、戴绝缘手套，带常用工具如手电筒及记录本等，以备使用。

（7）高压设备发生接地时，室内不得接近故障点4m以内，室外不得接近故障点8m以内（如图3-9所示）。在上述范围内的人员，必须穿绝缘靴；接触设备外壳和构架时，应戴绝缘手套。

图 3-8　变配电设施巡视检查

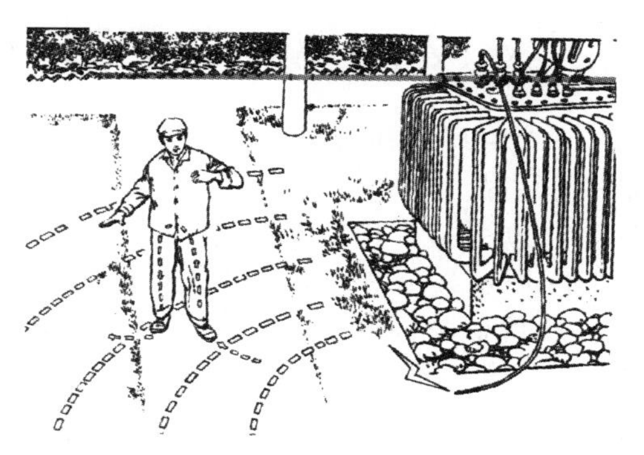

图 3-9　巡视时注意跨步电压的发生

当电气设备碰壳或电力线路一相接地短路时，就有单相对地短路电流从接地体向大地四周流散，在地面上呈现出不同的电位分布，当人在接地短路点附近行走时，前脚与后脚之间会产生跨步电压。人离接地体越近，跨步电压越大；人离接地体越远，跨步电压越小。

为了防止跨步电压触电，规程规定在巡视检查电气设备时，应穿绝缘靴；当高压电气设备发生接地故障时，行人室内不得靠近接地故障点 4m 以内，室外不得靠近接地故障点 8m 以内；架空线路断线落地时，行人不得靠近断线地点 8m 以内。行人一旦进入产生跨步电压的区域，感觉出跨步电压的作用，应立即向后转走出该区域，并设法报告有关人员，拉开发生故障的电源。

九、变（配）电站（室）连续工作交接班时的要求

变（配）电站交接工作是一项保证安全运行的重要内容，如图 3-10 所示，值班人员要认真地做好交接班工作；交班要全面、清楚，接班要心中有数。

图 3-10　值班人员要认真地做好交接班工作；交班要全面、清楚，接班要心中有数

（1）交班者要尽力为下一班创造有利条件，并事先做好下列工作：

① 核对好运行模拟图；

② 整理好运行记录及上级和有关单位的联系业务及指令等；

③ 整理好本班内的重要操作、故障、事故的发生处理记录，并提出下一班应做的工作；

④ 整理好值班室存放的图纸资料、工器具等；

⑤ 审查整理操作票和工作票；

⑥ 完成清洁卫生工作。

（2）接班人员应提前 10 ～ 15min 到达现场，并详细了解、检查设备运行情况。

（3）在下列情况下不得交接班：

① 接班人醉酒或主要值班人未到；

② 接班人员未弄清情况；

③ 事故期间或正在进行倒闸操作。这时的工作应以当班人员为主，接班人员在当班班长统一领导下协助工作；

（4）在交接清楚之后，由值班班长在值班日志上签名。

十、变（配）电所应具备的资料和工器具

一个管理良好的变（配）电站应有系统模拟板、系统图纸、电工仪表、绝缘工具和消防器材等用品。

（1）系统模拟板：系统模拟板是与实际状况相符的供配电设备运行模拟图和主接线图。图 3-11 所示某图书大厦的供电系统。

① 模拟图板可以将运行中的电气设备的实际状态、接线方式、供电方式和各种开关的“分”“合”状态明确地展示出来，使运行管理人员和值班人员掌握和了解本单位供电系统的运行情况。

② 用以在倒闸操作之前，在模拟图板上进行核对性操作，检验操作票所列的操作顺序的正确性。

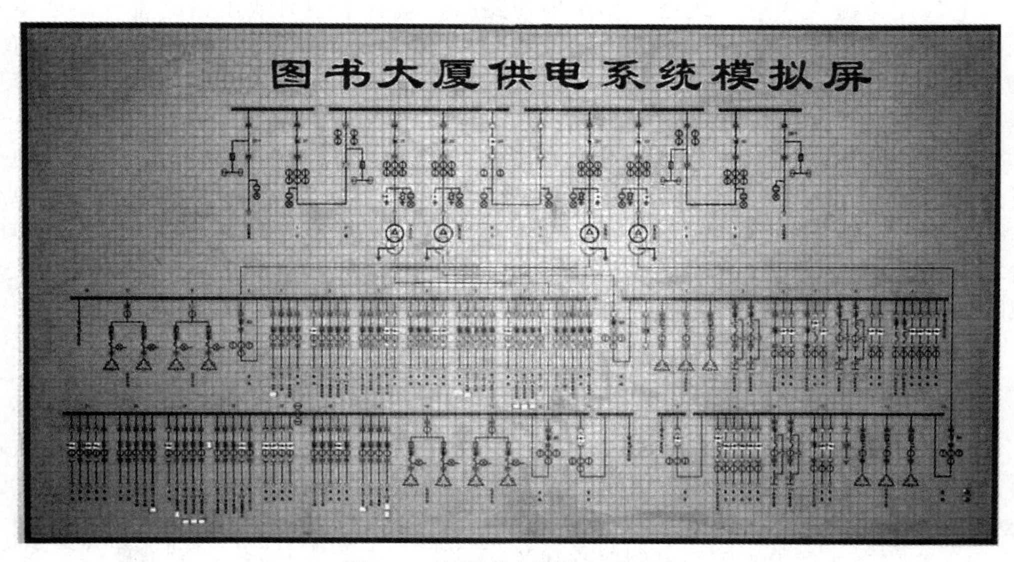

图 3-11　某图书大厦供电系统图

③ 模拟图板上部署安全措施时，检验定全措施是否正确，防止误操作事故发生。

④ 日常的技术培训及练习可用模拟图板进行模拟训练，提高值班人员的实际操作技能和处理事故的能力。

⑤ 可以增强值班人员对电气设备的接线方式、布置方位、运行方式和操作编号的记忆能力。

模拟图板各电压等级线条的颜色规定如下：

220kV，用紫色；110kV，用朱红色；35kV，用鲜黄色；10kV，用绛红色；6kV，用深蓝色；3kV，用深绿色；0.4kV，用黄褐色；0.23kV，用深绿色；直流，用褐色。

（2）与实际相符合的图纸：主要有变配电所平面布置图；本单位主要用电设备分布图；变配电线路路径图；电气装置隐蔽工程竣工图；直流系统图。

（3）合格的常用测量表计：主要有兆欧表（用于检查电气设备绝缘电阻）；钳形电流表（用于检测低压线路电流）；万用表（用于检查分析电路状态）；接地电阻仪（用于检查各种接地极的接地电阻）；红外线温度测试仪（用于巡视电路时，测量导体和接点温度）。

（4）临时携带的照明工具。

（5）常用的电工、钳工工具及维护材料。

（6）合格的安全用具：主要有绝缘手套、绝缘靴、绝缘台、绝缘垫、绝缘鞋、绝缘拉杆、绝缘夹钳、高压验电器、低压验电笔、临时接地线、各种标示牌、临时围栏。

（7）电气消防器具：电气火灾应使用不导电的灭火器，现在主要有二氧化碳灭火器、化学干粉灭火器和喷雾水枪。

① 二氧化碳灭火器。二氧化碳灭火器是一种气体灭火器，如图 3-12 所示，不导电，二氧化碳的相对密度为 1.529，灭火剂为液态筒装，因为二氧化碳极易挥发气化，当液态二氧化碳喷射时，体积扩大 400 ～ 700 倍，强烈吸热冷却凝结成霜状干冰，干冰在火灾区直接变为气体，吸热降温并使燃烧物隔绝空气，使燃烧迅速熄灭，从而达到灭火目的。

② 干粉灭火器。干粉灭火剂主要由钾或钠的碳酸盐类加入滑石粉、硅藻土等掺合而成，不导电，实物如图 3-13 所示。其有隔热、吸热和阻隔空气的作用，将火焰熄灭。该灭火剂适用于可燃气体、液体、油类、忌水物质（如电石等）及除旋转电机以外的其他电气设备初起火灾。

③ 喷雾水枪。喷雾水枪由雾状水滴构成，其漏电电流小，比较安全，可用来带电灭火，实物如图 3-14 所示。但扑救人员应穿绝缘靴、戴绝缘手套并将水枪的金属喷嘴接地。接地线可采用截面积为 2.5 ～ 6mm^2、长 20 ～ 30m 的编织软导线，接地极采用暂时打入地中的长 1m 左右的角钢、钢管或铁棒。接地线和接地体连接应可靠。

图 3-12　二氧化碳灭火器

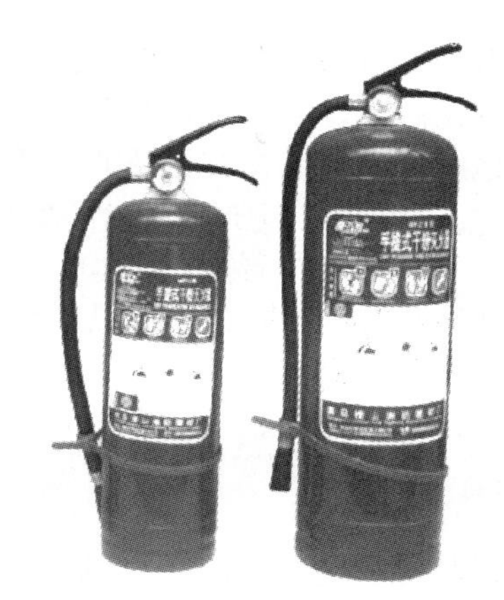

图 3-13　干粉灭火器

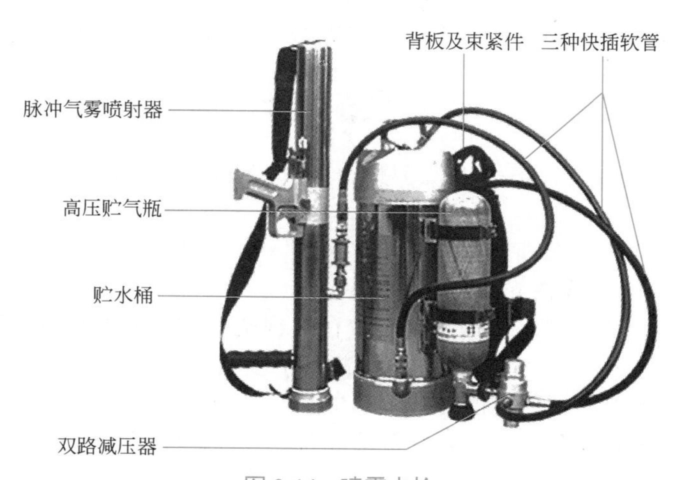

图 3-14　喷雾水枪

十一、变（配）电所配电装置需要清扫检查及预防性的安全要求

（1）变（配）电所配电装置应根据设备污秽情况、负荷重要程度及负荷运行情况等条件安排设备的清扫检查工作。一般情况下，至少每年一次。

（2）变（配）电所配电装置停电清扫检查的内容一般规定如下。

① 清扫瓷绝缘表面污垢，并检查有无裂纹、破损及爬闪痕迹。

② 检查导电部分各连接点的连接是否紧密，铜、铝接点有无腐蚀现象，若已腐蚀，清除腐蚀层后涂导电膏。

③ 检查设备外壳（系指不带电的外壳）和支架的接地线是否牢固可靠，有无断裂（断股）及腐蚀现象。

④ 对充油设备应检查出气瓣是否畅通，并检查是否缺油。对油量不足的设备补充油时，10kV 以下充油设备应补充经耐压试验合格的油；35kV 及以上者应补充同牌号油或经混油试验合格的油。

⑤ 检查传动机构和操作机构各部位的销子、螺钉是否脱落或缺少，操作机构的拉、合闸是否灵活。

⑥ 对配电装置的架构应检查：

a. 各部位螺栓有无松动及脱母现象；

b. 混凝土有无严重裂纹、脱落现象；

c. 钢架构有无锈蚀现象，锈蚀处应涂刷防腐漆；

d. 检查接地线是否良好，有无锈蚀、断裂（断股）等现象。

（3）变（配）电所的高压配电装置及设备应根据本规程有关要求，安排预防性试验。

（4）高压配电装置进行绝缘试验时，应将连接在一起的各种设备单独试验。对于成套设备，进行单独试验有困难时，也可以连在一起进行试验。此时，试验标准应采用所有连接设备中的最低标准。

十二、在高压设备二次系统上工作的安全要求

（1）继电保护的试验和仪表的校验，一般应将设备停电，并按工作票执行。

（2）所有电流（压）互感器的二次线圈，应有永久性的良好接地装置。

（3）电流互感器的二次侧不允许开路运行，开路运行会危及人身和设备的安全。

（4）电压互感器二次侧不准短路运行，短路运行会危及设备安全。

十三、在高压设备二次系统维护工作中的注意事项

（1）运行值班人员应熟悉继电保护装置的种类、工作原理、保护特性、保护范围、整定值。

（2）继电保护装置和自动装置，不能任意投入、退出或变更定值。凡带有电压的电气设备，不允许处于无保护状态下运行。

（3）凡需投入、退出继电保护装置，应在接到调度或有关上级主管负责人的通知和命令后执行。

（4）凡需改变继电保护整定值时，应取得继电保护专业人员的许可。

（5）继电保护装置，在运行中有异常情况时，应加强监视，并立即报告主管负责人。

（6）运行值班人员，对继电保护装置的操作一般只允许：

① 接通和断开保护压板；

② 切换转换开关；

③ 装、卸熔断器的熔丝。

（7）检修工作中，凡涉及供电部门定期检验的继电保护装置时，应有与现场设备相符合的图纸为依据，不允许凭记忆进行。

（8）继电保护运行中的各种操作，必须由两人进行。

（9）摇测高压二次回路的绝缘电阻，选用 1000V 的兆欧表。交流二次回路中每一个电气连接回路，绝缘电阻不低于 1MΩ；全部直流回路，绝缘电阻不低于 0.5MΩ；在摇测二次回路绝缘电阻时，应注意尽量减少拆线数量，但电源和地线必须断开。

十四、高压配电装置异常运行时的处理

运行中的高压配电装置发生异常情况时，值班员应迅速、正确地进行判断和处理。凡属供电部门所调度的设备发生异常，应报告调度所值班调度员，如威胁人身安全或设备安全运行时，应先进行处理，然后立即向有关部门和领导报告。变（配）电系统事故处理时全体运行值班人员应做到：

① 尽快限制事故发展，切除事故的根源，并解除对人身和设备安全的威胁。

② 尽可能保持对用电设备的正常供电，尽快对已停用的用电部位恢复供电，优先对一、二级负荷恢复供电。

③ 调整配电系统的运行方式，保持其安全运行。

④ 发生事故，值班人员应及时口头汇报给有关领导，然后，详尽地撰写事故报告。

1. 当变（配）电所发生全站无电时的正确处理

造成变（配）电所发生全站无电的原因有两个方面，处理时要正确分析造成故障的原因。

（1）电源有电，电源断路器掉闸时。

① 各分路断路器的继电保护装置均未动作，应详细检查设备，排除故障后方可恢复送电；

② 分路断路器的继电保护装置已动作，不论掉闸与否，可按越级掉闸处理。

（2）电源无电时。

① 电源断路器的继电保护装置已动作而未掉闸者，应立即拉开电源断路器，检查所内设备，查明故障，待故障排除后、电源有电时，方可恢复送电或倒用备用电源供电；

② 本变（配）电所无故障者，可倒用备用电源供电，但应先拉开停电电路的断路器，后合备用电源断路器。

2. 高压断路器掉闸时的正确处理

（1）配出架空线路的开关掉闸可允许手动试送两次，但第二次试送应与第一次试送掉闸后隔 1min。开关掉闸时，喷油严重者，不准试送。

（2）变压器、电容器及全线为电缆的线路掉闸不允许试送，待查明故障原因并排除后，方可试送。

（3）开关越级掉闸。

① 分路开关保护动作未掉闸，而造成电源开关掉闸者，应先拉开所有分路开关，试送电源开关，后试送无故障的各分路开关。故障路试送前，应先查明原因。

② 分路开关与电源开关同时掉闸者，应先拉开无故障的分路开关，试送电源开关，后试送各分路开关。在试送故障分路开关前，应检查两级继电保护的配合情况。

3. 高压断路器在运行中发生异常现象时的处理

（1）合闸后，开关内部有严重的打火、放电等异常声音，应方即拉开，停电检查原因。

（2）高压少油断路器因漏油而造成严重缺油者，应立即解除继电保护（断开掉闸压板），同时取下操作保险，并将所带负荷倒出或在负荷端停掉负荷后，进行停电处理。

（3）高压开关的瓷瓶或套管发生闪络、断裂及其他严重损伤时，应立即停电处理。

（4）高压开关分、合闸失灵时，进行下列检查。

① 二次回路方面：

- 操作保险或主合闸保险是否熔断，接触是否良好；
- 回路中有无断线或接头处接触不良；
- 开关辅助接点和 CD 操动机构的直流接触器的接点是否接触不良；
- 直流电压是否过低；
- 继电器的接点是否断开；
- 操作手把接点是否接通等。

② 操动机构方面：

- 分、合闸铁芯是否卡劲；
- 脱扣三联板中间连接轴的位置过高或过低；
- 合闸托架与滚轴抗劲，传动轴、杆松脱；
- 分闸顶杆太短等。

4. 隔离开关异常运行及事故处理

（1）隔离开关及引线接头处发热变色时，应立即减少负荷，并迅速停电进行处理。

（2）隔离开关拉不开时，不要猛力强行操作，可对开关手把进行试验性的摇动，并注意瓷瓶和操作机构，找出抗劲处。

（3）当发生带负荷错拉隔离开关，而刀片刚离刀闸口有弧光出现时，应立即将隔离开关合上。如已拉开，不准再合。

（4）当发生带负荷错合隔离开关时，无论是否造成事故，均不准将错合的隔离开关再错拉开。

5. 高压熔断器的熔体熔断处理

高压熔断器的熔体熔断时，应先检查被保护设备有无故障，如因过负荷熔断，可更换熔体后试送电。

6. 电压、电流互感器异常运行及事故处理

（1）电压互感器一次侧熔体熔断而二次侧熔体未熔断时，应摇测绝缘电阻值。如绝缘电阻值合格，可更换熔体后试送电，如再次熔断则应进行试验。

（2）电压互感器二次侧熔体熔断时，可更换合格的熔体后试送电，如再次熔断，应立即查找线路上有无短路现象。

（3）若电流互感器发生异常声响，表计指示异常，二次回路有打火现象，应立即停电检查二次侧是否开路或减少负荷进行处理。

（4）瓷套管表面发生放电或瓷套管破裂、漏油严重及冒烟等现象，应立即停电处理。

7.10kV 配电系统一相接地故障的处理

10kV 系统一般为不接地系统、在某些变（配）电所中装有绝缘监察装置。这套装置包括三相五柱式电压互感器、电压表、转换开关、信号继电器等。其原理参见电压互感器部分。

（1）单相接地故障的分析判断。

① 10kV 系统发生一相接地时，接在电压互感器二次开口三角形两端的继电器，发出接地故障的信号。值班人员，根据信号指示应迅速判明接地故障发生在哪一段母线，并通过电压表的指示情况，判明接地故障发生在哪一相。

② 当系统发生单相接地故障时，故障相电压指示下降，非故障相电压指示升高，电压表指针随故障发展而摆动。

③ 弧光性接地，接地相电压表指针摆动较大，非故障相电压指示升高。

（2）处理步骤。

① 属调度户应立即把接地故障情况报告上级调度所和地区变（配）电站；非调度户应报告上级地区变（配）电站。

② 查找接地，原则上先检查变（配）电所内设备状况有无异常，判明接地点部位。检查重点是有无瓷绝缘损坏、小动物电死后未移开以及电缆终端头有无击穿现象等。

③ 如变（配）电所内未查出故障点，在上级调度员或值班员的指令下可采用试拉各路出线开关的方法查故障。试拉路时，可根据现场规程的规定，先拉三级负荷，对一、二级负荷尽可能采取倒路方式维持运行。

④ 如试拉出线开关时，发现故障发生在电缆出线，应及时报告有关领导或部门查处。

⑤ 如试拉出线开关，发现接地故障发生在出线架空线路上，应报告有关领导或部门沿线查找，从速处理。

（3）注意事项。

① 查找接地故障时，严禁用隔离开关直接断开故障点。

② 查找接地故障时，应有两人协同进行，并穿好绝缘鞋、戴绝缘手套、使用绝缘拉杆等安全用具，防止跨步电压伤人。

③ 系统接地运行时间不超过 2h。

④ 通过拉路试验，确认与接地故障无关的回路应恢复运行，而故障路必须待故障消除后方可恢复运行。

8. 变压器的异常运行及事故处理

（1）值班人员发现运行中变压器有异常现象（如漏油、油枕内油面高度不够、温度不正常、音响不正常、瓷绝缘破损等）时，应设法尽快排除，并报告领导和记入值班运行记录簿。

（2）变压器运行中发生以下异常情况时，应立即停止运行。

① 变压器内部声音很大，很不均匀，有严重放电声和撞击声。

② 在正常冷却条件下，变压器温度不断上升。

③ 防爆管喷油。

④ 油色变化过甚，油内出现炭质。

⑤ 套管有严重的破损和放电现象。

（3）变压器过负荷超过允许值时，值班人员应及时调整和限制负荷。

（4）变压器油的温升超过许可限度时，值班人员应判别原因，采取办法使其降低，并检查：

① 温度表是否正常。

② 冷却装置是否良好。

③ 变压器室通风是否良好。

（5）变压器油面有显著降低时，应立即补油，并解除重瓦斯继电器所接的掉闸回路。因温度上升，油面升高时，如油面高出油位指示计限度，则应放油，使其降低油面，以免溢油。

（6）变压器的瓦斯、速断保护同时动作掉闸，未查明原因和消除故障之前，不得送电。

（7）变压器瓦斯保护信号装置动作时，应查明瓦斯继电信号装置动作的原因。

（8）变压器开关故障掉闸后，如检查证明不是由内部故障引起，则故障消除后可重新投入运行。

（9）变压器发生火灾，首先应将所有开关和刀闸拉开，并将备用变压器投入运行。

（10）变压器在运行中，当一次熔丝熔断后，应立即进行停电检查。检查内容应包括外部有无闪络、接地、短路及过负荷等现象，同时应摇测绝缘电阻。

第四章

安全技术与绝缘安全用具

一、安全技术

1. 电流大小对人体伤害程度的影响

电流通过人体，人体会有麻、疼等感觉，随着电流的增加，还会引起颤抖、剧痛、肌肉僵直、呼吸窒息、心脏停跳等，乃至失去知觉而死亡。

通过人体的电流越大，人体的生理反应越明显，人的感觉越强烈，破坏心脏工作所需的时间越短，致命的危险越大。

对于 50mA 以下的直流电流通过人体，人可以自己摆脱电源，可以看作是安全电流。

对于工频交流电，按照通过人体电流大小的不同，人体呈现的不同状态，可将电流分为以下三级：

（1）感知电流。感知电流是引起人的感觉的最小电流，实验资料表明，对于不同的人，感知电流也不相同，成年男性平均感知电流约为 1mA；成年女性约为 0.7mA。

（2）摆脱电流。摆脱电流是人触电以后能自己摆脱电源的最大电流，实验资料表明，对于不同的人，摆脱电流也不相同；成年男性平均摆脱电流约为 16mA；女性约为 10.5mA；成年男性的最小摆脱电流约为 9mA；成年女性约为 6mA。最小摆脱电流是按 0.5% 的概率考虑的。

（3）致命电流。致命电流是指在较短时间内危及生命的最小电流。在电流不超过数百毫安的情况下，电击致死的主要原因是电流引起心室颤动或窒息。因此，可以认为引起心室颤动的电流即致命电流。到这时候，想依靠自己的力量（自己的意志）离开触电的地点已经是不可能的了。

2. 触电方式

（1）单相触电。最常见的触电方式如图 4-1 所示。人体某一部分接触带电体的同时另一部分与大地相连，是指人体站在地面或其他接地体上，人体的某一部位触及电气装置带电的任何一相所引起的触电。它的危险程度由电压的高低、绝缘情况、电网的中性点是否接地和每相对地电容的大小等决定。

（2）两相触电。它是指人体的两处同时接触带电的任何两相电源的触电。在这种情况下，不管电网的中性点是不是接地，人体都处在线电压之下，这是最为危险的触电形式，这时电线上的电就会通过人体，从一根电线到另一根电线形成回路，人体受到的电压是线电压，因此触电的后果很严重。

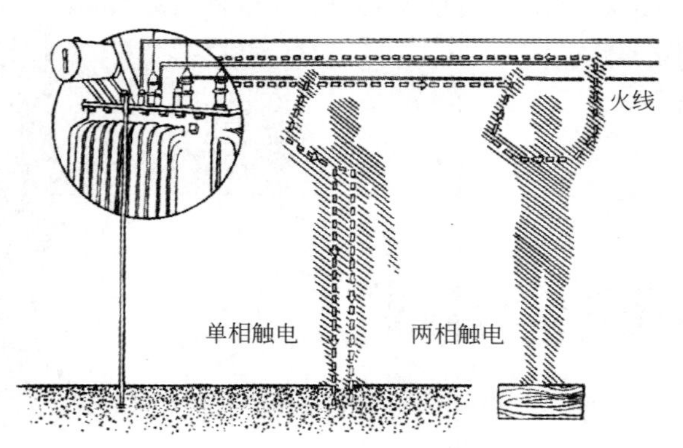

图 4-1 常见的触电形式

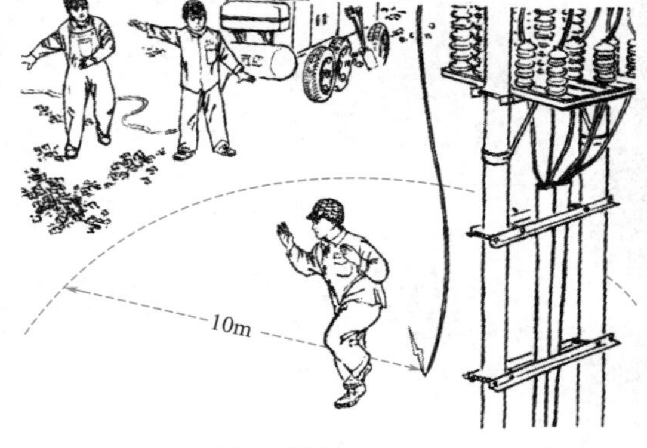

图 4-2 单脚或双脚跳离跨步电压的危险区

（3）跨步电压触电。如果人或牲畜站在距离电线落地点 8 ～ 10m 以内，就可能发生触电事故，这种触电称为跨步电压触电。人受到跨步电压时，电流虽然是沿着人的下身，从脚经腿、胯部又到脚与大地形成通路，没有经过人体的重要器官，好像比较安全。但是实际并非如此。因为人受到较高的跨步电压作用时，双脚会抽筋，使身体倒在地上。这不仅使作用于身体上的电流增加，而且使电流经过人体的路径改变，完全可能流经人体重要器官，如从头到手或脚。经验证明，人倒地后电流在体内持续作用 2s，这种触电就会致命。

跨步电压触电一般发生在高压电线落地时，但对低压电线落地也不可麻痹大意。根据试验，当牛站在水田里，如果前后跨之间的跨步电压达到 10V 左右，牛就会倒下，电流常常会流经它的心脏，触电时间长了，牛会死亡。

如果高压导线正好断落在人的附近，切勿慌张，决不能跨步奔走，以免造成跨步电压触电，应采用单脚或双脚并齐的方式跳离危险区，如图 4-2 所示。

（4）接触电压触电。电气设备由于绝缘损坏造成接地故障时，如果人体两个部分（手和脚）同时接触设备外壳和地面，则造成人体两部分的电位差。

（5）感应电压触电。人触及带有感应电压的设备和线路时造成的触电事故。

（6）剩余电荷触电。当人体接触到带有剩余电荷的设备时引起的对人体的放电事故。

3. 触电现场救护原则

发生了触电事故，首先不要惊慌失措，应该采取以下基础急救措施。

（1）迅速切断电源，关闭电闸，或用干木棍、竹竿等不导电物体将电线挑开。电源不明时，切忌直接用手接触触电者，以免自己也成为带电体而遭受电击。

（2）在浴室或潮湿地方，救护人员要穿绝缘胶鞋、戴胶皮手套或站在干燥木板上以保护自身安全。

（3）呼吸心跳停止者，立即进行心脏除颤、心肺复苏（CPR）。不要轻易放弃，一般应进行半小时以上。有条件者应尽早在现场使用自动体外除颤器（AED）仪器。

（4）紧急呼救，向医疗急救部门呼救。

（5）持续在现场进行心肺复苏救护，直到专业医务人员到达现场。

（6）烧伤伤员局部应就地取材进行创面的简易包扎，再送医院抢救。

4. 脱离电源后的处理

（1）对神志清醒的触电伤员，应将其就地躺平，严密观察呼吸、脉搏等生命指标，暂时不要让其站立或走动。

（2）对神志不清的触电伤员，应将其就地躺平，且确保气道通畅，并用 5s 的时间，呼叫伤员或轻拍其肩部，以判定伤员是否丧失意识，禁止摇动伤员头部呼叫伤员。

（3）对需要进行心肺复苏的伤员，在将其脱离电源后，应立即就地进行有效心肺复苏抢救。

（4）呼吸、心跳情况的判定。触电伤员如意识丧失，应在 10s 内用看、听、试的方法，判定伤员呼吸心跳情况。

看：看伤员的胸部、上腹部有无呼吸起伏动作。

听：用耳贴近伤员的口鼻处，听有无呼气声音。

试：试测口鼻有无呼气的气流，再用两手指轻试一侧（左或右）喉结旁凹陷处的颈动脉有无搏动。

若采用看、听、试等方法发现伤员既无呼吸又无颈动脉搏动，可判定伤员呼吸心跳停止。

（5）进行心肺复苏（CPR）。

（6）紧急呼救。大声向周围人群呼救，同时拨打 120 电话请求急救。

（7）伤员的移动与转院。心肺复苏应在现场就地坚持进行，不要随意移动伤员，如确实需要移动时，抢救中断时间不应超过 30s。移动伤员或将伤员送医院时，除应使伤员平躺在担架上并在其背部垫以平硬宽木板外，还应继续抢救，心跳呼吸停止者应继续用心肺复苏技术抢救，并做好保暖工作。

（8）伤员好转后的处理。如伤员的心跳和呼吸经抢救后均已恢复，则可暂停心肺复苏操作，但心跳呼吸恢复后的早期有可能再次骤停，应严密监护，不能麻痹，要随着准备再次抢救。

5. 安全距离包括的内容

安全距离就是在各种工作条件下，带电导体与附近接地的物体、地面、不相同的带电导体以及工作人员之间所必须保持的最小距离或最小空气间距。这个间距不仅应保证在各种可能的最大工作电压或过电压的作用下，不发生闪络放电，还应保证工作人员在对设备进行维护检查、操作和检修时的绝对安全。

（1）设备不停电时的安全距离。其规定数值如下：10kV 及以下——0.7m；35kV——1.0m；110kV——1.5m；220kV——3.0m；500kV——5.0m。该安全距离规定值是指在移开设备遮栏的情况下，考虑了工作人员在工作中的正常活动范围。

（2）起重机与架空输电导线的安全距离。电压 220kV 时，沿水平方向和垂直方向都是 6m。电压 60 ～ 110kV 时，沿水平方向为 4m，垂直方向都是 5m。

（3）10kV 高压线路距离建筑最小的水平安全距离为 1.2m，垂直距离为 2.5m。为了保障住户的生命安全，供电部门将电杆由原来的 10m 加高到了 12m 或者 15m。

（4）高压设备发生接地故障时，人体与接地点的安全距离为：室内应大于 4m，室外应大于 8m。

6. 做好隔离和间距

隔离是将电气设备分室安装，并在隔离墙上采取封堵措施，以防止爆炸性混合物进入。

将工作时产生火花的开关设备装于危险环境范围以外（如墙外）；采用室外灯具通过玻璃窗给室内照明等都属于隔离措施。将普通拉线开关浸泡在绝缘油内运行，并使油面有一定高度，保持油的清洁；将普通日光灯装入高强度玻璃管内，并用橡皮塞严密堵塞两端等都属于简单的隔离措施，但这种措施只用作临时性或爆炸危险性不大的环境。

（1）户内电压为 10kV 以上、总油量为 60kg 以下的充油设备，应安装在两侧有隔板的间隔内；总油量为 60 ～ 600kg 者，应安装在有防爆隔墙的间隔内；总油量为 600kg 以上者，应安装在单独的防爆间隔内。

（2）10kV 及其以下的变、配电室不得设在爆炸危险环境的正上方或正下方。变电室与各级爆炸危险环境毗连，最多只能有两面相连的墙体与危险环境共用。

（3）10kV 及其以下的变、配电室也不宜设在火灾危险环境的正上方或正下方，也可以与火灾危险环境隔墙毗连。

（4）变、配电站与建筑物、堆场、储罐应保持规定的防火间距，且变压器油量越大，建筑物耐火等级越低及危险物品储量越大者，所要求的间距也越大，必要时可加防火墙。

（5）为了防止电火花或危险温度引起火灾，开关、插销、熔断器、电热器具、照明器具、电焊设备和电动机等均应根据需要，适当避开易燃物或易燃建筑构件。

（6）10kV 及其以下架空线路，严禁跨越火灾和爆炸危险环境；当线路与火灾和爆炸危险环境接近时，水平距离一般不应小于杆柱高度的 1.5 倍。

7. 进行电气灭火

火灾发生后，电气设备和电气线路可能是带电的，如不注意，可能引起触电事故。根据现场条件，可以断电的应断电灭火；无法断电的则带电灭火。电力变压器、多油断路器等电气设备充有大量的油，着火后可能发生喷油甚至爆炸事故，造成火焰蔓延，扩大火灾范围，这是必须加以注意的。

（1）触电危险和断电。电气设备或电气线路发生火灾，如果没有及时切断电源，扑救人员身体或所持器械可能接触带电部分而造成触电事故。因此，发现起火后，首先要设法切断电源。切断电源应注意以下几点。

① 火灾发生后，由于受潮和烟熏，开关设备绝缘能力降低。因此，拉闸时最好用绝缘工具操作。

② 高压应先操作断路器而不应该先操作隔离开关切断电源，低压应先操作电磁启动器而不应该先操作刀开关切断电源，以免引起弧光短路。

③ 切断电源的地点要选择适当，防止切断电源后影响灭火工作。

④ 剪断电线时，不同相的电线应在不同的部位剪断，以免造成短路。剪断空中的电线时，剪断位置应选择在电源方向的支持物附近，以防止电线剪后断落下来，造成接地短路和触电事故。

（2）带电灭火安全要求。有时，为了争取灭火时间，防止火灾扩大，来不及断电；或因灭火、生产等需要，不能断电，则需要带电灭火。带电灭火须注意以下几点。

① 应按现场特点选择适当的灭火器。二氧化碳灭火器、干粉灭火器的灭火剂都是不导电的，可用于带电灭火。泡沫灭火器的灭火剂（水溶液）有一定的导电性，不宜用于带电灭火。

② 用水枪灭火时宜采用喷雾水枪，这种水枪流过水柱的泄漏电流小，带电灭火比较安全。用普通直流水枪灭火时，为防止通过水柱的泄漏电流通过人体，可以将水枪喷嘴接地；也可以让灭火人员穿戴绝缘手套、绝缘靴或穿戴均压服操作。

③ 人体与带电体之间保持必要的安全距离。用水灭火时，水枪喷嘴至带电体的距离：电压为 10kV 及其以下者不应小于 3m，电压为 220kV 及其以上者不应小于 5m。用二氧化碳等有不导电灭火剂的灭火器灭火时，机体、喷嘴至带电体的最小距离：电压为 10kV 者不应小于 0.4m，电压为 35kV 者不应小于 0.6m 等。

④ 对架空线路等空中设备进行灭火时，人体位置与带电体之间的仰角不应超过 45°。

（3）充油电气设备的灭火。充油电气设备的油，其闪点多在 130 ～ 140℃之间，有较大的危险性。如果只在该设备外部起火，可用二氧化碳、干粉灭火器带电灭火。如火势较大，应切断电源，并可用水灭火。如油箱破坏，喷油燃烧，火势很大时，除切断电源外，有事故储油坑的应设法将油放进储油坑，坑内和地面上的油火可用泡沫扑灭。

发电机和电动机等旋转电机起火时，为防止轴和轴承变形，可令其慢慢转动，用喷雾水灭火，并使其均匀冷却；也可用二氧化碳或蒸气灭火，但不宜用干粉、砂子或泥土灭火，以免损伤电气设备的绝缘。

二、高压安全用具

1. 安全用具的分类

高压安全用具是电工的工具，但电工的工具有很多种，根据使用有着不同的要求，高压安全用具主要是用于进行高压设备操作必配的防护用具，它们可以避免触电事故、弧光灼伤事故和高空坠落等伤害事故的发生，高压安全用具与电工通常使用的工具不同，通常的电工工具在工作时是要对电器进行连接、导线的钳切、焊接等直接接触的操作。

安全用具，可以分为绝缘安全工具和非绝缘安全用具两种。绝缘安全用具是用来防止工作人员直接触电的，按其功能可分为基本安全用具和辅助安全用具，或绝缘操作用具和绝缘防护用具两大类。

（1）基本绝缘安全用具。基本绝缘安全用具是用具本身的绝缘足以抵御正常工作电压的用具（即可以接触带电体），绝缘安全用具本身还必须具备良好的机械强度，高压设备的基本绝缘安全用具有三个：高压绝缘杆、高压绝缘夹钳和高压验电器。低压设备的基本绝缘安全用具如：绝缘手套，装有绝缘手柄的工具和低压试电笔等。

（2）辅助绝缘安全用具。辅助绝缘安全用具是用具本身的绝缘不足以抵御正常工作电压的用具（即不可以接触带电体），是使用基本绝缘安全用具时的辅助绝缘安全用具，主要有：绝缘靴、绝缘垫、绝缘台等。

（3）检修安全用具。检修安全用具属于非绝缘安全用具，是指那些不具有绝缘性能的安全工具。这类安全用具的主要用途是防止停电的电气设备突然来电或产生感应电压，防止工作人员误接触带电设备，受到伤害等。如携带式接地线、防护遮栏、各种安全标示牌、防护眼镜等，这些工具虽然不绝缘，但是对防止工作人员触电、灼伤是必不可少的。

2. 高压绝缘杆的使用

高压绝缘杆是电工用于断开和闭合高压刀闸，分、合跌落式熔断器或拆除临时接地线，进行正常的带电测量和试验等工作所必备的工具。

高压绝缘杆由电木、胶木、塑料、环氧树脂玻璃布棒（管）等材料制成，为了便于携带可以分成 3 ～ 4 段，每段的端头用金属螺纹连接，长度不小于 4.5m，绝缘杆的结构如图 4-3（a）所示。

使用绝缘拉杆时，应佩戴绝缘手套。同时手握部分应限制在允许范围内，不得超出防护罩或防护环，绝缘拉杆的连接部分应拧紧，检查外观应清洁且无油垢、裂纹、断裂、毛刺、划痕及明显变形等。

在下雨、下雪或潮湿的天气，在室外使用绝缘杆应装有防雨的伞形罩，伞的下部应保持干燥，没有伞形罩的绝缘杆一般不得在上述天气中使用。防雨绝缘杆的结构如图 4-3（b）所示。

绝缘杆在使用中要防止碰撞，以避免的损坏表面绝缘层。平时绝缘杆应保存在干燥的地方，一般应放在特制的架（柜）内，放置时不应与墙或地面接触，以免损伤绝缘层和变形。绝缘杆应定期进行耐压试验，每年一次。

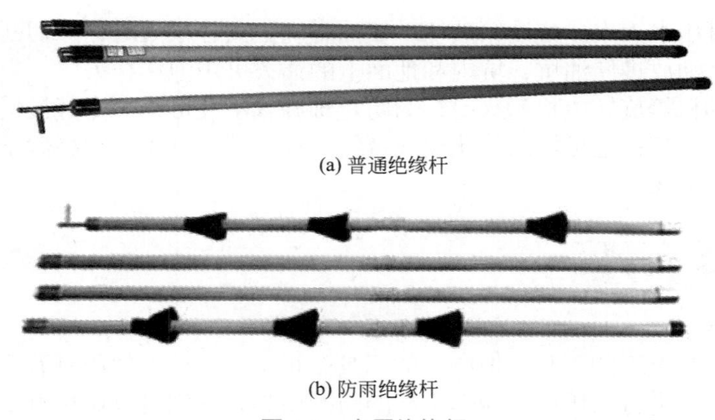

(a) 普通绝缘杆

(b) 防雨绝缘杆

图 4-3　高压绝缘杆

附：绝缘杆使用检查视频二维码

3. 绝缘夹钳的使用

绝缘夹钳主要用于拆卸 35kV 以下电力系统中的户内高压熔断器。绝缘夹钳一般不用于 35kV 以上的高压系统，绝缘夹钳是由胶木、电木或用亚麻油浸煮过的木材制成的。它的结构如图 4-4 所示。

绝缘夹钳应保存在特别的箱子内，以防受潮后降低绝缘强度，按规定每年进行一次耐压试验。

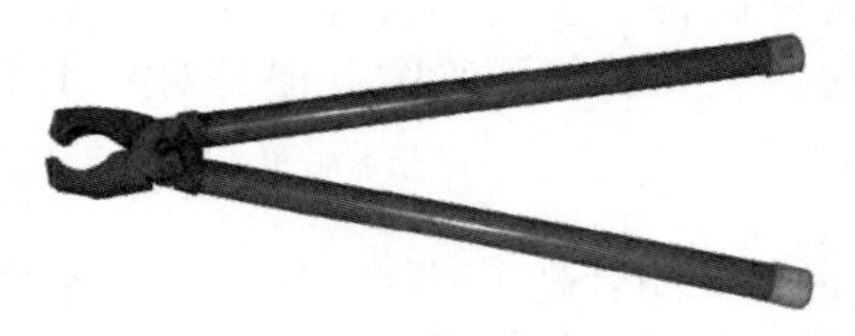

图 4-4　高压绝缘夹钳

附：绝缘夹钳操作的使用视频，可查看第五章的“四、电压互感器更换高压熔丝的操作”中的视频。

4. 高压验电器的使用

高压验电器是检验高压电气设备是否有电的一种安全用具，属于基本绝缘安全用具。高压验电器的结构如图 4-5 所示，现在使用的高压验电器由探头、信号部分和绝缘棒组成。当接近或接触高压时发出声光信号，用以指示设备或线路系统是否有电。

使用高压验电器前必须进行认真检查，主要检查外观有无损伤、划痕、裂纹等，此外还应检查验电器的试验期是否超过规定期限，如果试验期有效，在进行验电之前还需检验验电器声光部分是否工作正常，应先在电压等级相符的带电设备上验明验电器的发光正常之后，立即在验电设备上进行验电。使用高压验电器时，应配备相适合的辅助绝缘安全用具（如绝缘手套）同时使用。

使用高压验电器时不得接地，以避免碰到带电的设备造成短路或触电事故。验电操作时应将工作触点逐渐移向设备或线路的带电部分与之接触，直到发声光为止。按规定，高压验电器每年必须进行两次检验，保存时应存放在防潮的匣内，并放在干燥的地方。

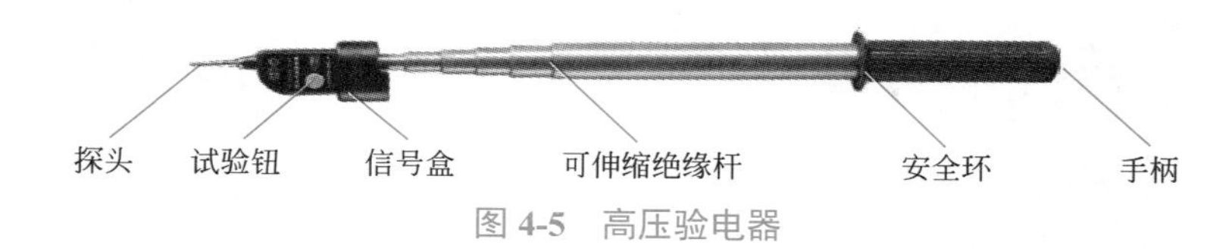

图 4-5 高压验电器

验电操作中的安全注意事项：

① 检修的电气设备停电后，在悬挂接线之前，必须用验电器检查有无电压；

② 应在施工或检修设备的进出线的各相分别进行；

③ 拉开绝缘杆所有的伸缩节，使其拉足并定位稳定；

④ 高压验电必须戴绝缘手套，手必须握在安全环以下部位；

⑤ 联络用的断路器或隔离开关检修时，应在其两侧验电；

⑥ 线路的验电应逐相进行；

⑦ 同杆架设的多层电力线路检修时，先验低压，后验高压；先验下层，后验上层；

⑧ 表示设备断开的常设信号或标志，表示允许进入间隔的信号以及接入的电压表指示无电压和其他无电压信号指示，只能作参考，不能作为设备无电的依据。

⑨ 验电时，验电器应逐渐地靠近并接触带电体。

带电体与剩余电荷的区分：

带电体是良好的验电器在距带电体约 100mm 时即可发出信号，接触到带电体后信号不减弱；

剩余电荷只有在验电器接触到导体时才可发出信号，并且信号是逐步减弱的。

附：高压验电器使用前的检查及实操演示视频二维码

三、辅助绝缘的安全用具

1. 绝缘靴的正确使用

高压绝缘靴作为高压和低压电气设备上辅助安全用具使用，如图 4-6 所示。但不论是穿低压或高压绝缘鞋（靴），均不得直接用手接触电气设备。绝缘靴的使用不可有破损，穿用绝缘靴时，应将裤管套入靴筒内。穿用绝缘鞋时，裤管不宜长及鞋底外沿条高度，更不能长及地面，保持布帮干燥。

绝缘靴的靴底是非耐酸碱油的橡胶底，不可与酸碱油类物质接触，并应防止尖锐物刺伤。低压绝缘靴若底花纹磨光，露出内部颜色时则不能作为绝缘靴使用。

在购买绝缘靴时，应查验靴上是否有绝缘永久标记，如红色闪电符号，靴底有耐电压多少伏等表示；靴内是否有合格证、安全鉴定证、生产许可证编号等。

2. 绝缘手套的正确使用

绝缘手套可以防止触电的伤害，使用绝缘手套还可以直接在低电设备上进行带电作业，它是一种低压基本安全用具，绝缘手套实物见图 4-7。

图 4-6　绝缘靴

图 4-7　绝缘手套

手套应有足够的长度，一般为 30 ～ 40cm，至少应超过手腕 10cm。使用绝缘手套时，应将外衣袖口塞进手套的袖筒里。使用前应进行外部检查，查看是否完好，表面有无磨损、破漏、划痕等。若有粘胶破损或漏气现象，则严禁使用。

使用前，应进行外观检查，查看橡胶是否完好，查看表面有无针孔、疵点、裂纹、砂眼、杂质、修剪损伤、夹紧痕迹等。如有粘胶破损或漏气现象，应禁止使用。

因为对绝缘手套有电气性能的要求，所以不能用医疗或化学用的手套代替绝缘手套，同时也不应将绝缘手套作其他用途。

绝缘手套应统一编号，现场使用的绝缘手套最少保证两副。

绝缘手套使用后应内外擦净、晾干，保持干燥、清洁，最好撒上一些滑石粉，以免粘连。

绝缘手套应存放在干燥、阴凉的专用柜内，与其他工具分开放置，其上不得堆压任何物件，以免刺破手套。

绝缘手套不允许放在过冷、过热、阳光直射和有酸、碱、药品的地方，以防胶质老化，降低绝缘性能。

附：绝缘手套检查漏气试验演示视频二维码

四、检修安全用具

1. 临时接地线的使用

为了预防停电检修设备发生突然来电造成触电事故，采用的主要措施就是装设临时接地线。将有可能来电方向的三相线路短接并集中接地。线路接地后首先可将停电设备上的剩余电荷泄放入大地；当出现突然来电时，可促使电源开关迅速跳闸。可使伤害程度得到较大的限制和减轻。临时接地线在使用时应注意以下几点。

① 临时接地线应使用多股软裸铜线，截面积不小于 25mm^2（现市场供应的临时接地线，有一种在导线外加无色透明塑料绝缘，其目的是保护软铜导线不易断线，不散股，可视为裸线），如图 4-8 所示；

② 临时接地线无背花，无死扣；

③ 接地线与接地棒的连接应牢固，无松动现象；

④ 接地棒绝缘部分无裂缝，完整无损；

⑤ 接地线卡子或线夹与软铜线的连接应牢固，无松动现象。

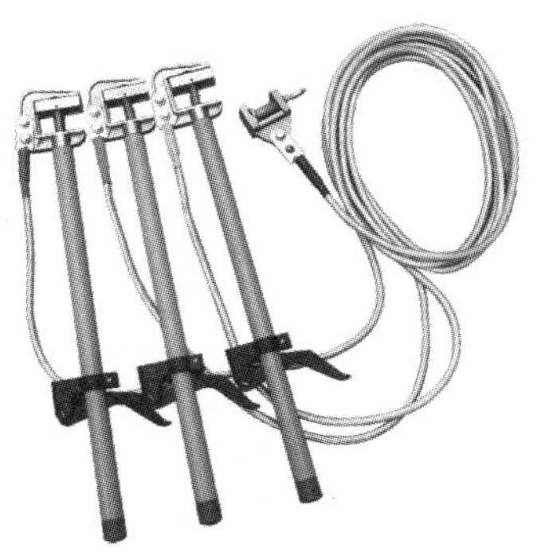

图 4-8　临时接地线

2. 挂、拆临时接地线的操作要求

挂临时接地线应由值班员在有人监护的情况下，按操作票指定的地点进行操作。在临时接地线上及其存放位置上均应编号，挂临时接地线还应按指定的编号使用。

装设临时接地线的实际操作及安全注意事项：

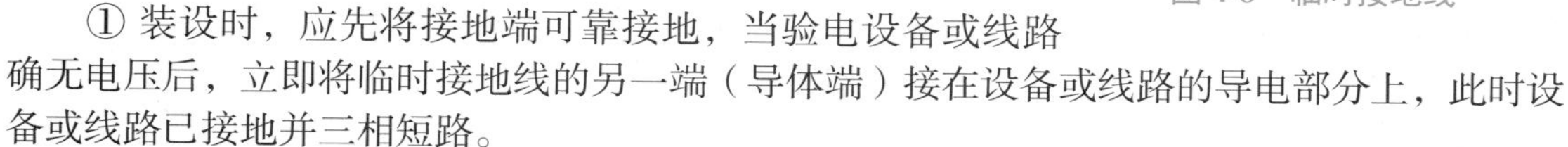

① 装设时，应先将接地端可靠接地，当验电设备或线路确无电压后，立即将临时接地线的另一端（导体端）接在设备或线路的导电部分上，此时设备或线路已接地并三相短路。

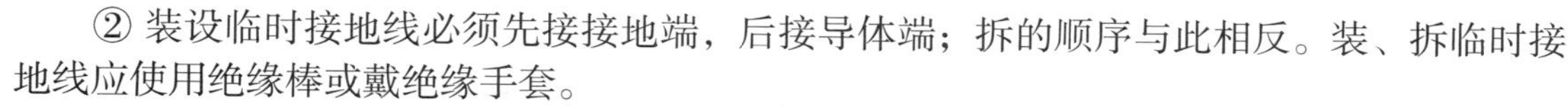

② 装设临时接地线必须先接接地端，后接导体端；拆的顺序与此相反。装、拆临时接地线应使用绝缘棒或戴绝缘手套。

③ 对于可能送电至停电设备或线路的各方面或停电设备可能产生感应电压的，都要装设临时接地线。

④ 分段母线在断路器或隔离开关断开时，各段应分别验电并接地之后方可进行检修。降压变电所全部停电时，应在各个可能来电侧的部位装设临时接地线。

⑤ 在室内配电装置上，临时接地线应装在未涂相色漆的地方。

⑥ 临时接地线应挂在工作地点可以看见的地方。

⑦ 临时接地线与检修的设备或线路之间不应连接有断路器或熔断器。

⑧ 带有电容的设备或电缆线路，在装设临时接地线之前，应先放电。

⑨ 同杆架设的多层电力线路装设临时接地线时，应先装低压，后装高压；先装下层，后装上层；先装“地”，后装“火”；拆的顺序则相反。

⑩ 装、拆临时接地线的工作必须由两人进行，若变电所为单人值班，则只允许使用接地线隔离开关接地。

⑪ 装设了临时接地线的线路，还必须在开关的操作手柄上挂“已接地”的标志牌。

3. 挂、拆接地线操作时使用操作票的必要性

挂接一组地线的操作项目有两步，即在 ×× 设备上验电应无电；在 ×× 设备上挂接地线。拆接地线的操作项目为一步，即拆除 ×× 设备的接地线。但都必须使用操作票。

因为此项操作关系到人身安全，所以要谨慎进行，其中特别是挂接地线的操作，如发生错误，就要发生带电挂接地线，造成操作电工触电或烧伤以及电气设备的损坏事故。误拆除接地线的危害也不小，当停电设备进行检修工作还未结束，工作地点两端导线没有挂地线。这时，如线路突然来电，检修人员就会触电伤亡。所以无论是挂接地线还是拆除接地线的操作都必须使用操作票。

4. 挂接地线时，先接接地端、后接导线端的原因

挂接或拆除接地线的操作顺序千万不可颠倒，否则将危及操作人员的人身安全，甚至造成人身触电事故。挂接地线时，如先将地线挂接在导体上，即先接导线端后接接地端，此时若线路带电（包括感应电压），操作者的身体上也会带电，这样将危及操作者的人身安全，拆地线时，如先将接地线的接地端拆开，还未拆下导线的短路线，这时，若线路突然来电（包括感应电压），操作者的身体上会带电，人体上有电流通过，将危及操作人员的人身安全。

附：挂、拆临时接地线操作视频二维码

5. 高压放电棒的使用

高压放电棒在变压器、电力电容器和电力电缆的检修中对于这些具有存储电荷功能的设备或元件，无论是否配置了放电装置，在停电后检修操作前，都必须进行充分的放电，以避免发生剩余电荷触电伤人。使用高压放电棒的时候，应先将接地端与地线连接牢固，一人操作一人监护，操作人应戴绝缘手套，穿绝缘靴，对已经执行了停电、验电操作的储能设备，用放电棒的金属头在其导体反复滑触，充分放电直至无火花、无声响，在检修操作中严禁使用普通导线代替高压放电棒放电。高压放电棒见图 4-9。

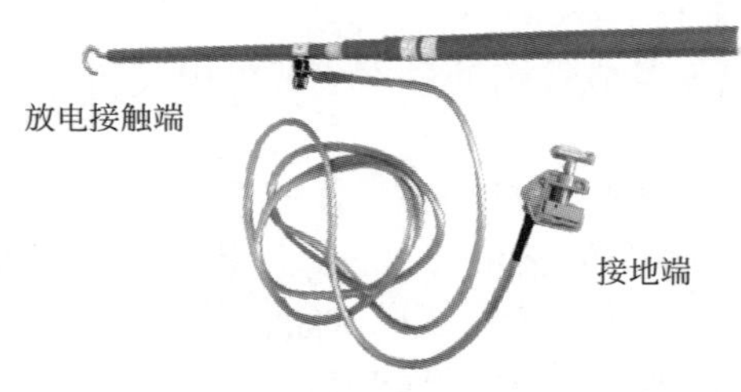

图 4-9 高压放电棒

6. 标示牌的使用规定

标示牌的主要作用是提醒和警告，悬挂标示牌可提醒有关人员及时纠正将要进行的错误操作和做法，警告人员不要误入带电间隔或接近带电的部分。标示牌按其性质分为四类七种：

（1）禁止类：有“禁止合闸，有人工作 !”和“禁止合闸，线路有人工作 !”。

禁止合闸
有人工作

“禁止合闸，有人工作”尺寸：200mm×100mm。白底红字。标示牌应悬挂在：挂在一经合闸即可送电到施工地点的断路器设备和隔离开关的操作手柄（检修设备挂此牌）。

禁止合闸
线路有人工作

“禁止合闸，线路有人工作”尺寸：200mm×100mm 或 80mm×50mm。红底白字。标示牌应悬挂在：挂在一经合闸即可送电到施工地点的断路器设备和隔离开关的操作手柄（检修线路挂此牌）。

（2）警告类：有“止步，高压危险”和“禁止攀登，高压危险”。

“禁止攀登，高压危险”尺寸：200mm×250mm。白底红字，中间有红色危险标志，标示牌悬挂在：

禁止攀登
高压危险

工作人员上下铁架邻近可能上下的另外的铁架上；

运行中变压器的梯子上；

输电线路的铁塔上；

室外高压变压器台支柱杆上。

止步
高压危险

“止步，高压危险”尺寸：200mm×250mm。白底红字。中间有红色危险标志，标示牌悬挂在：

工作地点邻近带电设备的遮栏、横梁上；
室外工作地点的围栏上；
室外电气设备的架构上；
禁止通行的过道上；
高压试验地点。

（3）准许类：有“在此工作”和“从此上下”。

“在此工作”尺寸：250mm×250mm。绿底中有直径210mm的白圈，圈中黑字分为两行。标示牌应悬挂在：室内和室外允许工作地点或施工设备上。

“从此上下”尺寸：250mm×250mm。绿底中有直径210mm的白圈，圈中黑字分为两行。标示牌应悬挂在：允许工作人员上下的铁架、梯子上。

（4）提醒类：有“已接地”。

已接地

“已接地”尺寸：240mm×130mm。绿底黑字。标示牌应悬挂在：已接接地线的隔离开关操作手柄上。

除此以外，还有一些悬挂在特定地点的标示牌。如“禁止推入，有人工作”“有电危险，请勿靠近”等。

7. 标示牌的用法及悬挂的数量规定

禁止类标示牌悬挂在“一经合闸即可送电到施工设备或施工线路的断路器和隔离开关的操作手柄上”，禁止类标示牌数量必须与工作班组数一致。

（1）警告类标示牌悬挂在以下场所：
① 禁止通行的过道上或门上；
② 工作地点邻近带电设备的围栏上；
③ 在室外构架上工作时，挂在工作地点邻近带电设备的横梁上；
④ 已装设的临时遮栏上；
⑤ 进行高压试验的地点附近。

（2）准许类标示牌悬挂在以下场所：
① 室外和室内工作地点或施工设备上；
② 供工作人员上、下的铁架、梯子上。

（3）提醒类标示牌悬挂在“已接地线的隔离开关的操作手柄上”。

（4）标示牌悬挂数量规定如下：
① 禁止类标示牌的悬挂数量应与参加工作的班组数相同；
② 提醒类标示牌的悬挂数量应与装设接地线的组数相同；
③ 警告类和准许类标示牌的悬挂数量，可视现场情况适量悬挂。

8. 遮栏应当正确使用

遮栏的作用是限制工作人员的活动范围，以防止工作人员和其他人员在工作中造成对带电设备的危险接近，造成人员发生触电事故。因此，当进行停电工作时，如与带电部分的安全距离小于下列数值：10kV 为 0.7m 时，应在工作地点和带电部分之间装设临时性遮栏。实际上，检修工作范围大于 0.7m 时，一般现场也设置临时遮栏，这时所设的遮栏的作用是防止检修人员随便走动，以致走错位置，或外人进入，接近带电设备，避免触电事故的发生。常用的临时遮栏见图 4-10。

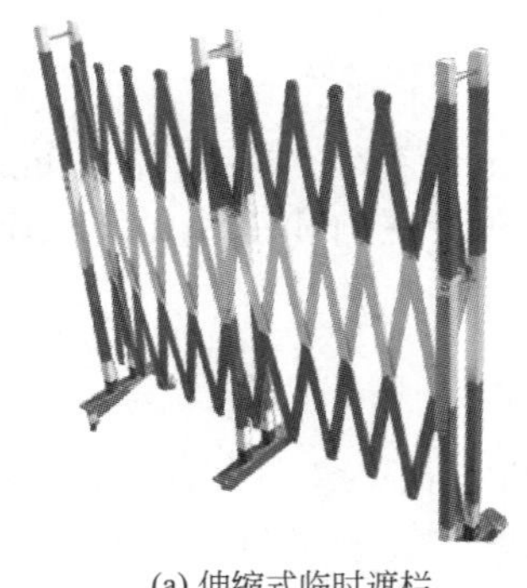

(a) 伸缩式临时遮栏

(b) 安全警戒围绳

图 4-10　临时遮栏

室内与室外停电检修设备使用临时遮栏的差别有如下规定。

（1）室内：用临时遮栏将带电运行设备围起，在遮栏上挂标示牌，牌面向外。配电屏后面的设备检修，应将检修的屏后网状遮栏门或铁板门打开，其余带电运行的盘应关好，加锁。

配电屏后面应有铁板门或网状遮栏门，无门时，应在左右两侧屏安装临时遮栏。

（2）室外：用临时遮栏将停电检修设备围起（但应留出检修通道）。在遮栏上挂标示牌，牌面向内。

9. 绝缘垫和绝缘站台

绝缘垫和绝缘站台只作为辅助安全用具。绝缘垫用厚度 5mm 以上、表面有防滑条纹的橡胶制成，其最小尺寸不宜小于 0.8m×0.8m。绝缘站台用木板或木条制成。相邻板条之间的距离不得大于 2.5cm（如图 4-11 所示），以免鞋跟陷入，绝缘站台不得有金属零件；台面板用支持绝缘子与地面绝缘，支持绝缘子高度不得小于 10cm；台面板边缘不得伸出绝缘子之外，以免站台翻倾，人员摔倒。绝缘站台最小尺寸不宜小于 0.8m×0.8m，但为了便于移动和检查，最大尺寸也不宜超过 1.5m×1.0m。

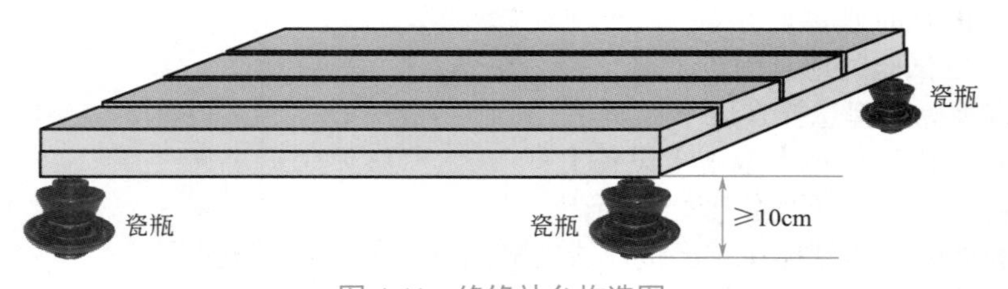

图 4-11　绝缘站台构造图

10. 脚扣的使用

脚扣是一种套在鞋上爬电线杆子用的一种弧形铁制工具，如图 4-12 所示。它利用杠杆作用，借助人体自身重量，使另一侧紧扣在电线杆上，产生较大的摩擦力，从而使人易于攀登，供电力系统、邮电通信和广播电视系统等行业使用。

用脚扣登高时，屁股要往后拉，尽量远离水泥杆，两手臂要伸直，用两手掌一上一下抱（托）着水泥杆，使整个身体成为弓形，两腿和水泥杆保持较大夹角，手脚上下交替往上爬。这样就不至于滑下来。初次上杆时往往会用两个手臂去抱水泥杆，屁股靠近水泥杆，身体直挺挺的，和水泥杆成平行状态，这样脚扣就扣不住水泥杆，很容易滑下来。

在到达作业位置以后，屁股仍然要往后拉、两腿也仍然要和水泥杆保持较大的夹角，保险带要兜住屁股稍上一点儿，不能兜在腰部，以利身体后倾，和水泥杆至少（始终）保持30° 以上夹角，就不会滑下来。

（1）使用脚扣注意事项：

① 经常检查是否完好，勿使过于滑钝和锋利，脚扣带必须坚韧耐用；脚扣登板与钩处必须铆固；

② 脚扣的大小要适合电杆的粗细，切勿因不适合用而把脚扣扩大、窝小，以防折断；

③ 水泥杆脚扣上的胶管和胶垫根应保持完整，破裂露出胶里线时应予更换；

④ 搭脚扣板的钩、绳、板，必须确保完好，方可使用。

（2）脚扣试检办法：

① 把脚扣卡在离地面 30cm 左右的电杆上，一脚悬起，一脚用最大力量猛踩；

② 在脚板中心采用悬空吊物 200kg，若无任何受损变形迹象，方能使用。

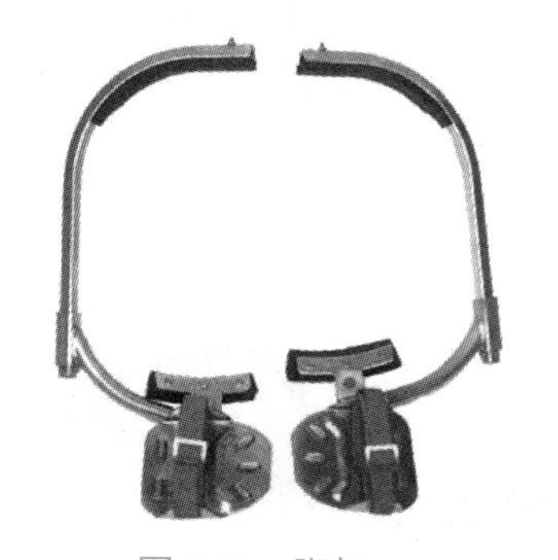

图 4-12　脚扣

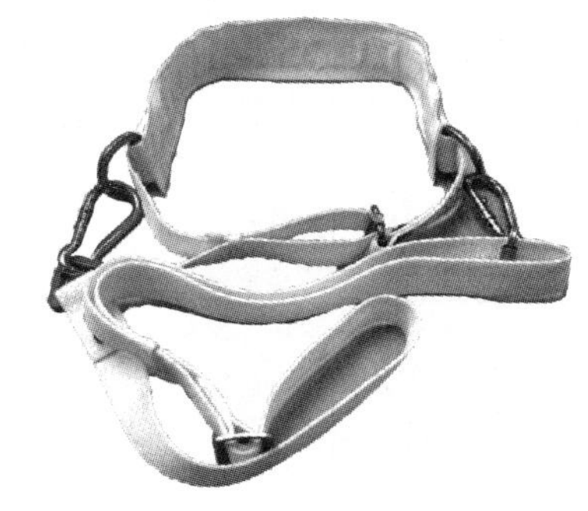

图 4-13　安全带

11. 安全带的使用

安全带是电工登高作业时必配的安全用具，如图 4-13 所示，规定在 1.5m 以上的平台或外悬空时使用安全带。

登杆使用的安全带应符合下列规定：

① 安全带应无腐朽、脆裂、老化、断股现象，金属部位应无锈蚀，金属钩环应坚固无损裂，带上的眼孔应无豁裂及严重磨损。

② 安全带上的钩环应有保险闭锁装置，且应转动灵活、无阻无卡，操作方便，安全可靠。

③ 安全带使用时，应扎在眼部而不应扎在腰部。

④ 登杆后，安全带应拴在紧固可靠之处，禁止系在横担、拉板、杆顶、锋利部位以及即将要撤换的部位或部件上。

⑤ 安全带拴好后，首先将钩环好并将保险装置闭锁，才能作业。登上杆后的全部作业都不允许将安全带解开。

12. 安全帽的正确使用

安全帽如图 4-14 所示，作为一种个人头部防护用品，能有效地防止和减轻工人在生产作业中遭受坠落物体和自坠落时对人体头部的伤害，它广泛地适用于建筑、冶金、矿山、化工、电力、交通等行业。实践证明，选购佩戴性能优良的安全帽，能够真正起到对人体头部的防护作用。

（1）使用之前应检查安全帽的外观是否有裂纹、碰伤及凸凹不平、磨损，帽衬是否完整，帽衬的结构是否处于正常状态，安全帽上如存在影响其性能的明显缺陷，就及时报废，以免影响防护作用。

（2）使用者不能随意在安全帽上拆卸或添加附件，以免影响其原有的防护性能。

（3）使用者不能随意调节帽衬的尺寸，这会直接影响安全帽的防护性能，落物冲击一旦发生，安全帽会因佩戴不牢脱出或因冲击后触顶直接伤害佩戴者。

（4）佩戴者在使用时一定要将安全帽戴正、戴牢，不能晃动，要系紧下颚带，调节好后箍以防安全帽脱落。

（5）不能私自在安全帽上打孔，不要随意碰撞安全帽，不要将安全帽当板凳坐，以免影响其强度。

（6）经受过一次冲击或做过试验的安全帽应作废，不能再次使用。

（7）安全帽不能在有酸、碱或化学试剂污染的环境中存放，不能放置在高温、日晒或潮湿的场所中，以免其老化变质。

（8）应注意在有效期内使用安全帽。

13. 护目镜

电气工作人员使用的护目镜是用透明塑料做的类似电焊工使用的护目镜，如图 4-15 所示，这种护目镜用于电气工作人员操作时防止发生电弧光或发生事故时伤及眼睛，防止熔断器炸裂及其他飞溅物造成眼睛伤害。它属于电气工作防护用品之一。

图 4-14　安全帽

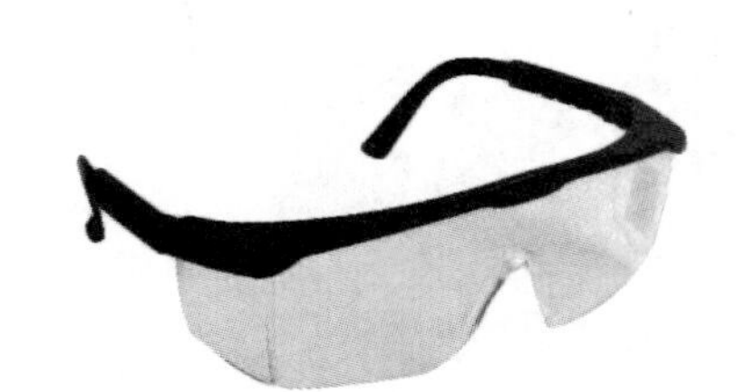

图 4-15　防弧光飞溅护目镜

护目镜注意事项：不能用于可能发生爆炸或存在打磨砂轮、研磨砂轮此类会产生严重冲击碎片的场合；不能用于体育运动，如射击以及抵御激光射线；不能用于辐射，如焚烧以及有火焰的切割或焊接。当防冲击护目镜镜片有裂纹时停止使用，防化学品护目镜镜片有裂纹、明显污渍时停止使用。

五、高压安全用具的试验与保管

1. 安全用具的试验标准

（1）绝缘棒、绝缘夹钳：电压等级为 6 ～ 10kV，试验周期是每年 1 次，标准是交流耐压 44kV，时间为 5min。

电压等级为 35 ～ 154kV，试验周期是每年 1 次，标准是交流耐压 4 倍相电压，时间为 5min。

（2）验电笔：电压等级为 6 ～ 10kV，试验周期是每 6 个月 1 次，标准是交流耐压 40kV，时间为 5min。

电压等级为 20 ～ 35kV，试验周期是每 6 个月 1 次，标准是交流耐压 105kV，时间为 5min。

（3）绝缘手套：电压等级为高压，试验周期是每 6 个月 1 次，标准是交流耐压 9kV，时间为 1min，泄漏电流不大于 9mA。

（4）橡胶绝缘靴：电压等级为高压，试验周期是每 6 个月 1 次，标准是交流耐压 15kV，时间为 1min，泄漏电流不大于 7.5mA。

2. 安全用具的正确保管

电工的安全用具要妥善保管，使之经常处于完好状态，平时应防止安全用具受潮、脏污和受到机械损伤。

橡胶制品的安全用具应与一般的工具分开存放于专用的柜、箱或盒内，橡胶安全用具不得与油脂和对橡胶有浸蚀作用的其他物质接触，也不得长期受阳光直接照射，存放安全用具的箱柜不得靠近热源。

高压绝缘杆应垂直存放或吊在架子上，不得与墙壁接触，以免受潮弯曲。

高压绝缘夹钳应存放在专用的台架上，并且不得与墙壁接触。

高压验电器应存放在专用的盒子内。

接地线应悬挂在指定的地点，并予以编号保管。

六、单臂电桥的使用

（1）高压电工使用单臂电桥的原因。直流单臂电桥是用来测量精确电阻值的专用仪器，其测量范围为 1 ～ 9999999Ω。高压电工使用单臂电桥主要用于测量变压器绕组的直流电阻，在油浸变压器分接开关一节当中有使用介绍。

图 4-16 为 QJ23 型直流单臂电桥实物，图 4-17 为 QJ23 型直流单臂电桥功能旋钮。

图 4-16　QJ23 型直流单臂电桥实物

（2）单臂电桥的正确使用方法。单臂电桥是一个比较精密的仪器仪表，应当按照正确的使用方法操作，不然有可能造成仪表损坏，使用步骤如下：

① 在使用前，先把检流计的锁扣打开，并调节调零器把指针调到零位。

② 接入被测电阻时，应选择粗而短的导线连接，拧紧接头保证接触良好。如接头接触不良，将使电桥的平衡不稳定，甚至可能损坏检流计，所以需要特别注意。

③ 先用万用表粗测被测量电阻，以便选择合适的倍率。例如，被测电阻为几欧姆，应选用 ×0.001 的倍率，这时如果比较臂四个旋钮的读数为 6789，则被测电阻 R_x=6789×0.001Ω=6.789Ω，同理被测电阻为几十欧时，应选用 ×0.01 的倍率。

④ 进行测量时，应先接通电源按钮 B，然后接通检流计按钮 G。测量结束后，应先断开检流计按钮 G，再断开电源按钮 B。否则会因自感电势而使检流计损坏。在测电感线圈的直流电阻时，这一点尤其需要注意。

⑤ 电桥电路接通后，如果检流计向“+”的方向偏转，表示需要增加比较臂的电阻；如指针向“-”的方向偏转，则应减小比较臂的电阻。反复调节比较臂电阻使指针向零位趋近，直至电桥平衡为止。

⑥ 电桥使用完毕后，应立即将检流计的锁扣锁上；以防止在搬动过程中将悬丝损坏。有的电桥检流计不装锁扣，这时，应将按钮 G 断开，它的常闭接点就会自动将检流计短路。

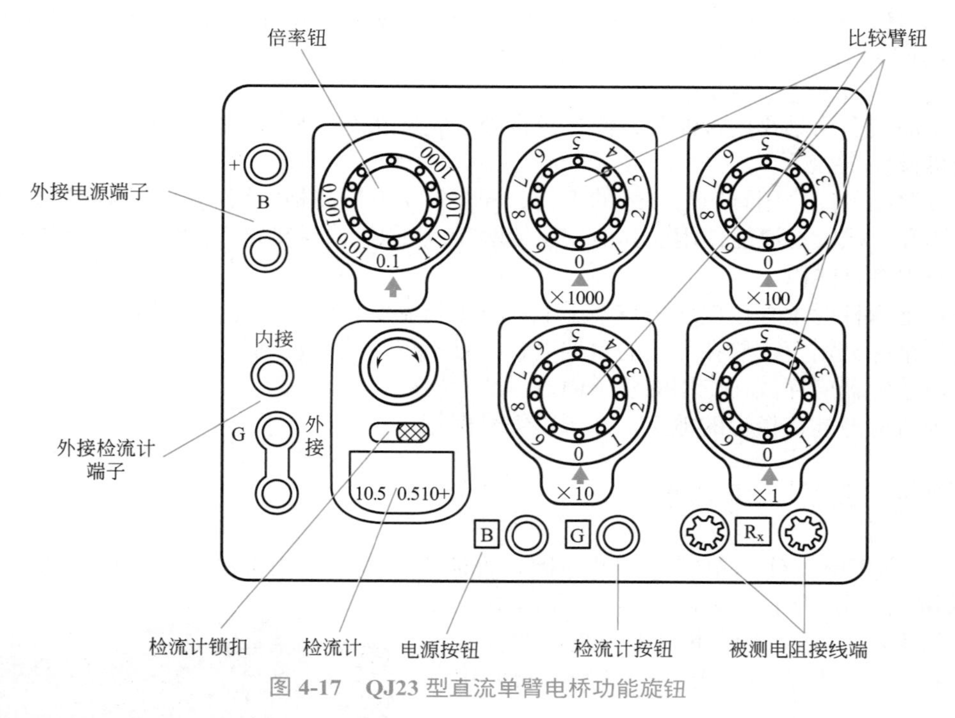

图 4-17　QJ23 型直流单臂电桥功能旋钮

（3）用电桥测量变压器绕组的直流电阻。测量油浸变压器绕组的工作步骤如下：

① 将变压器退出运行验电，彻底放电，做好安全技术措施，拆除高压侧连接线。

② 清除接点表面的氧化物，用万用表先简单测量绕组的直流电阻（例如约 6Ω）。

③ 将电桥与变压器用较粗的导线连接牢固（如 UV 相间）。直流单臂电桥测量变压器绕组直流电阻的接线示意图如图 4-18 所示。

④ 电桥倍率钮选 ×0.001，这时比较臂旋钮 ×1000 为个位数，×100 为小数点后第一位，×10 为小数点后第二位，位 ×1 为小数点后第三位。暂定读数为 6.500。

⑤ 先按下电源钮 B，几秒钟后再轻轻按一下 G，查看检流计的偏转方向，如果检流计向“+”的方向偏转，则增加比较臂的电阻；如指针向“-”的方向偏转，则应减小比较臂的电阻。反复调节比较臂电阻使指针向零位趋近，直至检流计指针稳定为止。

⑥ 正确读数，此时比较臂四个旋钮数值为 6338，6338×0.001=6.338(Ω)。

⑦ 测量一相绕组完毕后，应对变压器放电，更换接线测量另一绕组。

⑧ 在本次测量的三个电阻 R_{UV}、R_{VW}、R_{WU} 之间进行比较。它们的不平衡误差也不应该超过 2%。

⑨ 不平衡误差计算：（最大值 - 最小值）/ 平均值 ×100%。

⑩ 本次测量的结果与历次测量的结果进行比较，不应有 2% 的偏差。

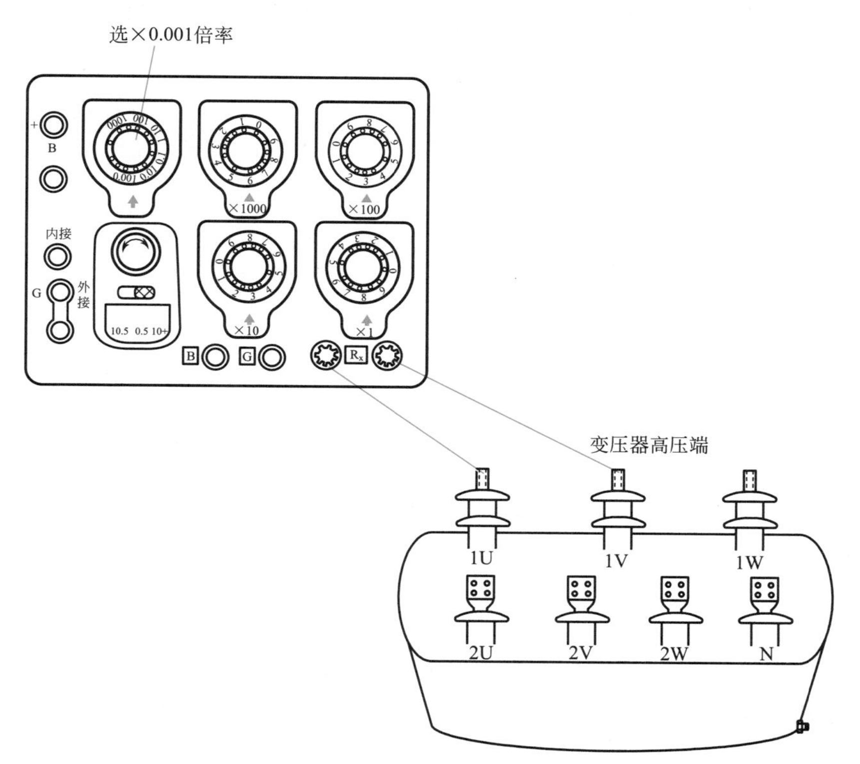

图 4-18　直流单臂电桥测量变压器绕组直流电阻的接线示意图

第五章

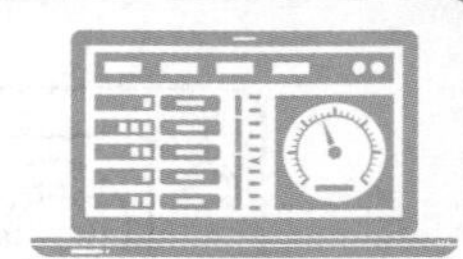

仪用互感器

一、在电力系统中仪用互感器的主要用途

为了配合测量与继电保护的需要，要将多种电压等级、不同大小的电流（容量不同，负载电流不同）变成统一电压、电流标准值。使用统一标准值的继电器、电压表、电流表，与不同变比的互感器配套就可以监测和控制不同电压等级及容量的电力系统，大大减少了继电器、电压表、电流表的规格。例如不论一次电流多大，二次侧额定值均为5A。不论一次电压多高，二次侧额定值均为100V。当然由于绝缘强度的要求不同，在不同电压等级的电力系统中所使用的互感器的绝缘要求是不同的。

由于互感器都是双绕组的，因此可以使二次侧与一次侧隔离，降低了对测量仪表和继电器的绝缘强度要求，并使一次侧大电流变成二次侧小电流，减小了电流表中导体的截面尺寸，这样就大大减小了测量仪表和继电器的体积，简化了测量仪表和继电器的构造。同时保证了运行安全，以及测量仪表和继电器与高电压导体无直接的金属连接。

二、电压互感器的使用

根据用途不同可将仪用互感器分成两大类。我们将把高电压变成低电压的互感器称为电压互感器，在原理图中用符号TV表示；将把大电流变成小电流的互感器称为电流互感器，在原理图中用符号TA表示。

1. 电压互感器的用途

（1）它的用途是将系统的高电压按一定比例变成低电压，以便对高压系统进行测量、监测。

（2）由于互感器都是双绕组的，可以使二次侧与一次侧隔离，降低了对测量仪表和继电器的绝缘强度要求。

（3）为高压开关柜上的指示灯、仪器仪表、继电保护、操作机构提供电源。

（4）JSJW型三相五柱式电压互感器还具有对高压一次线路的绝缘监视功能。

2. 电压互感器的原理

常用的电压互感器是利用电磁感应原理工作的。它的基本构造与普通变压器相同，如图5-1所示。它主要由铁芯和一次绕组、二次绕组组成。它的一次绕组匝数较多，二次绕组匝数较少，在运行中一次绕组与被测量电路并联，其两个接线点与被测电路的不同导线（例如U相、V相）连接。二次侧的各测量仪表、继电器等电压线圈并联后与二次绕组连接。为了保证变压比的精度，电压互感器二次侧所接的容量与其可容许的最大负载相距甚远。所以电压互感器在正常运行时相当于一个空载的降压变压器。

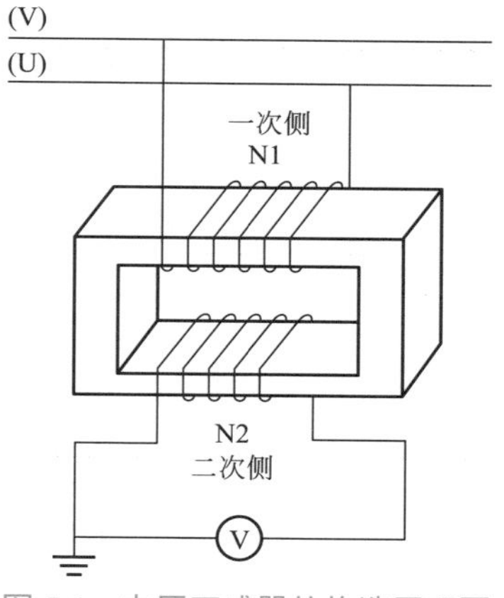

图 5-1 电压互感器的构造原理图

由于二次负载阻抗远远大于二次绕组的阻抗，二次电流很小，近似于开路，因此可看作电压互感器的二次侧电压等于其二次侧电动势，而且正比于一次侧电压。

只要二次绕组中通过电流很小，上述结果就是成立的。也就是说在实际中只要二次负载阻抗大于允许值，一、二次电压的关系就能满足一定的准确度级次的要求。电压互感器二次侧电压值就能够准确（在准确度级次范围内）地反映一次侧电压值，为精确地监测提供了保证。这时二次侧各测量仪表、继电器等电压线圈的并联等效阻抗值 Z 不小于允许值是保证准确度级次的关键。因此，实际电压互感器铭牌上均标明为保证某一个精度等级所允许使用的二次视在功率。

在运行中电压互感器二次侧各测量仪表、继电器等电压线圈的并联等效阻抗值不得小于额定值以保证准确度级次，并要有防止短路的措施。

10kV 常用的电压互感器是 JDJ 型油浸式单相电压互感器，如图 5-2 所示；图 5-3 是 JDZ 型干式单相电压互感器；图 5-4 是 JSJW 型油浸三相五柱式电压互感器。

图 5-2 JDJ 型油浸式单相电压互感器

图 5-3 JDZ 型干式单相电压互感器

图 5-4 JSJW 型油浸三相五柱式电压互感器

3. 电压互感器的型号含义

电压互感器按其结构型式，可分为单相、三相、双绕组、三绕组以及户内装置等。通常用横列拼音字母及数字表示，一般用拼音字母表示结构型式，用数字表示技术参数。各部位字母含义见表 5-1。

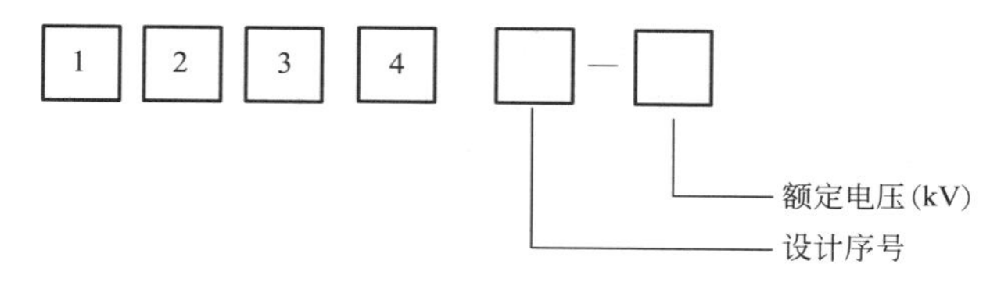

表 5-1　电压互感器型号的字母含义

字母排列顺序	代号（字母）含义
1	J——电压互感器
2（相数）	D——单相；S——三相
3（绝缘形式）	J——油浸式；G——干式；Z——浇筑式；C——磁箱式
4（结构形式）	B——带补偿绕组 W——五铁芯三绕组 J——接地保护

4. 电压互感器常见的接线形式和用途

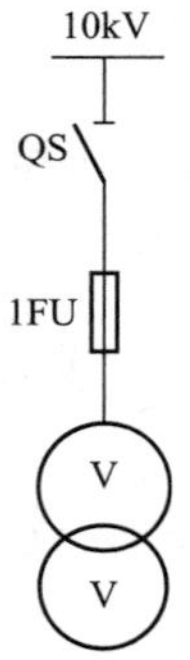

第一种是两个单相电压互感器 V/V 接线。

V/V 又称为不完全三角形接线，图形符号见图 5-5，图 5-6 是采用两台单相电压互感器 V/V 接线原理图。这种接线广泛应用于中性点不接地和经消弧电抗器接地或经小电阻接地的系统，可以用来测量三个线电压，用于连接线电压表、三相电度表及电压继电器等。图 5-7 是两台单相电压互感器 V/V 接线的实物图。这种接线的优点是接线简单经济，由于一次线圈没有接地点，减小了系统中的对地励磁电流，避免产生内部（操作）过电压。为了保证安全，通常将二次线短接点（V 相）接地。这种接线只能测量线电压和相对系统中性点的相电压。因此，使用有局限性。它不能测量相对地电压，不能起绝缘监察作用和作接地保护用，一般计量柜内都采用这种接线形式。

图 5-5　两个电压互感器 V/V 接线图形符号

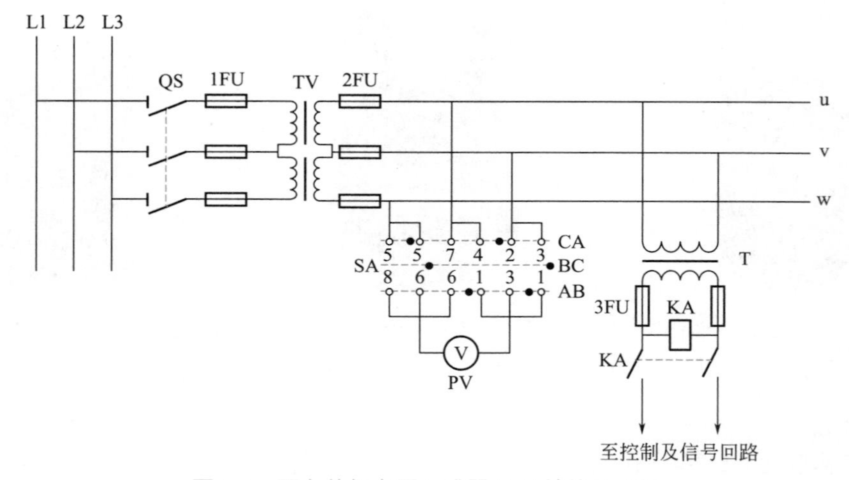

图 5-6　两台单相电压互感器 V/V 接线原理图

第二种是三台单相电压互感器 Y/Y 接线。

三台单相电压互感器 Y/Y 接线图形符号见图 5-8，图 5-9 是采用三台单相电压互感器 Y/Y 接线原理图。这种接线方式能测量相电压和线电压，以满足仪表和继电保护装置的要求。在一次绕组中性点接地情况下，也可安装绝缘监察电压表。

图 5-7　两台单相电压互感器 V/V 接线实物

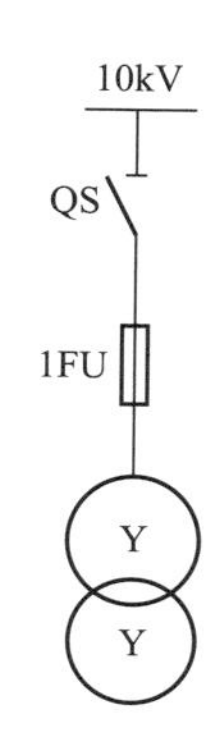

图 5-8　三台单相电压互感器 Y/Y 接线图形符号

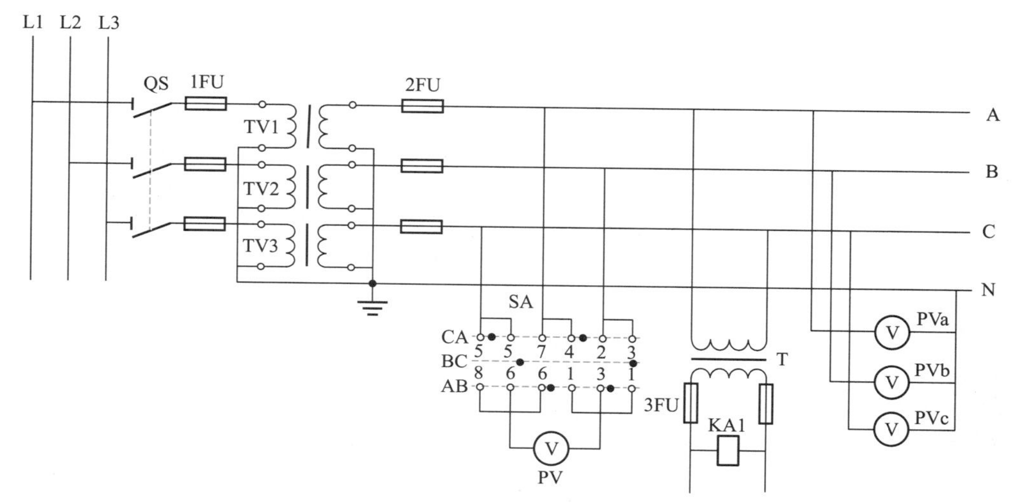

图 5-9　三台单相电压互感器 Y/Y 接线原理图

第三种是三相五柱式电压互感器接线。

这种接线方式在 10kV 中性点不接地系统中应用广泛，三相五柱式电压互感器接线图形符号如图 5-10 所示，它既可测量线电压、相电压，又能组成绝缘监察装置和供单相保护用。三相五柱式电压互感器有两套二次绕组，Y 接线的二次绕组称作基本二次绕组，用来接仪表、继电器及绝缘监察电压表；开口三角形（△）接线的二次绕组，称为辅助二次绕组，用来连接监察绝缘用的电压继电器原理如图 5-11 所示。图 5-12 是三相五柱式电压互感器的实物图。

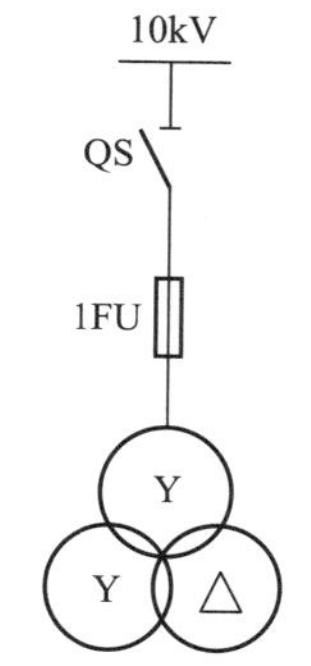

图 5-10　三相五柱式电压互感器接线图形符号

5. 带有绝缘监视的电压互感器监视一次线路绝缘的方式

10kV 中性点不接地系统正常运行时，三相对地电压对称，零序电压等于零，三只相电压表指示值相等。开口三角形接线的二次辅助绕组两端电压不大于 10V。当系统任何一相发生接地故障时，三相五柱式电压互感器开口三角形接线的二次辅助绕组两端出现约为 100V 的零序电压；如果一次系统发生非金属性接地故障，则开口三角形接线的二次辅助绕组两端出现小于 100V 的零序电压，与其串接的电压继电器 KV 动作电压整定值为 24 ～ 40V。这时电压继电器动作，发出告警接地信号。

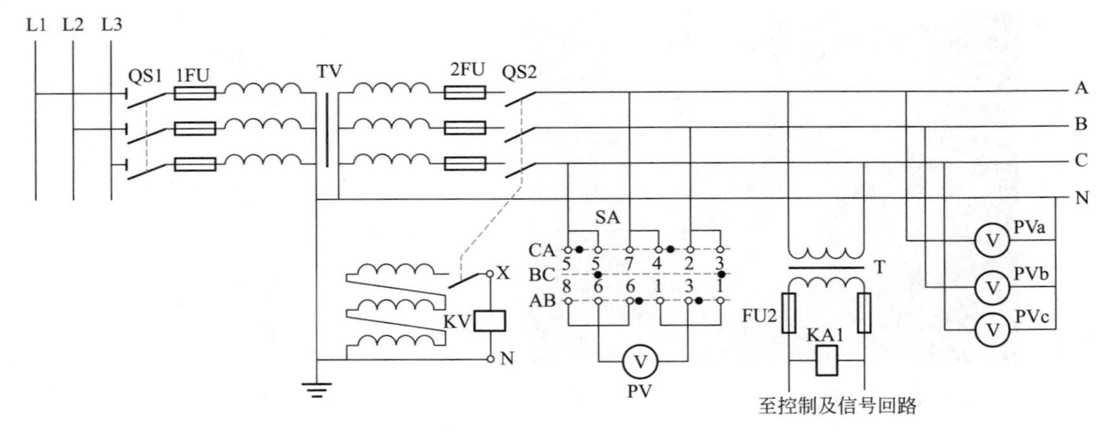

图 5-11　三相五柱式电压互感器接线原理图

图 5-12　三相五柱式电压互感器的实物图

6. 当一次线路发生接地故障时电压表的指示

当系统任何一相发生接地故障时，三相五柱式电压互感器开口三角形串接的电压继电器 KV 动作，发出告警信号。这时 PT 柜上的电压表的指示将变成“相电压表一低两高，线电压表三不变”，“一低”是指接地相对地电压低，由 5770V 降至 0V 或 1000V 左右；“两高”是指非接地两相对地电压升高，由相电压 5770V 升至线电压 10000V；“三不变”是指各相间的线电压不变。系统电压表的指示如图 5-13、图 5-14 所示。

7. 发生了高压一相接地故障时的查找

当生发接故障时，若是稳定性接地，电压表指示无摆动。若是电压表指针来回摆动，则表明为间歇性接地。

查找高压接地故障时，要防止跨步电压的产生。室内不得接近故障点 4m 以内，室外不得接近故障点 8m 以内。

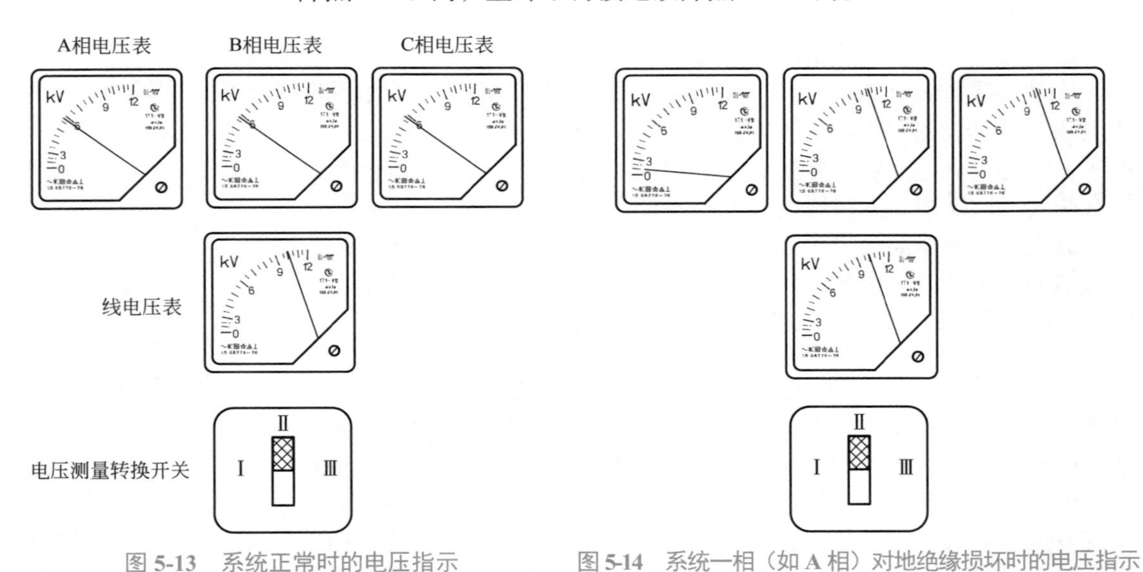

图 5-13　系统正常时的电压指示　　图 5-14　系统一相（如 A 相）对地绝缘损坏时的电压指示

（1）注意跨步电压的产生，应穿绝缘靴检查故障。

（2）判断故障点是在站内或站外，可利用高压主进柜（201 或 202）电流表变化判断，如果是内部接地，相电流将有 5 ～ 7A 的增大。

（3）可利用拉断路器的方法断开故障线路，禁止用隔离开关直接断开故障点。

（4）发现接地故障应立即报告供电部门。

8. 高压一相接地后系统是否可以继续运行

高压一相接地后系统可以继续运行，但不超过 2h，在此期间要尽快地排除故障，恢复正常运行，如不尽快排除故障，有可能使非接地相因为对地电压升高造成绝缘损坏，形成两相或三相断路的大事故。高压一相接地后，对低压用户没有影响，可以继续用电，低压的三个相电压、三个线电压不会改变。

当发生弧光接地产生过电压时，非故障相电压很高，电压表指针打到头。同时还伴有电压互感器一次熔丝熔断，严重时还会烧坏互感器。

9. 电压互感器日常巡视检查的规定

电压互感器与其他高压电器一样，要经常地巡视检查，及早地发现设备是否有异常现象，运行中的电压互感器应保持清洁，1 ～ 2 年进行一次预防性试验。

（1）有人值班，每班巡视检查一次；无人值班，每周至少巡视检查一次。

（2）一、二次侧引线各部位连接点应无过热及打火现象。

（3）无冒烟及异常气味。

（4）瓷件无放电闪络现象。

（5）互感器内部无放电声或其他噪声。

（6）外壳无严重渗漏油现象。

（7）与互感器相关的二次仪表指示应正常。

在下列情况下还要增加特殊巡视：

① 过负荷时，应适当增加巡视检查次数；

② 遇有恶劣天气时，应进行特殊巡视检查；

③ 重大事故恢复送电后，对事故范围应进行巡视检查。

三、电压互感器的常见故障分析与处理

1. 铁芯片间绝缘损坏

（1）故障现象：运行中温度升高。

（2）试验检查：空载损耗增大，误差加大。

（3）产生故障的可能原因：铁芯片间绝缘不良，使用环境恶劣或长期在高温下运行，促使铁芯片间绝缘老化。

2. 接地片与铁芯接触不良

（1）故障现象：铁芯与油箱有放电声。

（2）产生故障的原因：接地片没有插紧，安装螺栓没有拧紧。

3. 互感器铁芯松动

（1）故障现象：有不正常的振动和噪声。

（2）产生故障原因：铁芯夹件未夹紧，铁芯片间有铁片。

4. 匝间短路

（1）故障现象：温度升高，有放电声响，高压熔丝熔断，二次电压表指示值不稳定（忽高、忽低）。

（2）检查试验：三相直流电阻不平衡，耐压试验电流增大，不稳定。

（3）产生故障原因：制造工艺不良，系统过电压，长期过载，绝缘老化。

5. 绕组断线

（1）故障现象：断线处可能产生电弧，有放电声响，断线相的电压表指示值降低。

（2）检查试验：用万用表电阻挡测量线圈不通。

（3）产生故障原因：生产时导线焊接工艺不良，或机械强度不足及引出线接线不合理。

6. 绕组对地绝缘击穿

（1）故障现象：高压熔丝连续熔断，可能有放电声响。

（2）检查试验：绝缘电阻不合格，交流耐压试验不合格。

（3）产生故障的原因：绝缘老化或有裂纹缺陷，绝缘油受潮，绕组内有导电杂物，系统过电压击穿，严重缺油。

7. 绕组相间短路

（1）故障现象：高压熔丝熔断合不上闸，油温剧增，甚至有喷油冒烟。

（2）检查试验：三相间绝缘电阻降低和直流电阻降低，不平衡。

（3）产生故障原因：绝缘老化，绝缘油受潮，严重缺油，绕组制造工艺有缺陷，常常是由对地弧光击穿转化为相间短路。

8. 套管间放电闪络

（1）故障现象：高压熔丝熔断，套管闪络。

（2）产生故障原因：套管受外力机械损伤，套管间有异物或进入了小动物，套管严重污染，绝缘不良。

四、电压互感器更换高压熔丝的操作

1. 电压互感器高压熔丝的特点

电压互感器的熔丝是固定的，国产电压互感器熔丝额定电流为0.5A（合资产品为1A），1min内熔丝熔断电流为0.6～1.8A，最大开断电流为50kA，三相最大断流容量为1000MV·A，电压互感器高压熔丝具有100Ω±7Ω电阻的特点，更换前应用万用表R×1电阻挡测量熔丝是否合格，如图5-15所示。

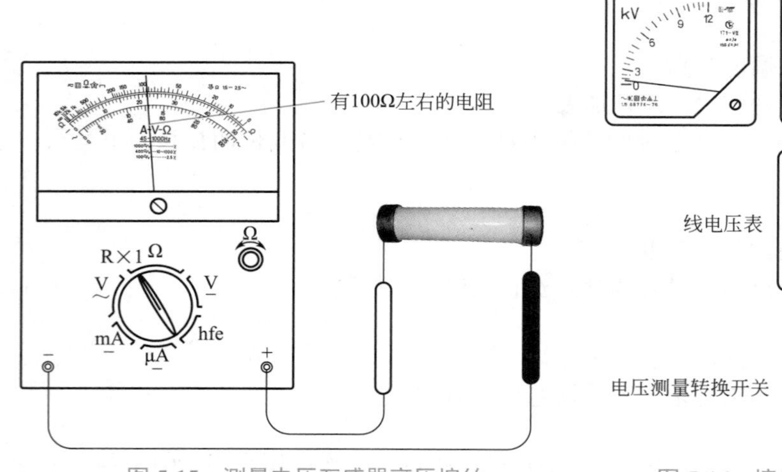

图5-15　测量电压互感器高压熔丝

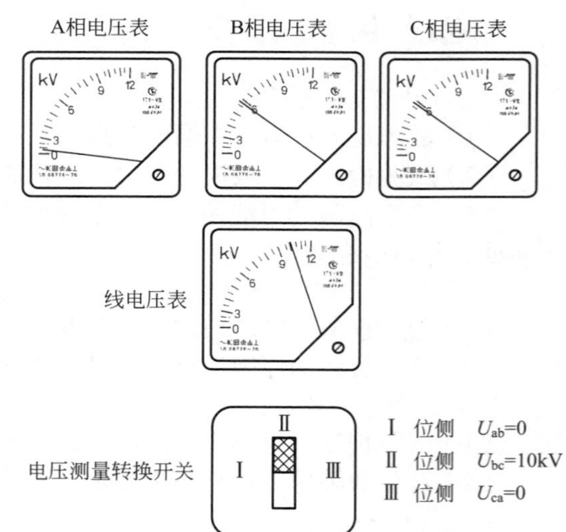

图5-16　熔丝熔断后的电压表指示

2. 电压互感器高压熔丝断后的现象

电压互感器高压测熔丝熔断后，PT柜的电压表的指示为“一低两不变，两低一不变”。

“一低两不变”即相电压表的熔断相低，非熔断相不变。

“两低一不变”即线电压表与熔断相有关的低，无关的不变。

图 5-16 为高压 A 相熔丝熔断后 PT 柜上电压表的指示。

3. 决不可以用普通熔丝代替电压互感器的高压熔丝

电压互感器高压熔丝常用的国产型号有 RN2-10、RN4-10 型，作为保护电压互感器一次回路的短路故障之用，又称电压互感器专用保险。

GG1A 开关柜电压互感器高压熔断器实物如图 5-17 所示，环网柜电压互感器高压熔断器实物如图 5-18 所示。

更换熔丝必须采用符合标准的专用熔断器（一般采用 RN2 型或 RN4 型），决不能用普通熔丝代替。否则电压互感器一次侧一旦发生故障，普通熔丝不能限制短路电流和熄灭电弧，很可能发生烧毁设备和造成大面积停电的重大事故。

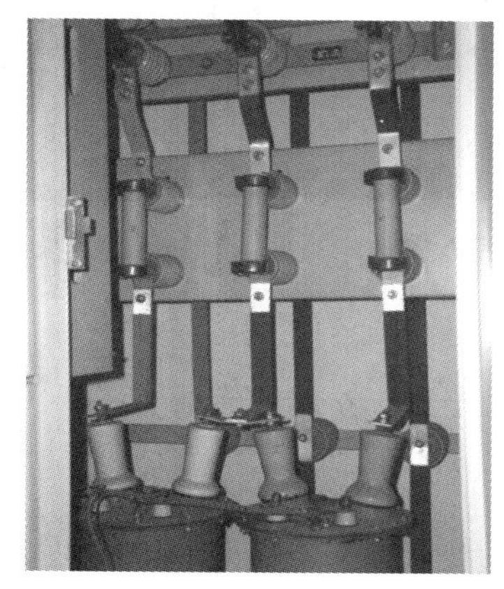

图 5-17 GG1A 开关柜电压互感器高压熔断器实物图

图 5-18 环网柜电压互感器高压熔断器实物图

4. 造成 10kV 电压互感器一次侧熔丝熔断的原因

运行中的 10kV 电压互感器，除了因其内部线圈发生间、层间或相间短路以及一相接地等故障使其一次侧熔丝熔断外，还可能由于以下几个原因造成熔丝熔断。

（1）二次回路故障：当电压互感器的二次回路及设备发生故障时，可能造成电压互感器的过电流，若电压互感器的二次侧熔丝选用得太粗，则可能造成一次侧熔丝熔断。

（2）10kV 系统一相接地：10kV 系统为中性点不接地系统，当其一相接地时，其他两相的对地电压将升高$\sqrt{3}$倍。这样，对于 Y_0/Y_0 接线的电压互感器，其正常的两相对地电压将变成线电压，由于电压升高引起电压互感器电流的增加，可能会使熔丝熔断。

10kV 系统一相间歇性电弧接地，可能产生数倍的过电压，使电压互感器铁芯饱和，电流将急剧增加，也可能使熔丝熔断。

（3）电力系统发生铁磁谐振：近年来，由于配电线路的大量增加以及用户电压互感器数量的增加，使得 10kV 配电系统的电气参数发生了很大变化，逐渐形成了谐振条件，再加上有些电磁式电压互感器的励磁特性不良，因此，铁磁谐振经常发生。在电力系统谐振时，电压互感器上将产生过电压或过电流，电流激增。此时除了造成一次侧熔丝熔断外，还经常导致电压互感器的烧毁事故。

5. 运行中电压互感器一次侧熔丝熔断后的处理

当发现电压互感器一次侧熔丝熔断后，首先应将电压互感器的隔离开关拉开（201-9 或 202-9），并取下二次侧熔丝，检查是否熔断。在排除电压互感器本身故障或二次回路的故障后，可重新更换合格熔丝将电压互感器投入运行。如果是计量柜上（201-49 或 202-

59）的熔丝熔断，应立即通知供电部门，不要自行更换，计量柜上的电压互感器刀闸用电单位是无权操作的。

6. 更换高压熔丝前应做好的准备工作

电压互感器运行中发生高压熔丝（一次侧装设的熔丝）熔断故障时，应认真分析仪表现象，为防止判断错误造成互感器停用，应先检查二次侧熔丝是否有故障，检查二次侧熔丝时不可使用拔下检查法，以防止由于突然断电造成二次线路误动作，应采用电压测量法检查，如图 5-19 所示，用万用表交流电压 250V 挡，测量熔断器两端，有电压的为熔断，无电压的则是良好。

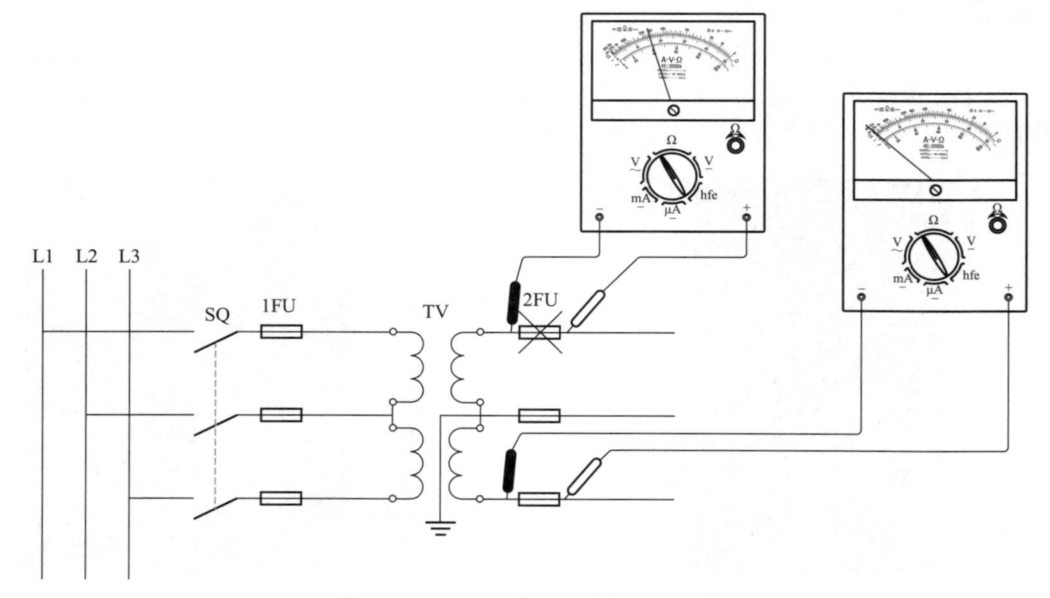

图 5-19　用万用表检查 PT 二次熔丝

确定高压侧熔丝熔断后，应首先将电压互感器退出运行，即拉开电压互感器高压侧隔离开关（201-9 或 202-9），为防止互感器反送电（二次侧电压感应到一次侧），应取下二次侧低压熔断器中的熔丝。

（1）操作者穿绝缘靴、戴绝缘手套，用绝缘夹钳拆、装熔丝管。

（2）应有专人监护，工作中注意身体各部位保持与带电部分的安全距离（不小于 0.7m），不可接触开关柜的金属部分，防止发生人身触电事故。

（3）停用电压互感器应事先取得有关负责人的许可，应考虑到对继电保护、自动装置和电能计量的影响，必要时将有关保护、自动装置暂时停用，以防误动作。

7. 更换高压熔丝后、再次投入前对电压互感器还应进行的检查工作

仔细查看一次侧引线及瓷套管部位有无明显故障点（如异物短路、瓷套管破裂、漏油等），注油塞处有无喷油现象以及有无异常气味等，必要时，应摇测其绝缘电阻。在确认无异常情况下，更换合格的熔丝，进行试送电。如再次熔断，说明互感器内部及一次侧引线部分有短路故障，应进一步检查并排除故障。

附：用绝缘夹钳更换熔断器操作演示视频二维码

五、电流互感器的使用

1. 电流互感器的构造与工作原理

电流互感器也是按电磁感应原理工作的。它的构造与普通变压器基本相同，但是一次绕组匝数很少，甚至于只有 1 匝，如图 5-20 所示，二次绕组匝数较多。使用时一次绕组与被测量电路串联，二次侧的各测量仪表、继电器等电流线圈串联后与二次绕组连接使用。这是电流互感器与电压互感器及变压器在接线形式上的重要区别之一。运行中由于电流互感器的一次绕组通过的电流是负载电流，电流大小取决于线路中负载的大小，与二次侧串接的各测量仪表、继电器等电流线圈的等效阻抗值的大小无关，这是电流互感器与电压互感器及变压器在一、二次侧电流关系上的重要区别。电流互感器的图形符号与文字代号如图 5-21 所示。

也就是说：电压互感器二次电压的高低取决于一次电压的大小，而电流互感器二次电流的大小取决于一次电流的大小。

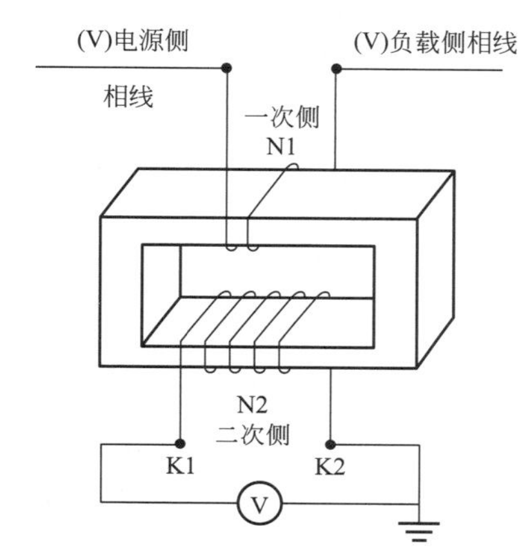

图 5-20　电流互感器的结构原理图

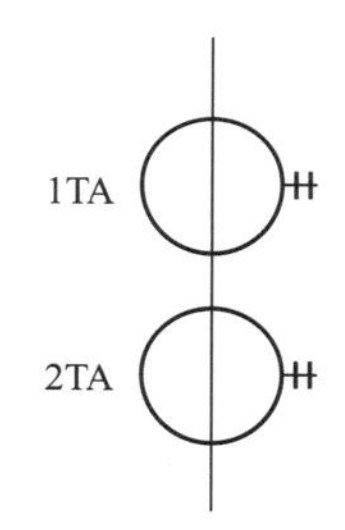

图 5-21　高压电流互感器的图形符号与文字代号

2. 高压电流互感器的用途

（1）将大电流按一定比例变成小电流，以便进行测量。

（2）由于互感器都是双绕组的，可以使二次侧与一次侧隔离，降低对测量仪表和继电器的绝缘强度要求，便于远距离地监视电器运行状态。

（3）在高压系统中由于要对线路进行测量、计量、继电保护等工作的准确度不同，一台电流互感器不能满足任务需要，于是高压电流互感器多是由两组二次绕组组成的，这样便于保证各种测量、计量、继电保护对不同准确度的需要。10kV 系统常用的电流互感器如图 5-22 所示。

图 5-22　10kV 系统常用的电流互感器

3. 电流互感器型号的含义

电流互感器一般由 3 个字母组成，电流互感器的种类较多，具体可以按照用途、结构形式、绝缘形式及一次绕组的形式来分类，通常用横列拼音字母及数字表示，一般用拼音字母表示结构形式等，用数字表示技术参数。各部位字母含义见表 5-2。

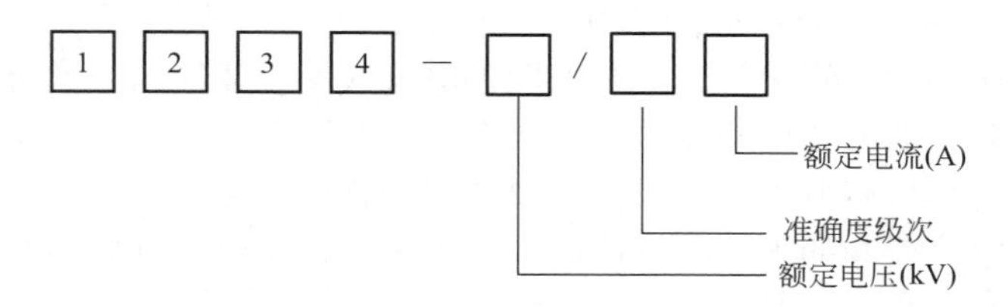

表 5-2　电流互感器的字母含义

字母排列次序	代 号 含 义
1	L——电流互感器
2	A——穿墙式；Y——低压的；R——装入式；C——磁箱式；B——支持式；C——手车式；M——母线式；J——接地保护；Q——线圈式；Z——支柱式
3	C——磁绝缘；G——改进式；X——小体积柜内；K——塑料外壳；L——电缆电容式；D——差动保护用；M——母线式；P——中频式 Q——加强式；S——速饱和的；Z——浇注绝缘；W——户外式；J——树脂浇注
4	B——保护级；Q——加强级；D——差动保护用；J——加大容量；L——铝线圈

4. 电流互感器首尾端的表示

电流互感器的一次侧（大电流）串接到被测线路中，因此用字母“L”表示；二次侧（小电流）接入控制、测量回路，因此用字母“K”表示。数字相同表示同极性。也就是说用“L1”表示一次侧首端；用“L2”表示一次侧尾端；用“K1”表示二次侧首端，用“K2”表示二次侧尾端。

5. 高压电流互感器有两个二次绕组的原因

高压电流互感器为了满足二次回路不同的要求，高压电流互感器的二次侧有两套铁芯和两个绕组，它们在相同的一次负荷电流下，形成各自的回路，完成相应的测量任务，图 5-23 是电流互感器两个二次绕组所对应的用途。

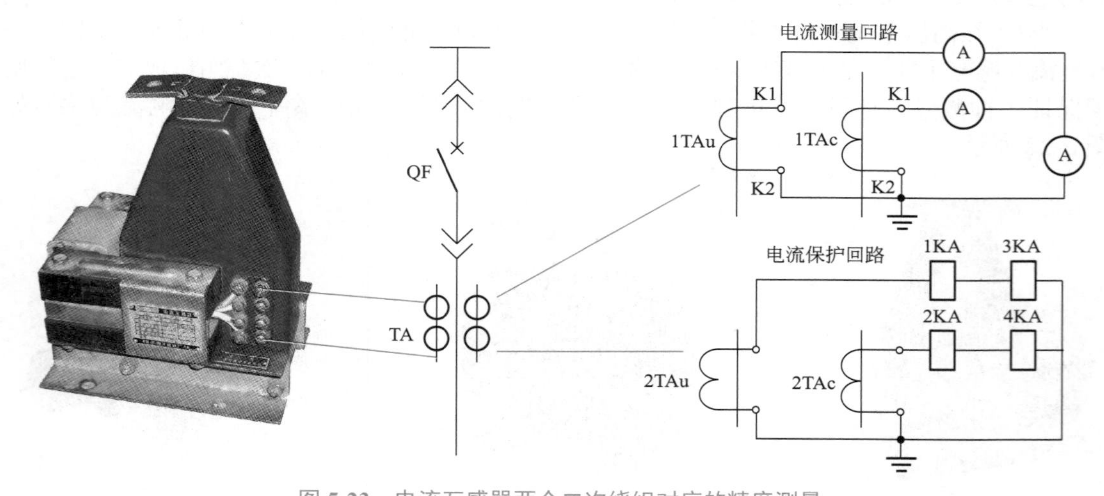

图 5-23　电流互感器两个二次绕组对应的精度测量

高压电流互感器有两个二次绕组是为了便于线路的测量、计量、继电保护的使用接线，电流互感器有 0.2、0.5、1、3、D 共 5 个精度等级。

0.2 级属精密测量用。在工程中是根据负载性质来确定精度级次的，电能计量时选用 0.5 级；电流测量时选用 1 级；继电保护时选用 3 级；差动保护时选用 D 级。

两套二次绕组的准确度级次组合有：0.5 级 /3 级，1 级 /3 级，0.5 级 /D 级，1 级 /D 级。

6. 高压电流互感器巡视检查的周期及内容的规定

电流互感器是一个重要的电流监测元件，应该定期巡视检查，以防事故发生，电流互感器的巡视检查有以下规定。当有特殊情况时还要加强巡视。

（1）有人值班，每班巡视检查一次；无人值班，每周至少巡视检查一次。

（2）一、二次侧引线各部位连接点应无过热及打火现象。

（3）无冒烟及异常气味。

（4）瓷件无放电闪络现象。

（5）互感器内部无放电声或其他噪声。

（6）外壳无严重渗漏油现象。

（7）与互感器相关的二次仪表指示应正常。

高压电流互感器需要增加特殊巡视的情况：

（1）过负荷时，应适当增加巡视检查次数；

（2）遇有恶劣天气时，应进行特殊巡视检查；

（3）重大事故恢复送电后，对事故范围应进行巡视检查。

7. 电流互感器二次电流为 5A 时，接线的特殊规定要求

与变压器相似，对于电流互感器，也有额定容量这一重要技术指标。电流互感器的容量是指二次输出的视在功率，单位为“伏 • 安”。但由于二次额定电流常做成 5A 的，根据 $S=I_2^2Z_2$ 可知，一定容量的数值就对应一定的二次阻抗数值。因此有些电流互感器不标额定容量，直接标二次额定阻抗。

运行中电流互感器二次侧负载的串联等效阻抗值不得大于额定值，以保证准确度级次。二次绕组允许短接，严禁开路以保证安全。在实际应用中，由于二次绕组回路中各测量仪表、继电器等电流线圈是相互串联的，因此连接点多，每一段导线、螺钉压接点的松动都可以引起串联等效阻抗值的增加，引起误差增大。严重时引起开路，出现故障，应特别注意。

为防止电流互感器二次开路造成事故，电流互感器二次接线应有严格规定。

电流互感器二次回路接线不允许有开关、保险、接头，导线截面积不得小于 $2.5mm^2$ 的独股铜导线，电流互感器二次回路的 K2 应接地。

8. 电流互感器在运行时的故障现象

电流互感器在运行时常见的四大故障：

（1）互感器过热。

① 故障现象：有异常气味甚至冒烟。

② 产生故障原因：电流互感器二次开路，一次负载电流过大。

（2）内部有放电声响。

① 故障现象：声音异常，引出线与外壳间有火花放电痕迹或现象。

② 产生故障原因：绝缘老化，受潮引起漏电，互感器表面绝缘半导体涂料脱落。

（3）主绝缘对地击穿。

① 故障现象：单相接地，表计指示不正常。

② 产生故障原因：绝缘老化、受潮、系统过电压以及制造工艺缺陷。

（4）一次或二次绕组匝间或层间短路。

① 故障现象：电流表等表计指示不正常。

② 产生故障原因：绝缘老化，受潮，制造工艺缺陷，二次绕组开路产生高电压，使得二次绕组过电压，其匝间绝缘损坏。

9. 电流互感器开路的现象后果与处理

在运行中的电流互感器二次绕组开路，同时一次侧负载电流较大的情况下，可能会出现下列现象：

（1）因铁芯发热，有异常气味；

（2）因铁芯电磁振动加大，有异常噪声；

（3）串接在二次绕组中的有关表计（如电流表、功率表、电度表等）指示值减小或为零；

（4）如因二次回路连接端子螺钉松动，可能会有打火现象和放电声响，随着打火，有关表计指针有可能随之摆动。

电流互感器发生二次开路的后果：

① 要特别注意电流互感器二次侧绕组及开路两点间产生很高的尖峰波电压（可达几千伏），威胁设备绝缘和人身安全；

② 铁芯损耗增加，发热严重，有烧坏绝缘的可能；

③ 铁芯中将产生剩磁，使电流互感器变比误差和相角误差加大，影响计量的准确性。

电流互感器发生二次开路的处理方法：电流互感器运行中二次绕组开路产生高电压，其重要原因是一次负载电流很大。因此在处理中应尽可能停电处理；如不能停电也要设法转移或降低一次负载电流，待度过负载高峰后，再停电处理。如果是因二次回路中螺钉压接点上螺钉松动而造成的开路，在尽可能降低负载电流和采取必要的安全措施（有监护人，注意操作者身体各部位距带电体的安全距离，戴绝缘手套，使用基本绝缘安全用具等）的情况下，可以不停电修理。这一项操作视为带电作业，要按带电作业制订安全措施并实施。

如果是高压电流互感器二次绕组出线端口处开路，则限于安全距离，人员不能靠近，必须在停电以后才能处理。

10. 要会判别电流互感器极性原因

与普通变压器原理相同，在铁芯中交变（大小、方向均变化）的主磁通在一、二次绕组中感应出交变电动势，这种感应电动势的大小、方向随时间在不断地做周期性变化。如果在某一瞬间一次侧绕组的某端达到最大值，二次侧绕组两端中必有一个达到最大值。同时达到最大值的一次、二次侧绕组的对应端称为同极性端或同名端，通常用注脚符号“*”“+”“−”“•”来表示，或用字母注数字脚标来表示。

在连接继电保护（如差动、功率方向继电器）、有功和无功功率表、电能表计时，必须要注意电流互感器的极性。只有电流互感器的极性连接正确，保护装置和仪表才能正确动作。表计的极性接错了，会引起有功、无功功率表的反指，有功和无功电能表反转；在差动保护中，由于一侧的电流互感器二次回路极性接反，而引起带上负荷后保护误动作事故是经常发生的。

11. 电流互感器极性的判别方法

测定互感器极性的方法根据所使用的电源分为交流法和直流法。在现场实际测定中，常采用简单的直流法，如图 5-24 所示。图中 E 为 1.5V、3V 或 4.5V 的干电池，电流互感器的二次绕组串接直流毫安或毫伏表（也可用万用表的直流毫安或毫伏挡位）。测定时，在开关 SA 接通的瞬间，如表针向“+”向摆动，则说明一次侧接开关的一端与二次侧接电表“+”极的一端为同名端，即图示 L1 与 K1 是同名端。如果表针向“−”摆动就是异名端了。

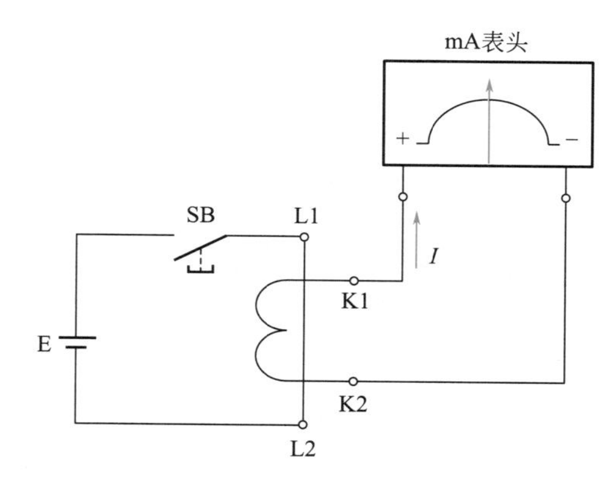

图 5-24　校验电流互感器绕组极性的接线图

第六章

高压电器的操作与巡视

一、油浸式配电变压器的巡视检查

1. 变压器的主要用途

变压器最基本的功能是改变交流电压。它是电力系统中必不可少的电气设备。电力是现代工业的主要能源。电能输送的能量之大、距离之远是任何其他能源无法相比的。在电力的远距离输送中，为了减少能量的损耗，通常都将电压升高，例如升到 220kV、500kV，甚至向更高的电压发展。可是发电机由于结构上的限制，通常只能发出 10kV 电压。因此，必须通过变压器的升压，才能进行远距离输送。电能送到目的地后，为了使用上的安全性，又要通过变压器将电压降低，变为用户需要的 380V/220V 的低压。

2. 变压器的种类

由于变压器的用途极广、种类繁多，分类的方法相应也很多。

① 按变压器的相数分：可分成单相变压器和三相变压器。

② 按变压器的绕组数分：有单绕组变压器（即自耦变压器）、双绕组变压器和三绕组变压器。

③ 按变压器的冷却方式分：可分成油浸自冷式（代号 ONAN）、强迫风冷式（代号 AF）、强迫油冷式（代号 OFAF）和水冷式（代号 WF）几种。

④ 按绝缘材料分：有油浸式绝缘、环氧树脂（干式）绝缘。

⑤ 按变压器的用途分：可分成电力变压器和特种变压器。特种变压器种类繁多，例如：电炉变压器、焊接变压器、整流变压器、试验变压器、隔离变压器、控制变压器、中频变压器、船用变压器、矿用变压器、电压及电流互感器等等。各种变压器的用途不同，结构也不完全一样。

我们主要学习变配电中的 10kV 油浸自冷式电力变压器和 10kV 干式电力变压器。

3. 变压器的工作原理

为说明变压器的工作原理，先把变压器的基本结构作一介绍。变压器的基本结构是在一个闭合的铁芯上绕有两个互不相关的绕组，如图 6-1 所示。一个接到外加电压上，称为一次绕组或原端绕组；另一个称为二次绕组或次端绕组。铁芯和一、二次绕组就从原理上构成了一个完整的变压器。

当一次绕组上加上外加电压 U_1，就会产生一个电流 I_1，这个电流在铁芯中产生了一个磁通 Φ_1，它既穿过一次绕组，也穿过二次绕组，根据法拉第电磁感应定律，这个磁通会在两个绕组中同时产生感应电势。

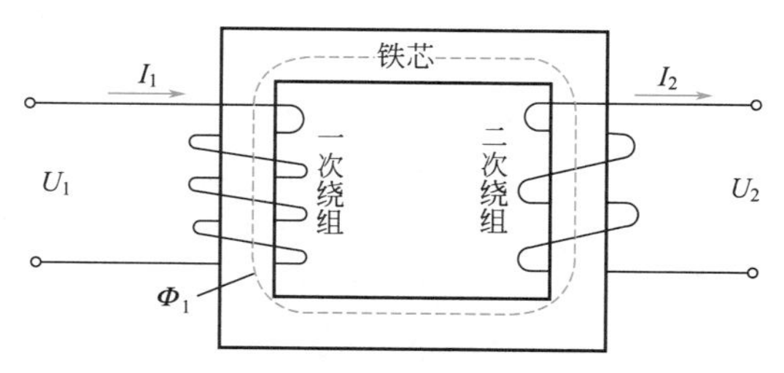

图 6-1　变压器的基本结构

当变压器的次端接上负载时，二次绕组就会产生一个电流 I_2，这个电流将会影响空载时的主磁通。变压器的主磁通基本上取决于一次电压，一次电压不变，主磁通也基本上保持恒定。为了抵消二次电流对主磁通的影响，一次电流也要相应改变。由于一、二次电流在相位上近于反相，因此，二次电流的出现将导致一次电流的增加。也就是说，一次电流除了原先的励磁电流外，还加上了一个电流，这就是负载电流。由于一次电流相应改变，因此变压器的主磁通仍保持空载时的大致水平。

4. 油浸式变压器上的部件的用途

油浸式变压器图形符号与主要部件如图 6-2 所示。

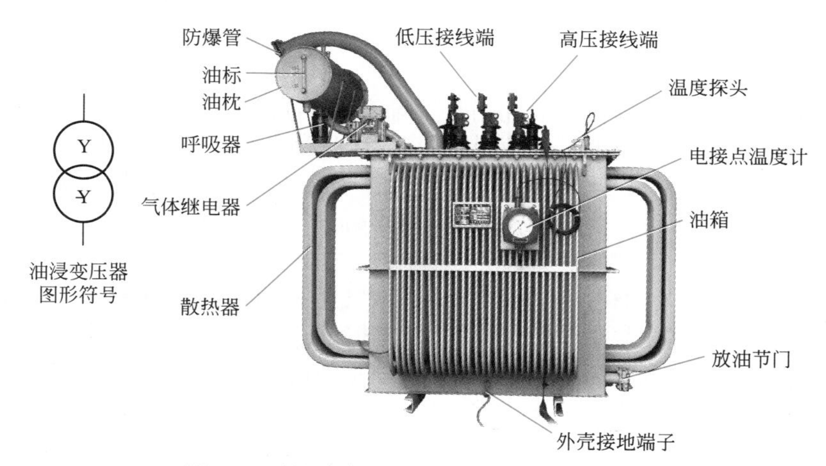

图 6-2　油浸式变压器的图形符号与主要部件

① 绝缘套管是变压器的绕组与外部线路连接的过渡装置。它的中间是导体，外部包有瓷质绝缘套管，如图 6-3 所示，不论是高压绕组还是低压绕组，都要用绝缘套管将导电部分与变压器外壳隔开，10kV 以下的绝缘套管是实心瓷质的，35kV 及以上的绝缘套管内部充满绝缘油，以加强绝缘性能。

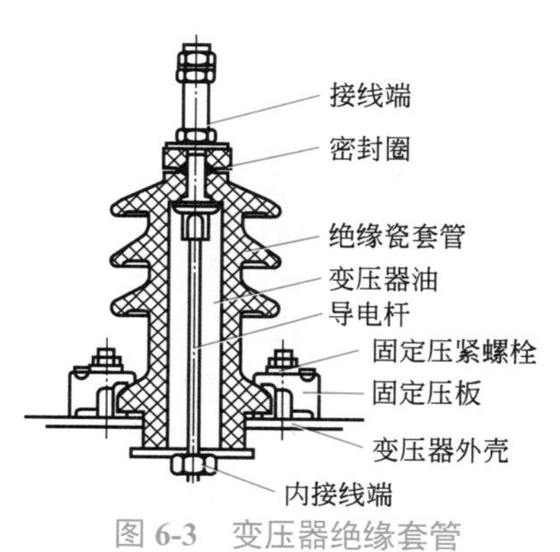

图 6-3　变压器绝缘套管

② 分接开关：分接开关是变压器调整变压比的装置，变压器的一次绕组一般有 3 ～ 5 个分接抽头挡位，三个分接头中间为分接头额定电压，相邻的分接头相差 ±5%，五个分接头的变压器相邻分接头相差 ±2.5%，分

接开关有有载调压和无励磁调压两种，选用时根据负荷的要求而定。分接开关装于变压器端盖的部位，经传动杆伸入变压器油箱内与高压绕组的抽头相连接，改变分接开关的位置，调整低压绕组的电压，分接开关的调整使用见本章“三、油浸自冷式变压器分接开关的切换操作”。

③ 气体继电器：瓦斯继电器是一种非电量的气体继电器，装于变压器油箱和油枕连接管上，是变压器内部故障的保护装置。变压器运行中故障时，油箱内压力增大，故障不严重时，瓦斯继电器的接点接通发出信号；变压器内部严重故障时油箱内压力剧增，瓦斯继电器接点接通，使断路器掉闸，切断故障变压器电源，防止故障延伸扩大，气体继电器的应用可见第十章继电保护中的10kV配电系统常用继电保护种类介绍的气体保护电路。

④ 防爆管：防爆管是位于油箱上部的一根倾斜向上的管子。管口弯曲向下，并用膜片密封。当变压器内部发生重大故障时，变压器油剧烈分解，产生大量气体，使得油箱内部压力急剧升高。巨大的内部压力首先冲破防爆管的膜片，油气从防爆管喷出，从而保护了变压器。

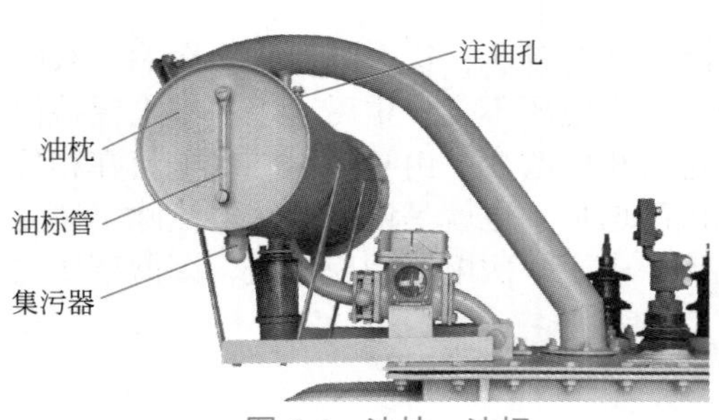

图 6-4　油枕、油标

⑤ 油枕：油枕是一个圆筒形的油桶，安装在变压器一侧的上方，装有油管与油箱连在一起，见图6-4。油枕里也盛有一定数量的变压器油。油枕里的油对在变压器里的油起缓冲作用，使用油枕后，油箱里的油不与环境空气直接接触，因而不易受潮和氧化。

油枕上还有一些附属器件。

油位计：又叫油面计，是位于油枕侧面、与油枕连通的一根玻璃管，可以看到油枕中的油位。根据上面标注的各种温度下的油面线，可以判断变压器内的油量是否正常。

注油孔：位于油枕上方，当变压器缺油时，补充的油由此孔加入变压器。

集污器：位于油枕下方，受潮的油相对密度增加，沉入油枕底部的集污器内，然后可以通过放油阀放出。

⑥ 呼吸器：呼吸器是油枕内的空气与外部大气相通的渠道。油枕内的油面随油温的变化而变化，而形成呼吸作用。为了防止外部的潮湿空气进入油枕内，在呼吸器中装入硅胶。硅胶具有吸收空气中水分的能力。外部的潮湿空气通过呼吸器进入油枕时，必须经过硅胶层，空气中的水分可以被硅胶吸收，这样，进入油枕中的空气变得干燥。吸足水分的硅胶由蓝色为粉红色。受潮的硅胶经烘烤后可以除去水分，重新使用，其颜色又由粉红色变为蓝色。呼吸器的外形见图6-5，呼吸器与油枕的连接见图6-6。

图 6-5　呼吸器的外形

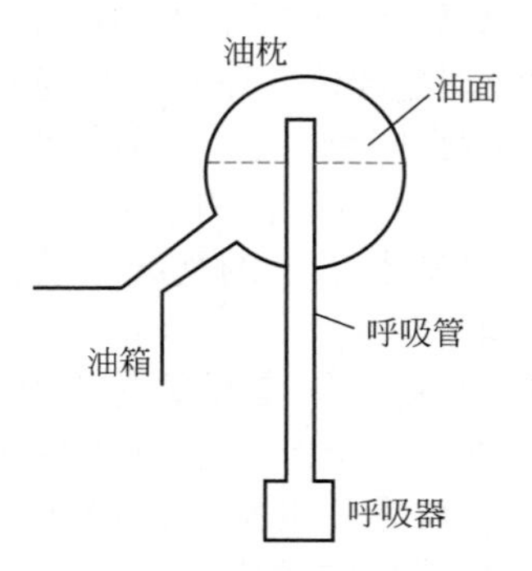

图 6-6　呼吸器与油枕的连接

⑦ 散热器：散热器由装于变压器油箱四周的散热管或散热片组成，其作用是降低变压器运行温度。

⑧ 温度计：温度计是监视变压器运行温度的表针，装在变压器大盖上专门用来测量上层油温的温度计插孔内，温度计内有一对接点可接控制信号。

⑨ 放油截门：放油截门装在油箱底部，主要用来放油和取油样。

5. 变压器运行中都应巡视检查的项目

变压器运行巡视检查是一项重要的工作，它可以发现异常现象，预防事故的发生，主要巡视检查以下内容。

① 检查变压器的负荷电流、运行电压应正常；

② 变压器的油面、油色、油温不得超过允许值，无渗漏油现象；

③ 瓷套管应清洁、无裂纹、无破损及闪络放电痕迹；

④ 接线端子无接触不良、过热现象；

⑤ 运行声音应正常；

⑥ 呼吸器的吸潮剂颜色正常，未达到饱和状态；

⑦ 通向气体继电器的截门和散热器的截门应处于打开状态；

⑧ 防爆管隔膜应完整；

⑨ 冷却装置应运行正常，散热管温度均匀，油管无堵塞现象；

⑩ 外壳接地应完好；

⑪ 变压器室门窗应完好，百叶窗、铁丝纱应完整；

⑫ 室外变压器基础应完好，基础无下沉现象，电杆牢固，木杆根无腐朽现象。

6. 变压器巡视周期的规定

变压器巡视周期的规定如下：

① 变、配电所有人值班，每班巡视检查一次；

② 无人值班时，可每周巡视检查一次；

③ 对于采用强迫油循环的变压器，要求每小时巡视检查一次；

④ 室外柱上变压器，每月巡视检查一次。

7. 变压器要特殊巡视的时间

① 在变压器负荷变化剧烈时应进行特殊巡视；

② 天气恶劣如大风、暴雨、冰雹、雪、霜、雾等时，对室外变压器应进行特殊巡视；

③ 变压器运行异常或线路故障后，应增加特殊巡视；

④ 变压器过负荷时，也应进行特殊巡视；

⑤ 特巡周期不作规定，要根据实际情况增加巡视时间。

8. 计算变压器电流的方法

计算变压器电流是一个高压电工最基本的知识，计算方法有公式法和日常工作的口算法，平时工作使用最多的是口算法。

三相变压器电流计算公式为$I=\dfrac{S}{\sqrt{3}U}$。U是变压器的线电压，单位是kV；S变压器的视在功率。

变压器电流经验口算公式：一次电流$I_1 \approx S\times0.06$；二次电流$I_2 \approx S\times1.5$。

例如一台500kV·A的变压器，计算其一次电流和二次电流：

用电流公式$I=\dfrac{S}{\sqrt{3}U}$计算：$I_1=500/(\sqrt{3}\times10)=500/17.32\approx28.8\text{(A)}$

$$I_2=500/(\sqrt{3}\times0.4)=500/0.69\approx724.6\text{(A)}$$

用变压器电流经验口算公式计算：$I_1=500\times0.06=30(\text{A})$；$I_2=500\times1.5=750(\text{A})$。

9. 变压器的运行负荷要求

变压器运行时根据电流的大小计算变压器负荷是巡视检查的一项重要内容。根据负荷的大小调整变压器的并列或解列运行，是一项既安全又经济的工作，变压器的负荷分为低负荷、合理负荷（经济负荷）、满负荷、超负荷四种。

低负荷是指变压器电流为额定电流的 15% 以下时的状态，在这种状态下变压器消耗负荷包括用电消耗和变压器铁损消耗，这时铁损所占消耗比例太大，不经济。

合理负荷是指变压器电流为额定电流的 50% 左右时的状态，在这种状态下变压器铁损负荷和铜损所占比重都很小。

满负荷是指变压器电流为额定电流的 75% 以上时的状态，在这种状态下变压器铜损将随负荷的增大而快速增大。

超负荷是指变压器电流为额定电流的 100% 以上时的状态，这时变压器温度升高，铜损太大。

例：一台 800kV • A，电压为 10kV/0.4kV 的变压器，一、二次电流以及各种负荷电流是多少?

解：一次电流 $I_1=S\times0.06=800\times0.06=48$（A）

二次电流 $I_2=S\times1.5=800\times1.5=1200$（A）

低负荷：一次电流 $I_1=48\times15\%=7.2$（A）　　二次电流 $I_2=1200\times15\%=180$（A）

合理负荷：一次电流 $I_1=48\times50\%=24$（A）　　二次电流 $I_2=1200\times50\%=600$（A）

满负荷：一次电流 $I_1=48\times75\%=36$（A）　　二次电流 $I_2=1200\times75\%=900$（A）

10. 油浸式电力变压器的过载能力

根据 GB/T 15164《油浸式电力变压器负载导则》，35kV 及以下变压器过载能力见表 6-1，变压器允许短时间过载能力应满足表 6-1 的要求（正常寿命，过载前已带满负荷、环境温度 40℃）。

表 6-1　油浸式电力变压器过载能力

过载 /%	20	30	45	60	75	100
允许运行时间 /min	480	120	60	45	20	10

11. 变压器的损耗种类

变压器在运行中要消耗一部分能量，这样变压器在运行时就要发热。变压器的损耗主要有铁损和铜损。

① 变压器的铁芯损耗。变压器在工作中，磁通的大小和方向都在不断变化，那么，在包围磁通周围的所有闭合回路中都会产生感应电势（注意：这个电势与回路的材料无关）。如果闭合回路是导体，这个闭合回路中就会有感应电流。在与磁通方向垂直的铁芯平面内部，形成了无数的闭合回路，由于铁芯的电阻率比较小，因此在铁芯内部就会产生感应电流，称这个感应电流为涡流。涡流引起铁芯发热造成损耗叫做涡流损耗。涡流损耗与磁滞损耗一起，总称为铁损。

由于铁损是由磁通变化率决定的，而磁通的大小与负载电流无关。也就是说，不论变压器是在空载还是负载状态，铁损基本上是一个常数。因此，变压器的铁损又叫不变损耗。变压器的铁损一般为容量的 5%。

② 变压器的绕组损耗。变压器的绕组中有电阻，当绕组里流过电流时，绕组要发热，这就是绕组的损耗，又叫铜损。空载时，变压器的一次绕组里流过励磁电流，由于励磁电流数值很小并且导线的电阻也很小，因此，空载时的铜损常常可以忽略不计。

变压器负载时，一次电流和二次电流都要大大增加，这时的铜损也会大大增加。由于铜损与负载电流的平方成正比，故铜损又称可变损耗。

变压器在运行中的损耗包括铁损和铜损两部分，铁损由磁滞及涡流两部分损耗组成，而铜损则是一次绕组和二次绕组的铜损之和。变压器的铜损可以从变压器的技术参数中的短路损耗得到，短路损耗：变压器二次绕组短路，一次绕组施加电压使其电流达到额定值时，变压器从电源吸收的功率称为短路损耗，短路损耗即额定电流时的铜损。

12. 变压器的最大效率计算

变压器的输出功率 P_2 与输入功率 P_1 之比称为变压器的效率 η。变压器的输入功率与输出功率之差，称为变压器的功率损耗。损耗包括变压器的铜损 P_{Cu} 和铁损 P_{Fe}。根据效率的定义，变压器的效率为

$$\eta=\frac{P_2}{P_1}\times 100\%=\frac{P_2}{P_2+P_{Fe}+P_{Cu}}\times 100\%$$

变压器的铁损与负荷的大小无关，而铜损则随负荷的大小而变化。根据理论推导可知，当变压器的铜损等于铁损时，效率最高。一般配电变压器最大效率时，负载电流为额定电流的 50% ～ 60%。

当变压器的铜损（与负载电流的平方成正比）等于铁损（基本不随负载变化）时，效率最高（大致出现在负载系数为 0.5 ～ 0.6 的时候）。

13. 变压器的接线方式和接线组别

对于三相变压器而言，一次绕组和二次绕组可接成星形，也可以接成三角形，这是最常用的接线方式。除去这两种常用的方式以外，还有一种称为 Z 的接线方式，Z 接线对于过电压有着良好的抵抗能力，特别适用于多雷地区。

接线组别是三相变压器的一个特有的问题。组别与变压器的接线方式有密切关系。它反映了三相变压器二次线电压和对应的一次线电压之间的相位关系。按照一、二次绕组的不同接线方式（星形或三角形），以及绕组的头尾端的不同连接，一次绕组和二次绕组之间一共可以得出十二种不同的相位关系，即十二种不同的相位差。这十二种相位差都是 30° 角的整数倍，即 30° 角的 0 ～ 11 倍。若是 0 倍，即说明一次线电压和对应的二次线电压同相位；若是 1 倍，相位差就是 30°，说明一次线电压超前二次线电压 30° 角，以此类推。

为了形象地表示出这个关系，我们引用钟表的时针（短针）与分针（长针）的夹角来表示一次电压与二次电压的相位角。钟盘上有十二个点，相邻两点夹角正是 30°，与变压器一、二次相电压的相位关系完全一样，长针代表一次线电压且固定指在 12 点位置，短针代表二次线电压。假定有一台变压器，它的一次线电压与二次线电压相位相同，我们即认为长针指在 12 点，短针也指在 12 点，时间就是 12 点，或说是零点。这台变压器的接线组别就是 0，如果变压器的二次线电压超前于一次线电压 30°（即一次电压超前于二次电压 330°），就是说长针指在 12 点，短针指在 11 点，这台变压器的接线组别就是 11。

图 6-7 画出了 Y、Yn0 和 Y、Dn11 以及 D、Yn11 组号的接线图。目前国产变压器，油浸式的接线组号常用 Y、Yn0；干式变压器常用 D、Yn11。

变压器的各种接线标号的依据是国标 GB 1094—2013，见表 6-2。

表 6-2　变压器的接线标号

名称	GB 1094—2013		
	高压	中压	低压
星形接法	Y	Y	Y

续表

名称	GB 1094—2013		
	高压	中压	低压
星形接法中性点引出	YN	Yn	Yn
三角形接法	D	d	d
曲折形接线	Z	Z	Z
曲折形接线中性点引出	ZN	Zn	Zn
接线组别	用 0 ～ 11		
接线标号间	用逗号		

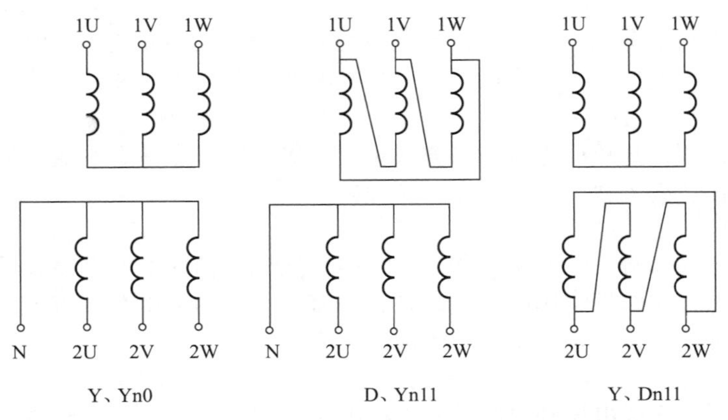

图 6-7　Y、Yn0 和 Y、Dn11 以及 D、Yn11 组号的接线图

二、干式变压器的巡视检查

1. 干式变压器的结构特点

相对于油式变压器，干式变压器因为没有油，也就没有火灾、爆炸、污染等问题，故电气规范、规程等均不要求干式变压器必须置于单独房间内。特别是新的干式变压器系列，干式变压器的损耗和噪声降到了很低的水平，为变压器与高、低压屏置于同一配电室内创造了条件。

干式变压器的主要部件是高低压绕组，它用环氧树脂浇注封闭绝缘。环氧树脂具有良好的电气性能和机械性能，以 F 级树脂性能表明，其电气强度为 16 ～ 20kV/mm，耐电弧性为 60 ～ 110s，体积电阻率为 $10^{16}\Omega \cdot cm$。干式变压器底部装有横流式冷却风机，其进、出风口均无导叶，专用于干式变压器冷却。通过预埋在低压绕组最热处的热敏测温电阻测取温度信号。变压器负荷增大，当绕组温度升高时，系统自动启动风机对绕组冷却。图 6-8 为干式变压器的外形。

2. 干式变压器的优点

干式变压器与油浸式变压器比较，除了结构简单外还有以下优点。

① 浇注线圈的整体机械强度好，耐受短路的能力强。

② 耐受冲击过电压的性能好，基准冲击水平值大。

③ 防潮及耐腐蚀性能特别好，尤其适合在极端恶劣的环境条件下工作。

④ 可制造大容量的干式变压器。

⑤ 运行寿命长。

⑥ 可以立即从备用状态下投入运行而无须预热去潮。

⑦ 损耗低，过负荷能力强。

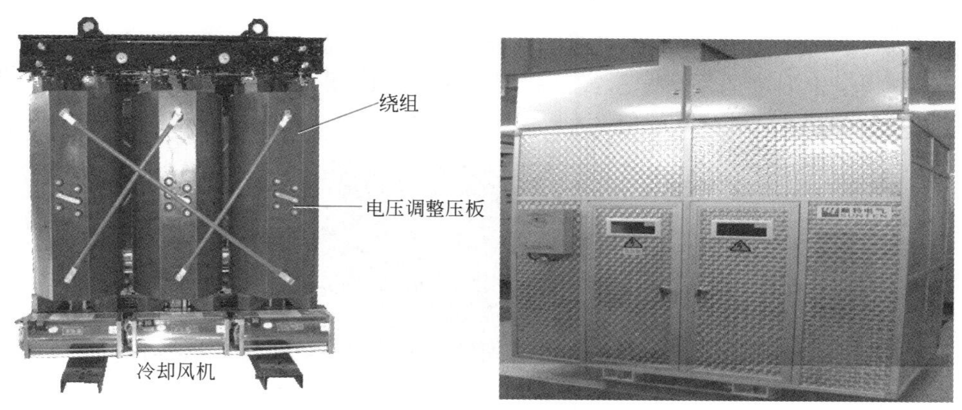

图 6-8 干式变压器的外形

3. 干式变压器的维护检查内容

① 检查所有紧固件、连接件是否有松动，并重新紧固。

② 检查分接挡的连接片是否固定在要求挡位。

③ 检查风机、温控装置及其他辅助器件能否正常运行。

④ 检查外壳、铁芯装配是否永久性接地。

⑤ 变压器外表应无裂痕、无异物。

⑥ 检查变压器室内通风装置应正常。

⑦ 检查变压器线圈有无异常和变形，接头有无过热现象。

4. 干式变压器的运行维护要点

干式变压器检查的部分主要有两个，一个是变压器的主体；另一个是变压器的冷却风机。

① 干式变压器主体的检查要点。在通常情况下，干式变压器无须维护。但在多尘或有害物场所，检查时应特别注意绝缘子、绕组的底部和端部有无积尘。可用不超过 2atm（1atm=101325Pa，下同）的压缩空气器吹净通风道和表面的灰尘。平时运行巡视检查中禁止触摸变压器主体，应注意紧固部件有无松动发热，绕组绝缘表面有无龟裂、爬电和炭化痕迹，声音是否正常。

② 风机自动控制：是通过预埋在低压绕组最热处的 Pt100 热敏测温电阻测取温度信号。变压器负荷增大，运行温度上升，当绕组温度达到厂家规定时，系统自动启动风机冷却；当绕组温度下降 20℃时，系统自动停止风机。如无厂家规定，绕组温度 90℃自动启动冷却风机。

③ 室内安装的干式变压器装有防护外罩，外罩上有观察窗便于运行时查看变压器，运行中的变压器不允许打开防护外罩的检修门，如果误打开防护外罩门会造成高压继电保护电路动作使断路器跳闸。

5. 干式变压器是否可以过载运行

根据 GB/T 17211《干式变压器过载能力》中的负荷曲线，干式变压器过载承受能力，在额定电流的 120% 情况下时间不能超过 60min，过流定值不宜设得太大，免得变压器发热。

干式变压器在应急情况下允许的最大短时过载时间应遵守制造厂的规定，可以根据厂家提供的过负荷曲线查一下，一般干式变压器过载能力见表 6-3。

表 6-3　干式变压器过载能力

过载 /%	20	30	40	50	60
允许运行时间 /min	60	45	32	18	5

6. 干式变压器温度控制器的用途

温度控制器是干式变压器一个重要的配件，它可以完成以下多项监视任务。

① 对三相绕组温度的循环显示或最高温度相绕组的跟踪显示（可随意切换），循环显示时间每相显示约 6s。图 6-9 为冷却风机温度控制器。

图 6-9　干式变压器冷却风机温度控制器

显示方式又分为“循环显示”和“最大值显示”两种方式。

循环显示方式时，循环显示 A、B、C 三相温度。

最大值显示方式时，显示 A、B、C 三相中的最大温度值。

② 冷却风机的自动控制：在自动工作状态，当三相线圈绕组中有一相温度达到设定的风机启动温度值时风机自动启动，风机启动时风机指示灯亮。当三相线圈绕组中每相温度均小于设定的风机关闭温度值时风机自动关闭。

③ 还可手动启控风机。

④ 超温报警和高温跳闸信号的显示、输出。

⑤ 控制参数现场设置：可设置风机启控点和超温报警动作点、高温跳闸动作点。

⑥ 传感器异常故障时（短路、断路）相应故障指示灯亮，输出故障报警信号，同时风机启动。

⑦ 风机控制回路失电或断线时，断线报警指示灯亮，输出故障报警信号。

⑧ 黑匣子功能：可保存停电前的全部监测参数以备查询。

⑨ 通信功能：实现变压器温度的远方监控。图 6-10 为温度控制器电路。

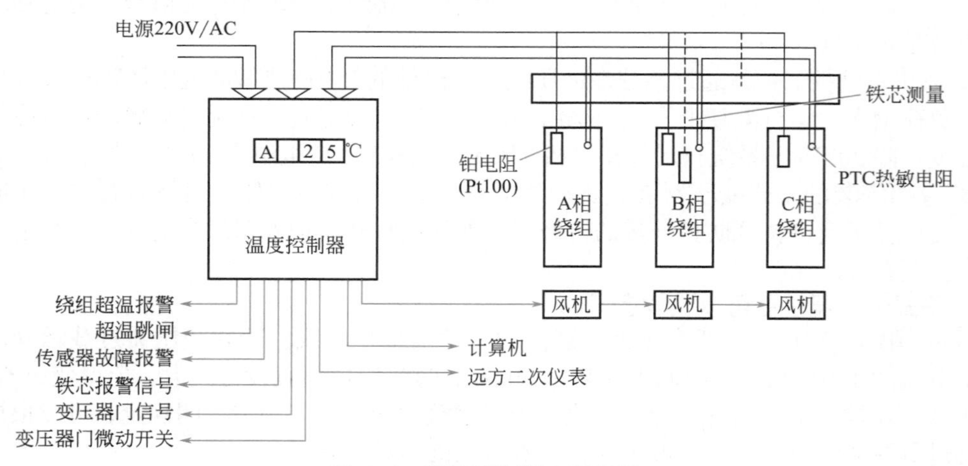

图 6-10　温度控制器电路框图

7. 干式变压器冷却风机的安装与维护

干式变压器冷却风机采用一种横流式冷却风机，如图 6-11 所示，其安装在变压器绕组的下端两侧，用于绕组的降温，使用单相或三相小功率异步电动机、横流式叶轮、机壳、导风装置，一台变压器按其容量可配装 4 ～ 6 台风机。

图 6-11 干式变压器冷却风机

冷却风机的维护：

① 检查风机外观完好，电动机的绝缘电阻不应低于 1MΩ，转动无异常噪声。

② 风机的出风口应对向变压器绕组需冷却的部位。

③ 接入风机的电源应与风机的额定电压、相数相符合。

三、油浸自冷式变压器分接开关的切换操作

1. 变压器分接开关的用途

任何电压等级的电力系统，其实际电压都允许在一定范围内波动，此时，二次电压也会波动，这就会影响到用户的用电。为使变压器二次电压维持在额定值附近，又要适应一次电压的波动，所以变压器上装有分接开关。分接开关是为了能在小范围内改变变压器的输出电压而设置的。它利用改变绕组匝数的原理，在输入电压过高或过低的情况下，适当降低或提高输出电压。对于配电变压器，由于一次电流较小，分接开关都用来改变一次绕组的匝数。图 6-12 为一个利用分接开关调节绕组匝数的示意图。

分接开关分为有载调节及无励磁调节两种，前者能在不停电的情况下带负荷调节，而后者必须在停电时进行调节。一般的配电变压器所用的均为无励磁调节分接开关。

变压器铭牌所标示的电压调整范围说明：当一次电压升高到 10.5kV 时，要把分接开关调整到 I 位，才能保持二次电压为额定值；当一次电压降到 9.5kV 时，调整分接开关到Ⅲ位，同样能保证二次电压维持在额定值。各种分接开关实物如图 6-13 所示。

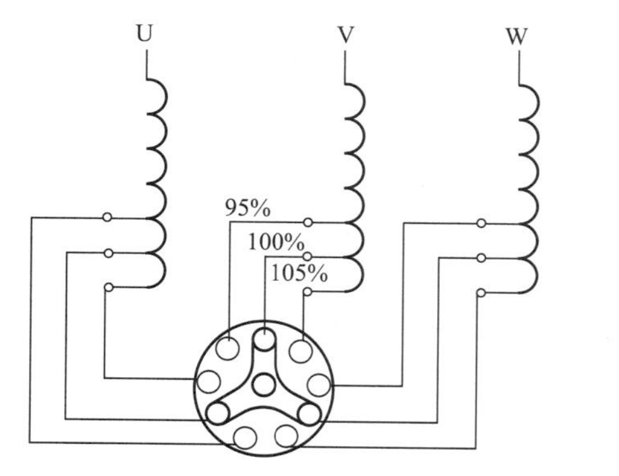

图 6-12 分接开关接线示意图

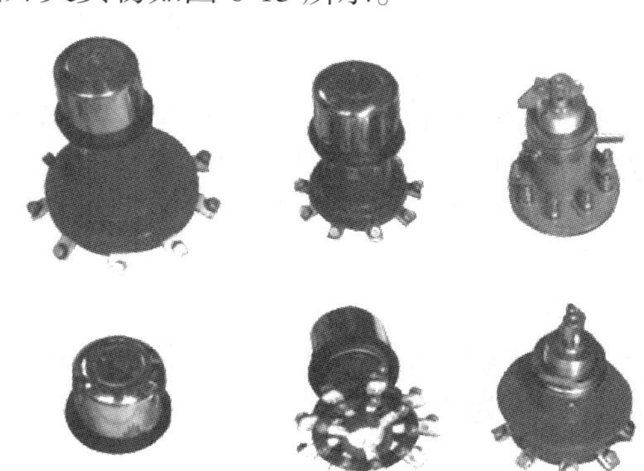

图 6-13 各种分接开关实物

2. 变压器分接开关的切换时间

利用分接开关来调整二次电压范围是有限的，而且是分挡调节。另外，调节分接开关是比较麻烦的事，不宜频繁操作。因此这种调整只适合在电压长时间的偏高或偏低时进行。这里所说的长时间约十天到半个月，并要结合用电季节特点进行切换，电压值大于或接近用户端电压偏离额定值时应切换，切换后的电压应与额定值偏差越小越好。10kV 及以下用户和低压电力用户电压允许波动 ±7%，低压照明用户电压允许波动为 +5% ～ −10%。不论分接开关调整在哪一挡位，对变压器的额定容量无影响。

3. 油浸变压器分接开关挡位的使用

油浸变压器切换分接开关有三个挡位，分别是Ⅰ挡 105%，Ⅱ挡 100%，Ⅲ挡 95%，变压器分接开关的调整有一个原则是“高往高调，低往低调”，电压高时往高比例挡调，电压低时往低比例挡调。

例如：有一台变压器分切开关在Ⅱ挡，低压系统电压偏低只有 365V/210V，这时可以将分切开关由Ⅱ挡 100% 调至Ⅲ挡 95% 位置，这时电压将升至 383V/220.5V，接近额定电压。

4. 分接开关切换操作的规定

调整变压器的分接开关应当在变压器停电的状态下进行，并且做好安全技术措施和组织措施。应按下列步骤进行。

① 将运行中的变压器停电，验电，挂好临时接地线。

② 拆除一次测高压接线。

③ 松开或提起分接开关的定位销（或螺栓）。

④ 转动开关手柄至所需的挡位。

⑤ 先用万用表测量一次绕组的直流电阻。

⑥ 再用单臂电桥测量一次绕组的直流电阻。

⑦ 锁定定位销（或螺栓）。

⑧ 恢复高压接线，拆除临时接地线。

⑨ 送电后检查三相电压值是否正常。

5. 变压器切换分接开关时的注意事项

变压器切换分接开关时，无载调压的分接开关不能在带负荷情况下进行，应首先将变压器从高、低压电网中退出运行，再将各侧引线和地线拆除，方可倒分接开关，然后测量高压绕组的直流电阻，测得的直流电阻值应与前次测量值进行比较。

因为分接开关的接触部分在运行中可能烧伤，未用的分接头长期浸在油中可能产生氧化膜等，造成切换分接头后接触不良，所以测量电阻很重要，对大容量变压器，更应认真做好这项工作。一般容量的变压器可用单臂电桥测量分接开关的接触电阻；容量大的变压器，可用双臂电桥测量分接开关的接触电阻。测量前还应估算好被测的电阻值，选择适当的量程，并选好倍率，将电阻数值调到估算值的附近。测量时，由于绕组电感较大，需等几分钟待电流稳定后才能接通检流计。然后将实际读数乘倍率就等于实测电阻值。

测试直流电阻时，应将连接导线截面选大些，导线接触必须良好。用单臂电桥测试时，测量结果中还应减去测试线的电阻值才得到分接开关接触电阻的实际值。

测量完毕应先停检流计，再停电池开关，以防烧坏电桥。倒换测试线时，必须先将变压器绕组放电，以防人身触电。

此外应注意，测得的电阻值与油温有很大关系，所以测试时要记录上层油温，并进行换算（通常换算为 20℃的数值）：

$$R_{20}=\frac{T+20}{T+t_{\mathrm{a}}}R_{\mathrm{a}}$$

式中　R_{20}——换算为 20℃时的电阻值；

t_a——测量时变压器的上层油温；

R_a——温度为 t_a 时测得的电阻值；

T——系数（铜——235，铝——228）。

测量后，三相电阻值相差不得超过 2%，计算公式为：

$$\frac{R_D - R_C}{R_C} \times 100\%$$

式中　R_D——最大电阻值；

R_C——最小电阻值。

测量结果还应参考历次测试数据进行校核。

6. 分接开关的故障与处理

当发现变压器油箱内有“吱吱”的放电声，电流表随着响声发生摆动，瓦斯保护可能发出信号，油的闪点急剧下降，这时可初步判断为分接开关故障。

分接开关故障原因一般如下。

① 分接开关触点弹簧压力不足，滚轮压力不均，使有效接触面积减少，以及镀银层机械强度不够而严重磨损引起分接开关在运行中被烧坏。

② 分接开关接触不良，引线连接和焊接不良，经受不起短路电流冲击而造成分接开关故障。

③ 倒换分接头时，由于分接头位置切换错误，引起分接开关烧坏。

④ 由于三相引线相间距离不够，或者绝缘材料的电气绝缘强度低，在过电压的情况下绝缘击穿，造成分接开关相间短路。

值班人员根据变压器的运行情况，如电流、电压、温度、油位、油色和声音等的变化，立即取油样进行气相色谱分析，以鉴定故障性质，同时将分接开关切换到定好的位置运行。

附：油浸式变压器分接开关调整操作演示视频二维码

四、干式变压器分接开关的切换操作

1. 干式变压器的分接开关与油浸式变压器的分接开关的不同

干式变压器的分接开关与油浸式变压器的分接开关不同，由于干式变压器高压绕组多是三角形接法，如图 6-14 所示为干式变压器分接开关实物，干式变压器的分接开关是改变高压每一相绕组的匝数连板，如图 6-15 所示为干式变压器绕组接线图，并且干式变压器的分接开关每一挡调整为 2.5%，与油浸式变压器每一挡 5% 不同，干式变压器分接连板位置与调整电压范围如图 6-16 所示。

2. 干式变压器分接开关的切换操作过程与油浸式变压器的分接开关的不同

干式变压器的分接开关的调整原则与油浸式变压器是一样的，不同的是干式变压器需要改变三个绕组的连接压板，而不像油浸式变压器那样只调整一个开关。

图 6-14　干式变压器分接开关实物

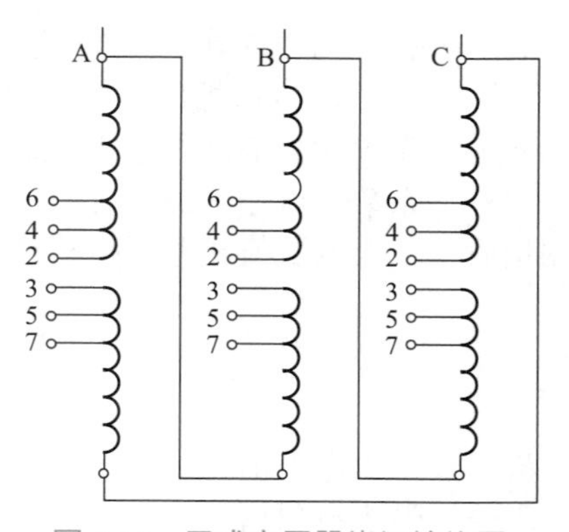

图 6-15　干式变压器绕组接线图

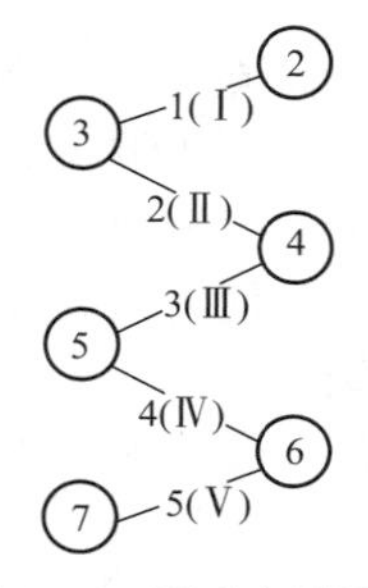

分接位置	电压/V
1(Ⅰ)	10500
2(Ⅱ)	10250
3(Ⅲ)	10000
4(Ⅳ)	9750
5(Ⅴ)	9500

图 6-16　干式变压器分接连板位置与调整电压范围

干式变压器分接开关操作步骤：

① 将运行中的变压器停电；

② 在高、低压侧电压验电；

③ 对变压器高压侧彻底放电；

④ 在高、低压侧挂好临时接地线；

⑤ 拆下分接连板的螺钉，取下连接压板，改接到新的位置，重新用螺钉压紧即可；

⑥ 三相绕组的连接压板位置必须一致，否则将造成三相电压不平衡；

⑦ 拆装压板螺钉时用力要均匀，以防高压绕组抽头螺栓松动。

工作完毕后认真检查工作场地，不得有工具材料的遗漏，拆除临时安全措施，恢复送电后应检查低压是否正常。

附：干式变压器分接开关调整操作演示视频二维码

五、变压器的安全运行要求

1. 油浸变压器运行时温度的有关规定

油浸变压器运行的最高温度是85℃，这个温度是高温报警温度，在此温度下变压器可以继续运行但要加强运行监视，当变压器温度继续升高到达最高临界温度（极限温度）95℃

时，变压器必须减少用电负荷，以防止发生事故。

2. 运行中变压器温升过高的原因与处理

当变压器环境温度不变、负荷电流不变而温度不断上升时，说明变压器运行不正常，通常造成变压器温度过高的主要原因及处理方法如下。

① 由于变压器绕组的匝间或层间短路，会造成温度过高，一般可以通过在运行中监听变压器的声音进行粗略的判断。也可取变压器油样进行化验，如果发现油的绝缘和质量变坏，或者瓦斯保护动作，可以判断为变压器内部有短路故障。

经查证属于变压器内部故障，应对变压器进行大修。

② 变压器分接开关接触不良，使得接触电阻过大，甚至造成局部放电或过热，导致变压器温度过高。可通过轻瓦斯是否频繁动作及信号指示来判断；还可以通过变压器取油样进行化验分析；也可用直流电桥测量变压器高压绕组的直流电阻来判断故障。

分接开关接触不良的处理方法是：将变压器吊芯，检修变压器的分接开关。

③ 变压器铁芯硅钢片间绝缘损坏，导致变压器温度过高。通过瓦斯是否频繁动作，变压器绝缘油的闪点是否下降等现象加以判断。

处理方法：对变压器进行吊芯检查。若铁芯的穿心螺栓的绝缘套管的绝缘损坏，也会造成变压器温度升高，判断与处理方法可照此进行。

3. 变压器要设定允许温度的原因

变压器在运行时，要产生铜损和铁损，使线圈和铁芯发热。变压器的允许温度是由变压器所使用的绝缘材料的耐热强度决定的。油浸式电力变压器的绝缘属于 A 级，绝缘是浸渍处理过的有机材料，如纸、木材和棉纱等，其允许温度是 105℃。变压器温度最高的部件是线圈，其次是铁芯，变压器油温最低。线圈匝间的绝缘是电缆纸，而能测量的是线圈传导出来的平均温度，故运行时线圈的温度应≤ 95℃。

电力变压器的运行温度直接影响到变压器的输出容量和使用寿命。温度长时间超过允许值，则变压器绝缘容易损坏，使用寿命降低。油浸变压器的使用年限的减少一般可按“八度规则”计算，即温度升高 8℃，使用年限减少 1/2。试验表明：如果油浸变压器绕组最热点的温度一直维持在 95℃，则变压器可连续运行 20 年。若绕组温度升高到 105℃，则使用寿命降低到 7.5 年，若绕组温度升高到 120℃，使用寿命降低到 2.3 年，可见变压器使用寿命年限主要取决于绕组的运行温度。

4. 变压器的允许温升

变压器绕组温度与负载大小及环境温度有关。变压器温度与环境温度的差值叫变压器的温升。对 A 级绝缘的变压器，当环境温度为 40℃（环境最高温度）时，国家标准规定绕组的温升为 65℃，上层油温的允许温升为 45℃，只要上层油温及温升不超过规定值，就能保证变压器在规定的使用年限内安全运行。

允许温度 = 允许温升 +40℃

当环境温度＞ 40℃时，散热困难，不允许变压器满负荷运行。当环境温度≤ 40℃时，尽管有利散热，但线圈的散热能力受结构材料限制，无法提高，也不允许超负荷运行。如当环境温度为零摄氏度以下时，让变压器过负荷运行，而上层油温维持在 90℃以下，未超过允许值 95℃，但由于线圈散热能力无法提高，结果导致线圈温度升高，发热，超过了允许值。

例如：一台油浸自冷式变压器，当环境温度为 32℃时，其上层油温为 60℃，未超过 95℃，上层油的温升为 60℃ −32℃ =28℃，小于允许温升 45℃，变压器可正常运行。若环境温度为 44℃，上层油温为 99℃，虽然上层油的温升为 99℃ −44℃ =55℃，没超过温升限定值，但上层油温却超过了允许值，故不允许运行。若环境温度为 −20℃，上层油温为 45℃，虽小于 95℃，但上层油的温升增为 45℃ −(−20)℃ =65℃，已超过温升限定值，也不允许运行。

因此，只有上层油温及温升值均不超过允许值，才能保证变压器安全运行。

5. 检查变压器油颜色的方法

检查变压器油的颜色是巡视工作的一项重要内容，可以通过油枕上的油标管内的油检查。

① 油的颜色。新油一般为浅黄色，氧化后颜色变深。运行中油的颜色迅速变暗，表明油质变坏。

② 透明度。新油在玻璃瓶中是透明的，并带有紫色的荧光，否则，说明有机械杂质和游离碳。

③ 气味。变压器油应没有气味，或带一点煤油味，如有别的气味，说明油质变坏。如有烧焦味说明油干燥时过热；酸味则说明油严重老化；乙炔味则说明油内产生过电弧。其他味可能是随容器产生的。

6. 检查变压器响声的方法

变压器正常运行时，一般有均匀的“嗡嗡”声，这是由于交变磁通引起铁芯振颤而发出的声音。如果运行中有其他声音，则属于声音异常。

造成变压器异常声响的主要原因有：

① 变压器长期过载运行，绕组受高温作用而被烧焦，甚至绝缘脱落造成匝间或层间短路。

② 线路发生短路保护失灵，导致变压器长时间承受大电流冲击，使绕组受到很大的电磁力而发生位移或变形，同时温度很快升高，导致绝缘损坏。

③ 变压器受潮或绝缘油含水分，或修理绕组时，绝缘漆没有浸透等，均会引起绝缘下降，甚至造成匝间短路。

④ 绕组接头和分接开关接触不良。

⑤ 变压器遭受雷击，而防雷装置不当或失败，使绕组经受强大的电流冲击。

7. 变压器初次送电的要求

变压器初次送电是指变压器新安装、大修后的第一次送电和变压器停止运行在半年以上再次投入运行。

① 变压器初送电时，应按规定做全压冲击合闸试验（即变压器连续合闸、分闸操作，新变压器 5 次，大修后的 3 次），合格后方可作空载运行。变压器的各项保护必须完好、准确、可靠。

② 变压器空载运行 24h 后，如未发现任何异常现象，方可逐步加上负载，同时，密切注意观察变压器的运行状态。对反映运行情况的各项数据，如电压、电流、温度、声音等，应做记录。

③ 试运行期间的变压器，瓦斯保护的掉闸压板应放在试验位置上。

④ 大修后的变压器应视为新装变压器。停止运行半年以上的变压器，需测量绕组的绝缘电阻，并做油的绝缘强度试验。

8. 变压器能否过负荷运行

变压器最好不要过负荷运行，因为过负荷时变压器的温度会快速升高，铜损很大。

但在不影响变压器正常使用寿命的前提下，在一定时间内，有条件地允许变压器在一定范围内过负荷运行，称为正常过负荷运行。符合这个前提的情况有以下两种：

① 如果在正常情况下变压器是欠负荷运行，那么，在高峰时间里，变压器允许短时间过负荷。过负荷的程度和持续时间见表 6-4。

表 6-4 油浸式变压器允许过负荷的倍数和时间

过负荷倍数	1.30	1.45	1.60	1.75	2.00
允许持续时间 /min	120	80	45	20	10

② 如果变压器在夏季(指6月、7月、8月)的最高负荷低于变压器的容量，那么在冬季(指11月、12月、1月、2月)允许过负荷使用，其原则是：夏季的负荷每低于变压器的额定容量1%，则冬季可过负荷1%运行，但最大不能超过15%。

③ 以上两种情况可叠加使用，但最大的过负荷值，室外变压器不得超过30%，室内变压器不得超过20%。

所谓过负荷运行，是指在特殊的情况下，必须让变压器在短时间内较多地超负荷运行。例如，并列运行的变压器，其中有一台发生故障而退出运行，而且用电负荷又不能减少，则另一台变压器即处于事故过负荷运行中。变压器允许的过负荷程度和运行时间，通常应按制造厂家的要求执行。假若没有相应资料，可按表6-4的规定处理。

如果缺乏准确资料，可以根据变压器上层的油温，按表6-5给出的标准执行。

表6-5 油浸变压器允许的过负荷倍数及过负荷持续时间 单位：h：min

过负荷倍数	过负荷前上层油的温度					
	18℃	24℃	30℃	36℃	42℃	48℃
1.05	5:50	5:25	4:50	4:00	3:00	1:30
1.10	3:50	3:25	2:50	2:10	1:25	0:10
1.15	2:50	2:25	1:50	1:20	0:35	
1.20	2:05	1:40	1:15	0:45		
1.25	1:35	1:15	0:50	0:25		
1.30	1:10	0:50	0:30			
1.35	0:55	0:35	0:15			
1.40	0:40	0:25				
1.45	0:25	0:10				
1.50	0:15					

表6-4、表6-5均取自北京供电局编《北京地区电气设备运行管理规程》的相应规定。

9. 变压器异常运行的现象应当停电处理

变压器的异常运行指的是变压器内部发生故障，或者是线路故障而影响变压器正常工作。一般说来，不论属于哪一种，变压器都不宜于继续运行下去。如果属于外部原因，则应在外部故障排除之后，再投入变压器；如果确定不属于外部故障，则要根据故障现象对故障原因及性质作出判断，并决定检修方案。变压器常见故障大致有以下几项：

① 运行中的变压器温度过高；

② 变压器缺油；

③ 变压器缺相运行。

10. 造成变压器温度过高的原因

变压器在运行中，如果负荷基本稳定，那么油的温升也是稳定的。假若变压器的负载不超过其额定容量，而温度与运行资料相同条件相比存在明显的偏高，即属于这一类故障。发现变压器的温度明显过高时，首先要查明油位是否正常，油路是否堵塞。在判定起散热作用的油系统正常后，即要考虑变压器内部故障的可能性。造成变压器温度过高的常见原因有以下几条。

① 变压器的分接开关接触不良。分接开关是变压器绕组中唯一的可动接点，是最有可能因接触不良而造成接触电阻增加的部位，接触电阻的增加将造成接点的发热。轻者会增加变压器的损耗，使油温增高，重者还会直接损坏分接开关。测量分接开关的接触电阻值，即可检查接触得好坏。

② 变压器绕组匝间或层间短路。当变压器出现这一类故障时，被短路部分出现很大环流，

造成导线温度过高，致使油温升高，如果短路点形成电弧，还会使油分解，产生气体，造成瓦斯继电器动作。匝间或层间短路常常表现为三相电流不平衡。

③ 铁芯片间绝缘损坏。为了减少涡流损耗，变压器铁芯的硅钢片间都有良好的绝缘。同时，为紧固硅钢片用的穿钉螺栓也与硅钢片绝缘。这些绝缘一旦被破坏，会导致涡流损耗大幅度上升，油温随之升高。油温长时间过高，会加速其老化。通过油的化验分析，可以大致做出判断。

根据以上种种的原因，不难看出，故障的判断有时只能是大致的，而且各种故障都不是在变压器外部能用简单的办法加以克服或补救的，最终，只有通过吊芯检查进行查找和处理。一般来说，吊芯是比较麻烦的事，影响面比较大。这就要求尽量对故障进行全面、细致的分析，准确测量有关数据，并结合对变压器油的化验，在大体确定了故障部位并准备好检修的材料及工具后才可吊芯。

11. 造成变压器缺油的原因

当变压器的油面低于相应温度下的油标线时，即认为是缺油。轻度缺油尚能暂时维持变压器正常运行；严重缺油可能会引起严重后果。

（1）变压器缺油的原因：

① 变压器某个部位漏油、渗油，未能及时发现、及时处理，时间一长，即会造成变压器缺油；

② 多次取油样后，未能及时补油；

③ 新变压器的初始油量即不足；

④ 有时，由于油位管堵塞，或者油位管的阀门被关闭，形成了假油面。这未引起值班人员的注意，以至于造成变压器实际缺油。发现变压器缺油后，应尽快补油。

（2）变压器缺油的危害。当油枕内的油全部流入油箱，即已成为严重缺油。油枕的油流空后，首先引起轻瓦斯动作报警。此时若不及时采取措施，油面在瓦斯继电器中继续下降，会引起重瓦斯动作。此时的变压器已无法继续运行了。

假如瓦斯继电器未能准确动作，或者根本没有瓦斯继电器，油面继续下降，空气将要进入油箱。这时，油箱里的油很容易受潮，造成油的绝缘强度降低。

如果油面继续下降至低于散热管的上口，散热器起不到散热的作用，油温会迅速上升，使绝缘和变压器油均老化。

如果油面低于铁芯和绕组，而变压器又不停止运行，那么，露在空气中的绝缘将会在短时间里彻底损坏。

12. 变压器缺相运行方法

采用跌落保险保护的变压器，当一相熔丝熔断时，变压器即处于缺相运行状态。此时，二次电压将严重不平衡。因此，在任何情况下，变压器都不允许缺相运行。

当发现变压器缺相运行时，应立即将其退出运行，找出熔断原因。必要时需摇测变压器的绝缘电阻，测量绕组的直流电阻。如果未发现异常，允许更换熔丝以后，让变压器空载试运行。如果一切正常，再逐渐投入负荷。

13. 变压器送电后 3min 才可以合低压开关的原因

变压器通电瞬间的冲击电流可达其额定电流的 6 ～ 10 倍，这个电流产生很大的电动力，有可能造成变压器引线或内部薄弱环节的损坏，甚至引发更大的事故，合闸后静候 3min 后，空载电路趋于平稳，内部无异常，方可为低压负荷送电。

14. 变压器的绝缘等级与绝缘水平的不同

如图 6-17 所示，一台干式变压器的铭牌上标出两个绝缘参数，即绝缘等级和绝缘水平，它们分别代表着不同的标准。一台变压器有时并不是两个绝缘参数都标出，往往只标一个绝缘等级或绝缘水平，如图 6-18 所示，变压器只标出了绝缘水平，但更多变压器是标绝缘等级的。

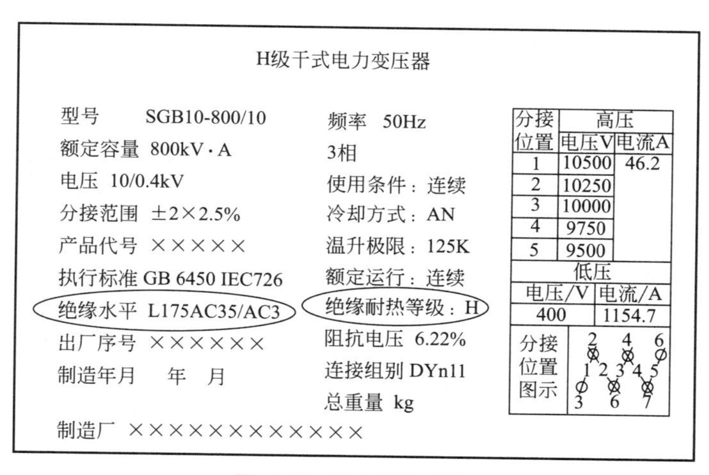

图 6-17 两个绝缘参数

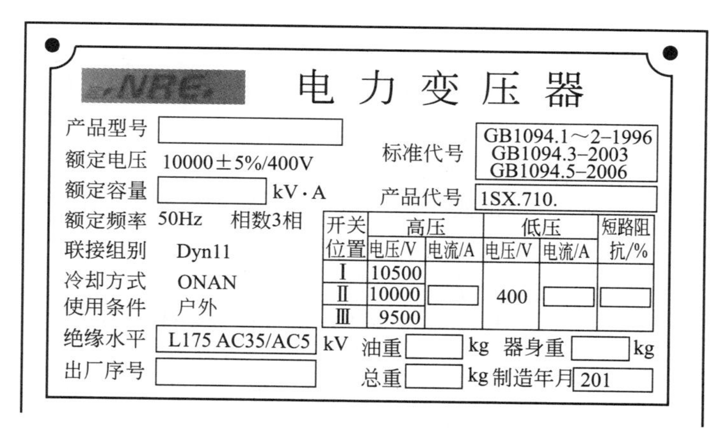

图 6-18 只标出绝缘水平

绝缘等级是指其所用绝缘材料的耐热等级，分 A、E、B、F、H 级，如表 6-6 所示。最高允许温升是指温度与周围环境温度相比升高的限度。

表 6-6 绝缘等级与最高允许温度、绕组温升限值的关系

绝缘的温度等级	A 级	E 级	B 级	F 级	H 级
最高允许温度 /℃	105	120	130	155	180
绕组温升限值 /K	60	75	80	100	125

绝缘水平是指其所使用的绝缘材料的耐压试验大小，变压器绕组额定耐受电压用下列字母代号表示：

LI——雷电冲击耐受电压；SI——操作冲击耐受电压；AC——工频耐受电压。

如图 6-17 中的 L175AC35/AC3，所表示的是一次绕组雷电冲击耐受电压 75kV，工频耐受电压 35kV，二次绕组工频耐受电压 3kV。绝缘等级 H 最高允许温度 180℃。

六、油浸式变压器取油样工作

1. 油浸式变压器取油样目的

为了能了解变压器的各项绝缘性能指标，需要定期对油进行规定项目的试验，这就需要提取变压器内部的油样。

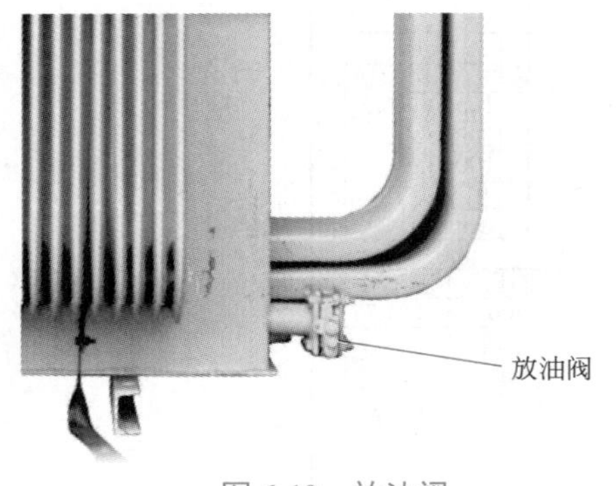

图 6-19　放油阀

油浸式变压器的放油阀在变压器的底部低压侧一边，如图 6-19 所示，取油样时可在不停电的情况下进行，但安全距离应符合要求且采取相应的安全措施。

变压器油每年应进行耐压试验，10kV 以下的变压器每三年做一次油的简化试验。

2. 油浸式变压器取油样的工作

为了保证油样的准确，要防止把外界灰尘、潮气带入油样。

① 取油样应在干燥无风的晴天进行；

② 盛油样的容器，必须认真清洗，并经干燥处理；

③ 根据试验内容，确定取油量，作耐压试验时，油量不小于 0.5L，作简化试验时，油量不少于 1L。

变压器取油样时的步骤和方法：

① 取油样前，先用棉丝和汽油将放油阀周围清洗擦拭干净；

② 慢慢开启放油阀，放掉集中于油箱底部的带有杂质及污物的油，以免影响试验的准确。放掉的油量不少于 2L，并以放出的油无沉淀杂质为准；

③ 待污物放出后，微微打开放油阀，用清洁的棉丝及放出的油仔细清洗擦拭阀口及周围，直到确实擦净为止；

④ 用放出的变压器油把准备用来盛油的容器及瓶塞洗涤两次，然后把油倒掉；

⑤ 完成以上全部工作后，方可正式取油样。取样时必须将容器装满，然后将瓶塞盖好并密封；

⑥ 盛油样的容器应贴上标签，注明变压器所属的单位、编号、变压器的容量、电压等级、试验内容、取样日期，并由取样人签名；

⑦ 开启容器时，应使环境温度与取样时的温度一致，以避免油样受潮。

3.10kV 变压器油的耐压强度

在 2.5mm 的间隙内，新投入的变压器必须能承受 25 ～ 30kV 的高电压，对于运行中的变压器，油应承受 20kV 的电压。

附：油浸式变压器取油样操作演示视频二维码。

七、变压器的并列、解列运行

1. 变压器的并列、解列运行

两台或两台以上的变压器，把它们的一次侧相同的相接到同一个电源上，二次的对应相又接到一起向同一个低压系统供电，这种运行方式称为并列运行。

图 6-20 画出了两台变压器的接线方式。当高压侧 1QF、2QF 闭合，低压侧开关 K1、K2、K3 闭合时，两台变压器即为并列运行。两台并列运行的变压器如果其中一台退出运行，留下一台变压器继续运行称为解列。当开关 K3 拉开时，两台变压器即为解列运行。

变压器采用并列或解列运行方式，可以提高变压器运行的经济性，同时也能够提高供电的可靠性。如果一台变压器发生故障，可以把它切除，由另一台变压器继续向负载供电。

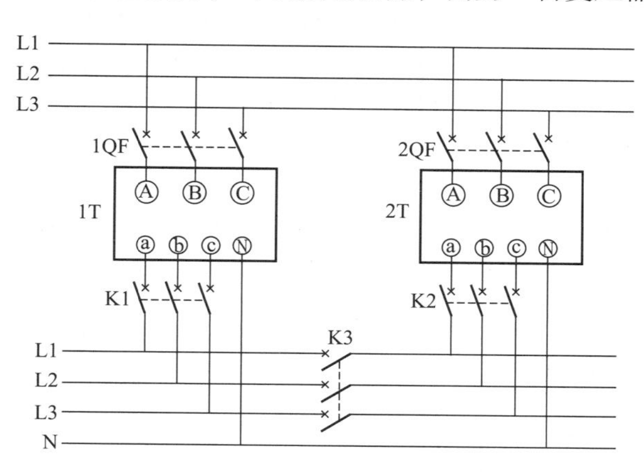

图 6-20　变压器并列运行的接线方式

2. 变压器并列运行需要符合的条件

变压器并列运行虽然有其好处，但不是任意两台变压器都能够并列运行的。并列运行的变压器必须符合一定的条件，这些条件是：

① 变压器的接线组别应当相同；

② 变压器的一、二次额定变压比相等，允许的最大误差不超过 ±0.5%；

③ 变压器的短路阻抗百分比应尽量相等，允许的最大误差不超过 ±10%；

④ 变压器的容量比不超过 3 ： 1。

3. 变压器并列、解列运行时应注意的事项

符合并列运行条件而并列运行的变压器，在并列前和运行中，要注意下列一些事项。

① 变压器在初次并列前，首先要确认各台变压器的分接开关要在相同的挡位上，并且要与一次电源电压实际值相适应，此外还要经过核相。核相的目的是在一次接线确定之后，找出并确认二次的对应相，把对应的相连接在一起。绝不可以错相连接，那将会产生巨大的短路电流，使电源掉闸并损坏配电设备。

② 初次并列运行的变压器，要密切注视各台变压器的电流值，观察负荷电流的分配是否与变压器的容量成正比。否则不宜并列运行。

③ 并列运行的变压器要考虑运行的经济性，但又要注意，不宜过于频繁地切掉或投入变压器。

④ 变压器解列前，应检查继续运行的变压器是否可带全负荷，注意继续运行的变压器的电流变化。

4. 若不符合并列条件会出现的后果

若真的不符合变压器的并列条件，变压器运行是很危险的。

如果两台变压器接线组标号不一致，在并列变压器的次级绕组电路中，将会出现相当大的电压差，由于变压器的内阻抗很小，因此将会产生几倍于额定电流的循环电流，这个循环电流会使变压器烧坏。所以接线组标号不同的变压器是绝对不允许并列运行的。

如果两台变压器的变比不等，则其二次电压大小也不等，在次级绕组回路中也会产生环流，这个环流不仅占据变压器容量，增加变压器的损耗，使变压器所能输出的容量减小，而且当变比相差很大时，循环电流可能破坏变压器的正常工作，所以并列运行变压器的变比差值不得超过 ±0.5%。

由于并列变压器的负荷分配与变压器的短路电压成反比，如果两台变压器的短路电压不等，则变压器所带负荷不能按变压器容量的比例分配，也就是短路电压小的变压器满载时，短路电压大的变压器欠载。因此规定其短路电压值相差不应超过 ±10%。一般运行规程还规定两台并列运行变压器的容量比不宜超过 3 ：1，这是因为不同容量的变压器短路电压值相差较大，负荷分配极不平衡，运行很不经济。同时在运行方式改变或事故检修时，容量小的变压器将起不到备用的作用。

不属于同一个电源的变压器禁止并列运行，如图 6-21 所示，1T 变压器受 1# 电源，2T 变压器受 2# 电源，如果低压侧 K3 开关闭合将两台变压器低压侧连接到一起，是一种危险的运行方式，叫做合环，由于两个电源存有一定的压差，高电源会通过变压器向低电源一边充电，会产生极大的合环电流造成开关跳闸或变压器烧毁。

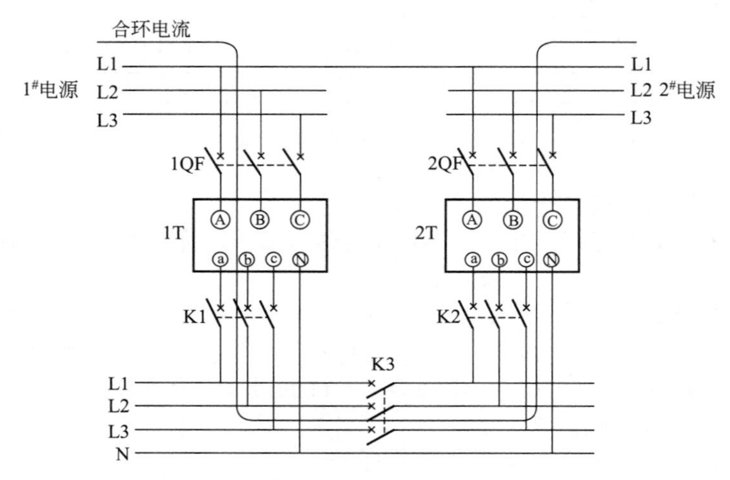

图 6-21　不属于同一个电源的变压器并列运行产生危险的合环电流

5. 并列运行的变压器电流计算

并列运行的变压器电流是按变压器的容量分配的，容量相等的电流平分，容量不相等的电流按容量比分配，容量大的阻抗小、电流大，容量小的阻抗大、电流小。

例如：两台 800kV · A 的变压器，系统负荷电流约 1000A，两台变压器并列后每一台电流都是 500A。

例如：两台变压器其中一台 800kV · A，另一台 400kV · A 并列运行，容量比是 2 ：1，系统负荷电流约 1000A，并列后则 800kV · A 的变压器电流约 600A，400kV · A 的变压器电流约 300A。

八、户外变压器的安装要求

1. 户外变压器的接线

户外安装的配电变压器主接线如图 6-22 所示，由 101 分界刀闸、21 跌开式熔断器、避雷器、变压器、接地装置等组成。

2. 户外变压器安装的规定

① 10kV 及以下变压器的外廓与周围栅栏或围墙之间的距离应考虑变压器运输与维修的方便，距离不应小于 1m；在有操作的方向应留有 2m 以上的距离。

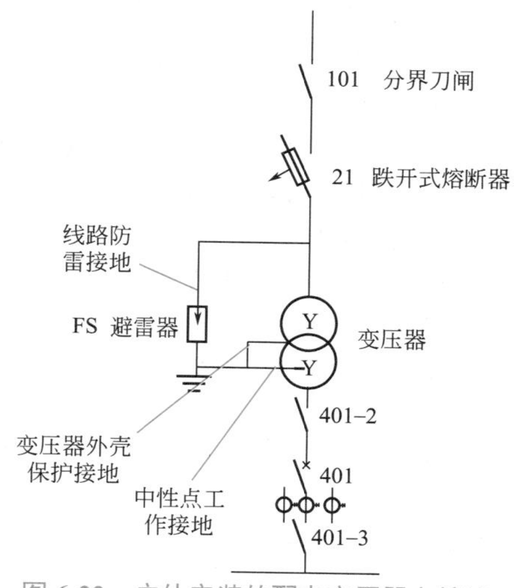

图 6-22 户外安装的配电变压器主接线

② 315kV·A 及以下的变压器可采用杆上安装方式，如图 6-23 所示。其底部距地面不应小于 2.5m。

③ 如图 6-24 所示为变压器地上安装，地上变台的高度一般为 0.5m，其周围应装设不低于 1.7m 的栅栏，并在明显部位悬挂警告牌。

④ 杆上变台应平稳牢固，腰栏采用 ϕ4.0mm 的铁线缠绕 4 圈以上，铁线不应有接头，缠后应紧固，腰栏距带电部分不应小于 0.2m。

⑤ 杆上和地上变台的二次保险安装位置应满足以下要求：

a. 二次侧有隔离开关者，应装于隔离开关与低压绝缘子之间；

b. 二次侧无隔离开关者，应装于低压绝缘子的外侧，并用绝缘线跨接在保险台两端的绝缘线上。

⑥ 杆上和地上变台的所有高低压引线均应使用绝缘导线。

⑦ 变压器安装在有一般除尘排风口的厂房附近时，其距离不应小于 5m。

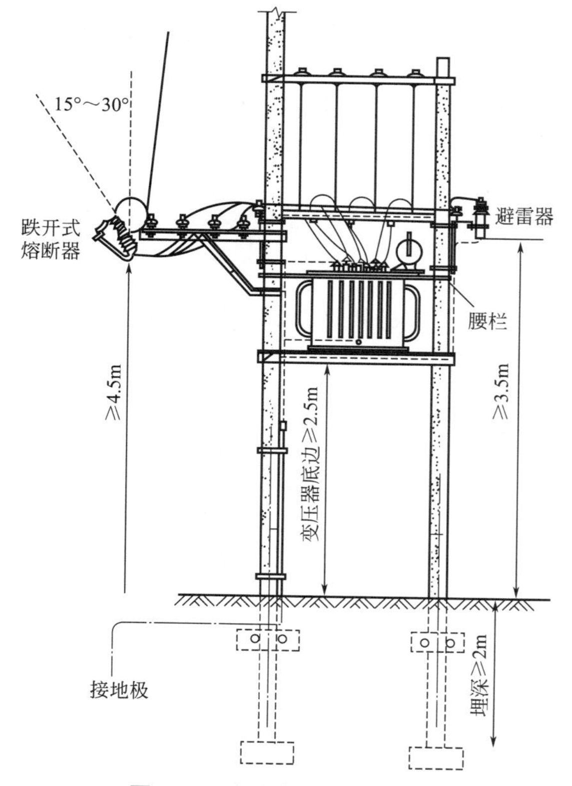

图 6-23 户外变压器杆上安装

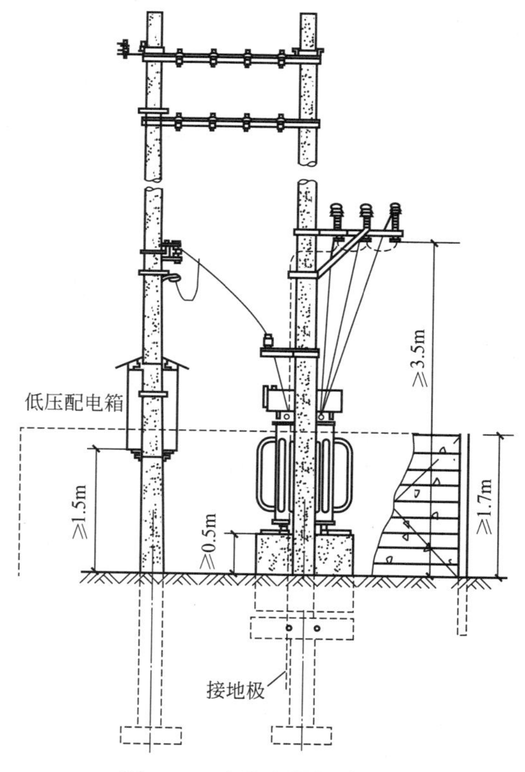

图 6-24 户外变压器地上安装

3. 跌开式熔断器的安装要求

跌开式熔断器不允许带负荷操作，只能拉、合 315kV·A 以下的空载变压器。

跌开式熔断器的安装应符合下列规定。

① 熔断器与垂线的夹角一般为 15° ～ 30°。

② 熔断器相间距离：室内 0.6m；室外 0.7m。

③ 熔断器对地面距离：室内 3m；室外 4.5m。

④ 熔断器装在被保护设备上方时，与被保护设备外廓的水平距离不应小于 0.5m。

⑤ 熔断器各部元件应无裂纹或损伤，熔管不应有变形，掉管应灵活。

⑥ 熔丝位置应安装在消弧管中部偏上。

4. 避雷器的安装规定

避雷器的主要作用是当电力系统出现了危险的雷电过电压时，使雷电流通过避雷器经下引线、接地装置而引入大地。此时，作用在被保护设备上的电压只是避雷器的残压，从而使电气设备得到保护。其安装规定如下。

① 避雷器应垂直安装不得倾斜，应便于巡视检查，引线要连接牢固，避雷器上接线端不得受力。

② 避雷器应无裂纹，密封良好，经预防性试验合格。

③ 避雷器安装位置应尽量靠近被保护物。避雷器与 3 ～ 10kV 变压器的最大电气距离，雷雨季经常运行的单路进线处不大于 15m，双路进线处不大于 23m，三路进线处不大于 27m。若大于上述距离，应在母线上装设避雷器。

④ 避雷器为防止雷击后发生故障，影响电力系统的正常运行，其安装位置要处于跌开式熔断器保护范围之内。

⑤ 避雷器的引线要求：铜线截面积≥ $16mm^2$；钢线截面积≥ $25mm^2$：钢管壁厚≥ 3.5mm；角钢、扁钢壁厚≥ 4mm。

⑥ 避雷器接地引下线与被保护设备的金属外壳应可靠地与接地网连接。

⑦ 线路上单组避雷器，其接地装置的接地电阻应不大于 5Ω。

九、高压断路器的巡视检查

1. 高压断路器和低压断路器型号的区别

高压断路器的型号与低压断路器不同，是由七部分字母和数字组成的，各部位的含义如下：

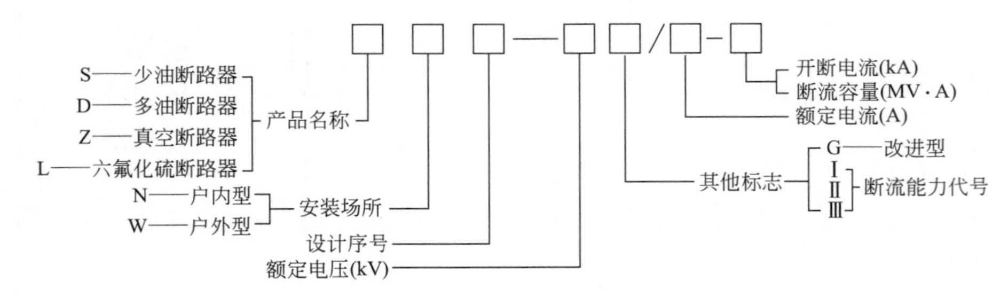

2. 高压断路器的作用

高压断路器在高压开关设备中是一种最复杂、最重要的电器，它在规定的使用条件下，可以接通和断开正常的负载电路；也可以在继电保护装置的作用下，自动地切断短路电流；大多数断路器在自动装置的控制下，还可以实现自动重合闸。

高压断路器是一种能够实现控制与保护双重作用的电器。图 6-25 是各种高压柜使用的断路器外形。

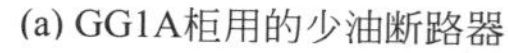

(a) GG1A柜用的少油断路器

(b) KYN柜用的真空断路器

(c) JYN柜用的真空断路器

图 6-25 各种高压柜使用的断路器外形

3. 少油断路器的特点

在 10kV 系统中，主要应用全国统一设计的 SN10-10 型少油断路器，SN10-10 型少油断路器按照额定电流的数值分为Ⅰ型 630A/16kA，Ⅱ型 1000A/31.5kA，Ⅲ型 1250A/40kA、3000A/40kA。少油断路器的油量仅为十几千克，油主要用于消弧，断路器内部的动、静触点全部浸在变压器油里，巧妙地利用分闸时的电弧的高热能使油燃烧，又反过来作为熄灭电弧的能量，由油箱顶部的逆止阀等装置，产生的压力形成很强的气流和油流，再通过灭弧罩“三横一纵”的吹断和分割，迅速将电弧熄灭，变压器油同时还实现了分闸后动、静触点之间的绝缘。少油断路器的构造和各个部件的作用如图 6-26 所示。

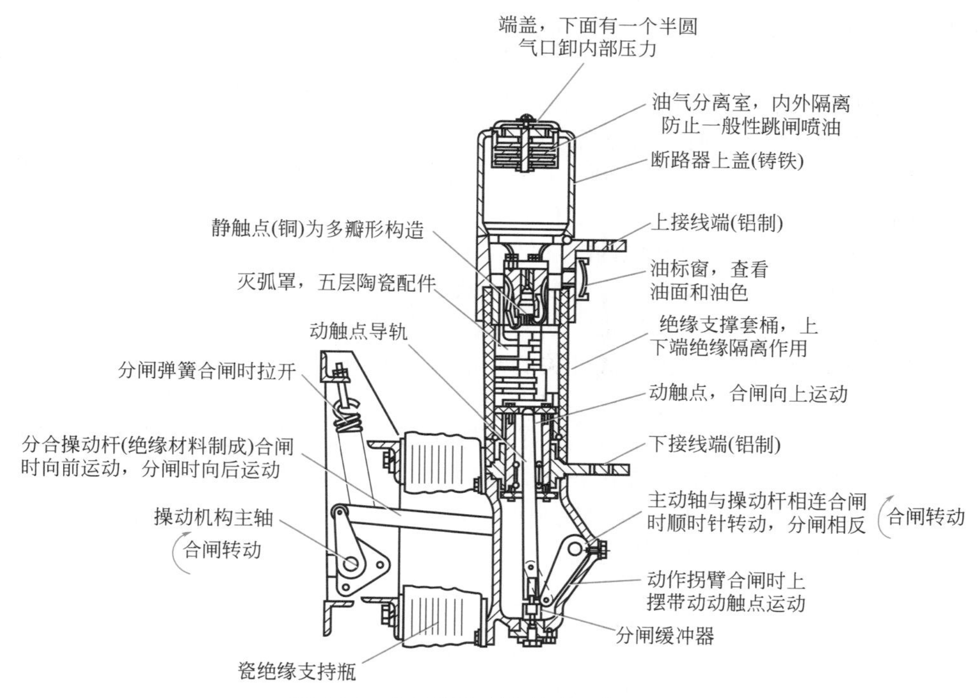

图 6-26 少油断路器的构造及部件作用

4. 判断断路器运行状态的方法

由于高压断路器安装在高压柜内部，不可能像低压设备那样可以接触，为了保证运行和操作安全，防止误判断误操作，正确地了解掌握高压断路器的状态就很有必要了，高压断路器装有可靠的机械联锁和电气联锁装置，通过这些装置将高压断路器的状态转变成其他信号，提示给值班人员。

断路器的运行状态可从以下方面判断。

① 分合信号灯：红灯亮表示合闸，同时监视分闸回路的完好性；绿灯亮表示分闸，同时监视合闸回路的完好性。

② 分合操作的主令开关（即分、合闸操作手把）：处于垂直位置（合闸后）时，为合闸；处于水平位置（分闸后）时，为分闸。

③ 操动机构上的动作指示器（指示牌）：CT 型或 CD 型操动机构可通过其护罩的观察孔显示出的“合”“分”确认；CS 型操动机构则可根据指示器和操作把手综合确认。

④ 运行状态指示器：合闸指示器红色竖立，分闸指示器绿色横向。

⑤ 分闸弹簧：处于拉伸状态，为合闸；处于收缩状态，为分闸。

5. 断路器的巡视检查周期和内容

少油断路器的巡视周期规定：变、配电所有人值班的，每班巡视一次；无人值班的，每周至少巡视一次；特殊情况下（雷雨后、事故后、连接点发热未进行处理之前）应增加特殊巡视检查次数。断路器巡视检查的主要内容如下。

① 油断路器的油色有无变化，油量是否适当，有无渗漏油现象。油面应在油标管的两条红线之间；油色应为亮黄色；检查放油螺钉有无油滴痕迹。

② 各部瓷件有无裂纹、破损，表面有无脏污和放电现象。

③ 各个连接点有无过热现象。可由示温蜡片是否熔化、变色漆是否由浅变深以及上、下出线板与引出、引入母线的颜色是否变暗来判别。

④ 操作机构的连杆有无裂纹，少油断路器的软连接铜片有无断裂。

⑤ 操作机构的分、合闸指示与操作手把的位置、指示灯的显示是否和实际运行位置相符。如断路器在合闸位置时，应红灯亮、控制开关在垂直状态、绝缘拉杆向外突出、分闸弹簧在拉伸状态、操动机构的分合闸指示牌指向“合”状态等。

⑥ 有无其他异常声响、异常气味。检查断路器运行中有无“噼啪”声、“嘀嗒”声、颤动声和撞击声；检查有无不正常的气味。

⑦ 多油断路器的钢丝绳提升机构的部件有无损伤、锈蚀，润滑是否良好。

⑧ 金属外皮的接地线有无腐蚀、折断，接触是否紧固。

⑨ 室外断路器的操作箱是否进水，断路器的冬季保温设施是否正常。

⑩ 负荷电流是否在断路器或隔离开关的额定值范围内。

⑪ 检查分闸、合闸电路是否完好，电源电压是否在额定范围。红灯亮表明断路器在合闸状态，并监视着分闸回路的完好性；绿灯亮表明断路器在分闸状态，并监视着合闸回路的完好性；可通过电压互感器柜上的电压表监视电源电压。

⑫ 直流系统有无接地现象。当出现一点接地时，必须加速查找。否则，如再出现一点接地，将会造成开关误动、开关拒动或熔丝熔断。

6. 少油断路器喷油的处理

少油断路器喷油的原因有三点：

① 少油断路器油箱内充油过多，油面过高，油箱内油面以上缓冲空间过小；

② 操作不当，两次掉闸之间的时间间隔过短；

③ 少油断路器的断流能力不够。

少油断路器喷油处理后，首先，根据喷油现象的严重程度以及当时有关的其他情况（如断路器负荷侧的短路故障、连续掉闸等）确定喷油原因。其次，针对喷油原因，采取相应的防范措施。如：停电后放出油箱内多余的油；改进操作，避免短时间内连续掉闸；验算短路电流，必要时更换断流能力更大的断路器。若对断路器进行解体检修，则详细检查触点的烧蚀情况、灭弧室损坏情况以及油箱内油的质量。发现有缺陷就要消除，重新组装，充油后还要作传动试验。合格后，方可再次投入运行。

7. 少油断路器缺油的处理

少油断路器缺油主要是由以下几点造成的：

① 油标管进油口阻塞造成假油面（往油箱内注油时就能发现）；

② 渗漏油时间长造成缺油；

③ 放油螺栓或静触点螺母（SN_1-10 型、SN_2-10 型有此部件）未拧紧，造成迅速缺油；

④ 耐油橡胶垫破损，造成漏油严重。

发现少油断路器缺油要及时处理：

① 首先采取措施防止少油断路器自动掉闸，如有继电保护掉闸压板，应立即解除，或取下操作回路小保险。

② 将该断路器的负荷电流尽量降低。

③ 采用安全的办法，将缺油的断路器停下来。当负荷电流已降至隔离开关允许的操作范围时，可用隔离开关来切断电路。如有联锁装置，无法先拉隔离开关，只得先拉开断路器，然后拉开隔离开关。另一种情况是负荷电流降不下来，那就需要先停上级断路器，然后拉开缺油的断路器。

④ 履行检修手续，详细检查缺油原因，找出漏油部位，进行检修，注入适量的经试验合格的变压器油，才可重新投入运行。

8. 如果发现看不到油面或发现断路器瓷绝缘断裂的处理

如果发现看不到油面或发现断路器瓷绝缘断裂是一个很危险的事故隐患，如果是备用的断路器，应禁止投入运行。

如果是运行中的断路器应首先采取措施防止少油断路器自动掉闸。将该断路器的负荷电流尽量降低，或转移负荷。采用安全的办法，将缺油的断路器停下来。当负荷电流已降至隔离开关允许的操作范围时，可用隔离开关来切断电路。如有联锁装置，无法先拉隔离开关，只得先拉开断路器，然后拉开隔离开关。另一种情况是负荷电流降不下来，那就需要先停上级断路器，然后拉开缺油的断路器。

9. 断路器瓷绝缘断裂的原因

造成瓷绝缘断裂的原因有以下几点：

① 瓷绝缘内在质量差，发生击穿，击穿点过热时引起瓷绝缘炸裂；

② 瓷绝缘在保管、运输、安装、检修过程中，遭受外力损伤，最后形成断裂；

③ 在发生短路故障时，短路电流产生很大的电动力，瓷绝缘被拉断或切断；

④ 由于操作过猛、用力过大而断裂；

⑤ 少油断路器的支持瓷瓶，由于分、合闸缓冲器未调好或失灵，或由于分、合闸行程未调好而断裂。

10. 少油断路器有检修周期的要求

高压少油断路器的检修周期可根据断路器存在的缺陷和实际运行条件来确定。在一般情况下规定为：

① 每 2 ～ 3 年应小修一次；

② 每 5 年大修一次；

③ 新投入运行的断路器，一年后进行一次大修；

④ 故障掉闸三次以上或断路器发生严重喷油冒烟时，应立即停电安排检修。

11. 真空断路器的特点

真空断路器特别适用于频繁的分合闸操作，它可以在额定电流的条件下，连续操作达万次以上，在额定短路开断电流的情况下，可连续操作上百次，真空断路器的灭弧部分无须检修，并且没有火灾的危险，它的组成结构主要有真空灭弧室（真空管）、绝缘支架和操作机构，现在广泛应用中置柜使用的都是真空断路器。真空断路器的构造如图 6-27 所示。

由于真空断路器具有触点开距小、触点行程一般为 11mm±1mm、动作速度快等特点，易产生操作过电压，解决的办法通常是并联避雷器，用以消除过电压对设备的危害，如图 6-28 所示就是中置柜高压出线开关一次系统图负荷侧并联避雷器，用于消除过电压对变压器的危害。

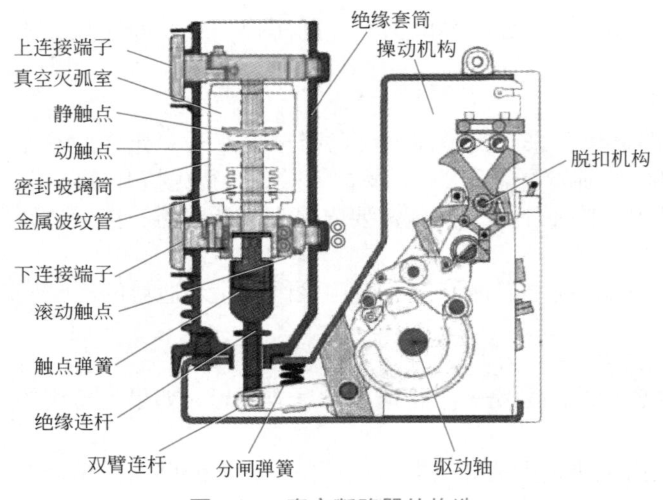

图 6-27 真空断路器的构造

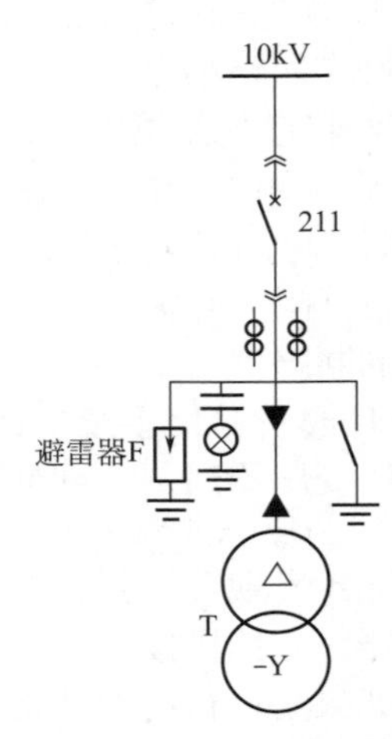

图 6-28 真空断路器并联避雷器

目前，在 12kV 及以下电压等级配网中大力推进设备无油化的进程中，真空断路器已逐渐取代油断路器，成为配网的主要设备。真空断路器是由绝缘强度很高的真空作为灭弧介质的断路器，其触点是在密封的真空腔内分、合电路，触点切断电流时，仅有金属蒸气离子形成的电弧，因为金属蒸气离子的扩散及再复合过程非常迅速，从而能快速灭弧，恢复真空度，经受多次分、合闸而不降低开断能力。

由于真空断路器本身具有结构简单、体积小、重量轻、寿命长、维护量小和适于频繁操作等特点，因此真空断路器可作为输配电系统配电断路器、厂用电断路器、电炉变压器和高压电动机频繁操作断路器，还可用来切合电容器组。

12. 真空断路器运行巡视检查内容

① 正常运行的断路器在合闸状态下检查：断路器操作机构在合闸位置；断路器主轴滚轮离开油缓冲器；分闸弹簧处于储能拉伸状态；真空开关上下支架的试温片应无明显变化。

② 停电巡视检查：

a. 机构应处于明显的分闸指示状态，在分闸位置；

b. 断路器大轴（传动轴）/ 滚轮与油缓冲器接触，油缓冲器处于压缩状态。

③ 维修检查：

a. 真空断路器维护检查应按停电巡视检查项目，检查有无异常现象；

b. 检查真空断路器各可动部位的紧固螺钉有无松动（断路器在维护部件上均有红色油漆标定位置）；

c. 检查真空断路器有无裂纹、破碎痕迹；

d. 检查动触点连接杆 3 支、真空灭室动静触点两端的绝缘支撑杆有无裂纹、断裂现象，支撑绝缘子表面有无裂纹及电弧外闪痕迹；

e. 油缓冲器在真空断路器合闸位置是否返回；

f. 检查油缓冲器有无压力；

g. 检查真空断路器所有螺栓有无松动及变形。

④ 导电连接头的检查：

a. 上下支架的外部连接螺栓有无松动；

b. 上支架固定真空灭室螺栓有无松动；

c. 下支架导电夹螺栓有无松动；

d. 导电夹有无偏移现象。

⑤ 传动部件的检查：

a. 拐臂与灭弧室动端杆的 3 根轴，两端挡卡；

b. 拉杆与拐臂的固定螺母与犟母；

c. 6 只固定支柱绝缘子的 M20 螺栓（在真空断路器框架）；

d. 固定真空断路器的安装螺栓；

e. 机构大轴与断路器拐臂的连接螺母及犟母；

f. 传动连接杆的焊接部位有无断裂；

g. 主传动轴的轴销有无松动脱落。

13. 真空断路器运行维护应注意的事项

① 真空灭弧室的真空。真空灭弧室是真空断路器的关键部件，它是采用玻璃或陶瓷作支撑及密封，内部有动、静触点和屏蔽罩，室内真空为 10^{-3} ～ 10^{-6}Pa 的负压，保证其开断时的灭弧性能和绝缘水平。随着真空灭弧室使用时间的增长和开断次数的增多，以及受外界因素的作用，其真空度逐步下降，下降到一定程度将会影响它的开断能力和耐压水平。因此，真空断路器在使用过程中必须定期检查灭弧室的真空。主要应做到如下两点：

a. 定期测试真空灭弧室的真空度，进行工频耐压试验（对地及相间 42kV，断口 48kV）。最好也进行冲击耐压试验（对地及相间 75kV，断口 85kV）。

b. 运行人员应对真空断路器定期巡视。特别对玻璃外壳真空灭弧室，可以对其内部部件表面颜色和开断电流时弧光的颜色进行目测判断。当内部部件表面颜色变暗或开断电流时弧光为暗红色时，可以初步判断真空已严重下降。这时，应马上通知检测人员进行停电检测。

② 防止过电压。真空断路器具有良好的开断性能，有时在切除电感电路并在电流过零前使电弧熄灭而产生截流过电压，这点必须引起注意。油浸变压器不仅耐受冲击、电压值较高，而且杂散电容大，不需要专门加装保护，而对于耐受冲击电压值不高的干式变压器或频繁操作的滞后的电炉变压器，就应采取安装金属氧化物避雷器或装设电容等措施来防止过电压。

③ 严格控制触点行程和超程。国产各种型号的 12kV 真空灭弧室的触点行程为 11mm±1mm，超程为 3mm±0.5mm。应严格控制触点的行程和超程，按照产品安装说明书要求进行调整。在大修后一定要进行测试，并且与出厂记录进行比较。不能误以为开

距大对灭弧有利，而随意增加真空断路器的触点行程。因为过多地增加触点的行程，会使得断路器合闸后在波纹管产生过大的应力，引起波纹管损坏，破坏断路器密封，使真空度降低。

④ 严格控制分、合闸速度。真空断路器的合闸速度过低时，会由于预击穿时间加长，而增大触点的磨损量。又由于真空断路器机械强度不高，耐振性差，如果断路器合闸速度过高会造成较大的振动，还会对波纹管产生较大的冲击力，降低波纹管寿命。通常真空断路器的合闸速度为 (0.6±0.2)m/s，分闸速度为 (1.6±0.3)m/s。对一定结构的真空断路器有着最佳分合闸速度，可以按照产品说明书要求进行调节。

⑤ 触点磨损值的监控。真空灭弧室的触点接触面在经过多次开断电流后会逐渐磨损，触点行程增大，也就相当于波纹管的工作行程增大，因而波纹管的寿命会迅速下降，通常允许触点磨损最大值为 3mm 左右。当累计磨损值达到或超过此值，真空灭弧室的开断性能和导电性能都会下降，真空灭弧室的使用寿命即已到期。

为了能够准确地控制每个真空灭弧室触点的磨损值，在断路器操作机构上装有分合动计数器，当达到或接近厂家给出的数值时，应停止操作。

⑥ 做好极限开断电流值的统计。在日常运行中，应对真空断路器的正常开断操作和短路开断情况进行记录。当发现极限开断电流值达到厂家给出的极限值时，应更换真空灭弧室。

十、高压断路器的操动机构

1. 高压断路器的操动机构特点

高压断路器的分合操作与低压断路器不同，低压断路器的操作部分是在断路器的结构上，而高压断路器自身没有动作机构，是要靠外部的操动机构实现分、合闸操作的，由于不同的断路器操动机构又分为几种动作能源，而且高压断路器的操作过程是与高压的继电保护线路连接的，通过操动机构内部的脱扣装置，能够实现各种保护功能。

断路器操动机构按其能量来源来分，可有多种类型，但对于配电系统中经常应用的断路器操动机构来说，一般分为手力（动）式、电磁（动）式和弹簧储能式三种。

按操动机构的电源来分，有直流操动机构和交流操动机构两种，即有直流供电和交流供电两种。它们均是借助于分、合闸线圈所产生的电磁力来驱动机构的。

为了能够满足断路器分合电路、迅速切除故障电流以及快速自动合闸等性能的要求，断路器操动机构一般有以下特点：

① 结构复杂；

② 操动功率大；

③ 传动部分运动速度高；

④ 动作过程短。

2. 对断路器操动机构的要求

对断路器操动机构在工作性能上的要求有以下五个方面：

① 合闸：在各种规定的使用条件下，操动机构均应能使断路器可靠地关合线路；

② 合闸保持：断路器合闸完毕，操动机构应能使断路器触点可靠地保持在合闸位置；

③ 分闸：操动机构接到分闸命令后，应能使断路器快速分闸，并做到尽可能地省力；

④ 复位分闸操作后，操动机构的各部件应能自动恢复到准备再次合闸的状态；

⑤ 防跳跃断路器在关合线路过程中，如遇故障，则在继电保护装置的作用下，将立即分闸，此时可能合闸命令尚未撤除，操动机构可能又再次立即使断路器自动合闸，从而出现

触点跳跃现象。这是不允许的。因此，要求断路器操动机构具有防跳跃措施，以避免再次或多次分、合故障线路。

3. 高压断路器操动机构的型号

高压断路器的操动机构有三种，其型号含义如下：

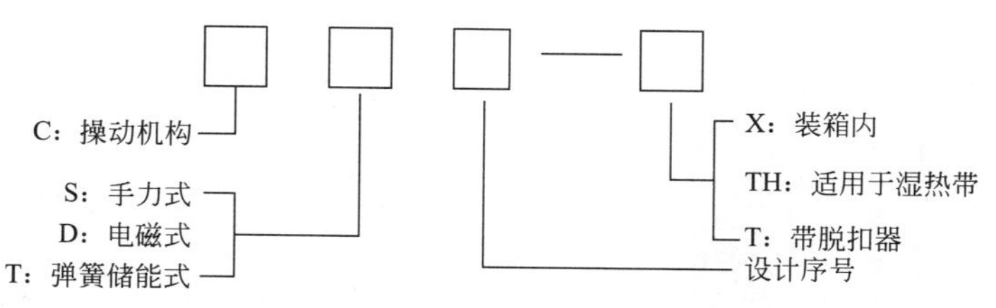

4. 操动机构的原理

断路器的操作系统由将其他能量转换成机械能作为合闸动力的操作机构及传递动力的传动机构两部分组成。如图 6-29 所示。操作系统的动作过程，是将操作元件产生的动能，通过主轴、连杆、杠杆、拐臂等机构，传递到断路器的触点去实现分、合闸动作。利用操作机构和传动机构中的杠杆，可以改变操作大小、方向、作用点以及运动的性质和行程，以满足断路器动触点分、合闸的需要。

合闸元件是电磁铁时，就是电磁操动机构原理。主轴处连接弹簧储能动力机构时，就是弹簧储能操动机构原理。

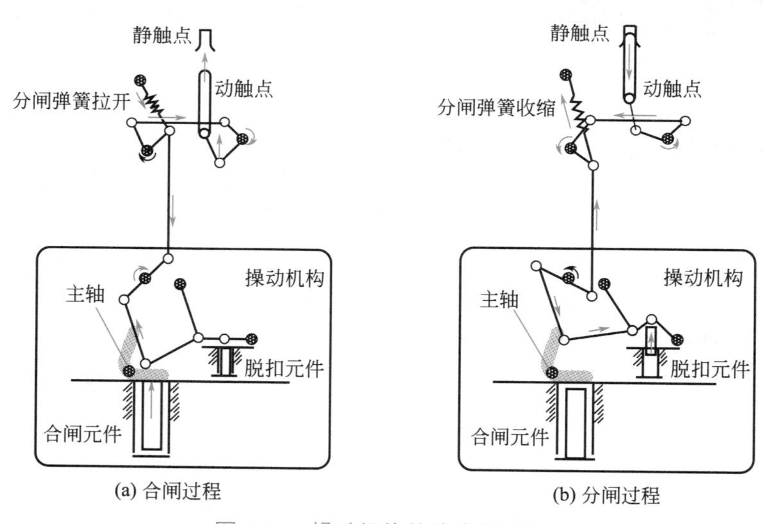

(a) 合闸过程　　(b) 分闸过程

图 6-29　操动机构的分合闸过程

5. 操动机构内的脱扣器的表示

脱扣器俗称跳闸线圈，操动机构内脱扣器用数字表示：

“1”表示瞬时过电流脱扣器，起短路和过载保护作用；

“2”表示延时过电流脱扣器，起短路和过载保护作用；

“3”表示失压脱扣器，起欠电压或失压保护作用；

“4”表示分励脱扣器，有交、直流两类，可借助保护装置的动作接通分闸电磁铁线圈使断路器自动掉闸；

“5”表示速饱和分励脱扣器，是专为适应由 LQS-1 型速饱和电流互感器供电的一种交流分闸电磁铁。

6. 手动操作机构

手动操动机构的型号是CS，手动操动机构是指靠人力来直接关合开关的机构，如图6-30所示。它的分闸则有手动和电动两种。手动操动机构的结构简单、价格低廉、无须附属设备，但其操作性能与操作者的操作技巧、精神状态以及操作者的体力等因素有关。采用手动操动机构费力、安全性差，一般不再继续使用。

图 6-30　CS 手动操动机构

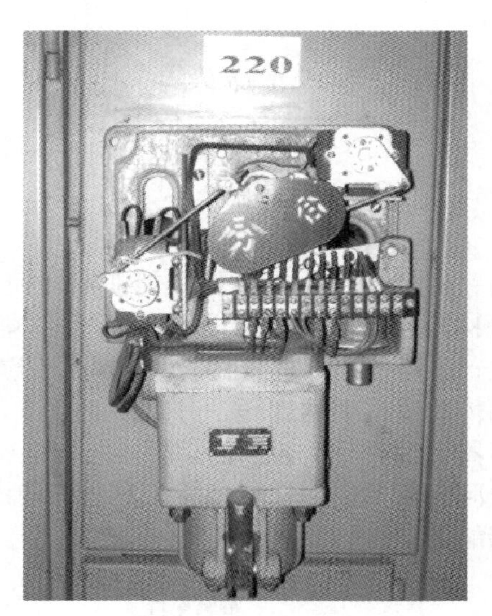

图 6-31　CD 电磁操动机构

7. 电磁操动机构的特征

电磁操动机构是利用电磁铁将电能转变为机械能来实现断路器合、分闸的一种动力机构。图6-31所示为电磁操动机构，电磁操动机构的型号是CD，电磁操动机构的分、合闸线圈均按短时通电设计。调试时，电动分合闸连续操作不应超过10次，每次间隔时间不小于5s，以防烧毁线圈。

电磁操动机构采用直流供电，电磁合闸线圈合闸时瞬间电流可达190～290A，合闸线圈短路保护的熔丝应按合闸线圈额定电流的1/3～1/4选择。图6-32是CD电磁操动机构的控制电路原理。

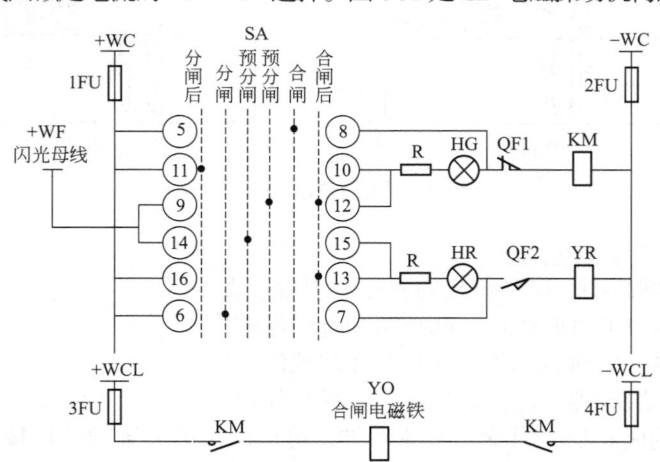

图 6-32　CD 电磁操动机构的控制电路原理

SA—断路器操作开关；R—电阻；1FU，2FU—控制熔断器；3FU，4FU—合闸磁铁熔断器；
QF—断路器动作限位开关；HG—绿灯；HR—红灯；KM—合闸接触器；YR—分闸线圈

断路器的操作开关的特殊之处：由于高压断路器的分合闸不像低压断路器那么简单，操作时要慎重，绝不可以误操作，因此使用了一种多功能的控制开关SA，一般采用LW_2-Z-1a、4、6a、40、20、20/F8型，型号中的L表示主令电器；W表示万能式，Z表示有自复功能；1a、4、6a、40、20、20为触点盒的代号。触点通断见表6-7。

表6-7　LW_2-Z-1a、4、6a、40、20、20/F8型的触点通断

运行方式 接点	分闸后	分闸	预分闸	预合闸	合闸	合闸后
	←	↙	←	↑	↗	↑
1-3				•		•
2-4	•		•			
5-8					•	
6-7		•				
9-10				•		•
9-12					•	
10-11	•	•	•			
13-14			•	•		
14-15	•					
13-16					•	•
17-19					•	•
17-18			•	•		
18-20	•	•				

比如合闸完毕后开关自动返回到合闸后位置，分闸也是返回到分闸后位置，黑点表示横向的连接点在这个位置时接通，例如6、7两点只有在分闸和预分闸时接通，其他位置时不接通。图6-33为这种开关的实物，图6-34为开关六个操作位置示意图。

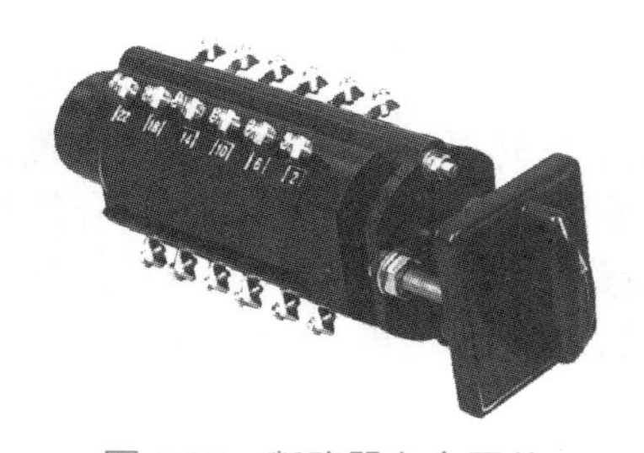

图6-33　断路器主令开关

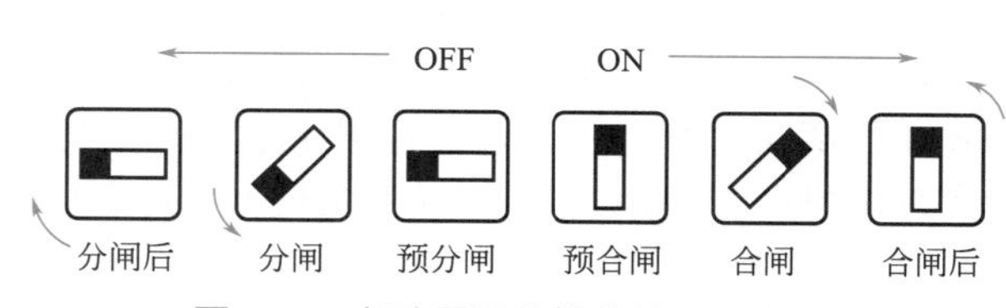

图6-34　断路器开关操作位置示意图

8. 电磁操动机构的工作过程

了解线路的工作过程是每一名电工都应当掌握的知识，首先应当了解电路中各个元件的作用，+WC、−WC是控制电路的直流母线；FU1、FU2是线路控制熔断器；+WF是闪光电源母线；R是电阻，起到限流减压的作用；HG是绿色指示灯，表示断路器分闸；HR是红

色指示灯，表示断路器合闸；KM 是合闸电磁铁的接触器；YR 是分闸线圈；QF1、QF2 为断路器动作限位开关；YO 是合闸电磁铁，由单独的直流电源供电；SA 是断路器操作主令开关。我们下面分步介绍每一个操作位置的工作过程。

① “分闸后”位置。当控制开关 SA 在“分闸后”位置时，断路器常闭辅助接点 QF1 闭合，控制开关 SA 的（11-10）接点接通，此时，绿灯 HG 亮，指示断路器在分闸位置，这时电路的工作路径为 +WC → 1FU → (11-10) → R → HG → QF1 → KM → FU2 → -WC，合闸接触器 KM 虽然也接通，但因该回路中串有绿灯 HG 及其附加电阻 R 有减压作用，加在 KM 线圈上的电压较小，不足以使 KM 线圈动作。但绿灯 HG 亮，表示断路器处于分闸状态，并起到监视合闸回路完好性的作用。工作路径及 SA 开关操作状态如图 6-35 所示。

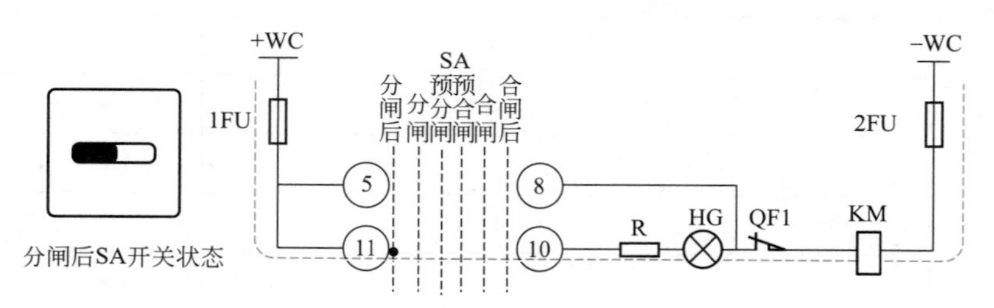

图 6-35　分闸后的工作路径及 SA 开关操作状态

② “预合闸”位置。准备合闸时将控制开关 SA 顺时针旋转 90°，开关直立，SA 开关的（9-12）触点接通，此时接通了闪光电源 +WF → SA（9-12）→ R → HG → QF1 → KM → -WC，此时绿灯闪光，发出预备合闸信号提醒操作者是否合闸，如果取消合闸，将 SA 开关再反转 90°，开关又回到“分闸后”的位置，在“预合闸”位置时合闸接触器 KM 仍不动作，因为回路中仍串有电阻 R 及 HG。工作路径及 SA 开关操作状态如图 6-36 所示。

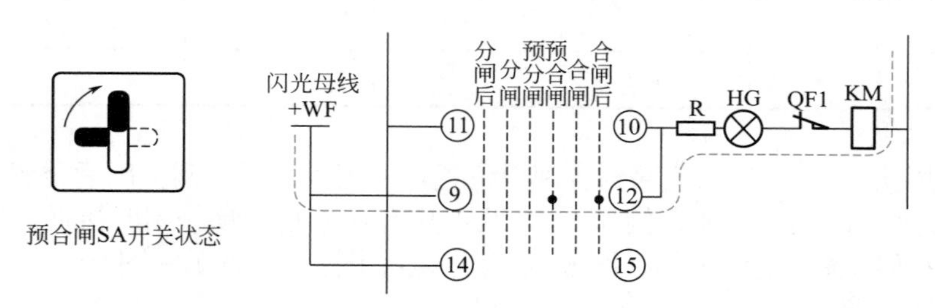

图 6-36　预合闸电路工作路径及 SA 开关操作状态

③ “合闸”位置。确定合闸操作，可将主令开关 SA 顺时针转动 45° 至“合闸”位置，此时 SA 开关的（5-8）接点接通，R 及 HG 被短接，接触器 KM 得到全压而动作，合闸接触器 KM 的两对常开触点闭合，合闸线圈 YO 得电动作，断路器合闸，工作路径及 SA 开关操作状态如图 6-37 所示。如果 SA 开关返回（9-12）还接通，绿灯继续闪光，表示合闸不成功。

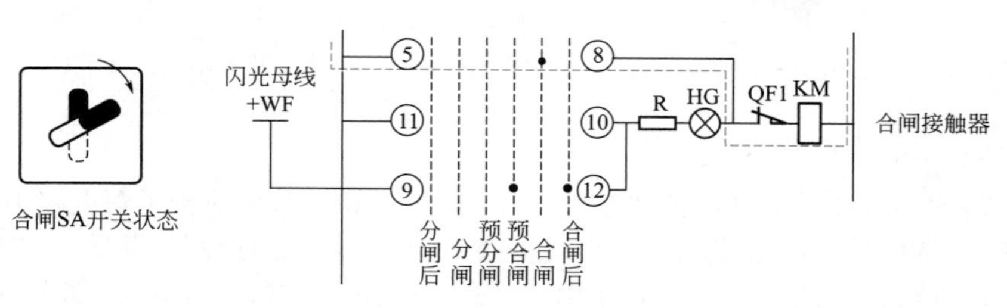

图 6-37　合闸电路路径及 SA 开关操作状态

④“合闸后”位置。控制开关SA在合闸位置稍做停顿松手后，手柄自复至垂直位置，即“合闸后”位置，这时SA开关的（16-13）接点接通，此时路径为+WC→1FU→SA(16-13)→R→HR→YR→2FU→−WC，断路器合闸到位后断路器的动作限位开关动作，QF1断开合闸电路，QF2接通分闸电路，此时红灯HR亮，表示断路器已在合闸位置也叫运行位置，同时监视了分闸回路的完好性，由于有线路电阻R和指示灯分闸线圈YR得不到全电压而不能吸合动作。其电路路径及SA开关操作状态见图6-38，这个位置也是设备运行位置。

合闸后事故跳闸由于继电保护电路动作，断路器事故跳闸时，SA手柄仍在“合闸后”位置，SA开关的（9-12）是接通的，断路器限位开关QF1复位闭合，其通路如下：+WC→SA（9-10）→R→HG→QF1→KM→2FU→−WC。此时绿灯HG当接至闪光母线，HG（绿灯）闪光的同时事故音响报警，表示事故跳闸。

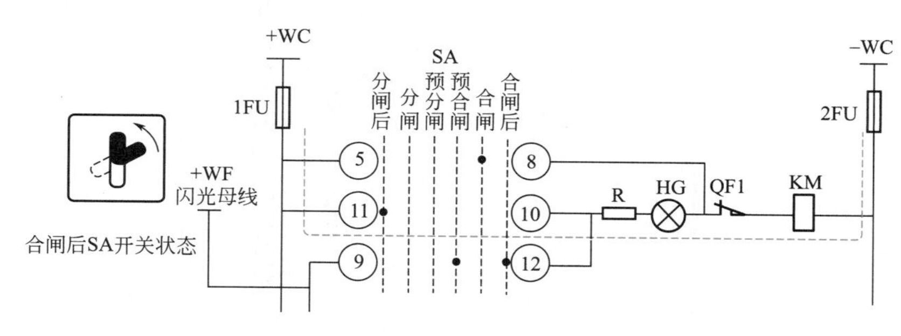

图6-38　合闸后的电路路径及SA开关操作状态

⑤“预分闸”位置。当准备分闸操作时，将主令开关SA逆时针转动90°至水平位置，其（14-15）接点接通，接通闪光母线，红灯HR发出红色灯闪光，以提醒是否分闸。但此时分闸线圈YR不动作，因为回路中仍串有电阻R及HR。其电路路径及SA开关操作状态见图6-39。

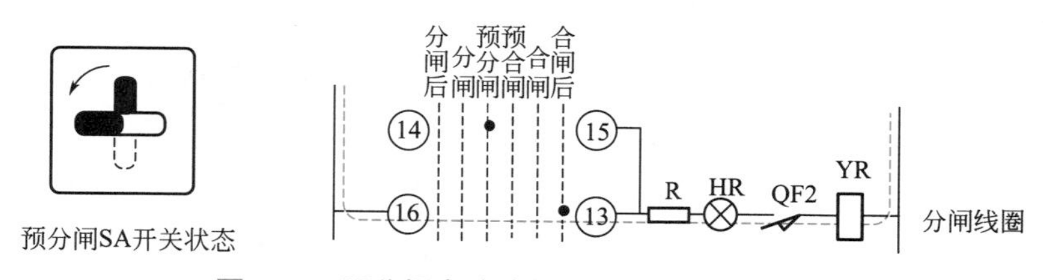

图6-39　预分闸电路路径及SA开关操作状态

⑥“分闸”位置。确定了分闸操作，将控制开关SA逆时针转动45°至“分闸”位置时，SA开关的（6-7）接通，R与HR被短接，全部电压加至分闸线圈YR上，断路器动作分闸，其电路路径及SA开关操作状态见图6-40。断路器的辅助常开接点QF2打开，辅助常闭接点QF1闭合，松开手柄，SA弹回至“分闸后”位置。

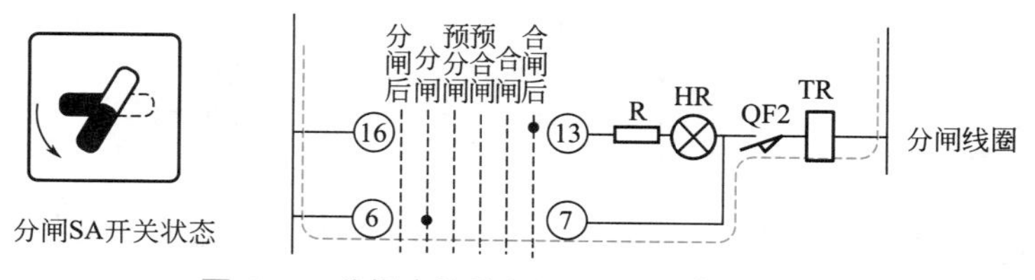

图6-40　分闸电路路径及SA开关操作状态

9. 弹簧储能操动机构的特征

弹簧储能操动机构是利用弹簧的能量对开关实现分合操作，图 6-41 是弹簧储能操动机构的构造图，弹簧储能操动机构有利于交流操作的推广，而且也可采用直流电源操作。为了保证合闸的可靠性，弹簧储能操动机构备有手动储能和手动分合闸功能。

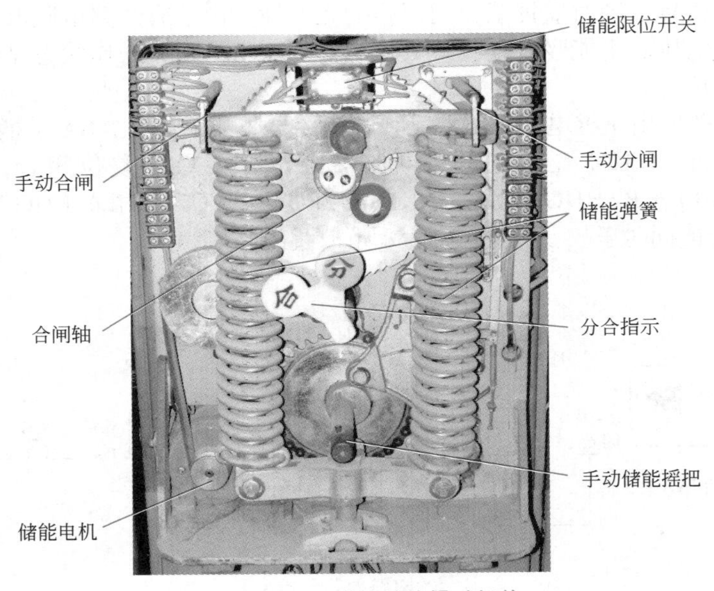

图 6-41　CT 弹簧储能操动机构

10. 弹簧储能操动机构的操作过程

弹簧储能操动机构与电磁操动机构不同，合闸前需要先将储能弹簧拉开，做好能力准备。弹簧储能操动机构控制原理如图 6-42 所示。

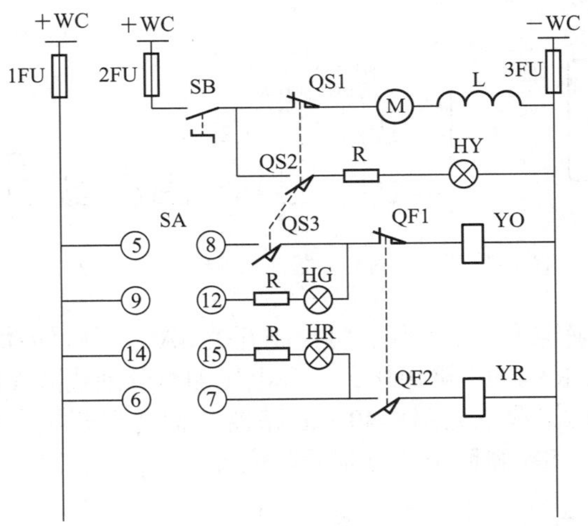

图 6-42　CT8 型弹簧储能操动机构控制原理

SB—储能开关；QS—储能限位开关；L—电抗器；SA—断路器操作开关；QF—断路器动作限位开关；YO—合闸线圈；YR—分闸线圈；HG—绿灯；HR—红灯；HY—黄灯；R—电阻

① SB 为储能开关，操作 SB 开关接通电源，储能电机 M 得电开始动作，如图 6-43 所示，电机带动棘轮主轴旋转，弹簧也被拉开。

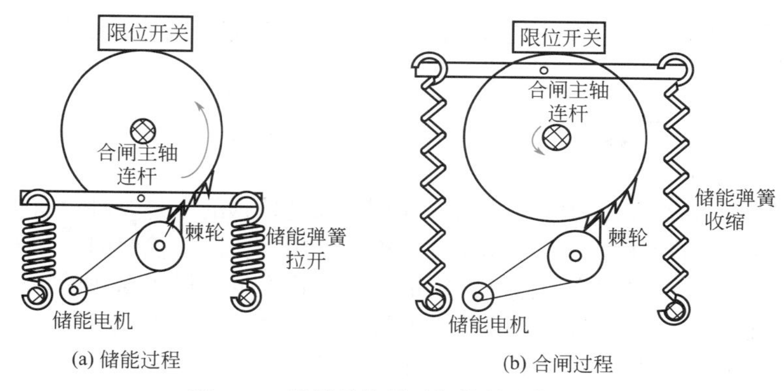

图 6-43 弹簧储能操动机构的动作原理

② 当弹簧被拉伸到顶端时储能到位，限位开关 QS1 动作，断开储能电机 M，电路储能停止，QS2 动作接通指示灯 HY（黄），若亮表示储能完毕，具备合闸条件，SQ3 接通 SA 控制线路，保证可以合闸操作。

③ 合闸时操作主令开关 SA，令 5、8 接点接通，合闸线圈 YO 得电动作，主轴锁扣释放，弹簧强力收缩主轴转动 180° 带动机构合闸，如果储能不到位，QS3 不接通，即使 SA 的 5、8 接通也不能合闸。

④ 断路器合闸成功，断路器的辅助接点 QF1 和 QF2 动作，QF1 断开合闸回路，QF2 接通分闸回路，这时合闸指示灯红灯亮（HR）。

注意：合闸成功后，储能弹簧能量释放，储能限位开关 QS 复位，黄灯熄灭，储能限位开关 QS 开关复位，由于储能开关再接通位置，储能电机又继续工作储能，黄灯一会儿又亮了，表示合闸机构做好了再合闸的准备。

⑤ 分闸操作时，主令开关 6、7 接点接通，分闸线圈得电动作，断路器掉闸，QF 接点复位，绿灯亮（HG）。

11. 断路器操作前应做好的准备工作

断路器操作前要认真核对操作命令，设备的名称、编号，并检查断路器、隔离开关、自动开关、刀开关的通、断位置与工作票所写的是否相符，根据工作命令填写倒闸操作票，并根据操作票的顺序在操作模拟板上进行核对性操作。

12. 断路器操作时应注意的安全事项

做好了准备工作，断路器操作时还要遵循以下的安全要求：

① 变、配电所（室）值班人员应熟悉电气设备调度范围的划分。凡属供电部门调度所的设备，均应按调度员的操作命令进行操作。

② 不受供电调度所调度的双电源（包括自发电）用电单位严禁并路倒闸（倒路时应先停常用电源，后送备用电源）。

③ 10kV 双电源允许合环倒路的调度户，为防止倒闸过程中过电流保护装置动作跳闸，经调度部门同意，在并路过程中自行停用进线保护装置，调度值班员不再下令。

④ 倒闸操作应由两人进行，其中一人唱票与监护，另一人复诵与操作。

⑤ 操作前，应根据操作票的顺序在操作模拟板上进行核对性操作。

⑥ 操作时，必须先核对设备的名称、编号，并检查断路器、隔离开关、自动开关、刀开关的通、断位置与工作票所写的是否相符。

⑦ 操作中，应认真执行监护制、复诵制等。每操作完一步即由监护人在操作项目前画“√”。

⑧ 操作中发生疑问时，必须搞清后再进行操作。不准擅自更改操作票。

⑨ 操作人员与带电导体应保持足够的安全距离，同时应穿长袖衣服及长裤。

十一、运行中的高压隔离开关的巡视检查

1. 高压隔离开关的作用

高压隔离开关（俗称高压刀闸）的动、静触点都是外露的，是一种没有灭弧装置的高压电器，拉开时有明显的断开点，它可以配合断路器使用。在设备检修时，拉开隔离开关后有明显的隔离作用，可以更加安全地做好保安措施，防止人身或设备事故的发生。它在合闸状态下，可以可靠地通过正常负荷电流和故障电流，高压隔离开关不能带负荷拉合，而只能在与其串接于同一回路中的断路器分闸后，方能进行分、合操作。

户内式隔离开关的外形见图 6-44，户外式隔离开关的外形见图 6-45。

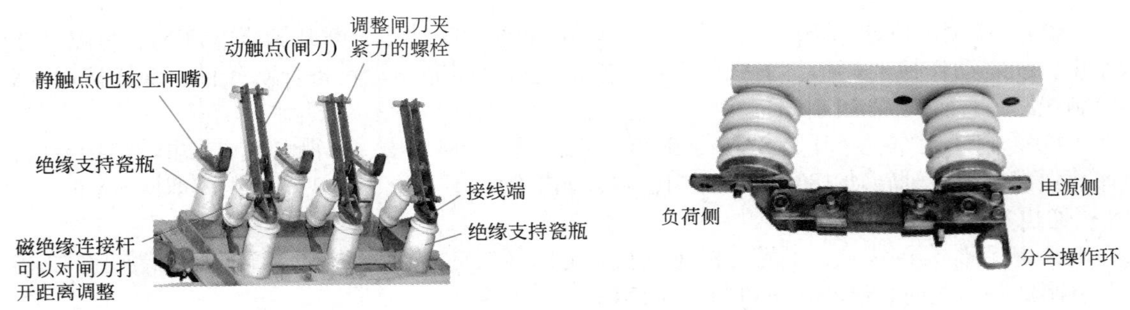

图 6-44　户内式隔离开关的外形

图 6-45　户外式隔离开关的外形

2. 高压隔离开关的型号

高压隔离开关的型号含义如下：

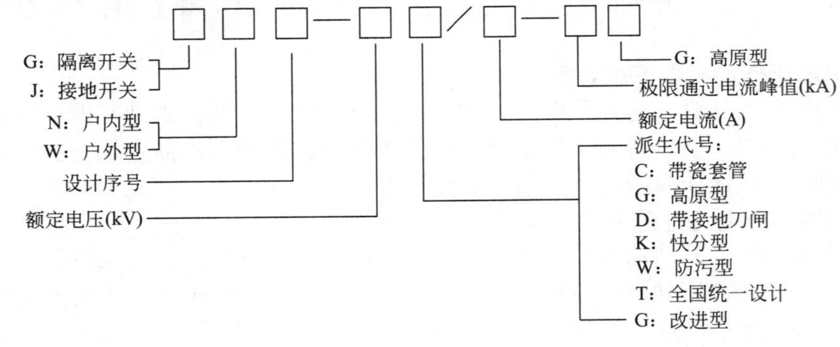

3. 高压隔离开关能可靠地通过故障电流的原因

高压隔离开关与低压刀闸有不一样的地方，低压刀闸的结构是静触点夹动触点，也就是俗称的嘴夹闸，而高压刀闸是闸夹嘴，就是动触点夹静触点，同时高压刀闸要求分合操作要轻松省力，如果像低压刀闸那样靠闸嘴的夹力保障电流通过，高压刀闸就会因为夹力太紧而无法操作了。所以高压刀闸动触点采用双刀的构造，如图 6-46 所示，这样的构造使电流越大夹紧力越大，没有电流时无夹力，可以轻松地进行分合操作，实现了在合闸状态下，可以可靠地通过正常负荷电流和故障电流。

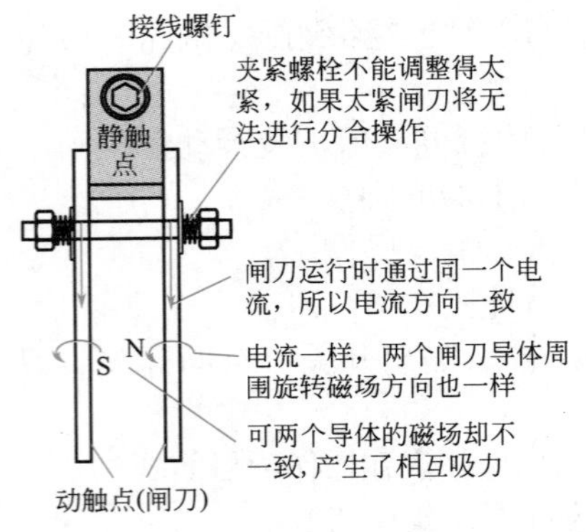

图 6-46　隔离开关的夹紧原理

4. 高压隔离开关可以进行的操作

高压隔离开关的主要用途如下。

① 隔离电源，造成一个明显的断开点，使工作人员有安全感。

② 倒换母线，在主接线为双母线的供电系统中，可以用隔离开关将设备或线路由一组母线倒换到另一组母线上。

③ 在系统正常的条件下，用隔离开关还可分合小电流电路。其允许的具体操作范围如下：

a. 可以分、合电压互感器和避雷器；

b. 可以分、合母线的充电电流和开关的旁路电流；

c. 可以分、合变压器中性点接地点；

d. 室内隔离开关可以分合 315kV·A 以下的空载变压器和 5km 的空载线路；

e. 室外隔离开关可以分合 500kV·A 以下的空载变压器和 10km 的空载线路。

5.10kV 高压隔离开关在安装维护时的要求

10kV 高压隔离开关在安装维护时应注意以下几点。

① 隔离开关的刀片应与固定触点对准，并接触良好，接触面处应涂凡士林油。

② 隔离开关的各相刀片与固定触点应同时接触，前后相差不大于 3mm。

③ 隔离开关拉开时，刀片与固定触点之间的垂直距离：户外式应大于 180mm；户内式应为 160mm。

④ 隔离开关拉开时，刀片的转动角度：户外式为 35°，户内式为 65°。

⑤ 固定触点端一般接电源。

⑥ 隔离开关的传动部件不应有损伤和裂纹，动作应灵活。

⑦ 单极隔离开关的相间距离不应小于下列数值：室内≥ 450mm；室外≥ 600mm。

⑧ 单极隔离开关的背板的角钢，不应小于 50mm×50mm×5mm，穿钉不小于 12mm。

⑨ 隔离开关的延长轴、轴承、联轴器及曲柄等传动部件应有足够的机械强度。联轴杆的销钉不应焊死。

⑩ 隔离开关的拉杆应加保护环。

⑪ 带有接地开关的隔离开关，接地刀片与主触点之间应有可靠的闭锁装置。

6. 隔离开关在运行中的巡视检查周期和检查内容的要求

隔离开关在运行中的巡视检查周期：变、配电所有人值班的，每班巡视一次；无人值班的，每周至少巡视一次；特殊情况下（雷雨后、事故后、连接点发热未进行处理之前）应增加特殊巡视检查次数。

隔离开关在运行中的巡视检查内容：

① 瓷绝缘有无掉瓷、破碎、裂纹以及闪络放电的痕迹，表面应清洁；

② 连接点有无过热及腐蚀现象，监视温度的示温蜡片有无熔化，变色漆有无变色的现象；

③ 检查有无异常声响；

④ 动、静触点的接触是否良好，有无发热的现象；

⑤ 操动机构和传动装置是否完整，有无断裂，操作杆的卡环和支持点应无松动和脱落的现象。

7. 防止高压隔离开关误操作的联锁装置

为了防止隔离开关的误操作，隔离开关手柄上装有联锁装置，联锁装置有机械联锁（如锁板、锁柱、锁销等）如图 6-47 所示；程序锁如图 6-48 所示。

如图 6-47 所示，隔离开关手柄上转动机构装有柱销锁扣，操作时应先拉开柱销再搬动隔离开关手柄，操作完毕后松开柱销，联锁柱销又插入锁孔锁住开关位置，严禁在不打开柱销状态下强行操作隔离开关。程序挡板是保证上下隔离开关操作顺序的，220-4 是上隔离也就是母线侧隔离开关，送电时先合母线侧开关，停电时后拉上隔离开关。220-2 是下隔离也就是变压器侧隔离开关，送电时后合变压器侧开关，停电时先拉下隔离，程序挡板的作用是禁止反向操作。

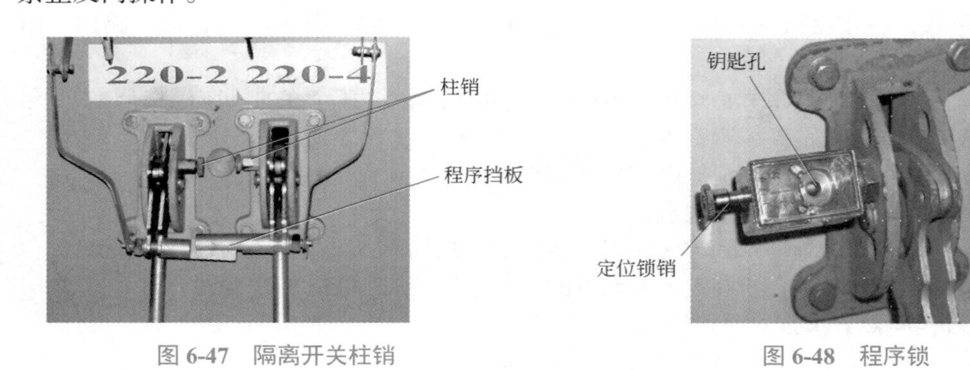

图 6-47　隔离开关柱销

图 6-48　程序锁

图 6-48 是防误操作机械程序锁，是一种高压开关设备专用机械锁。该锁强制运行人员按照既定的安全操作程序，用一把钥匙按照指定的程序进行多把锁具的程序操作，从而避免了电气设备的误操作，较为完善地达到了“五防”要求。

分闸时，将钥匙在标有“合”字的位置槽处插入，钥匙向顺时针方向转动，使钥匙上的刻线对齐。拔出定位锁销，操作隔离开关手柄。分闸后，定位锁销自动复位，钥匙继续向顺时针方向转动到位，从标有分字的位置槽中取出钥匙，即锁住。与分闸时对齐。

合闸时，将钥匙在标有“分”字的位置槽处插入，钥匙向逆时针方向转动，使钥匙上的刻线与锁体上的刻线对齐。拔出定位锁销，操作隔离开关手柄。合闸后，定位锁销自动复位，钥匙继续向逆时针方向转动到位，从标有“合”字的位置槽中拔出钥匙，即锁住。与合闸时对齐。

8. 高压隔离开关的操作顺序

在不同的设备上高压隔离开关的操作顺序是不一样的，具体操作顺序规定如下。

① 高压断路器和高压隔离开关的操作顺序：停电时，先拉开高压断路器，后拉开高压隔离开关或刀开关；送电时，顺序与此相反。严禁带负荷拉、合隔离开关或刀开关。断路器和隔离开关的操作顺序如图 6-49 所示。

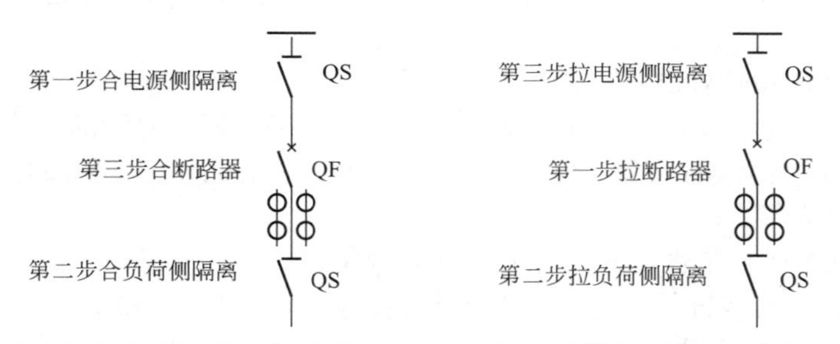

(a) 送电时断路器与隔离开关的操作顺序　(b) 停电时断路器与隔离开关的操作顺序

图 6-49　断路器和隔离开关的操作顺序

② 变压器两侧开关的操作顺序：停电时，先拉开变压器低压侧负荷侧开关，后拉开变压器高压电源侧开关；送电时，顺序与此相反。

③ 单极隔离开关及跌开式熔断器的操作顺序：停电时，先拉开中相，后拉开两边相；送电时，顺序与此相反。

9. 如果发生了误拉、误合隔离开关的处理

隔离开关发生带负荷拉、合错误时，应按以下规定处理。

① 错拉隔离开关时，在刀口处如刚刚出现电弧，应迅速再将隔离开关合上；如已拉开，则不管是否发生事故，均不允许再次合上。并将有关情况报告有关部门。

② 错合隔离开关时，无论是否造成事故，均不允许再次拉开，并迅速采取必要措施，报告有关部门。

③ 如果是单极隔离开关，操作一相后发现错拉，对其他两相不允许继续操作。隔离开关发生误操作时应遵守的原则是“将错就错”。

10. 隔离开关分合闸时要有顺序的原因

在进行停送电倒闸操作时，应首先按照操作票的内容，详细核对操作设备的编号及断路器的运行状态。但是往往还会发生检查失误或漏查的情况，所以为了在发生错误操作时，尽量缩小事故范围，避免人为地扩大事故，在停电时，拉开断路器后，先拉负荷侧隔离开关，后拉电源侧隔离开关；送电时，先合电源侧隔离开关，后合负荷侧隔离开关。

① 在停电时，可能出现的错误操作情况有两种：一种是断路器尚未断开电源而先拉隔离开关；另一种是断路器虽然已拉开，但当操作隔离开关时，因走错间隔而错拉不应停电的设备。不论是上述哪种情况，都将造成带负荷拉开隔离开关，其后果是可能会造成弧光短路事故。

如果先拉电源侧隔离开关，则弧光短路点在断路器上侧，将造成电源侧短路，使上一级断路器跳闸，扩大了事故停电范围。如先拉负荷侧隔离开关，则弧光短路点在断路器下侧，保护装置动作，断路器跳闸，其他设备可照常供电，缩小了事故范围。所以停电时应先拉负荷侧隔离开关。

② 在送电时，如断路器误在合闸位置，便去合隔离开关，会造成带负荷合隔离开关。如果先合负荷侧隔离开关，后合电源侧隔离开关，一旦发生弧光短路，将造成断路器的电源侧短路，同样影响系统的正常供电。假如先合电源侧隔离开关，后合负荷侧隔离开关，即便是带负荷合上，或将隔离开关合于短路故障点，也可以通过断路器保护装置动作将故障点切除，因为故障点处于断路器下侧，这样就缩小了事故范围。所以送电时，应先合电源侧隔离开关。

附：高压隔离开关操作的动作演示视频二维码

十二、运行中的高压负荷开关巡视检查

1. 高压负荷开关

高压负荷开关具有简单的灭弧装置，可以在额定电压和额定电流的条件下，接通和断开电路。但由于高压负荷开关的灭弧结构是按额定电流设计的，因此不能切断短路电流。高压负荷开关在结构上与高压隔离开关相似，有明显的断开点，在性能上与断路器相近，是介于高压隔离开关与高压断路器之间的一种高压电器。图 6-50 为 FN 型负荷开关，图 6-51 为环网柜内的 FZ 型真空负荷开关。

当将高压负荷开关与高压熔断器配合使用时，由高压负荷开关分、合正常负载电路，由

高压熔断器分断短路电流。高压负荷开关串联高压熔断器的组合方式常应用于10kV及以下、小容量的配电系统中。

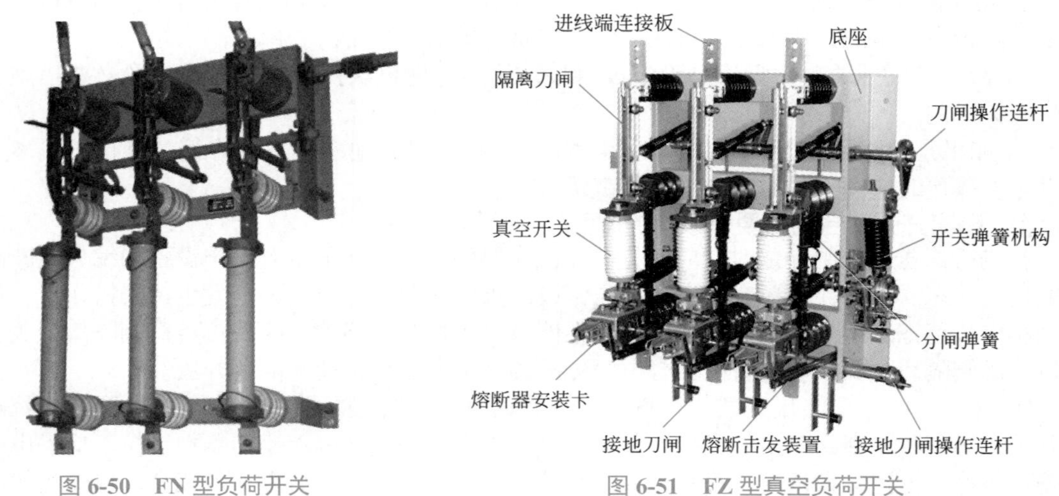

图 6-50　FN 型负荷开关　　　图 6-51　FZ 型真空负荷开关

2. 负荷开关的图形符号型号含义

负荷开关的型号含义如下所示。有户内FN型、FZ真空型、FL六氟化硫型，它们的图形符号见图6-52。

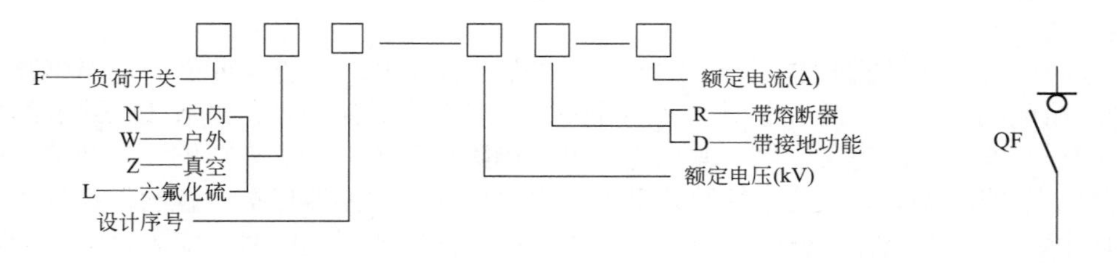

图 6-52　负荷开关的图形符号

3.FN 型负荷开关的灭弧

FN型负荷开关是压气式灭弧开关，采用主弧触点分开工作形式，利用分闸时快速运动，带动活塞上推产生高压气体，从弧触点的灭弧室喷出，猛烈吹拂电弧，使电弧过零熄灭。FN型负荷开关的构造和灭弧过程如图6-53所示。

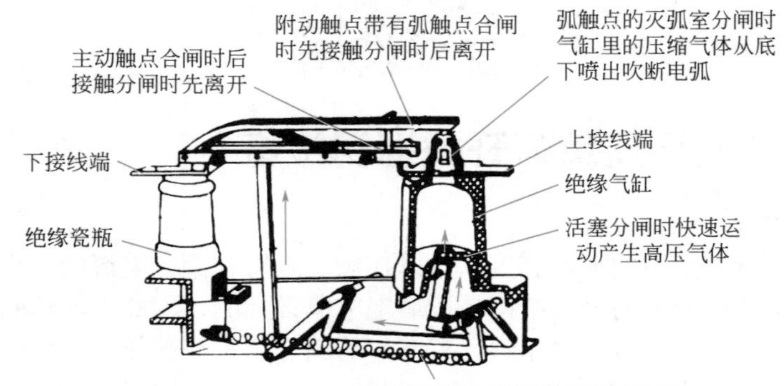

图 6-53　FN 型负荷开关的构造和灭弧过程

4. 负荷开关的巡视检查内容

负荷开关的巡视检查周期规定如下：

① 变、配电所有人值班的，每班巡视一次；无人值班的，每周至少巡视一次。

② 特殊情况下（雷雨后、事故后、连接点发热未进行处理之前）应增加特殊巡视检查次数。

高压负荷开关巡视检查的内容规定如下：

① 瓷绝缘应无掉瓷、破碎、裂纹以及闪络放电的痕迹，表面应清洁；

② 连接点应无腐蚀及过热的现象；

③ 应无异常声响；

④ 动、静触点接触应良好，应无发热现象；

⑤ 操动机构及传动装置应完整，无断裂，操作杆的卡环及支持点应无松动和脱落的现象；

⑥ 负荷开关的消弧装置应完整无损。

5. 负荷开关应配合使用的熔断器

与负荷开关配合使用的熔断器有 RN1、RN3、RN5 型。

6. 负荷开关安装维护要求

负荷开关在安全维护时应当遵守以下的规定：

① 负荷开关的刀片应与固定触点对准，并接触良好；

② 10kV 高压负荷开关各极的刀片与固定触点应同时接触，其前后相差不大于 3mm；

③ 户外高压柱上负荷开关的拉开距离应大于 175mm；

④ 户内压气式负荷开关的拉开距离应为 182mm±3mm；

⑤ 负荷开关的固定触点一般接电源侧，垂直安装时，固定触点在上侧；

⑥ 负荷开关的传动装置部件应无裂纹和损伤，动作应灵活；

⑦ 负荷开关的拉杆应加保护环；

⑧ 负荷开关的延长轴、轴承、联轴器及曲柄等传动零件应有足够的机械强度，联轴杆的销钉不应焊死；

⑨ 依墙安装的负荷开关与进线电缆的连接宜经过母线。

7. FZ 型负荷开关保护跳闸的操作

环网柜从本质上说就是负荷开关柜，只是由于被应用在环网供电方面，因此被人们称为环网柜。环网柜的结构比较简单，价格也相对低廉，常用在配电及线路保护方面。

环网柜的主要电气元件是负荷开关和熔断器，熔断器内装有可弹启动的撞击器（见图 6-54），当一相熔断器熔断时撞击头弹起撞击脱扣连杆如图 6-55 所示，使负荷开关三相联动跳闸切除故障电流，这样避免了因一相熔断器熔断造成两相供电的事情发生，负荷开关熔丝熔断后击发脱扣连杆如图 6-56 所示。

熔断器安装时应将撞击器向上，对准熔断击发装置，否则将会造成供电系统缺相运行事故。

图 6-54 熔断撞击头

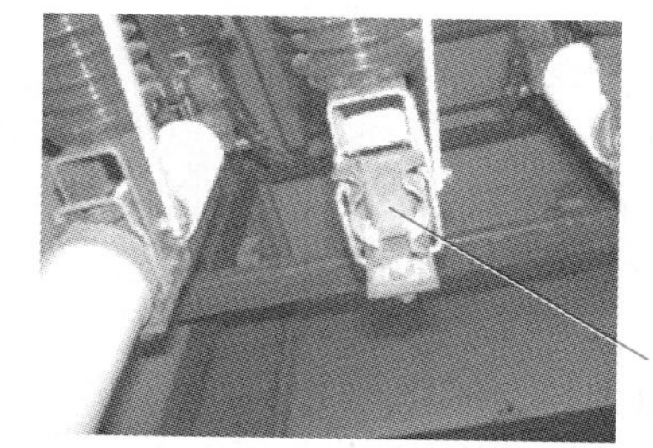

图 6-55 开关脱扣连杆的撞击片

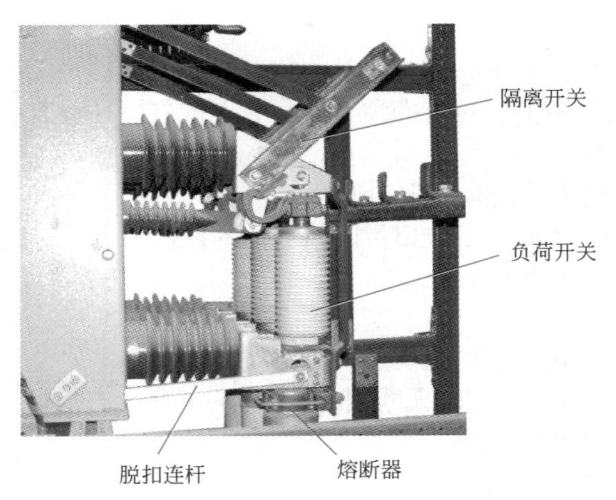

图 6-56　负荷开关熔丝熔断击发装置

十三、跌开式熔断器的操作

1. 跌开式熔断器的特点

跌开式熔断器又称高压户外熔断器，俗称跌落保险。它常应用于10kV配电线路及配电变压器的高压侧作短路及过载保护。在一定的条件下，它可以分、合空载架空线路、空载变压器以及小负荷电流。当熔丝熔断时熔管“跌落”下来，切断了电弧并形成了明显的安全隔离间隙。所以称为跌开式熔断器，户外跌开式熔断器除故障时能自动“跌落”外，在正常时还可借助于绝缘拉杆拉开或推上熔管来分、合电路。10kV配电系统常用的跌开式熔断器如图6-57所示。

(a) RW3型跌开式熔断器

(b) RW12型跌开式熔断器

图 6-57　10kV 常用的跌开式熔断器

跌开式熔断器由绝缘瓷瓶、上下静触点和熔丝管组成，如图6-58所示，熔丝管两端的动触点依靠熔丝（熔体）系紧，将上动触点推入“鸭嘴”凸出部分后，磷铜片等制成的上静触点顶着上动触点，故而熔丝管牢固地卡在“鸭嘴”里。当短路电流通过熔丝熔断时，产生电弧，熔丝管内衬的钢纸管在电弧作用下产生大量的气体，因熔丝管上端被封死，气体向下端喷出，吹灭电弧。由于熔丝熔断，熔丝管的上下动触点失去熔丝的系紧力，在熔丝管自身重力和上、下静触点弹簧片的作用下，熔丝管迅速跌落，使电路断开，切除故障段线路或者故障设备。跌开式熔断器的结构如图6-58所示，跌开式熔断器电气图形符号如图6-59所示。

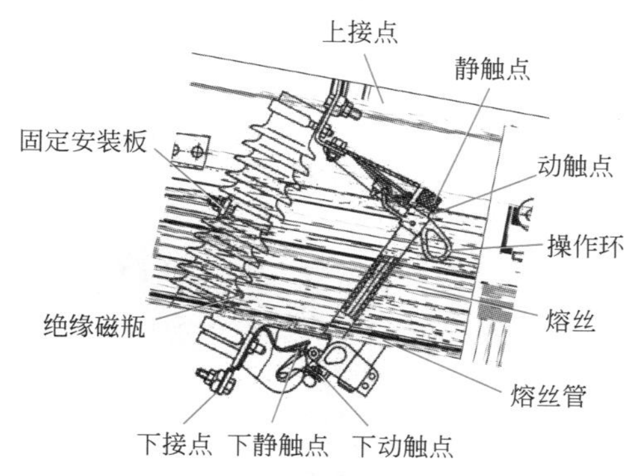

图 6-58　跌开式熔断器的结构

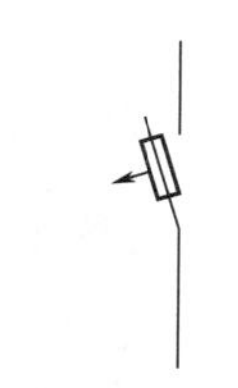

图 6-59　跌开式熔断器电气图形符号

2. 跌开式熔断器熔丝的选择

对于 100kV・A 及以下的变压器，熔丝的额定电流按变压器一次额定电流的 2 ～ 3 倍来选，考虑到机械强度，最小不得小于 10A；100kV・A 以上的变压器，熔丝的额定电流按变压器一次额定电流的 1.5 ～ 2 倍来选择。

如一台 500kV・A 的变压器的熔丝选择：

500kV・A 变压器一次额定电流 $I_1=500\times0.06\approx30(A)$，熔丝选择 $(1.5\sim2)I_1=45\sim60A$，可选用 50A 的熔丝。

3. 熔丝熔断的原因

造成高压熔丝熔断的原因主要有：

① 低压有事故而低压断路器未动作，造成高压熔丝熔断；

② 高压侧匝间短路；

③ 相间短路事故；

④ 高压熔丝连接不牢。

4. 跌开式熔断器的安装维护要求

跌开式熔断器安装规定主要包括安装位置规定和熔丝安装规定，具体如下。

① 与垂线的夹角一般为 15° ～ 30°；如图 6-60 所示，跌开式熔断器倾斜安装是为了便于在熔丝熔断后，熔断器的熔丝管能够快速自由跌落。

② 相间距离：室内 0.6m；室外 0.7m。

③ 对地面距离：室内 3m 为宜；室外 4.5m 为宜。

④ 装在被保护设备上方时，与被保护设备外廓的水平距离不应小于 0.5m。

⑤ 各部元件应无裂纹或损伤，熔管不应有变形，掉管应灵活。

⑥ 熔丝位置应在消弧管中部偏上。如图 6-61 所示，跌开式熔断器的熔丝不是一整根，只有 30 ～ 50mm 长，其他部分为系紧熔丝管两头动触点的铜编软线。

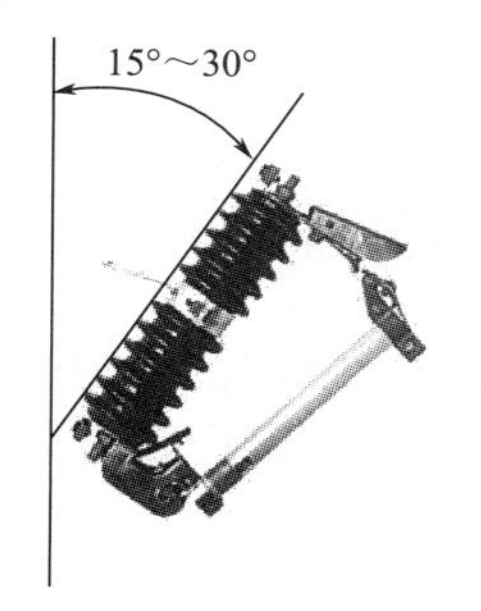

图 6-60　跌落保险安装有 15° ～ 30° 夹角

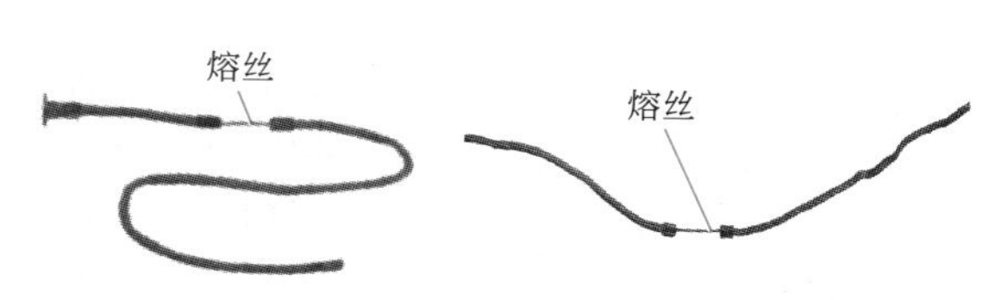

图 6-61　10kV 的熔丝

⑦ 消弧管底部的熔丝熔断助力压板，一定要掰开用熔丝压住，否则触点无法固定，如图 6-62 所示。

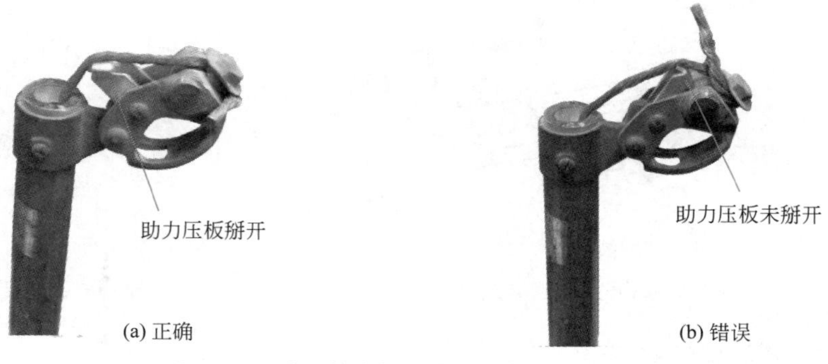

图 6-62　消弧管底部的熔断助力压板的安装

5. 操作跌开式熔断器时应遵守的安全要求

操作跌开式熔断器是一项带电的操作工作，必须严格遵守操作规程和操作顺序。

① 由两个人操作，一人监护，一人操作，操作者戴好绝缘手套，穿上绝缘靴。

② 操作时应戴上防护镜，以免带故障拉、合时发生弧光灼伤眼睛；同时站好位置，操作时果断迅速，用力适度，防止冲击力损伤瓷体。

③ 送电操作时则先合两个边相，后合中间相。

④ 停电操作时则先拉中间相，后拉两边。

变压器停电时，先拉低压侧各分路（支路）开关，再拉低压线路总开关，最后拉变压器高压熔断器。

停电时先拉中相的原因主要是考虑到中相切断时的电流要小于边相（电路一部分负荷转由两相承担），因而电弧小，对两边相无危险。操作第二相（边相）跌开式熔断器时，电流较大，而此时中相已拉开，另两个跌开式熔断器相距较远，可防止电弧拉长造成相间短路。

⑤ 遇到大风时，要按先拉中间相，再拉背风相，最后拉迎风相的顺序进行停电。送电时则先合迎风相，再合背风相，最后合中间相，这样可以防止风吹电弧造成短路。

⑥ 在雨天或雪天里，一般不要操作跌开式熔断器。不得不操作时，应使用有防雨罩的绝缘杆。雷电时则严禁操作跌开式熔断器和更换熔丝。

⑦ 跌开式熔断器不允许带负荷操作。

6. 跌开式熔断器的具体操作方法

操作人员在拉开跌开式熔断器时，必须使用电压等级适合，经过试验合格的绝缘杆，穿绝缘鞋、戴绝缘手套、绝缘帽和防目镜或站在干燥的木台上，并有人监护，以确保人身安全。操作人员在拉、合跌开式熔断器开始或终了时，不得有冲击。冲击将会损伤熔断器，如将绝缘子拉断、撞裂，鸭嘴撞偏，操作环拉掉、撞断等。所以工作人员在对跌开式熔断器分、合操作时，千万不要用力过猛，发生冲击，以免损坏熔断器，且分、合必须到位。

操作者不可站在熔断器的正下方，应有约 60° 的角度，如图 6-63 所示，角度太小或太大都不利于操作。

① 跌开式熔断器拉开操作。跌开式熔断器型号不同，其上触点结构也不相同，操作方法也不一致，RW3 型跌开式熔断器的分开操作不能用拉操作环的方法，而是应采用捅开鸭嘴的方法使熔断器自动跌落如图 6-64 所示。RW4 及其他型号的跌开式熔断器的分开操作是采用拉操作环的方法拉开熔断器，如图 6-65 所示。

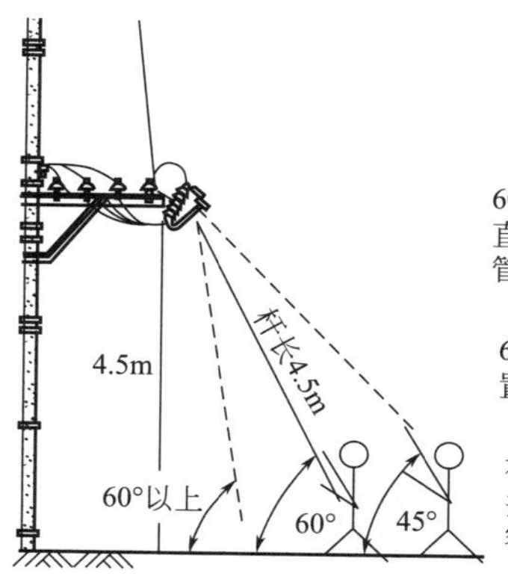

图 6-63　跌开式熔断器操作位置

图 6-64　鸭嘴式熔断器分开操作

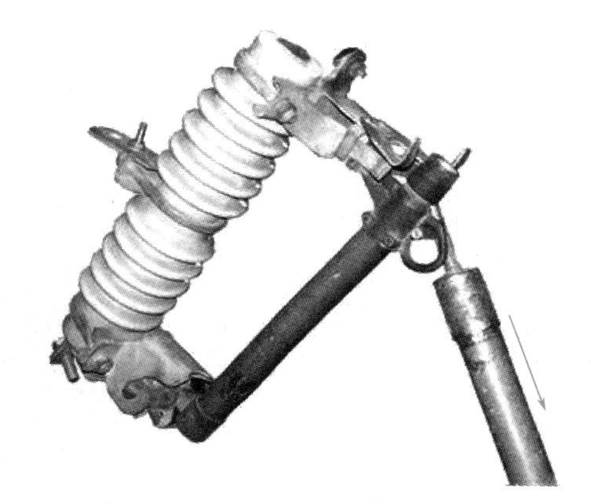

图 6-65　拉环式熔断器分开操作

② 合跌开式熔断器操作。合熔断器时绝缘杆前端横钩应挑在熔丝管操作环外侧，如图6-66所示，慢慢提起熔丝管对准熔断器的静触点，对准后快速向上一捅即可合上，如图6-67所示，快推但用力不可太大以防止操作冲击力，造成熔断器机械损伤。如果动作速度太慢会造成合闸冲击电流使熔断器熔丝熔断。操作时绝缘杆的横钩不可以放在熔断器操作环内，以防止合上熔断器后由于拉杆的抖动使熔断器闭合不严，导致熔丝熔断。

图 6-66　先挑住操作环外侧

图 6-67　对准静触点快速上推

③ 熔丝管的摘、挂操作。当更换熔丝和检修维护时，需要将熔丝管摘下，拉开熔断器

后用绝缘杆前端的横钩，挑住熔丝管下触点的凹槽处，向上提即可取出熔丝管，挂装时同样用绝缘杆挑住熔丝管下触点凹槽，对准底座上的挂轴放下熔丝管，检查动作是否灵活，见图 6-68。

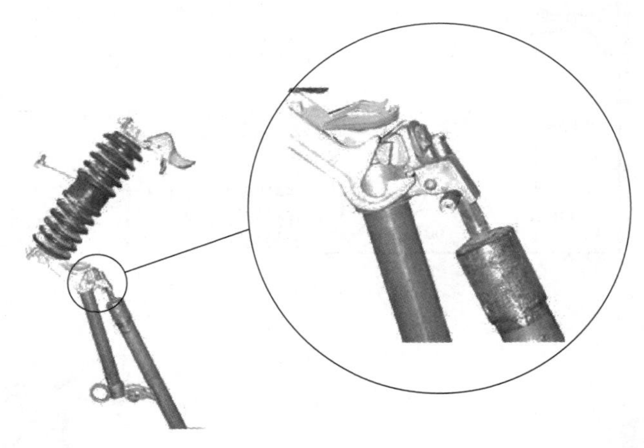

图 6-68　熔丝管的摘、挂操作

附：跌开式熔断器操作演示视频二维码

十四、运行中的避雷器巡视检查

1. 避雷器在电力系统中的作用

避雷器是电力系统变（配）电装置、电气线路、用电设备防止系统过电压的装置。电流系统过电压有雷电过电压、操作过电压。防止雷电过电压的作用主要是防止雷电波浸入造成电气设备绝缘损坏，避雷器与被保护装置并联，当线路上出现雷电波过电压时，通过避雷器对地放电，避免出现电压冲击波，防止被保护设备的绝缘损坏和保证人身安全。图 6-69 为避雷器图形符号与实物。

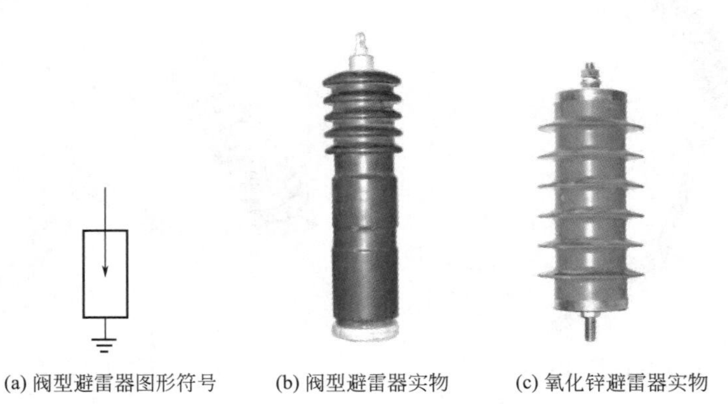

(a) 阀型避雷器图形符号　(b) 阀型避雷器实物　(c) 氧化锌避雷器实物

图 6-69　避雷器图形符号与实物

避雷器型号解释如下。

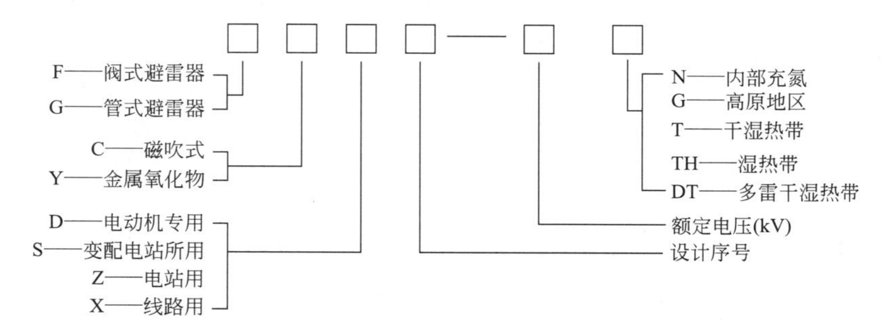

2. 阀型避雷器的特点

阀型避雷器主要由火花间隙和阀性电阻盘串联组成，如图 6-70 所示。为了防止电阻盘受潮以及保证火花间隙有稳定的特征，将其装在密封的瓷套里。阀型避雷器的火花间隙是用钢片（铜片）冲压制成的极片。每对极片间有 0.5 ～ 1.0mm 的间隙，用云母垫圈隔开，并由若干对火花间隙串联组成。每对火花间隙的放电电压为 2.5 ～ 3.0kV。阀性电阻片是用特种碳化硅制成的饼状元件，其颗粒相互接触，但其接触面不大于颗粒表面的 1/10。它的电阻随着通过电流的不同而在很大范围内变化，当承受工频电压时，它是一个高电阻类似关闭的阀门，使工频电流很难通过。但当其承受雷电高电压时，由于颗粒间的小气隙被击穿，颗粒间的接触面加大，这时阀片变成低电阻，使雷电流容易通过，而且产生的残压（雷电流通过阀性电阻盘所产生的压降）不会超过被保护设备的绝缘水平。雷电流过去后，工频电流又使阀性电阻片呈现很高的电阻，类似阀门被关闭。火花间隙迅速阻断电流。

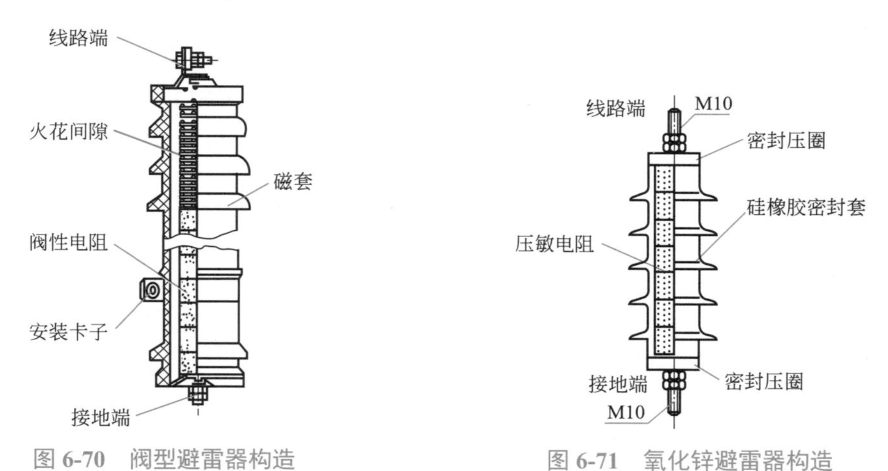

图 6-70　阀型避雷器构造　　　图 6-71　氧化锌避雷器构造

3. 氧化锌避雷器的特点

氧化锌避雷器是 20 世纪 70 年代发展起来的一种新型避雷器，构造如图 6-71 所示，它主要由氧化锌压敏电阻构成。每一块压敏电阻从制成时就有它的一定开关电压（也叫压敏电压），在正常的工作电压下（即小于压敏电压）压敏电阻值很大，相当于绝缘状态，但在冲击电压作用下（大于压敏电压），压敏电阻呈低值被击穿，相当于短路状态。然而压敏电阻被击穿后，是可以恢复绝缘状态的；当高于压敏电压的电压撤销后，它又恢复了高阻状态。因此，如在电力线上安装氧化锌避雷器后，当雷击时，雷电波的高电压将压敏电阻击穿，雷电流通过压敏电阻流入大地，可以将电源线上的电压控制在安全范围内，从而保护了电气设备的安全。

4.10kV 配电变压器的防雷保护的要求

保护配电变压器的阀型避雷器或保护间隙应尽量靠近变压器安装，具体要求如下。

① 避雷器应安装在高压熔断器与变压器之间。

② 避雷器的防雷接地引下线采用“三位一体”的接线方法，即避雷器接地引下线、配电变压器的金属外壳和低压侧中性点这三点连接在一起，然后共同与接地装置相连接，其工频接地电阻不应大于4Ω。这样，当高压侧落雷使避雷器放电时，变压器绝缘上所承受的电压，即是避雷器的残压。

③ 在多雷区变压器低压出线处，应安装一组低压避雷器。这是用来防止由于低压侧落雷或正、反变换波的影响而造成低压侧绝缘击穿事故的。

5. 避雷器的安装要求

避雷器的安装应当遵守以下规定：

① 阀型避雷器的安装，必须通过安装卡子固定在金属构件上，应垂直安装不得倾斜，应便于巡视检查，引线要连接牢固，避雷器上接线端不得受力。

② 氧化锌避雷器可以直接利用避雷器接地端安装在接地的金属构件上。

③ 阀型避雷器的瓷套应无裂纹，密封良好，经预防性试验合格。

④ 避雷器安装位置与被保护物之间的距离尽量小。避雷器与 3 ～ 10kV 变压器的最大电气距离，雷雨季经常运行的单路进线处不大于 15m，双路进线处不大于 23m，三路进线处不大于 27m，若大于上述距离，应在母线上装设阀型避雷器。

⑤ 避雷器为防止其正常运行或雷击后发生故障，影响电力系统正常运行，其安装位置可以处于跌开式熔断器保护范围之内。

⑥ 避雷器的引线：铜线截面积≥ $16mm^2$；钢线截面积≥ $25mm^2$；钢管壁厚≥ 3.5mm；角钢、扁钢壁厚≥ 4mm。

⑦ 避雷器接地引下线与被保护设备的金属外壳应可靠地与接地网连接。

⑧ 线路上单组阀型避雷器，其接地装置的接地电阻应不大于 5Ω。

6. 避雷器巡视检查周期和检查内容的要求

避雷器的巡视检查周期应当遵守以下规定：

① 正常的巡视检查：有人值班的变配电所，每班一次；无人值班的变配电所每周至少一次。

② 雷雨等恶劣天应进行特殊巡视。

③ 停电清扫检查：室外装置每半年至少一次；室内装置每年至少一次。一般要在雷雨季节到来前进行试验、检修和清扫。

避雷器巡视检查的内容：

① 检查避雷器瓷套表面情况；

② 检查避雷器的引线及接地引下线有无烧伤痕迹；

③ 检查避雷器上端引线处密封是否良好；

④ 检查避雷器与被保护电气设备之间的电气距离是否符合要求；

⑤ 检查阀型避雷器内部有无异常响声（包括轻微的“吱吱”声）。

7. 雷雨天气时避雷器是否需要特殊巡视

避雷器雷雨天气的特殊巡视与检查的要求如下：

① 雷雨后应检查避雷器表面有无闪络放电痕迹；

② 避雷器引线及接地引下线是否有松动；

③ 避雷器本体是否有摆动；

④ 结合停电机会检查阀型避雷器上密封法兰是否紧密。

8. 造成阀型避雷器爆炸的原因

① 在中性点不接地电力系统中，发生单相接地时，可能使非故障相对地电压升高到线电压。此时，虽然避雷器所承受的电压小于其工频放电电压，但在持续时间较长的过电压作用下，也可能引起爆炸。

② 电力系统发生铁磁谐振过电压时，可能使避雷器放电（FS 型和 FZ 型避雷器是不允许在这种情况下动作的），从而烧损其内部元件而引起爆炸。

③ 当线路受雷击时，避雷器正常动作后，由于本身火花间隙灭弧性能较差，如果间隙承受不住恢复电压而击穿，则电弧重燃，工频续流将再度出现。这样，将会因间隙多次重燃将阀片电阻烧坏，而引起避雷器爆炸。

④ 避雷器阀片电阻不合格，残压虽然低了，但续流增大了，间隙不能灭弧，阀片由于长时间通过续流烧毁而引起爆炸。

⑤ 由于避雷器瓷绝缘套管密封不良、容易受潮和进水等，从而引起爆炸。

9. 运行中的阀型避雷器瓷套发生裂纹的处理方法

变、配电所值班人员在运行中巡视检查电气设备时，发现避雷器瓷绝缘套管有裂纹，应根据现场实际情况采用下列方法进行处理。

① 向有关部门申请停电，得到批准后采取安全措施，将故障避雷器换掉。如无备品避雷器，在考虑不致威胁电力系统安全运行的情况下，可采取在较深的裂纹处涂漆或环氧树脂等防止受潮的临时措施，并安排短期内更换新品。

② 如遇雷雨天气，应尽可能不使避雷器退出运行，待雷雨过后再进行处理。

③ 当避雷器因瓷质裂纹而造成放电，但还没有接地现象时，应设法将故障相避雷器停用，以免造成事故扩大。

十五、高压柜带电显示器

1. 带电显示器的用途

户内高压带电显示器（简称显示器），原产品型号为 GSN，后根据国家电力行业标准型号正式定为 DXN。根据其所用于电压等级的不同，可分为 10.0kV、27.5kV 和 40.5kV 三大系列，高压带电显示装置是现在高压开关柜中不可缺少的装置。

高压柜带电显示器是利用高压电场与传感器之间的电场耦合原理发光的，在安全距离外进行感应式测量，与指示灯不同，指示灯需要变压器或电压互感器实现接触式测量。

图 6-72 为带电显示器的图形符号，图 6-73 为带电显示器的工作接线图，图 6-74 为带电显示器的实物图。

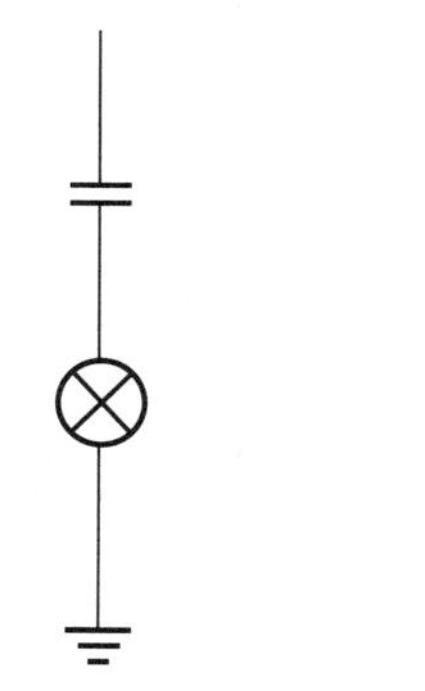

图 6-72　带电显示器的图形符号

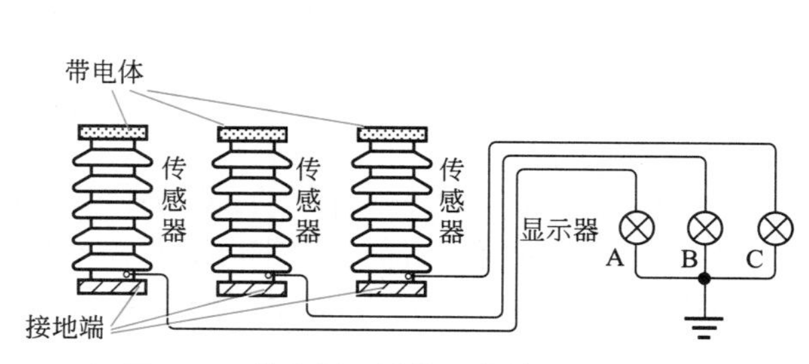

图 6-73　带电显示器的工作接线图

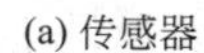

(a) 传感器　(b) 显示器面板　(c) 显示器接线端子

图 6-74　带电显示器的实物图

2. 高压带电显示器的特点

① 可靠性：感应式（非接触式）传感器，在线路安全距离之外检测线路是否带电，且具有明显的方向性，灵敏度高，安全可靠。

② 经济性：传感器不与带电体直接接触，安装与检修时无须做局部放电试验，简单方便，维护费用低，使用寿命长。

③ 适应性：形式多样，可广泛应用于户内、户外、GIS 组合电器及开关柜等各种场所。

3. 带电显示器的组成

高压带电显示闭锁装置由传感器、显示器（氖灯）两部分组成。传感器共三支，分别对准“A、B、C”三相带电体，与高压带电体无直接接触，并保持一定的安全距离。它接受高压带电体电场信号，并传送给显示器进行比较判断：

当被测设备或网络带电时，“A、B、C”三相指示氖灯亮，“操作”指示灯熄灭，且输出强制闭锁信号；

当被测设备或网络不带电时，“A、B、C”三相指示氖灯都熄灭，“操作”指示灯亮，同时解除闭锁信号，可以进行设备操作；

装置采用分相控制，任何一相带电时，即闪光报警，并输出强制闭锁信号，当显示器失去控制电源时，显示器输出强制闭锁信号，保持闭锁状态；

显示器上设有“自检” 功能，即可自动检测传感器和显示器的各种功能模块，在装置发生任何故障时，“电源”指示灯闪亮，“操作”指示灯不会亮，始终输出强制闭锁信号，保持闭锁状态。

4.10kV 开关柜带电显示器的使用规定

根据《北京地区用电单位电气设备运行管理规程》2.4.7 10kV 开关柜带电显示器的使用规定可知，10kV 开关柜带电显示器的使用规定如下：

① 凡装有鉴定合格且运行良好的带电显示器，都可作为线路有电或无电的依据；

② 所内正常操作时，拉开断路器前检查三相监视灯全亮，拉开断路器后检查三相监视灯全灭，即可认为线路无电；

③ 当断路器由远方操作拉开或事故掉闸后，如，带电显示器三相监视灯全灭，即可认为线路无电；

④ 使用带电显示器应列入操作步骤，如，检查 211 带电显示器三相灯应亮，检查 211 带电显示器三相灯应灭；

⑤ 带电显示器应定期进行检查，如线路有电而其三相监视灯有一相或多相不亮时应及时处理、更换；在未恢复正常前，该带电显示器不得作为验电依据，必须使用验电器验电。

5.10kV 开关柜带电显示器的使用维护要求

10kV 开关柜带电显示器安装、使用和维修要求如下：

① 安装前应将传感器表面灰尘、污秽清洗干净。

② 将传感器紧固在安装架上，安装面应平整、紧固、可靠。导电母排应当与上法兰可靠接触。

③ 按接线方案，用 1.5mm^2 的绝缘导线将传感器与显示器通过接线端子按相应相序连接，用 2.5mm^2 的绝缘导线，按接地标志可靠接地。显示装置的布线应单独敷设。

④ 产品出厂时，要经严格实验。用户在投运前，应进行以下实验。

⑤ 绝缘水平实验：可以与配套产品一起进行 1min 工频耐受电压实验。

⑥ 当氖灯寿命告终时，用户应及时更换，以确保显示装置正常工作，配用氖灯为 NH0-4C 型。

十六、消谐器的应用

1. 消谐器的用途

消谐器是一种现代新型的消除谐振过电压的装置，电压互感器当母线空载或出线较少时，由于合闸充电或在运行时接地故障消除等原因的激发，电压互感器出现过饱和，则可能产生铁磁谐振过电压。出现相对地电压不稳定、接地指示误动作、电压互感器高压熔丝熔断等异常现象，严重时会导致电压互感器烧毁，继而引发其他事故。消谐器实物图见图 6-75。谐振消除装置的主要用途有以下几点：

图 6-75　消谐器实物图

① 消除或阻尼电压互感器非线性励磁特性而引起的铁磁谐振过电压，这种谐振过电压会导致系统相电压不稳定；

② 消谐器能有效地抑制间隙性弧光接地时流过电压互感器绕组的过电流，防止电压互感器的烧毁；

③ 限制系统单相接地消失时在电压互感器一次绕组回路中产生的涌流，这种涌流会损坏电压互感器或使电压互感器熔丝熔断；

④ 当系统发生单相接地后可较长时间保护电压互感器免受损坏。

2. 谐振过电压的危害

谐振过电压是一种对电力系统有破坏作用的过电压现象，它会造成以下危害：

① 会导致系统相电压不稳定；

② 线路发生间隙性弧光接地时，流过电压互感器绕组的过电流会造成电压互感器的烧毁；

③ 系统单相接地消失时，在电压互感器一次绕组回路中产生的涌流会损坏电压互感器或使电压互感器熔丝熔断。

电磁式电压互感器当母线空载或出线较少时，由于合闸充电或在运行时接地故障消除等原因的激发，电压互感器出现过饱和，则可能产生铁磁谐振过电压。出现相对地电压不稳定、接地指示误动作、PT 高压熔丝熔断等异常现象，严重时会导致电压互感器烧毁，继而引发其他事故。

如果 6 ～ 35kV 电网中性点不接地，母线上接线的电压互感器一次绕组将成为该电网对地唯一金属性通道。单相接地或消失时，电网对地电容通过电压互感器一次绕组有一个充放电的过渡过程。此时会有幅值达数安培的工频半波涌流通过电压互感器，此电流有可能将电压互感器高压熔丝（0.5A）熔断。而安装了消谐装置后，这种涌流将得到有效抑制，高压熔

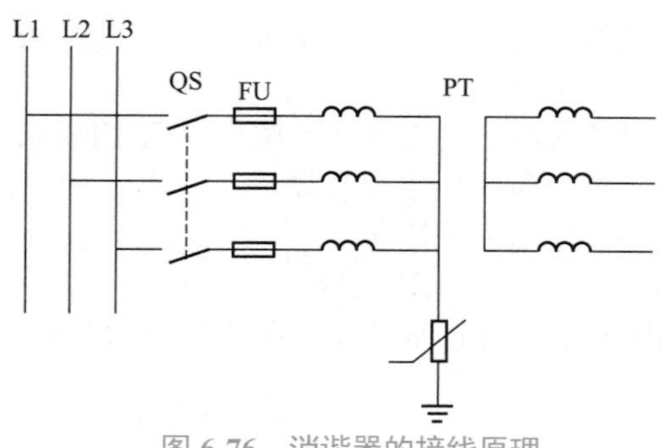

图 6-76　消谐器的接线原理

丝不再因为这种涌流而熔断。

3. 消谐装置的安装

消谐装置不分正负极性，一般垂直安装，也可以水平安装，消谐装置的本体必须安装在电压互感器中性点与地之间，下端固定接地，上端接中性点。如图 6-76 所示，可以直接固定在电压互感器本体的螺杆上，也在以固定在电压互感器附近支架上，若安装在电压互感器柜内，消谐装置本体与周围接地体的距离应大于 5cm。消谐装置上端与压变中性点采用绝缘导线连接。

消谐装置测量可用 1000V 兆欧表测消谐器的绝缘电阻，一般约为 0.5MΩ，即可安装。

十七、状态指示器

状态指示器虽不是高压器件，但它是现代高压开关上必不可少的一个装置，状态指示器是由三个不同的图形指示灯组成的反映一次回路的模拟图，配合控制电路反映开关分合状态、断路器位置、接地刀状态信息，界面清晰可避免操作员对系统的误判断操作，提高系统的可靠性。

状态指示器是由 LED 电路组成的图形指示灯，带有降压限流电路，可以发出红光、绿光，配合一次线路线段可组成各种一次控制电路模拟图。

开关分合指示器如图 6-77 所示，用于断路器、接地刀闸、隔离开关的分合状态指示。指示器十字图形，横条是绿色表示开关分闸，竖条是红色表示开关合闸。

隔离插头指示器如图 6-78 所示，用在移开式开关手车位置的指示，与母线连接表示为红色，与母线分离表示为绿色。

图 6-77　开关分合指示器

图 6-78　隔离插头指示器

第七章

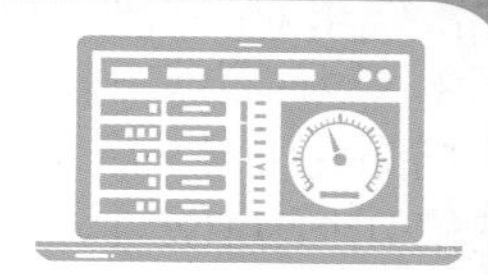

高压电器的绝缘检查

一、摇测油浸式变压器和电压互感器的绝缘电阻

1. 变压器绝缘电阻应选用的兆欧表

检查 10kV 电力设备的绝缘电阻应选用 2500V 的兆欧表，使用前对兆欧表进行外观检查，外壳完整、摇把灵活、指针无卡阻、表板玻璃无破损，然后对兆欧表进行开路试验和短路试验。开路试验是将兆欧表 L 端和 E 端分开放置如图 7-1 所示，摇动兆欧表的手柄达 120r/min，兆欧表的表针指向无限大（∞）为好。

短路试验如图 7-2 所示。摇动兆欧表手柄，将兆欧表的 L 端和 E 端瞬间搭接一下，表针指向“0”（零），说明兆欧表正常，短路试验的时间不宜过长，否则有可能造成兆欧表内部发电机的损坏。

额定电压 500V 及以下的电气设备，一般选用 500 ～ 1000V 的兆欧表。

额定电压 500V 以上的电气设备，选用 2500V 的兆欧表；瓷绝缘、母线及隔离开关，选用 2500 ～ 5000V 的兆欧表。

额定电压 500V 及以下的线圈绝缘，选用 500V 的兆欧表。

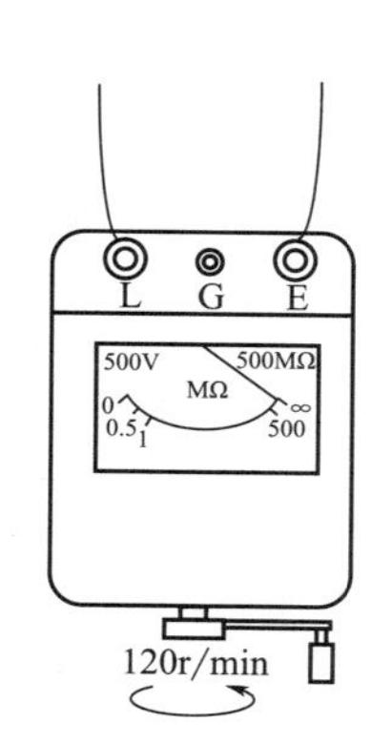

图 7-1　兆欧表开路试验示意图

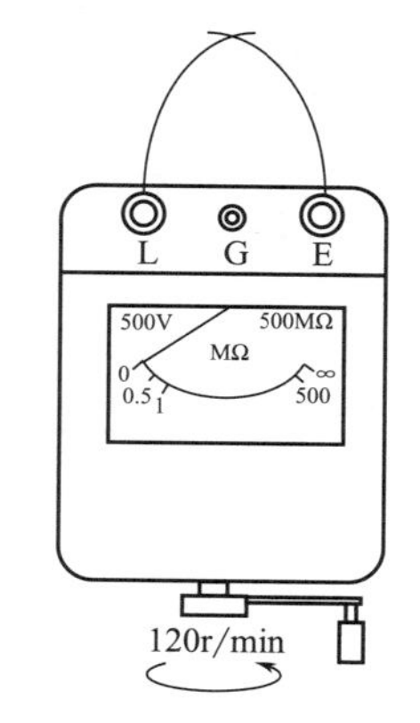

图 7-2　兆欧表短路试验示意图

2. 摇测变压器绝缘电阻的项目

第一项是高对低及地（一次绕组对二次绕组和外壳）的绝缘电阻；第二项是低对高及地

（二次绕组对一次绕组和外壳）的绝缘电阻。

3. 摇测一次绕组对二次绕组及地（壳）的绝缘电阻的接线方法

摇测变压器一次绕组对二次绕组及地（壳）的绝缘电阻的接线方法如图 7-3 所示，将一次绕组三相引出端 1U、1V、1W 用裸铜线短接，以备接兆欧表“L”端；将二次绕组引出端 N、2U、2V、2W 及地（地壳）用裸铜线短接后，接在兆欧表“E”端；为减少瓷套管表面泄漏影响测量值，可用裸铜线在一次侧三个瓷套管的瓷裙上缠绕几匝之后，再用绝缘导线接在兆欧表“G”端。

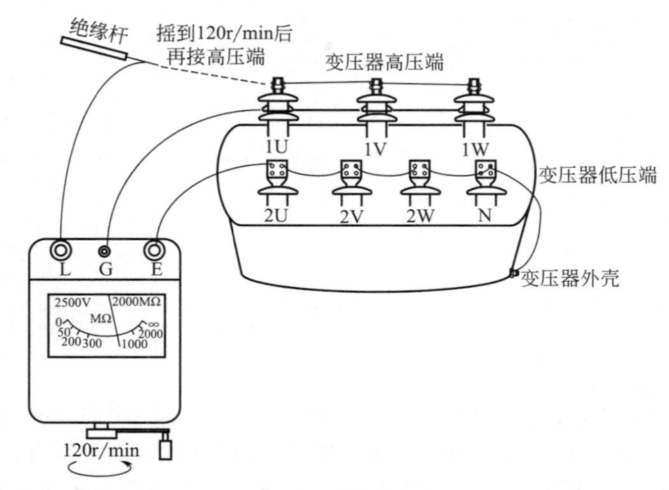

图 7-3　摇测一次绕组对二次绕组及地（壳）的绝缘电阻的接线方法示意图

4. 摇测二次绕组对一次绕组及地（壳）的绝缘电阻的接线方法

摇测二次绕组对一次绕组及地（壳）的绝缘电阻的接线方法如图 7-4 所示，将二次绕组引出端 2U、2V、2W、N 用裸铜线短接，以备接兆欧表“L”端；将一次绕组三相引出端 1U、1V、1W 及地（壳）用裸铜线短接后，接在兆欧表“E”端，为减少瓷套管表面泄漏影响测量值，可用裸铜线在二次侧四个瓷套管的瓷裙上缠绕几匝之后，再用绝缘导线接在兆欧表“G”端。

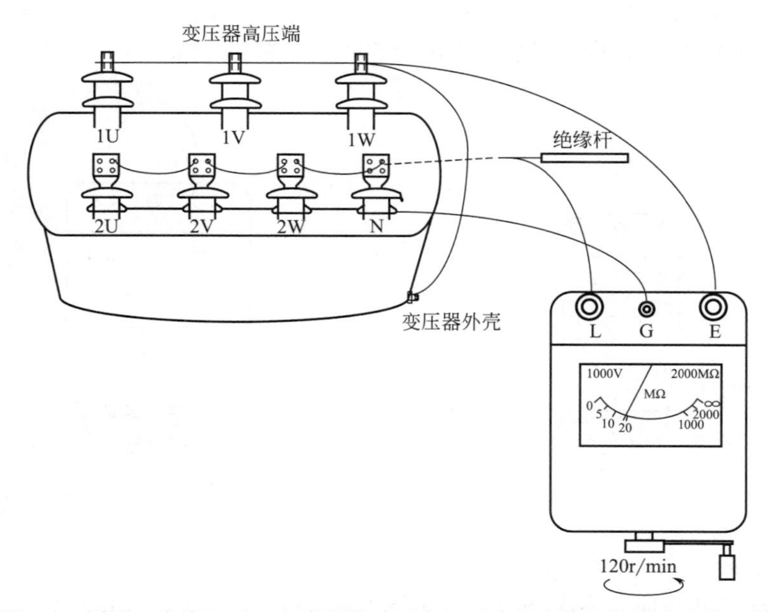

图 7-4　摇测二次绕组对一次绕组及地（壳）的绝缘电阻的接线方法示意图

5. 摇测油浸式变压器绝缘的工作步骤

摇测变压器绝缘必须有工作票和操作票，按下列步骤操作：

① 将变压器退出运行，对变压器停电、验电并放电；

② 做好安全技术措施后拆除变压器一次和二次的接线；

③ 将绝缘瓷套管擦干净，并准备和检查好测量用的兆欧表；

④ 根据检查的内容正确连接测试线；

⑤ 操作时要两人操作，一人负责转动兆欧表，另一人负责用绝缘杆挑住“L”端的测试线以备连接被测端，摇表者将兆欧表转至120r/min，指针指向无穷大（∞）；

⑥ 测试者将“L”测试线触牢变压器引出端，在15s时读取一数（R15），在60s时再读一数（R60），记录摇测数据；

⑦ 待表针基本稳定后读取数值，测试者先撤出“L”测线，再停摇兆欧表；

⑧ 必要时用放电棒将变压器绕组对地放电；

⑨ 记录变压器温度；

⑩ 摇测另一项目；

⑪ 摇测工作全部结束后，拆除相间短接线，恢复原状。

6. 油浸式变压器绝缘电阻的合格值要求

① 高对低及地的绝缘电阻值，变压器体温在20℃时不小于300MΩ。

② 这次测得的绝缘电阻值与上次测得的数值换算到同一温度下相比较，这次数值比上次数值不得降低30%。

③ 吸收比R60/R15，在10～30℃时应为1.3及以上。

7. 变压器停用后在其他温度范围的绝缘电阻合格值

变压器停止运行后的温度大于20℃，可根据国标GB 6451给出的绝缘电阻与温度的折算系数和折算公式。这时其他温度范围的绝缘电阻可查看表7-1绝缘电阻的最低合格值与温度的关系。也可利用口诀计算出各温度下的绝缘电阻，口诀是“升十减半，减十翻倍，良好乘以一点五”，即以20℃时的电阻为标准，温度升10℃，阻值减一半，温度减10℃阻值翻一倍，再乘以1.5就是良好值。

表7-1　一次电压为10kV的变压器，高对低绝缘电阻的最低合格值与温度的关系

温度/℃	10	20	30	40	50	60	70	80
最低值/MΩ	600	300	150	80	43	24	13	8
良好值/MΩ	900	450	225	120	64	36	19	12

8. 摇测工作中应注意的安全事项

如果测量方法不正确，将导致测量误差增大，无法得出准确的结果，以致造成误判断，还有可能造成人员伤害和仪表的损坏，必须遵守以下几点。

① 已运行的变压器，在摇测前，必须严格执行停电、验电、接地线等规定。还要将高、低压两侧的母线或导线拆除。

② 必须由两人或两人以上来完成上述操作。

③ 摇测前后均应将被测线圈接地放电，清除残存电荷，确保安全。

9. 变压器绝缘的检测周期

变压器的绝缘检测周期是由以下规定的：

① 运行中的变压器，每1～3年应做一次预防性试验；

② 变压器油每年应进行耐压试验，10kV 以下的变压器每三年做一次油的简化试验；

③ 变压器在清扫、检查时，应摇测变压器中的一、二次绕组绝缘电阻。

10. 摇测油浸式电压互感器绝缘电阻的方法

电压互感器实际是一种特殊的变压器，摇测油浸式电压互感器的工作要求与变压器的工作要求是一致的，接线方式见图 7-5。

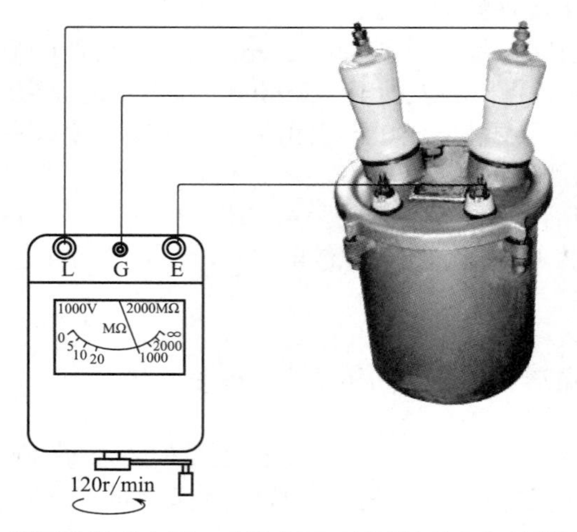

图 7-5　摇测油浸式电压互感器高压对低压绝缘电阻的接线示意图

附：变压器绝缘摇测操作演示视频二维码

二、摇测 10kV 电力电缆绝缘电阻

1.10kV 电力电缆绝缘电阻的合格标准

电力电缆是重要的电力设施，绝缘电阻的要求很严格，电力电缆的绝缘摇测项目为相间及对地（铅包、铝包、金属铠装即对地）的绝缘电阻值，即 U-V、W、地；V-U、W、地；W-U、V、地共三次。

电力电缆的绝缘电阻值与电缆线芯截面、电缆长度有关，因此对其合格值难以规定统一的标准。但根据经验一般以如下标准作为合格值的参考依据：

① 长度在 500m 及以下的 10kV 电力电缆用 2500V 兆欧表测量，在电缆温度为 +20℃时，其电阻值不低于 400MΩ。

② 三相之间的绝缘电阻值，不平衡系数不大于 2.5；三相绝缘电阻不平衡系数系指三相绝缘电阻值中的最大与最小值之差比。

③ 测量值与上次测量值，换算到同一温度下其值不得下降 30%。

2. 摇测电缆绝缘的正确接线

摇测电力电缆的绝缘工作应准备好 2500V 兆欧表及测试线、放电棒、绝缘手套、裸铜线。正确的接线方法如图 7-6 所示。

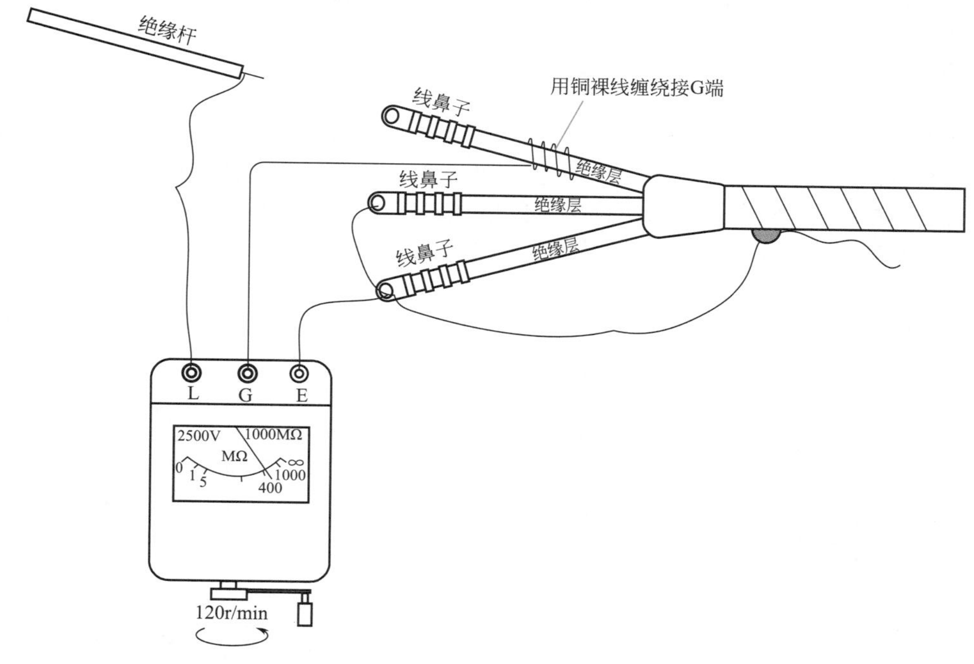

图 7-6　电缆绝缘摇测接线图

3. 摇测电缆绝缘的工作步骤

摇测电力电缆的绝缘工作必须有操作票和工作票，按照以下步骤工作。

① 电缆停电后，先对电缆进行逐相放电，放电时间不得少于 1min，电缆较长、电容量较大的不少于 2min。

② 电缆退出运行并执行安全技术措施后，将电缆与设备脱离。

③ 用干燥、清洁的软布，擦净电缆线芯附近的污垢。

④ 按要求正确地接线，如摇测 U-V、W、地的绝缘，将 U 相的绝缘层用裸铜线缠绕几圈接于兆欧表的屏蔽“G”端子上；将 V、W 两相的线芯用铜线连接再与电缆金属外皮相连接后共同接在兆欧表“E”端上；将一根测试线接在兆欧表的“L”端子上，并用绝缘杆挑着暂时不接 U 的线芯。

⑤ 一人戴绝缘手套握住绝缘杆挑着“L”测试线，另一人转动兆欧表摇把达到 120r/min，这时将“L”线与被测的 U 相线芯接触，待 1min 后（稳定后读取数值），记录其绝缘电阻值。

⑥ 读取数值后先将“L”线撤离被测线芯，再停止转动摇把。

⑦ 用放电棒对电缆线芯进行对地放电。

⑧ 换其他相测量。

4. 摇测电缆绝缘工作时的安全事项

① 将被测电缆按安全技术措施的规定退出运行，停电、验电、放电，在电缆两端设立接地线。

② 拆下电缆压接螺栓，布设遮栏，并悬挂标示牌。

③ 被摇测电缆的另一端必须作好安全措施，布设遮栏，挂标示牌或有人看护，勿使人接近被测电缆，更不能造成反送电事故。

④ 测量电缆绝缘电阻时，应由两个人进行，操作者应穿绝缘靴、戴绝缘手套。

⑤ 为防止电缆对兆欧表放电，测量时摇动兆欧表手柄达到 120r/min 时，才可将“L”接

于电缆线芯，测量完毕要先撤离“L”线，然后兆欧表停止摇动。

⑥ 测量完毕要对电缆放电。

5. 电力电缆的试验周期

停电超过一个星期但不满一个月的电缆，重新投入运行前，应摇测绝缘电阻值，与上次试验记录作比较（换算到同一温度下）不得降低30%，否则须作直流耐压试验。

① 敷设在地下、隧道以及沿桥梁架设的电缆，发电厂、变电所的电缆沟、电缆井、电缆支架电缆段等的巡视检查，每3个月至少一次。

② 敷设在竖井内的电缆，每年至少一次。

③ 室内电缆终端头，根据现场运行情况，每1～3年停电检修一次；室外终端头每月巡视检查一次，每年2月及11月进行停电清扫检查。

④ 对于由动土工程挖掘暴露出的电缆，按工程情况，随时检查。

⑤ 接于电力系统的主进电缆及重要电缆，每年应进行一次预防性试验；其他电缆一般每1～3年进行一次预防性试验。预防试验宜在春、秋季节、土壤水分饱和时进行。

⑥ 1kV以下电缆用1000V兆欧表测试其电缆绝缘电阻，不得低于10MΩ；6kV及以上电缆用2500V兆欧表测试，不得低于400MΩ。

6. 电缆的最高允许温度的规定

电缆在运行中，导体电阻、绝缘、铅（铝）包和铠装的能量损耗，使电缆发热，温度升高。电缆运行温度过高，会导致其绝缘性能破坏而缩短电缆使用期限，甚至引起故障。所以对电缆运行最高允许温度有一定的要求，对不同形式及电压等级的电缆有不同的规定。

10kV黏性浸渍纸绝缘电缆导体的长期允许工作温度为60℃。

10kV交联聚乙烯绝缘电缆导体的长期允许工作温度为90℃。

附：摇测电缆绝缘电阻操作演示视频二维码

三、阀型避雷器绝缘测量

1. 阀型避雷器绝缘测量项目及标准

在10kV配电装置中，目前主要使用FS和FZ两种型号的避雷器，FS型避雷器主要有火花间隙，无并联电阻，一般绝缘电阻值在10000MΩ以上，最低不能低于5000MΩ，线路用避雷器最低电阻值不低于2500MΩ。FZ型避雷器具有火花间隙和并联电阻，通过绝缘电阻测量，除能检查避雷器内部是否受潮外，还能检查并联电阻有无断裂、老化现象。如果避雷器受潮，其绝缘电阻下降；若并联电阻断裂、老化，其绝缘电阻值比正常值要大得多。FZ型避雷器绝缘电阻值不做规定，只能同相同型号的避雷器绝缘电阻和上次测量的电阻值进行比较，一般10kV有并联电阻的避雷器，最低合格值不低于30MΩ。有并联电阻的避雷器，其绝缘电阻值实际是并联电阻的阻值，该阻值在温度5～35℃范围内变化小，所以测量绝缘电阻时室温不能低于5℃。

2. 测量阀型避雷器绝缘的接线

主要使用以下的工具材料，测量避雷器绝缘电阻接线如图7-7所示。

① 使用2500V、量程为1000MΩ以上的兆欧表；

② 接线用多股胶软铜芯导线（截面积为 4～6mm² 的绝缘导线）；

③ 绝缘杆一根。

3. 测量阀型避雷器绝缘的操作步骤

工作前必须取得工作票和操作票，将在线的避雷器退出运行，工作顺序如下：

① 线路停电、验电、放电、挂接后，将避雷器拆下；

② 用干净面纱擦拭干净避雷器表面的污垢，将避雷器放置在绝缘物上；

③ 将兆欧表置于水平位置，并检查兆欧表的外观，做“开路”和“短路”试验；

④ 按图 7-7 所示正确接线；

⑤ 摇动兆欧表至 120r/min，待指针稳定 1min 后读数，记下阻值。

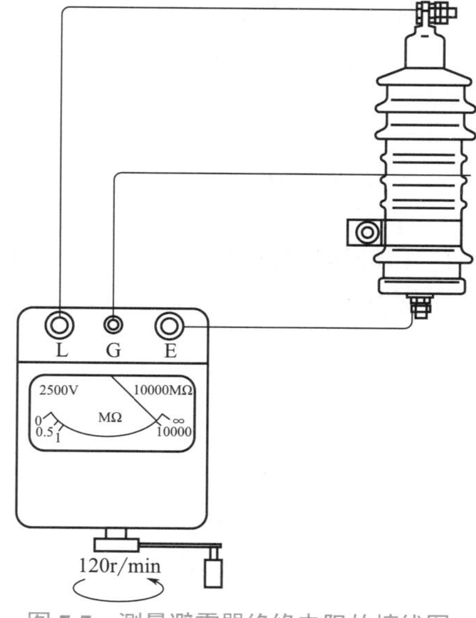

图 7-7　测量避雷器绝缘电阻的接线图

4. 测量避雷器时的安全注意事项

必须停电退出运行后，测量绝缘电阻，测量中应与带电体保持规定的安全距离；测量绝缘电阻值不合格的避雷器，不能再次投入运行，应进一步进行检查、试验。

附：避雷器绝缘电阻摇测操作演示视频二维码

四、母线瓷瓶绝缘电阻测量

1. 母线瓷瓶绝缘电阻测量标准

10kV 配电装置母线系统绝缘电阻测量，可同系统中的断路器、隔离开关及电流互感器一起测试。通常在母线系统测量前、后进行，并进行比较。因为母线系统的绝缘电阻值与系统的大小有关，所以对绝缘电阻值应按 DL/T 596—1996《电力设备预防性试验规程》的规定，长度不超过 10m 的母线系统对地绝缘电阻值不应低于 10MΩ。

2. 母线绝缘电阻测量的接线

主要使用以下的工具材料，测量母线绝缘电阻接线见图 7-8。

① 使用 2500V 或 5000V，量程为 1000MΩ 以上的兆欧表；

② 接线用多股胶软铜芯导线（截面积为 4～6mm² 的绝缘导线）；

③ 绝缘杆一根。

3. 母线绝缘电阻测量工作的操作步骤

工作前必须取得工作票和操作票，工作顺序如下：

① 执行安全技术措施，将运行的母线退出运行，验电确无电压；

② 拆除被测母线系统所有对外连接线（包括进、出电缆头）；

③ 用干燥清洁的软布擦拭干净瓷瓶和绝缘连杆等表面污垢，必要时用去垢剂洗净瓷瓶表面的积污；

④ 将兆欧表水平放置，做外观检查和“开路”“短路”试验，确认兆欧表完好；

⑤ 按图接线，摇动兆表表手柄至 120r/min，待指针指向“∞”时，用测试绝缘棒将兆欧表“L”端子线接到被测母线上，待表指针稳定后，读取读数之后取下“L”线，兆欧表停止摇动；

⑥ 用放电棒对被测线进行放电；

⑦ 按上述操作步骤分别测量：Ll 对 L2+L3 及地；L2 对 L1+L3 及地；L3 对 L1+L2 及地的三相母线绝缘电阻值。如测量的绝缘电阻值过低或三相严重不平衡时，应进行母线分段、分柜的解体试验，查明绝缘不良原因。

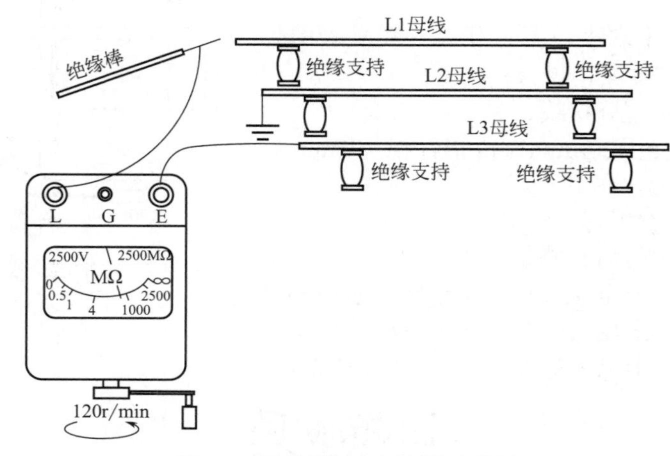

图 7-8　母线绝缘电阻测量接线图

4. 测量母线绝缘时的安全注意事项

测量母线系统绝缘电阻时，必须在断开所有母线电源的情况下进行；分段母线摇测绝缘电阻时，如果有一段母线已送电需对另一段母线测量绝缘电阻时，在两段母线之间只有一个隔离开关相隔离的情况下，不得进行测试工作。

附：摇测母线绝缘工作演示视频二维码

五、电流互感器的绝缘测量

1. 测量高压电流互感器的特点

检查高压电流互感器的绝缘应使用 2500V 兆欧表，兆欧表使用前要做开路试验和短路试验。由于高压电流互感器有两个二次绕组，测量时应分开测量绕组的绝缘电阻。

2. 测量高压电流互感器的接线

测一次绕组对二次绕组绝缘时（类似测量变压器的高对低的绝缘），将电流互感器一次绕组用铜线短封在一起，接兆欧表的 L 端，如测量 TA1 绕组时，将 TA2 绕组短封和外壳连在一起接地，互感器的 TA1 用铜线短封接兆欧表的 E 端，如图 7-9 所示。另一相绕组测量接线相同。

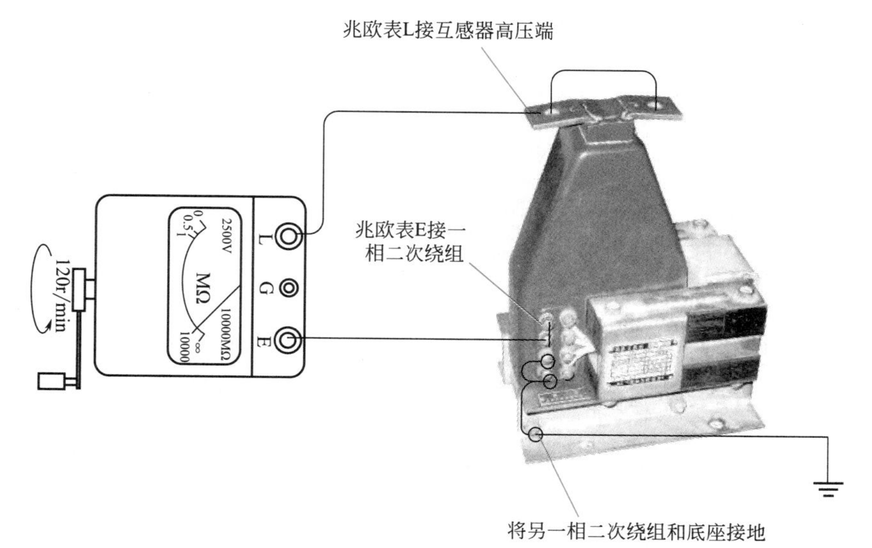

图 7-9　测量电流互感器一次绕组对二次绕组绝缘接线

3. 电流互感器的绝缘合格值

一次对二次的绝缘电阻不小于 1000MΩ。

试验结果判断依据：绕组绝缘电阻不应低于出厂值或初始值的 60%。

4. 摇测电缆绝缘的工作步骤

摇测电力电缆的绝缘工作必须有操作票和工作票，按照以下步骤工作：

① 设备停电后，先对互感器进行逐相放电；

② 执行安全技术措施后，将互感器与设备脱离；

③ 用干燥、清洁的软布，擦净互感器上的污垢；

④ 按要求正确地接线；

⑤ 一人戴绝缘手套握住绝缘杆挑着“L”测试线，另一人转动兆欧表摇把达到 120r/min，这时将“L”线与互感器一次端接触，待表针稳定后读数；

⑥ 读取数值后先将“L”线撤离被测端，再停止转动摇把；

⑦ 用放电棒对互感器进行对地放电；

⑧ 换其他相测量。

第八章

线路

一、线路的分类

1. 输电线路

发电厂生产的电能，经过升压变压器将电压升高（通常是 110kV 及以上），通过架空线路或电缆线路，输送到用电地区变电所以及地区变电所之间的线路，称这种专用于输送电能的线路为输电线路或送电线路。

输电是用变压器将发电机发出的电能升压后，再经断路器等控制设备接入输电线路来实现。按结构形式，输电线路分为架空输电线路和电缆线路。架空输电线路由线路杆塔、导线、绝缘子、线路金具、拉线、杆塔基础、接地装置等构成，架设在地面之上。按照输送电流的性质，输电分为交流输电和直流输电。

输电线路一般电压等级较高，磁场强度大，击穿空气（电弧）距离长。35kV 以及 110kV、220kV、330kV、660kV 等由电厂发出的电经过升压站升压之后，输送到各个变电站，再将各个变电站统一串并联起来就形成了一个输电线路网，连接这个“网”上各个节点之间的“线”就是输电线路。

2. 配电线路

通过区域降压变电所，将电压降为 35kV 及以下，然后经过架空线路或电缆线路，将电能分配到各用户的线路称为配电线路。其中 3 ～ 35kV 的线路称为高压配电线路；1kV 以下（380V/220V）的线路称为低压配电线路。

3. 直配线路

由发电厂发电机母线经开关直接把 6kV、10kV 的电能，经过电缆或架空线路，送至各用户的线路，称为直配线路。

二、架空线路

1. 电杆

① 钢筋混凝土杆：有普通钢筋混凝土电杆和预应力混凝土电杆两种。电杆的截面形式有方形、八角形、工字形、圆形或其他一些异形截面。最常采用的是圆形截面和方形截面。电杆长度一般为 4.5 ～ 15m。圆形电杆有锥形杆和等径杆两种，锥形杆的梢径一般为 100 ～ 230mm，锥度为 1 ： 75；等径杆的直径为 300 ～ 550mm；两者壁厚均为

30 ～ 60mm。

② 钢管杆：钢管杆主杆是由单根或多根钢管构件组成的输电钢管结构的杆。

③ 角钢塔：角钢塔是由角钢型材制成的构件组成的格构式铁塔结构。角钢塔具有强度高、制造方便的优点。

④ 钢管塔：钢管塔是主材用钢管构件，斜材使用钢管或圆钢、型钢构件组成的格构式铁塔结构。

电杆按在线路中的用途分为直线杆、耐张杆、转角杆、终端杆、分支杆等，见图 8-1。

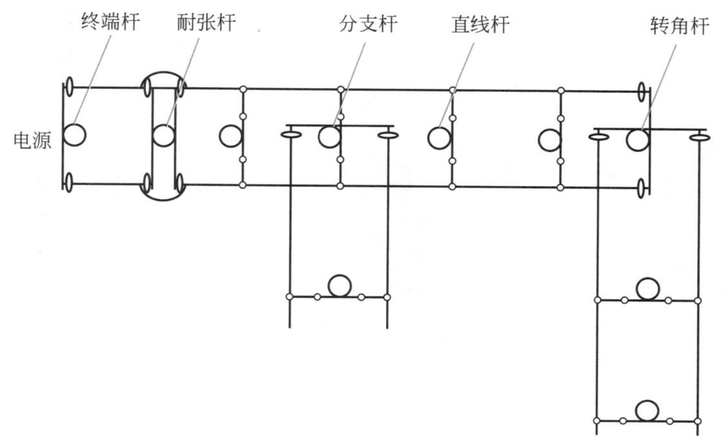

图 8-1　电杆按用途分类

① 跨越杆：线路需跨过河流、铁路、公路等地段时，根据导线距地的规定，一般耐张杆高度不够时，尚需增大电杆高度，称为跨越杆。

② 直线杆：用以支持导线、缘缘子等重量，承受侧面风压，用在线路中间地段的电杆。

③ 耐张杆：即承力杆，它要承受导线水平张力，同时将线路分隔成若干段，以加强整个线路的机械强度。

④ 转角杆：为线路转角处使用的电杆。有直线转角杆（轻型转角一般在 30° 以下）和耐张转角杆（重型转角一般不小于 45°）两种。转角杆正常的情况下，除承受导线垂直荷重外，还要承受内角平分线方向导线全部拉力的合力。

⑤ 终端杆：为线路始末端处电杆。除承受导线的垂直荷重和水平风力外，还承受线路方向的全部导线拉力。

⑥ 分支杆：即有分支线的电杆。正常情况下，除承受直线杆所承受的荷重外，还承受分支导线垂直荷重和分支线方向的全部拉力。

2. 线路金具

架空线路所用的抱箍、线夹、钳接管、垫铁、穿心螺栓、花篮螺钉、球头挂环、直角挂板和碗头挂板等统称为金具。大致分为如下几类。

① 悬挂线夹：如图 8-2 所示，它由挂架 U 形螺栓、可锻铸铁制造的线夹船体、压板组成。悬垂线夹用于将导线固定在直线杆塔的绝缘子串上，或将避雷线悬挂在直线杆塔上，亦可用于换位杆塔上支持换位导线以及耐张转角杆塔跳线的固定。

② 耐张线夹：如图 8-3 所示，耐张线夹是指用于固定导线，以承受导线张力，并将导线挂至耐张串组或杆塔上的金具。它是用来将导线或避雷线固定在非直线杆塔的耐张绝缘子串上，起锚固作用，亦用来固定拉线杆塔的拉线，以及用于转角、接续和终端的连接。

图 8-2 悬挂线夹

图 8-3 耐张线夹

③ 连接金具：如图 8-4 所示，主要有 U 形挂环、二联板、直角挂板、延长环、U 形螺钉。它是指用于绝缘子串与金具之间，线夹与绝缘子串之间，避雷线与杆塔之间的连接，以适应各级电压绝缘需要，并将其连接在横担上的所有金具。

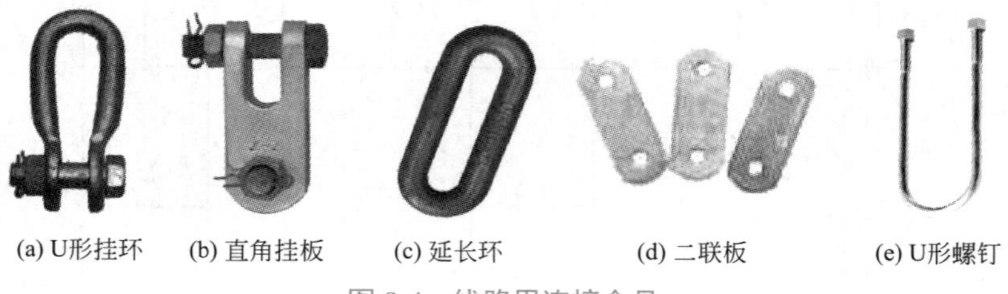

(a) U形挂环　(b) 直角挂板　(c) 延长环　(d) 二联板　(e) U形螺钉

图 8-4 线路用连接金具

④ 接续金具：主要有接续管，又称压接管，用于大截面导线的接续及地线的接续。补修管主要用于导线及避雷线的修补。并沟线夹主要用于导线及地线跳线的连接，以及导线、地线的接续及修补等。见图 8-5。

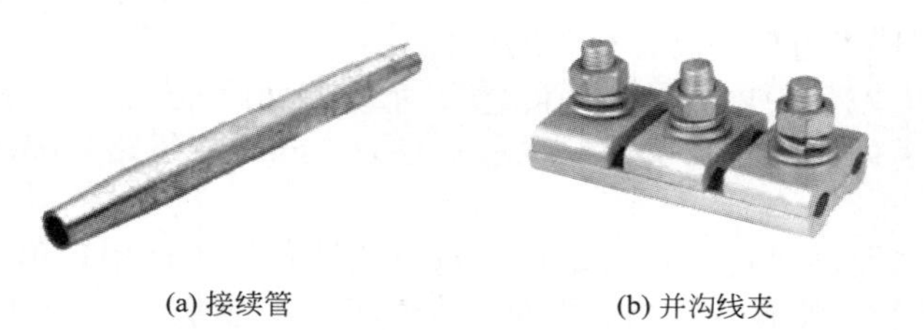

(a) 接续管　(b) 并沟线夹

图 8-5 线路用接续金具

⑤ 保护金具：如图 8-6 所示，用于减轻导线、地线的振动或振动损伤。它主要有以下几种。

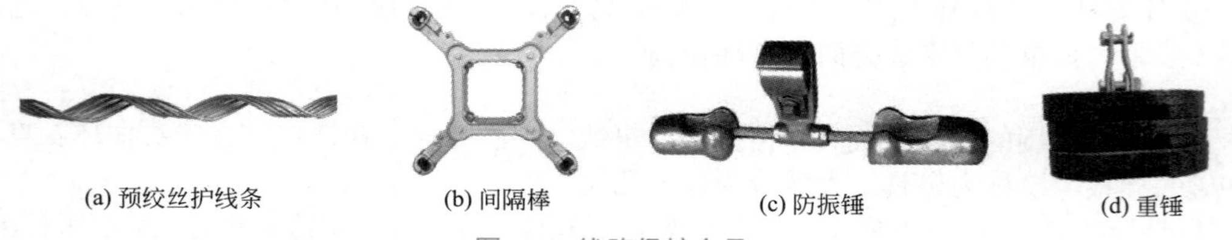

(a) 预绞丝护线条　(b) 间隔棒　(c) 防振锤　(d) 重锤

图 8-6 线路保护金具

防振锤：是为了减少导线因风力扯起振动而设的。高压架空线路杆位较高，档距较大，当导线受到风力作用时，会发生振动。导线振动时，导线悬挂处的工作条件最为不利，由于反复振动，导线因周期性的弯折会发生疲劳破坏。当架空线路档距大于 120m 时，一般采用防振锤防振，防振锤安装在靠近导线悬挂处（瓷瓶）的部位。

预绞丝护线条：护线条加装于线路导线的线夹处，从而使线夹附近的刚度增强，抑制导线因振动而产生弯曲及挤压应力和磨损，提高导线的耐振能力。

重锤：一般在耐张塔跳线串需要配重锤，预防导线摆动，保障与杆塔的电气安全距离，避免对杆塔放电。重锤的作用主要是防风偏。

间隔棒：主要用途是限制导线之间的相对运动及在正常运行情况下保持分裂导线的几何形状。

⑥ 拉线金具：用于拉线连接并承受拉力。主要有 UT 型线夹，如图 8-7 所示，一般情况下可调试的部分用于拉线下部连接拉线和拉线棒，不可调的用于拉线上端，也有倒装的。楔型线夹如图 8-8 所示，用于固定杆塔拉线上端。

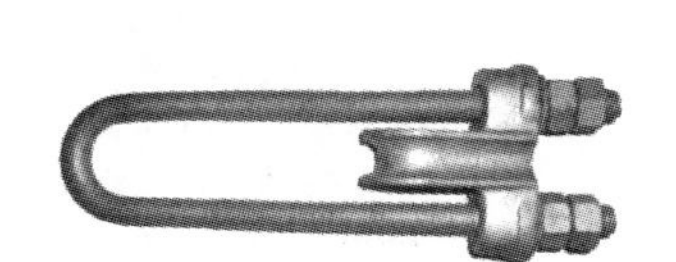

图 8-7　UT 型线夹

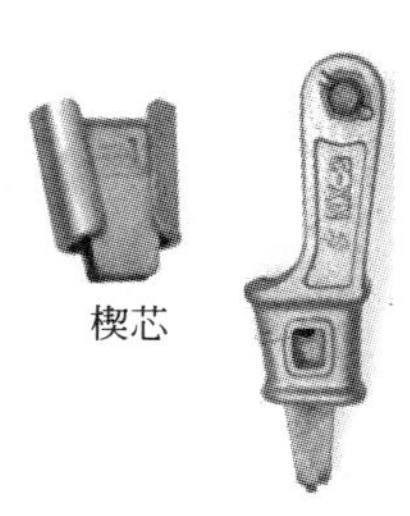

图 8-8　楔型线夹

3. 架空电力线路常用的绝缘子

① 针式绝缘子：针式绝缘子主要用于直线杆和角度较小的转角杆支持导线，分为高压、低压两种。如图 8-9 所示，低压针式绝缘子用于 0.4kV 的线路，高压针式绝缘子主要应用在 10kV 的线路。

② 柱式瓷绝缘子：柱式瓷绝缘子的用途与针式绝缘子基本相同。柱式瓷绝缘子的绝缘瓷件浇装在底座铁靴内，形成“铁包瓷”外浇装结构，如图 8-10 所示。但采用柱式瓷绝缘子时，架设直线转角杆的导线角度不能过大，侧向力不能超过柱式瓷绝缘子的允许抗弯强度。柱式瓷绝缘子按额定雷电冲击耐受电压值分为 95kV、105kV、125kV、150kV、170kV、200kV、250kV 和 325kV 八个等级。

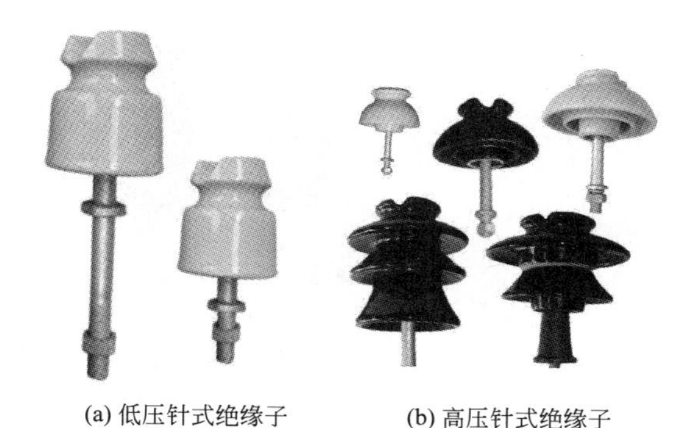

(a) 低压针式绝缘子　　(b) 高压针式绝缘子

图 8-9　针式绝缘子

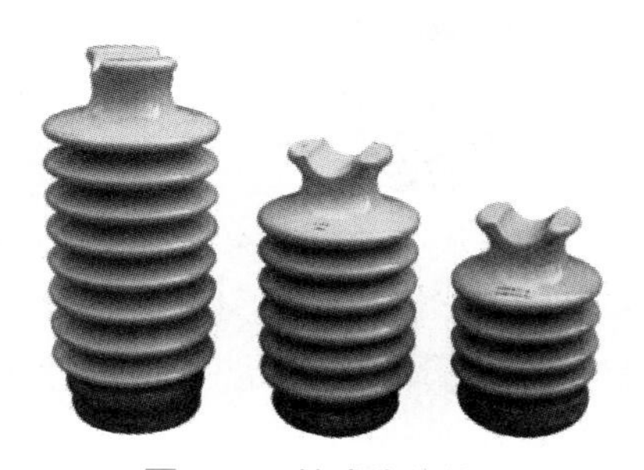

图 8-10　柱式瓷绝缘子

③ 悬式瓷绝缘子：主要用于架空配电线路耐张杆，一般低压线路采用一片悬式绝缘子悬挂导线，10kV 线路采用两片组成绝缘子串悬挂导线。根据悬式瓷绝缘子金属附件的连接方式，分球形和槽式两种。

球形连接是指绝缘子钢脚是一个球头，铁帽处是一个内部为碗状的球窝，连接时，只需要将一片绝缘子的球头放进另一片绝缘子的球窝，就可以完成连接，如图 8-11 所示，但为了防止球头滑出，需要用特制的弹簧销锁紧。球形连接有连接强度大、绝缘子可以任意转动、绝缘子串可挠性好（也就是绝缘子串容易弯曲一些，这对于大荷载的长绝缘子串十分重要）等优点。因此在35kV以上线路的绝缘子串（一般是3片以上）中得到了广泛应用。

槽式绝缘子连接是指钢脚是一个蘑菇状构造，铁帽处是燕尾槽的结构，如图8-12所示，连接时，将一片绝缘子钢脚插入另一片绝缘子的槽中，孔对齐，插入销子，销子端再用开口销锁紧防止滑出，即完成连接，连接结构很像自行车链条链节之间的连接方式。在这种连接方式下，绝缘子显然是不能随意转动的，绝缘子串也只在一定方向上可以弯曲，因此一般只适合10kV以下线路的耐张杆，这种耐张杆的绝缘子串一般只有两片。

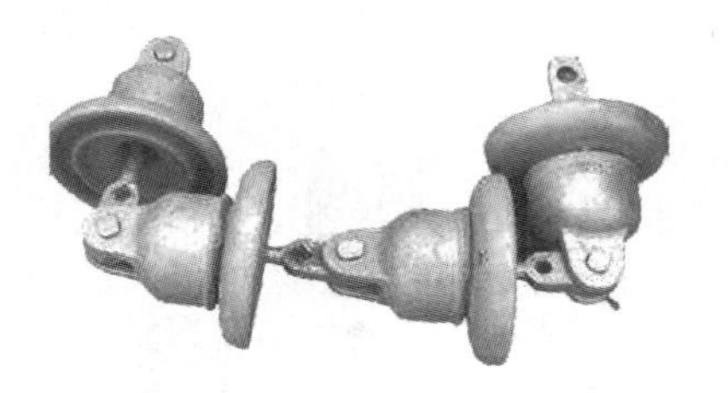
图8-11　球形悬式瓷绝缘子

图8-12　槽式绝缘子

④ 蝶式绝缘子：蝶式绝缘子俗称茶台瓷瓶。它主要应用在低压系统，如图8-13所示，用于小截面导线耐张杆、终端杆或分支杆等，或在低压线路上，作为直线或耐张绝缘子。

⑤ 瓷横担绝缘子：瓷横担绝缘子是一端外浇装金属附件的实心瓷件，一般用于10kV的线路直线杆，如图8-14所示。

⑥ 拉线瓷绝缘子：拉线瓷绝缘子又称拉线圆瓷，一般用于架空配电线路的终端、转角、耐张杆等穿越导线的拉线上，使下部拉线与上部拉线绝缘，如图8-15所示。

图8-13　蝶式绝缘子

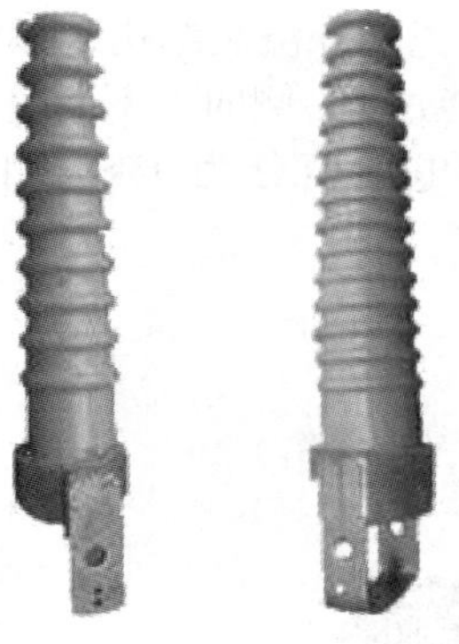
图8-14　瓷横担绝缘子

图8-15　拉线瓷绝缘子

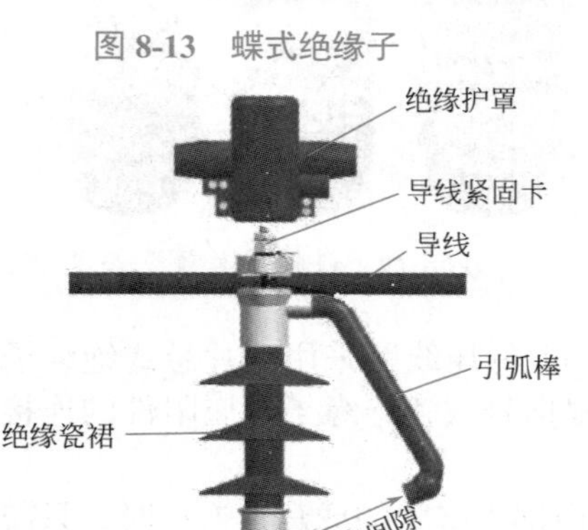

图8-16　放电箝位绝缘子

⑦ 放电箝位绝缘子如图8-16所示，包括绝缘子本体，绝缘子本体的上端固定有上安装座，上安装座的顶部设有金属线夹，金属线夹内卡设有绝缘导线，下安装座的上部设有绝缘护套，下安装座的底部固定有引弧金具，引弧金具与绝缘导线交叉设置，上安装座外罩设有防护罩，线路的导线夹位于防护罩内，防护罩对应于引弧金罩引弧端的位置设有引弧口；采用在绝缘线固定时适当剥开绝缘层，加装金属线夹以承受工频续流，来避免烧伤导线，还设置了引弧放电间隙，使工频续流不烧伤绝缘子，从而大大减少了雷击断线事故。

4. 导线在电杆上的排列方式

掌握导线在电杆上的排列规定是为了防止施工过程中，出现因为错接或错拆导线而造成供电事故，根据 JGJ 46—2005《施工现场临时用电安全技术规范》7.1.5 架空线路相序排列应符合下列规定：

① 直线电杆横担应安装在负荷侧，如图 8-17 所示。

② 架空线路导线排列形式：35kV 线路的，一般采用三角形排列或水平排列；6 ～ 10kV 线路导线，一般采用三角形排列或水平排列；多回路线路的导线排列宜采用三角形、水平混合排列或垂直排列方式。

1kV 以下线路导线多为水平排列。

按照导线的排列，根据不同电压等级确定其线间距离，来决定其横担的长度。

③ 架空线路相序排列的规定：

a. 高压线路，面向负荷从左侧起 A、B、C（L1、L2、L3），如图 8-18 所示；

b. 低压线路，在同一横担架设时，导线的相序排列如图 8-19 所示，面向负荷从左侧起 L1、N、L2、L3；

c. 有保护零线在同一横担架设时，导线的排列相序，面向负荷从左侧起 L1、N、L2、L3、PE，如图 8-20 所示；

d. 动力线 - 照明线，在两个横担分别架设时，动力线在上，如图 8-21 所示，照明线在下。

上层横担：面向负荷从左侧起 L1、L2、L3；

下层横担：面向负荷从左侧起 L1、L2、L3、N、PE。

在两个横担架设时，最下层横担，面向负荷，最右边的导线为保护零线 PE。

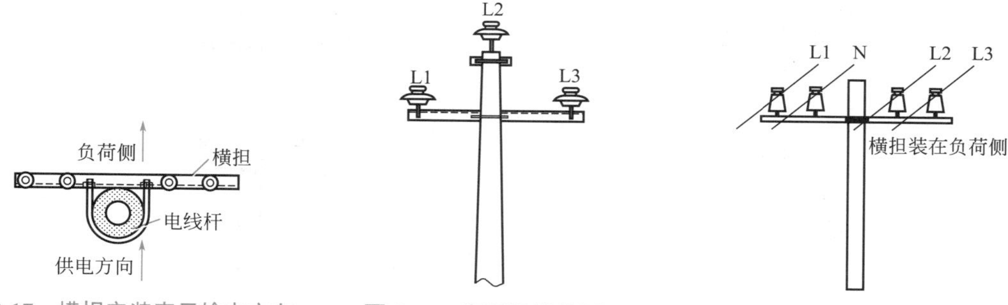

图 8-17　横担安装表示输电方向　　图 8-18　高压导线排列　　图 8-19　低压导线排列

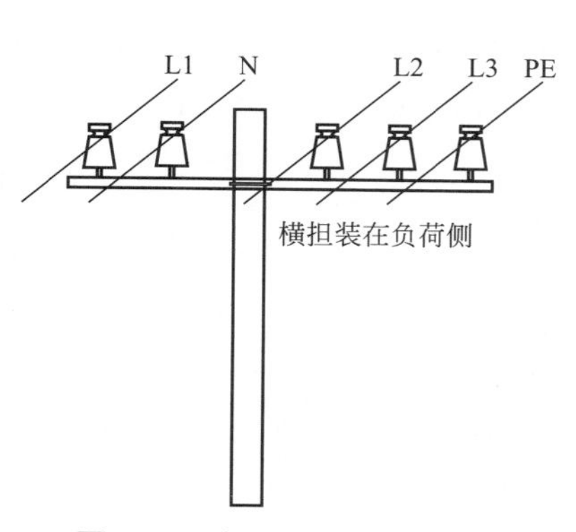

图 8-20　有 PE 线的导线排列

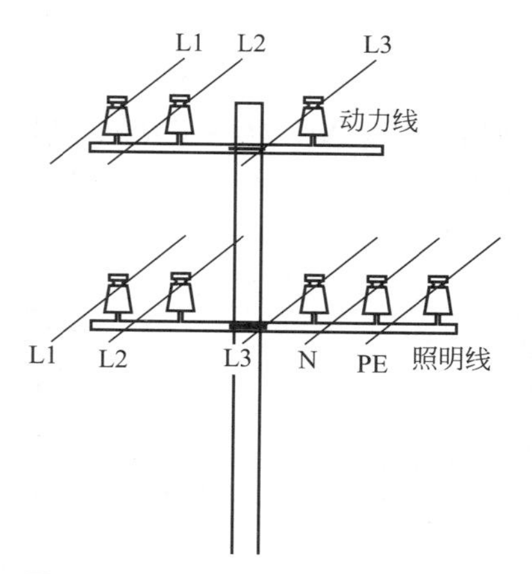

图 8-21　动力线 - 照明线 - 同杆架设

5.10kV 及以下架空线路同杆架设时横担之间的距离

根据 DL/T 5220—2005《10kV 及以下架空配电线路设计技术规程》，10kV 及以下架空线路同杆架设时横担之间的距离应符合下列要求。

① 同杆架设 10kV 与 10kV 横担之间的最小距离为 0.8m，如图 8-22 所示。

② 同杆架设 10kV 与 0.4kV 横担之间的最小距离为 1.2m，如图 8-23 所示。

③ 同杆架设 0.4kV 与 0.4kV 横担之间的最小距离为 0.6m，如图 8-24 所示。

④ 同杆架设 10kV 与通信线路横担之间的最小距离为 2m，如图 8-25 所示。

⑤ 同杆架设 0.4kV 与通信线路横担之间的最小距离为 0.6m，如图 8-26 所示。

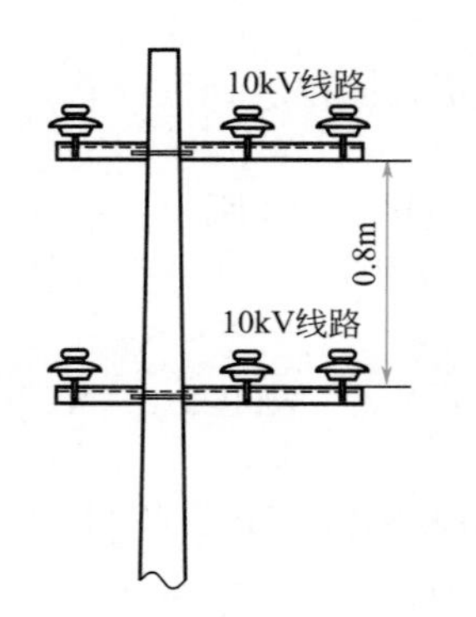

图 8-22　10kV 与 10kV 之间的距离

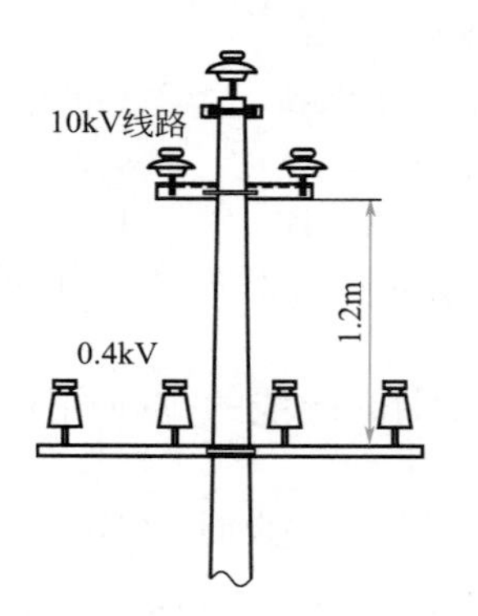

图 8-23　10kV 与 0.4kV 之间的距离

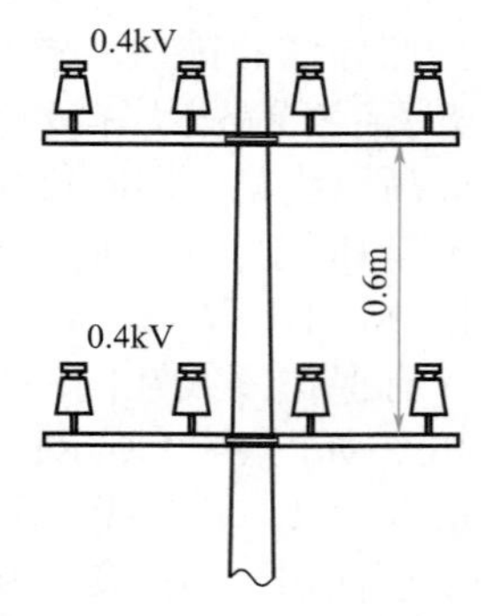

图 8-24　0.4kV 与 0.4kV 之间的距离

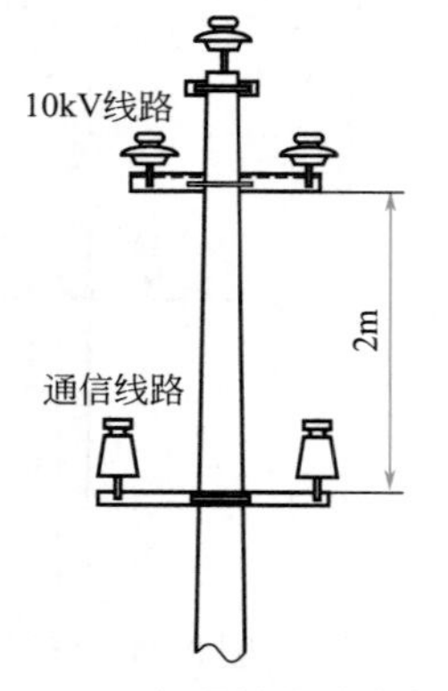

图 8-25　10kV 与通信线路之间的距离

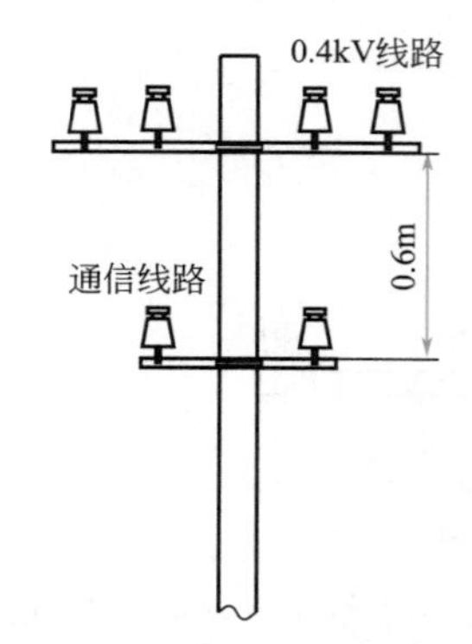

图 8-26　0.4kV 与通信线路之间的距离

6.10kV 及以下架空线路的档距、弧垂及导线的间距的要求

根据 DL/T 5220—2005《10kV 及以下架空配电线路设计技术规程》，10kV 及以下架空线路的档距、弧垂及导线的距离应符合相关要求。具体见图 8-27 ～图 8-34。

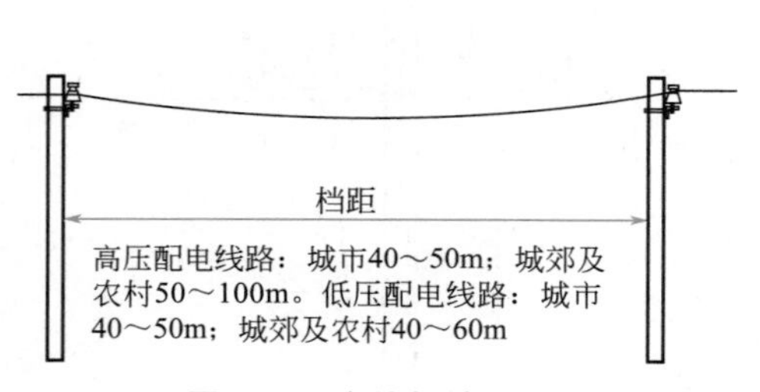

图 8-27　电线杆档距

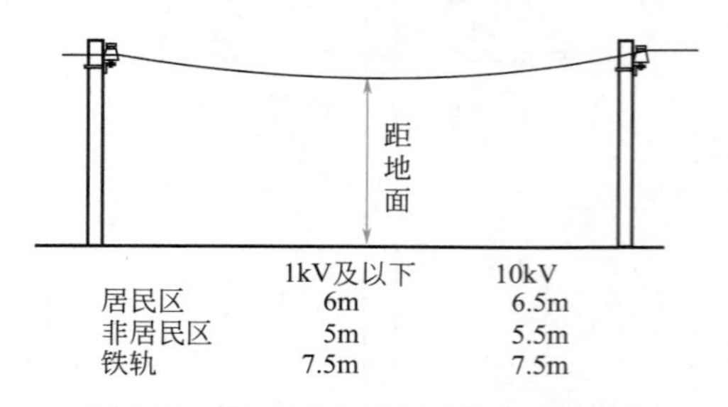

图 8-28　架空导线弧垂对地的最小距离

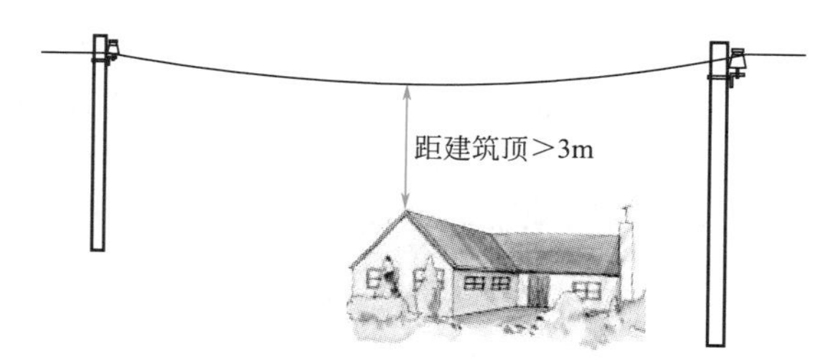

图 8-29　架空导线弧垂对建筑屋顶的最小距离

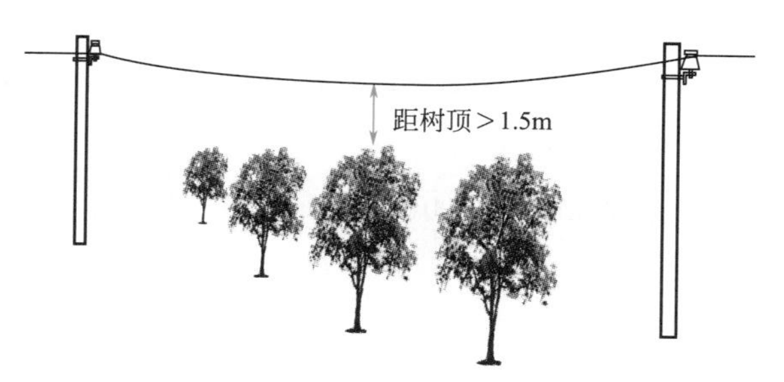

图 8-30　架空导线弧垂对树顶的最小距离

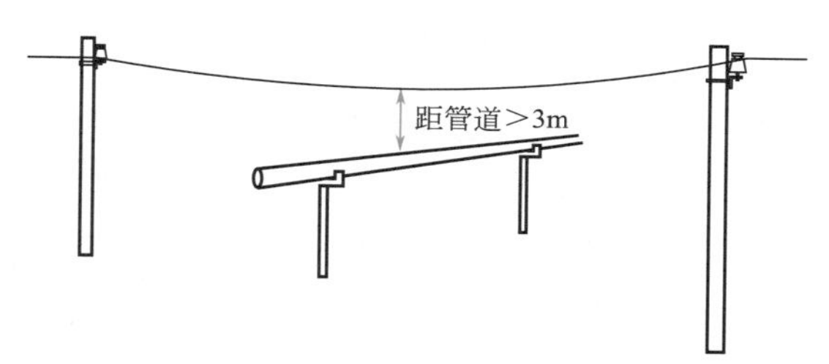

图 8-31　架空导线弧垂对管道的最小距离

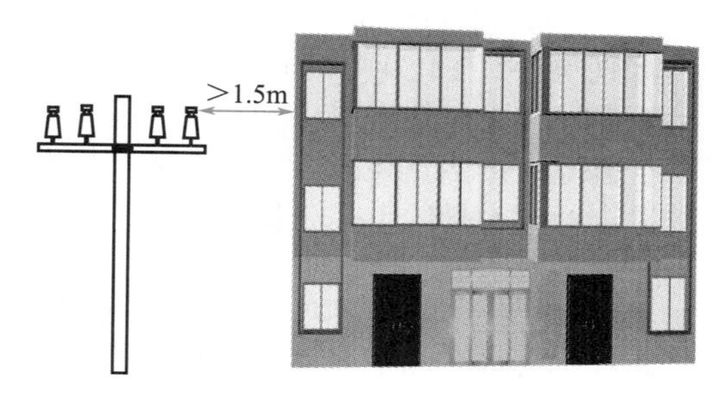

图 8-32　架空导线与建筑物水平的最小距离

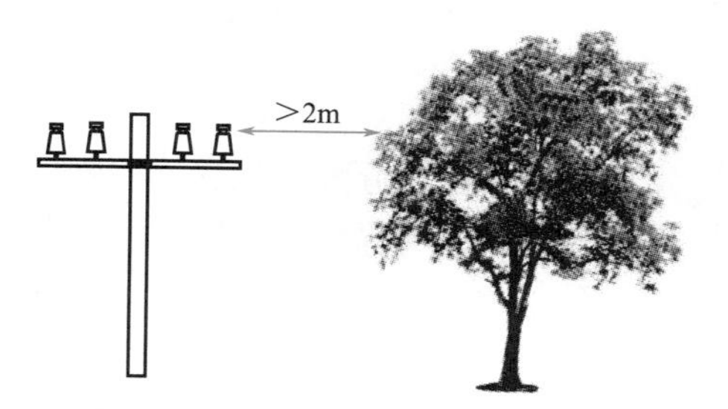

图 8-33　架空导线与树木水平的最小距离

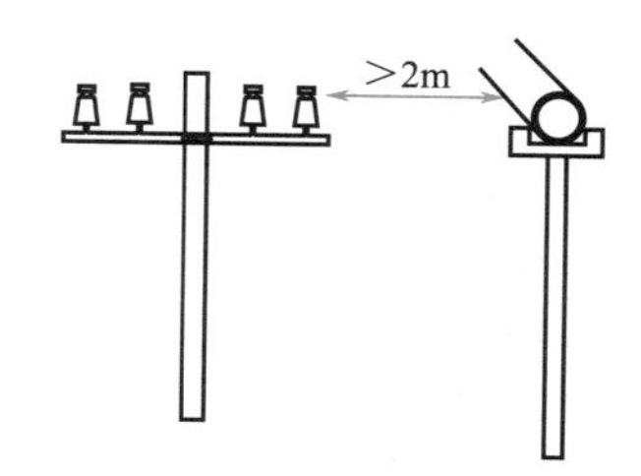

图 8-34　架空导线与管道水平的最小距离

7. 电杆埋设深度及电杆长度的确定

电杆的埋设深度，应根据电杆长度、承受力的大小和土质情况来作规定。一般 15m 以下电杆，埋设深度为杆长的 1/10+0.7m，但最浅不应小于 1.5m；变台电杆不应小于 2m；在土质松软、流沙、地下水位较高的地带，电杆基础还应做加固处理，一般电杆埋设深度参见表 8-1。

表 8-1 电杆埋设深度

杆长 /m	8.0	9.0	10	11.0	12.0	13.0	15.0
埋设深度 /m	1.5	1.6	1.7	1.8	1.9	2.0	2.3

8. 高压接户线各部电气距离及导线截面要求

① 接户线的档距不宜超过 25m；档距超过 25m 时，宜设接户杆。

② 导线线间距离≥ 0.45m。

③ 导线对地距离≥ 4.5m。

④ 宜采用绝缘导线：铜芯绝缘线截面积≥ $16mm^2$；铝芯绝缘线截面积≥ $25mm^2$。

⑤ 避雷器接地引下线，由避雷器接地端至接地干线一段宜采用绝缘导线，接地干线宜采用裸导线：铜绞线截面积≥ $16mm^2$；钢绞线截面积≥ $35mm^2$。

9. 线路巡视检查的主要内容

① 杆塔有无倾斜，铁件有无变形、锈蚀、螺栓松动；混凝土电杆有无裂纹酥松、露筋、开裂、锈蚀；有无木杆烧焦、帮桩松动、木楔变形脱出；有无基础损坏、下沉或上拔，冬季电杆周围是否有冻鼓现象；杆位是否有被车撞、水淹、水冲的可能；杆塔标志（杆号、相位、警告牌等）是否齐全、明显；杆塔周围有无杂草、蔓藤类植物附生、鸟巢、风筝及杂物。

② 横担及金具。木横担有无烧伤、开裂、变形；铁担有无锈蚀、松动、弯曲、歪斜。

③ 绝缘子瓷件有无坏损、脏污、裂纹和闪络痕迹；铁脚、铁帽有无锈蚀、松动、弯曲。

④ 导线有无断股损伤、烧伤痕迹，在化工、沿海等地有无锈蚀现象；三相弛度是否平衡，既不过紧也不过松；接头是否良好，无过热现象（如：接头变色、雪先融化等），连接线夹及弹簧垫是否齐全，螺母是否紧固；过线、跳线、引线有无损伤断股、歪扭，与杆塔、构件及其他引线之间的距离是否符合规定；导线上是否挂有杂物；固定导线用绑线有无松弛、断开现象。

⑤ 防雷设施。避雷器瓷套有无裂纹、损伤、闪络痕迹，表面是否脏污；固定件是否牢固；引线连接是否良好，与邻相和杆塔构件的距离是否符合规定；各部附件是否锈蚀，接地端焊接处有无开裂、脱落；保护间隙有无烧损、锈蚀或被外物短接，间隙距离是否符合规定；放电记录器或雷电观测装置是否完好。

⑥ 接地装置接地引下线有无断裂、损伤；接头接触是否良好，线夹螺栓有无松动、锈蚀；接地引下线保护套管有无破损，固定是否牢固；接地体有无外露、严重腐蚀，在埋设装置附近有无动土工程。

⑦ 拉线、撑杆及拉线桩拉线有无锈蚀、松弛、断股和张力分配不均；水平拉线对地距离是否符合要求；拉线绝缘子是否坏损短缺；拉线是否妨碍交通或被车碰撞；拉线棒（下把）抱箍等金具有无变形、锈蚀；拉线固定是否牢固，拉线周围土壤有无突起、沉陷、缺土等现象；撑杆、拉线桩有无损伤、开裂、腐朽等现象。

⑧ 接户线线间距离、对地、对建筑物等是否符合规定；导线绝缘层是否老化、脱落；接触点是否接触良好，有无电化学腐蚀现象；绝缘子有无破损、脱落；支持物是否牢固，有

无锈蚀、损坏现象；弛度是否合适，有无混线、烧伤痕迹。

⑨ 沿线情况。沿线有无易燃、易爆物品和腐蚀性液体、气体；导线对地、道路、公路、铁路、管道、索道、河流建筑物等距离是否符合规定，有无可能触及铁烟囱、天线等；线路周围有无被风可能刮起的金属薄膜、杂物等；有无威胁线路安全的工程设施等；查明线路附近爆破工程并审查其申报手续，及其安全防护措施是否妥当；查明线路周围防护带树种、竹种情况是否会危及线路安全；线路附近有无射击、放风筝、抛外物、飘洒金属粉尘和在杆塔及拉线上拴牲畜、晒衣物以及私搭乱建妨碍线路安全及正常巡视等情况；查明线路污秽情况；查明沿线江河泛滥、山洪、泥石流等异常现象。

10. 架空导线的最小截面的规定

① 铜线在10kV电压情况下，在居民区为16mm^2，非居民区为16mm^2，低压时为ϕ2.3mm（北京供电部门规定为ϕ4.0mm）。

② 铝线在10kV电压情况下，在居民区为35mm^2，非居民区为25mm^2，低压时为16mm^2。

③ 钢芯铝线在10kV电压情况下，在居民区为25mm^2，非居民区为16mm^2，低压时为16mm^2。

三、电缆电路

1. 电力电缆的优点、缺点

电力电缆的功能是在电力系统中传输和分配电能。电力电缆是一种可靠的全绝缘产品，使用期一般要求40年以上，电力电缆具有以下优点：

① 一般敷设于土壤中或敷设于室内、沟道、隧道中。不需要用杆搭，占地少，受外界因素（如雷害、风害、鸟害等）的影响小，所以它的供电可靠性高。

② 与架空线相比，电缆受气候条件相关的周围环境影响小，传输性能稳定，中、低压线路可较少维护，安全性较高，电力电缆是埋入地下的，工程隐蔽，所以对市容环境影响较小，即使发生事故，一般也不会影响人身安全。

③ 有条件向超高压、大容量、横跨海峡等重大输电工程发展。

④ 现代高温（液氮温度）超导电力电缆，除输电外可在其他新技术领域应用。

⑤ 电缆电容较大，可改善线路功率因数。

电力电缆也有缺点：

① 成本高，一次性建设投资大，电缆线路的投资约为同电压等级架空线路的10倍。

② 线路分支困难。

③ 故障点较难发现，不便及时处理事故。

④ 电缆接头施工工艺复杂。

2. 高压配电线路常用的电力电缆

配电线路常用的电力电缆按绝缘材料分主要有：

油浸纸绝缘：黏性浸渍纸绝缘型（统包型；分相屏蔽型）；不滴流浸渍纸绝缘型（统包型；分相屏蔽型）；有油压、油浸渍纸绝缘型（自容式充油电缆；钢管充油电缆）；有气压黏性浸渍纸绝缘型（自容充气电缆；钢管充气电缆）。

塑料绝缘：聚氯乙烯绝缘型；交联聚乙烯绝缘型；聚乙烯绝缘型。

橡胶绝缘：天然橡胶绝缘型；乙丙橡胶绝缘型。

现在主要应用的是聚氯乙烯绝缘电缆、交联聚乙烯绝缘电缆、聚乙烯绝缘电缆。

各种电力电缆特点见表8-2。

表 8-2　各种电力电缆的特点

电缆名称	特　点
黏性浸渍纸绝缘电力电缆	① 成本低，工作寿命长 ② 结构简单，制造方便 ③ 绝缘材料来源充足 ④ 油易流淌，不宜作高落差敷设 ⑤ 允许工作场强较低，不宜高电压电力传输
不滴流浸渍纸绝缘电力电缆	① 浸渍物在工作温度下不滴流，适于高落差敷设 ② 工作寿命较黏性浸渍纸电缆更长 ③ 有较高的绝缘稳定性 ④ 成本较黏性浸渍纸绝缘电缆稍高
聚氯乙烯绝缘电缆	① 安装工艺简单 ② 聚氯乙烯化学稳定性高，具有非燃性，材料来源充足 ③ 能适用高落差敷设 ④ 维护修理简单、方便 ⑤ 聚氯乙烯电气性能低于聚乙烯 ⑥ 工作温度明显地影响其机械性能
聚乙烯绝缘电缆	① 聚乙烯有良好的介电性能，但抗电晕、游离放电性能差 ② 聚乙烯工艺性能好，易于加工，耐热性差，受热易变形、易延燃、易发生应力龟裂
交联聚乙烯绝缘电缆	① 交联聚乙烯容许温度较高，故电缆允许载流量较大 ② 交联聚乙烯有良好的介电性能，但抗电晕、游离放电性能差 ③ 交联聚乙烯耐热性能好 ④ 适用于高落差和垂直敷设 ⑤ 接头制作工艺较严格，但对工艺技术水平要求并不高，因此，便于推广使用
橡胶绝缘电缆	① 柔软性好，易弯曲，在温度变化较大的范围内，仍具有弹性。适宜多次拆装线路 ② 橡胶的耐寒性好 ③ 橡胶电缆有较好的电气性能、机械性能和化学稳定性 ④ 对耐受气体、潮湿性较好 ⑤ 耐电晕、耐臭氧、耐热、耐油性能较差

3. 电力电缆的结构与型号

电力电缆的基本结构由线芯（导体）、绝缘层、屏蔽层和保护层四部分组成，如图 8-35 所示。

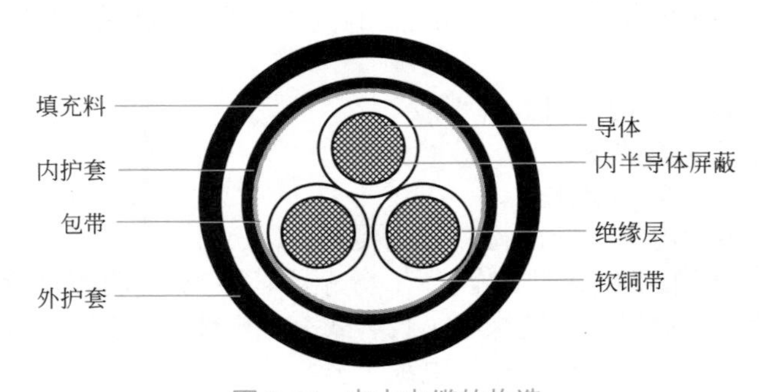

图 8-35　电力电缆的构造

（1）线芯：线芯是电力电缆的导电部分，用来输送电能，是电力电缆的主要部分。

（2）绝缘层：绝缘层是将线芯与大地以及不同相的线芯间在电气上彼此隔离，保证电能输送，是电力电缆结构中不可缺少的组成部分。

（3）屏蔽层：15kV 及以上的电力电缆一般都有导体屏蔽层和绝缘屏蔽层。

（4）保护层：保护层的作用是保护电力电缆免受外界杂质和水分的侵入，以及防止外力直接损坏电力电缆。

电缆型号由字母代号及数字代号组成，参见表 8-3。

表 8-3 电缆型号中的代号

类别代号（根据绝缘材料）	导体	内护层	特征代号	外护层（数字代号）
V——聚氯乙烯塑料 X——橡皮 XD——丁基橡胶 Y——聚乙烯 YJ——交联聚乙烯 Z——纸	L——铝芯 铜芯导体不作标记	H——护套 HF——非燃性护套 L——铝包 V——聚氯乙烯护套 Y——聚乙烯护套	CY——充油 D——不滴流 F——分相 G——高压 P——贫油、干绝缘 P——屏蔽 Z——直流	0——相应的裸外护层 1——1 级防腐，麻被外护层 2——2 级防腐，钢带铠装铜带加强层 3——单层细钢丝铠装 4——双层细钢丝铠装 5——单层粗钢丝铠装 6——双层粗钢丝铠装 29——双层钢带铠装，外加聚氯乙烯护套 39——粗钢丝铠装，外加聚氯乙烯护套 59——粗钢系铠装，外加聚氯乙烯护套

例：YJV32-8.7kV/10kV-3×120 铜芯交联聚乙烯绝缘聚氯乙烯隔离套细钢丝铠装聚氯乙烯外护套电缆，电缆电压为 8.7kV/10kV，导体截面积为 3mm×120mm（其中电缆相电压为 8.7 kV，线电压为 10 kV）。

4. 电力电缆敷设前的检查内容

（1）施工前应对电缆进行详细检查；规格、型号、截面电压等级均符合设计要求，外观无扭曲、坏损及漏油、渗油等现象。

（2）电缆敷设前进行绝缘摇测或耐压试验。

① 1kV 以下电缆，用 1kV 摇表摇测线间及对地的绝缘电阻应不低于 10MΩ。

② 3 ～ 10kV 电缆应事先作耐压和泄漏试验，试验标准应符合国家和当地供电部门规定。必要时敷设前仍需用 2.5kV 的摇表测量绝缘电阻是否合格。

③ 纸绝缘电缆，测试不合格者，应检查芯线是否受潮，如受潮，可锯掉一段再测试，直到合格为止。检查方法是：将芯线绝缘纸剥一块，用火点着，如发出“叭叭”声，即电缆已受潮。

④ 电缆测试完毕，油浸纸绝缘电缆应立即用焊料（铅锡合金）将电缆头封好。其他电缆应用聚氯乙烯带密封后再用黑胶布包好。

（3）在桥架或支架上多根电缆敷设时，应根据现场实际情况，事先将电缆的排列用表或图的方式划出来，以防电缆的交叉和混乱。

（4）冬季电缆敷设，温度达不到规范要求时，应将电缆提前加温。

5. 电缆与管道、道路建筑物之间平行和交叉时的最小允许距离

如表 8-4 所示。

6. 直埋电缆的安装要求

电缆直埋敷设是最经济且广泛应用的方式，沿线路挖沟，直接埋于地下，电缆散热也好，适用于电缆根数少而线路较长的场合，在电缆沿线可能受到机械损伤、化学腐蚀、地下电流、

震动、热影响以及虫、鼠害地段，应采用保护措施。

表 8-4 电缆与管道、道路建筑物之间平行和交叉时的最小允许距离

序号	项 目	最小允许距离 /m		备注
		平行	交叉	
1	建筑物的基础	0.6		①表中的距离是设施的边缘距离 ②路灯电缆与路边灌木丛，平行距离不限 ③括号内的数字是指局部地段电缆穿管，加隔离板保护或加隔热层保护后，允许的最小净距 ④电缆线路必须要交叉时，低压电缆在上方，而高压电缆在下方
2	电杆（基）	0.5		
3	乔木	1.5		
4	灌木丛	0.5		
5	10kV 以下电缆之间以及与控制电缆之间	0.1	0.5（0.25）	
6	10kV 以上电缆之间，以及与 10kV 及以下电力电缆或控制电缆之间	0.25（0.1）	0.5（0.25）	
7	通信电缆	0.5（0.1）	0.5	
8	热力管沟	2.0	0.5（0.25）	
9	水管、压缩充气管	1.0（0.25）	0.5（0.25）	
10	可燃气体及易燃液体管道	1.0	1.0	
11	道路	1.5	0.5	
12	铁路	3.0	1.0	
13	排水明沟	1.0	1.0	
14	电气化铁路路轨交流、直流	3	5	
15	独立避雷针，集中接装置与电缆之间	5	5	

电缆埋深要求：

①电缆表面距地面≥ 0.7m，穿越农田≥ 1m，35kV 及以上电缆应≥ 1m。

②在引入建筑物与地下设施交叉时，或埋深达不到要求时，可埋浅些，但应加保护管。

③电缆之间，电缆与其他管道、道路、建筑物之间，平行和交叉的最小距离，见表 8-4。

④直埋电缆的上、下方须铺以不小于 100mm 厚的敷土或细沙层，护层上应盖水泥板或红砖保护，覆盖宽度应超过电缆两侧各 50mm。

⑤回填土应去掉大块砖、石等杂物，并要分层夯实。

⑥中间接头、首末端拐弯处以及直线段每隔 100m 放电缆标志桩，以便于以后维修。

7. 电缆固定的要求

①下列地方应加固定：垂直敷设或超过 45° 倾斜敷设的电缆，在每一个支架上；水平敷设时，在电缆首末端及拐弯、电缆接头的两端。

②电缆的夹具型式宜统一。

③使用单芯电缆或分相铅套电缆，在分相后的固定，其夹具不应由铁件构成闭合磁路。

④裸铅（铝）包电缆的固定处，应加软衬垫保护。

⑤电缆各支持点间的距离，不应大于表 8-5 的规定。

表 8-5 电缆各支持点间的距离

单位：m

项目		支架上敷设		钢索上悬挂敷设	
		水平	垂直	水平	垂直
电力电缆	无油电缆	1.5	2.0		
	橡胶油浸绝缘电缆	1.0	2.0	0.75	1.5
控制电缆		0.8	1.0	0.6	0.75

8. 电缆的弯曲半径

电缆的弯曲半径越小对电缆芯的绝缘损害越大。弯曲半径越小，电缆芯产生的压缩拉伸越厉害，故对缆芯的绝缘外层是有损伤的。特别是高压电缆，可能会造成不可逆的损害。根据 GB 50168《电气装置安装工程电缆线路施工及验收规范》的规定，电缆最小允许弯曲半径不应小于表 8-6 的规定。

表 8-6 电缆最小允许弯曲半径

单位：mm

电缆种类	电缆护套结构	单芯	多芯
油浸纸绝缘电力电缆	铠装或无铠装	20	15
橡皮绝缘电力电缆	橡皮或聚氯乙烯护套	—	10
	裸铅护套	—	15
	铅护套钢带铠装	—	20
塑料绝缘电力电缆	铠装或无铠装	—	10
控制电缆	铠装或无铠装	—	10

9. 电力电缆巡视检查的内容

（1）线路标桩是否完整无损；

（2）路径附近地面有无挖掘；

（3）沿路径地面上，有无堆放重物、建筑材料及兴建临时建设工程，有无腐蚀性物质；

（4）电缆引出地面部分的保护设施应齐全，固定件应牢固无锈蚀；

（5）电缆进入建筑物处，应无渗漏水现象；

（6）沟盖板应齐全、完整、无渗漏水现象；

（7）电缆人孔中，积水坑应无积水，墙壁无裂缝、断裂、渗水现象，井盖应齐全、严密；

（8）沟内支架应固定牢固，无锈蚀；

（9）沟道内、隧道中不许有杂物，更不能长时期积水；

（10）电缆保护管口及支架处的电缆铅包应无损坏、渗油现象；

（11）电缆引出建筑物，保护管口密封应严密、无渗漏；

（12）电缆外护层、钢铠应无锈蚀、鼠咬现象；

（13）终端头的绝缘套管应完整、清洁、无闪络放电痕迹，附近无鸟巢、鼠窝等；

（14）电缆引出线连接点应接触良好，无发热变色现象；

（15）绝缘胶无塌陷、软化，更不能积水；

（16）终端头不应渗油，铅包外皮、铝包外皮应无龟裂；

（17）芯线、引线的相间及相对地距离是否符合规定，接地线焊接点无脱焊，接地点应固定牢固，必须形成可靠的电气连接；

（18）芯线相色标志清楚、明显，与系统相位应一致。

10. 电缆的长期运行温度

运行中的负荷电流与自身温度有密切关系，因为环境温度对电流散热有直接影响，故而间接影响到允许负荷电流。还会因为温度超过允许值加速绝缘老化，电缆内部油膨胀产生油压，使铅包或铝包变形，内部形成空隙，损坏电缆。国产电缆长期允许运行温度见表 8-7。

表 8-7　国产电缆的长期允许运行温度

电缆型式及电压等级 /kV	电缆导体的长期允许运行温度 /℃
黏性浸渍纸绝缘电缆 3 及以下 6 10 20 ～ 35	80 65 60 50
不滴流纸绝缘电缆 6 10 25 ～ 35 橡胶绝缘电缆 6 及以下 聚氯乙烯绝缘电缆	80 65 65 65 65
聚乙烯绝缘电缆	70
交联聚乙烯绝缘电缆 10 及以下 20 ～ 35	90 80
自容式充油电缆 110 ～ 330	75

第九章

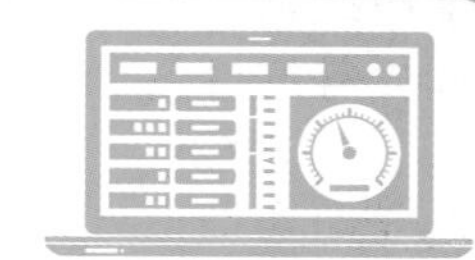

防雷保护与接地

一、雷电的危害与防雷保护的措施

1. 雷电的特点

雷电流放电电流大，幅值高达数十至数百千安；放电时间极短，只有 50 ～ 100μs；波头陡度高，可达 50kA/s，属于高频冲击波。雷电感应所产生的电压可高达 300 ～ 500kV。直击雷冲击电压高达兆伏级，放电时产生的温度达 2000K。

2. 雷电的危害

① 机械效应：雷电流流过建筑物时，使被击建筑物缝隙中的气体剧烈膨胀，水分充分汽化，导致被击建筑物破坏或炸裂甚至击毁，以致伤害人畜及设备。

② 热效应：雷电流通过导体时，在极短的时间内产生大量的热能，可烧断导线，烧坏设备，引起金属熔化、飞溅而造成火灾及停电事故。

③ 电气效应：雷电过电压会造成电气设备绝缘损坏，危及供电设备和人身安全。其危害形式基本有三种：直击雷过电压、雷电感应过电压、雷电波侵入过电压。依据这三种基本雷电过电压危害有相应的防雷保护措施，如避雷针、避雷线、阀型避雷器等。

二、避雷针和避雷线的作用

避雷针和避雷线是一种最常见的防雷措施。它是通过高于被保护物的金属避雷针和金属网，在雷云到来时先期与雷云放电，将雷电流通过接地引下线引入大地，从而保护电气设备等免遭雷击伤害。

避雷针的构造很简单，基本由三部分组成：接闪器、引下线、接地体。

三、避雷器的作用及特点

避雷器连接在线缆和大地之间，通常与被保护设备并联。它用于保护电气设备免受雷击时高瞬态过电压危害，并限制续流（通过避雷器泄漏的过电压电流）时间，也常限制续流幅值。避雷器有时也称为过电压保护器或过电压限制器。图 9-1 就是常用的两种避雷器。

避雷器用于保护交流输变电设备的绝缘免受雷电过电压和操作过电压损害，适用于变压器、输电线路、配电屏、开关柜、电力计量箱、真空开关、并联补偿电容器、旋转电机及半导体器件等的过电压保护。避雷器的主要类型有以下三种。

1. 阀型避雷器

阀型避雷器由火花间隙及阀片电阻组成，如图 9-2 所示，阀片电阻的制作材料是特种碳化硅。利用碳化硅制作的阀片电阻可以有效地防止雷电和高电压，对设备进行保护。当有雷电高电压时，火花间隙被击穿，阀片电阻的电阻值下降，将雷电流引入大地，这就保护了线缆或电气设备免受雷电流的危害。在正常的情况下，火花间隙是不会被击穿的，阀片电阻的电阻值较高，不会影响线路的正常通信。

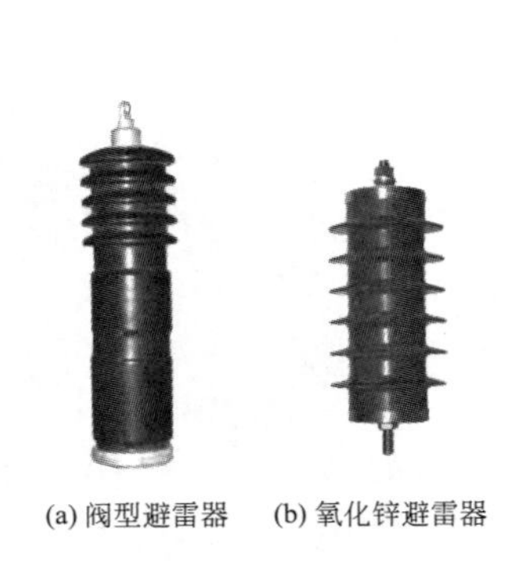

图 9-1　10kV 系统常用的两种避雷器

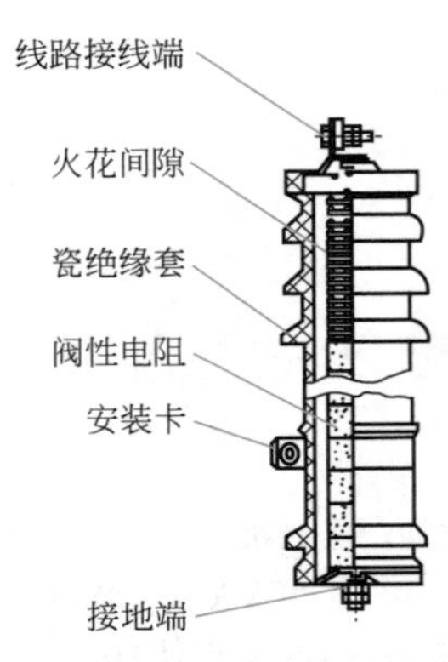

图 9-2　阀型避雷器构造

2. 氧化锌避雷器

氧化锌避雷器是一种保护性能优越、质量小、耐污秽、性能稳定的避雷设备。它主要利用氧化锌良好的非线性伏安特性，使在正常工作电压时流过避雷器的电流极小（微安或毫安级）；当过电压作用时，电阻急剧下降，泄放过电压的能量，达到保护的效果。这种避雷器和传统避雷器的差异是它没有放电间隙结构，如图 9-3 所示，利用氧化锌的非线性特性起到泄流和开断的作用。

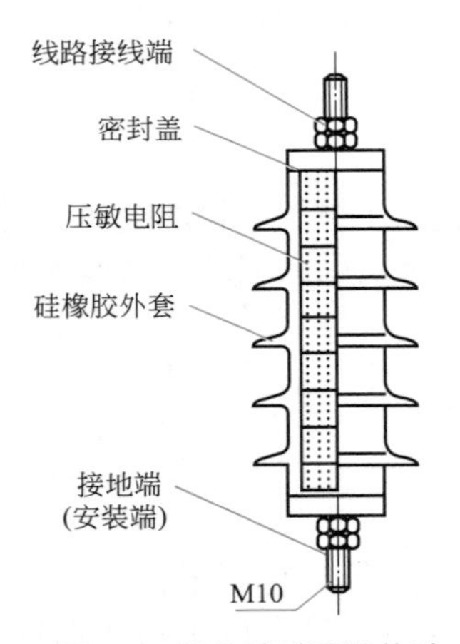

图 9-3　氧化锌避雷器构造

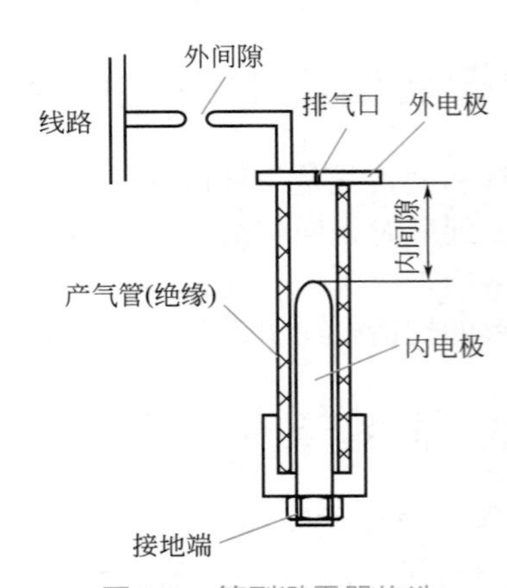

图 9-4　管型避雷器构造

3. 管型避雷器

管型避雷器也称排气式避雷器，其构造如图 9-4 所示，是一种具有较高熄弧能力的保护间隙。它由两个串联间隙组成，一个间隙在大气中，称为外间隙，它的任务就是隔离工作电压，避免产气管被流经管子的工频泄漏电流所烧坏；另一个间隙装设在气管内，称为内间隙或者灭弧间隙。管型避雷器的灭弧能力与工频续流的大小有关。这是一种保护间隙型避雷器，大多用在供电线路上作避雷保护。由于管型避雷器的放电特性受大气条件影响较大，避雷效果不太好，目前已不提倡使用。

四、架空线路的防雷措施

① 装设避雷线，以防线路遭受直接雷击。一般 66kV 以上的架空线路需沿全线在线塔顶端装设避雷线，如图 9-5 所示；35kV 架空线路一般只在经过人口稠密区或进出变电所的一段线路上装设；10kV 以下线路上一般不装设避雷线。

② 加强线路绝缘或装设避雷器，以防线路绝缘闪络。为使杆塔或避雷线遭受雷击后线路绝缘不致发生闪络，应设法改善避雷线的接地、适当加强线路绝缘，或在绝缘薄弱点装设避雷器，如图 9-6 所示。

③ 在线路遭受雷击并发生闪络时也要不使它发展为短路故障而导致线路跳闸。例如在顶线绝缘子上加装保护间隙，雷击时顶线承受雷击，击穿保护间隙，对地泄放雷电流，从而保护了下面的两相导线。

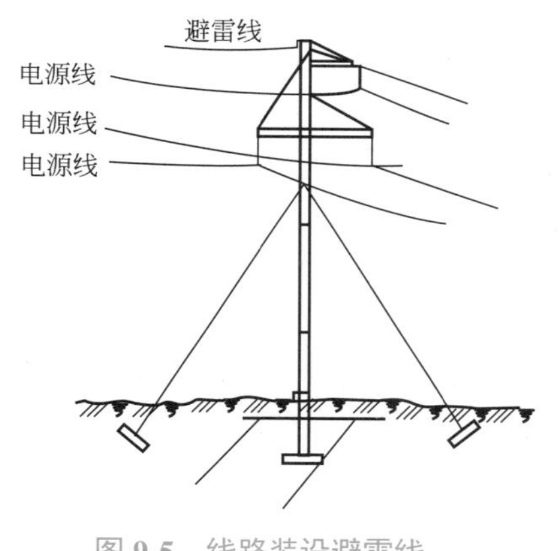

图 9-5 线路装设避雷线

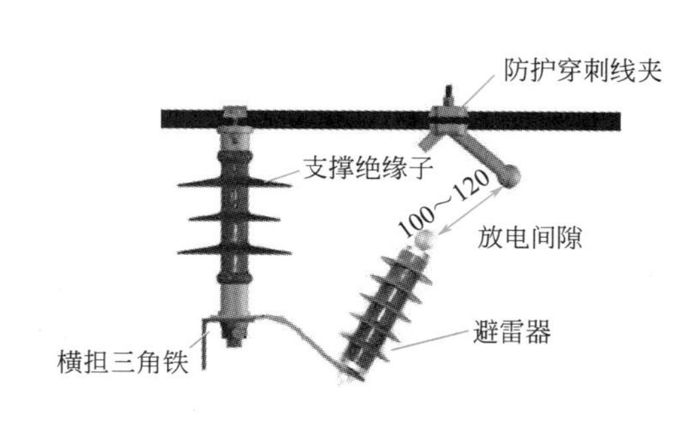

图 9-6 线路装设避雷器

④ 装设自动重合闸装置（ARD），迅速恢复供电。为使架空线路在因雷击而跳闸时能迅速恢复供电，需装设自动重合闸装置或采用双回路及环形接线。电缆线路一般不装设 ARD。

五、变配电所的防雷措施

变电所、配电所的防雷保护一般由三道防线组成：第一道防线的作用是防止雷电直击变配电所的电气设备；第二道防线为进线保护段；第三道防线是通过避雷器将侵入变配电所的雷电波降低到电气装置绝缘强度允许值以内。三道防线构成一个完整的变配电所防雷保护系统。

1. 装设避雷针

避雷针用来保护整个变、配电所的建筑物和构筑物，使之免遭直接雷击。避雷针可单独立杆，也可利用户外配电装置的构架或投光灯的杆塔，但变压器的门型构架不能用来装设避雷针，以免雷击产生的过电压对变压器放电。避雷针与配电装置的空间距离不得小于 5m。

2. 在进线段内装设避雷线

变电所的主要危险是来自于进线段之内的架空线路遭受雷击，所以进线段又称危险段。一般要求在距变电所 1 ～ 2km 的进线段装设避雷线，并且避雷线要具有很好的屏蔽和较高的耐雷水平。在进线段以外落雷时，由于进线段导线本身波阻抗的作用，限制了流入变电所的雷电流和雷电侵入波的陡度。

3. 高压侧装设阀型避雷器或保护间隙

高压侧装设避雷器主要用来保护主变压器，以免高电压沿高压电路侵入变电所，损坏变电所这一最主要的设备，为此，要求避雷器或保护间隙应尽量靠近变压器安装，其接地线应与变压器低压中性点及金属外壳连在一起接地，如图 9-7 所示。

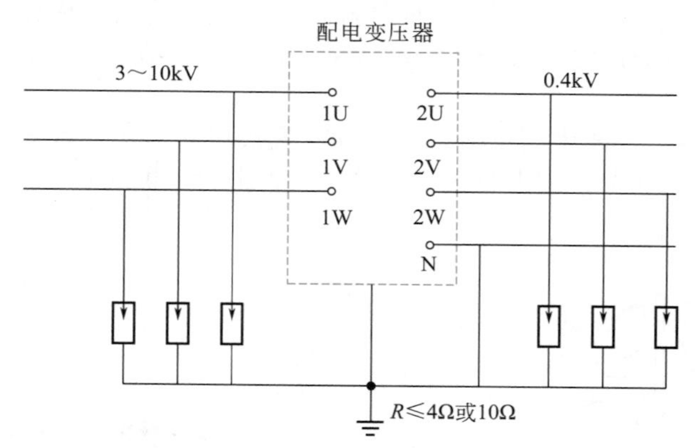

图 9-7 配电变压器防雷保护接线示意图

4. 低压侧装设阀型避雷器或保护间隙

低压侧装设避雷器主要在多雷区使用，以防止雷电波由低压侧侵入而击穿变压器的绝缘。当变压器低压侧中性点不接地时，其中性点也应加装避雷器或保护间隙。

六、接地装置的作用

电力系统为了保证电气设备安全可靠地运行和人身安全，不论在发电、供（输）电、变电、配电都需要有符合规定的接地。所谓接地就是将供用电设备、防雷装置等的某一部分通过金属导体组成的接地装置与大地的任何一点进行良好的连接。与大地连接的点在电气设备正常的情况下均为零电位。

接地装置是指电气设备接地线和埋入大地中的金属接地体组的总和。接地体是指埋入大地中直接与土壤接触的金属导体或金属导体组，是接地电流流向土壤的流散体。接地线是指电气设备及需要接地的部位用金属导体与接地体相连接的部分，是接地电流由接地部位传导至大地的途径。

七、接地装置的基本要求

1. 一般要求

首先充分利用自然接地体，节约投资，如果实地测量的自然接地体电阻已满足接地电阻值的要求而且又满足热稳定条件，则不必再装设人工接地装置，否则应装设人工接地装置作为补充。人工接地装置的布置应使接地装置附近的电位分布尽量均匀，以降低接触电压和跨步电压，保证人身安全。

2. 自然接地体的利用

建筑物的钢结构和钢筋、行车的钢轨、埋地的金属管道（可燃液体和可燃可爆气体的管道除外）以及敷设于地下而数量不少于两根的电缆金属外皮等，均可作为自然接地体。变配电所可利用它的建筑物钢筋混凝土基础作为自然接地体。利用自然接地体时，一定要保证电器连接良好。

3. 人工接地体的装设

人工接地体有垂直埋设和水平埋设两种基本结构形式。

常用的垂直接地体为直径 50mm、长 2.5m 的钢管或∟50×5 的角钢，为了减少外界温度变化对流散电阻的影响，埋入地下的垂直接地体上端距地面不应小于 0.7m。对于敷设在腐蚀性较强的场所的接地装置，应根据腐蚀的性质，采用热镀锡、热镀锌等防腐蚀措施，或适当加大截面。

八、接地体的基本安全要求

① 接地线不应埋在垃圾、炉渣或有强烈腐蚀性土壤处，否则应进行换土。

② 接地线的布置，应使其尽量减少接触电压和跨步电压。其形状应根据安全、技术、地理位置等要求确定，接地体形状一般有条形、环形、放射形等多种，见图 9-8。

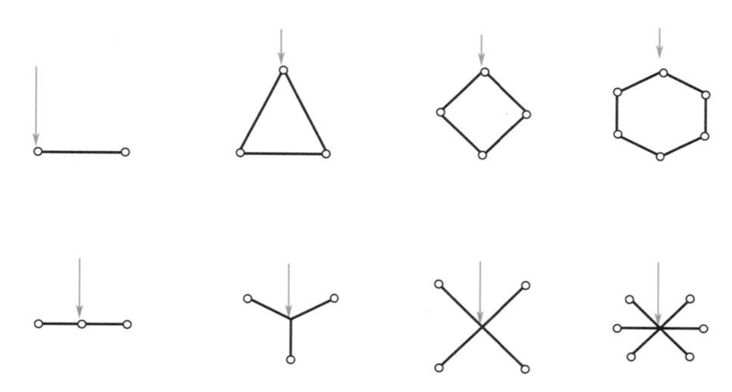

图 9-8　常用垂直接地体的布置

③ 变配电所或配电变压器的接地装置应作成闭合环形。

④ 水平接地体埋设深度不应小于 0.6m，相互间距及距建筑物的距离不应小于 3m，以便减少电阻流散。

⑤ 垂直接地体的长度不应小于 2.5m，相互间距不应小于 5m，以便减少流散屏蔽。

⑥ 接地体在经过道路及出入口时，应采用帽檐式均压带作法或上面加沥青保护层，以减少接触电压和跨步电压。

九、接地线的基本要求

① 自然接地线，包括各种金属管道（易燃、易爆气体液体管道除外）、金属构件、混凝土桩、柱、基础内的钢筋、电线管及电缆的金属外皮。

② 人工接地线，一般选用镀锌扁钢、圆钢；也可采用钢、铝导线；埋在地下的接地线不允许采用铝线。移动式电气设备的接地线应采用裸软铜线。

③ 人工接地线的截面应符合载流量、热稳定及单相接地短路时保护可靠动作的要求。

④ 不得使用金属蛇皮管，管道保护层的金属保护网或电缆金属外皮作为接地线。

⑤ 防雷装置的接地线应使用裸导体，各种避雷器、避雷线接地线的截面积，铜线不小于 16mm^2，钢线不小于 25mm^2。避雷针的接地线截面积，铜线不小于 25 mm^2，钢线不小于 35 mm^2。

⑥ 携带型接地线应采用裸软铜线，其截面积不小于 25mm^2。

⑦ 架空线路的接地线应镀锌，截面积不小于 50mm^2。

十、接地装置的连接要求

① 接地装置的连接应可靠，接地线应为整根，不许有接头，否则应采用焊接。接地线与接地干线应采用断接卡子螺栓连接。

② 接地装置的焊接应采用搭接法，最小搭接长度：扁钢为宽度的约两倍，并三面施焊；圆钢为直径的 6 倍，并两个侧面施焊，见图 9-9。焊缝应平直无间断、无夹渣、气泡；焊缝处应清除药皮后涂刷沥青防腐。

③ 电气设备与接地线（接零线）连接时，应采用带弹簧垫圈的是螺栓连接，如图 9-10 所示。电气设备的接地线（接零线）不许串联，均应分别与接地（接零）干线相连。

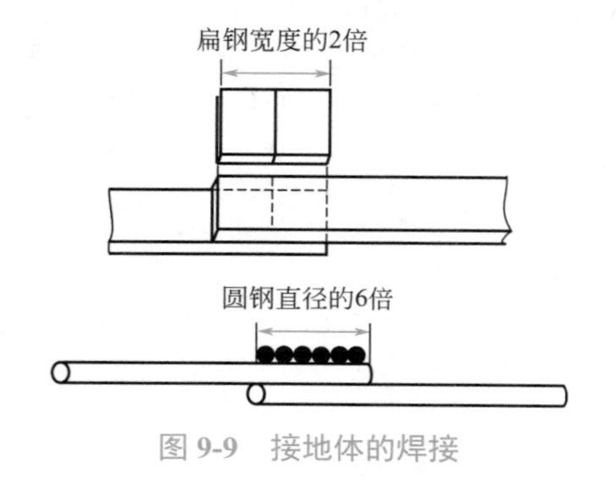

图 9-9　接地体的焊接

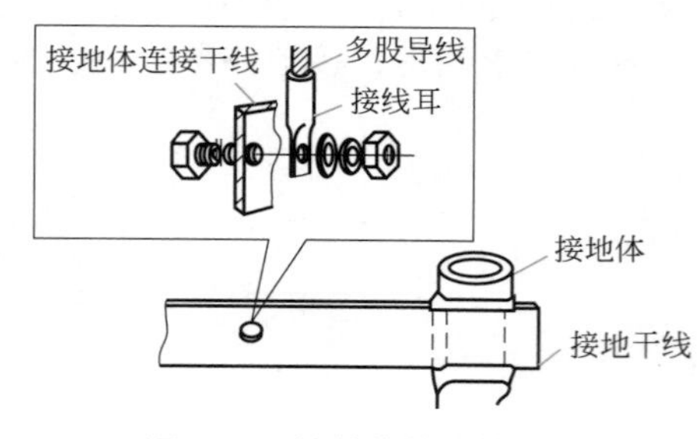

图 9-10　接地体的连接

④ 接地干线与自然接地体或人工接地体的连接点应不少于两处。

⑤ 当接地体由自然接地体和人工接地体共同组成时，应分开设置断接卡子。自然接地体与人工接地体的连接点应不少于两处。

⑥ 当采用自然接地线时，在其自然接地线的伸缩处或接头处加接跨接线，以保证良好的电气通路。跨接线规格应符合规程规定。

⑦ 直流系统的专用人工接地体，不得与自然接地体连接。

十一、接地电阻值的要求

1. 高压电气设备的保护接地电阻值

① 大接地短路电流系统：一般要求接地电阻值≤ 0.5Ω。

② 小接地短路电流系统：当高压设备与低压设备共用接地装置时，要求在设备发生接地故障时对地电压不超过 120V。

接地电阻值≤ 120V/ 接地电流≤ 10Ω。

当高压设备单独装设接地装置时，对地电压可放宽至 250V。

接地电阻值≤ 250V/ 接地电流≤ 10Ω。

2. 电力系统中接地装置的工频接地电阻值

① 工作接地：4Ω 及以下。

② 保护接地：4Ω 及以下。

③ 重复接地：10Ω 及以下。

3. 防雷保护的接地装置工频接地电阻值

① 独立避雷针：10Ω 及以下。

② 架立避雷线：根据土壤电阻率的不同分别为 10 ～ 30Ω 及以下。

③ 变、配电所母线上阀型避雷器：5Ω 及以下。

④ 变电所架空进线段上的管型避雷器：10Ω 及以下。

⑤ 低压进户线绝缘子铁脚接地：30Ω 及以下。

⑥ 烟囱或水塔上避雷针的接地引下线接地：10 ～ 30Ω 及以下。

十二、接地装置的安全运行要求

1. 接地电阻的检查周期

各种接地电阻应在雷雨季节前进行测量，定期检查和测量的周期见表 9-1。

表 9-1 接地装置的检查和测量周期

接地装置类别	检查周期	测量周期
变配电所接地网	每年一次	每年一次
车间电气设备的接地	每年至少一次	每年一次
各种防雷保护接地装置	每年雷雨季节前检查一次	每两年一次
独立避雷针接地装置	每年雷雨季节前检查一次	每五年一次
10kV 以下线路变压器工作接地	随线路检查	每两年一次
手持电动工具接地（接零）	每次使用之前	每两年一次
有腐蚀土壤中的接地装置	每五年局部挖开检查腐蚀情况	每两年一次

2. 接地装置的巡视检查内容

① 电气设备与接地线连接处、断接卡子处的连接有无松动脱落现象。

② 接地线有无损伤、断股及腐蚀现象。

③ 有腐蚀性土壤的场合，应挖开接地引下线的土层。检查地面下 50cm 内接地引下线的腐蚀程度。

④ 人工接地体周围地面上，不应堆放或倾倒有强烈腐蚀性的物质。

⑤ 明装接地线表面涂漆有无脱落现象。

⑥ 移动式电气设备的接地（接零）线接触是否良好，有无断股现象。

3. 接地装置的维修

运行中的接地装置，若发现有下列情况之一者应及时进行维修。

① 接地线连接处有焊缝开焊及接触不良者。

② 电力设备与接地线连接处的螺栓松动者。

③ 接地线有机械损伤、断股或有化学腐蚀者。

④ 接地体由于洪水冲刷或取土露出地面者。

⑤ 测量的接地电阻阻值不合格者。

十三、接地电阻的测量

接地电阻测量仪用来测量接地装置的接地电阻值或者土壤的电阻率。接地电阻测量仪又称接地摇表。它由一台手摇发电机、一个检流计和一套测量机构所组成。常用的接地电阻测量仪有三个或四个接线端子。成套接地电阻测试仪包括一套附件——有两个辅助接地极铁钎，如图 9-11 所示，和三条连接线（分别与 5m、20m、40m）测量时分别接到被测接地体和两个辅助接地体上去。

图 9-11　接地电阻仪的实物外形

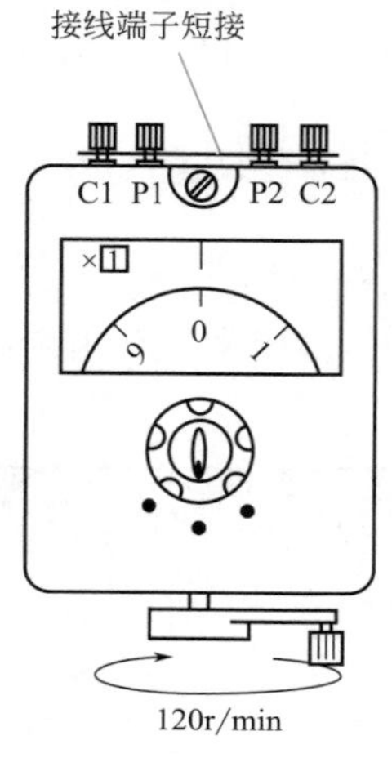

图 9-12　接地电阻仪的短路试验

1. 接地电阻仪测量前的检查

① 应选用精度及测量范围足够的接地电阻仪。

② 外观检查：表壳应完好无损；接线端子应齐全完好；检流计指针应能自由摆动；附件应齐全完好（有 5m、20m、40m 线各一条和两个接地钎子）。

③ 调整：将表位放平，将检流计指针与基线对准，否则调整。

④ 短路试验：将表的四个接线端（C1、P1、P2、C2）短接；表位放平稳，倍率挡置于将要使用的一挡；调整刻度盘，使“0”对准下面的基线；摇动摇把到 120r/min，检流计指针应不动，如图 9-12 所示。

⑤ 按图例接好各条测试线（图 9-13）。

⑥ 摇动摇把，同时调整刻度盘使指针能对准基线。

⑦ 读取刻度盘上的数 × 倍率 = 被测接地电阻值。

⑧ 不再使用时应将仪表的接线端短封，防止在开路状态下摇动摇把，造成仪表损坏。接地电阻仪禁止进行开路试验。

2. 测量时应注意的事项

① 先切断与之有关的电源，断开与接地线的连接螺栓，将被测接地装置退出运行。

② 测量线的上方不应有与之相平行的强电力线路，下方不应有与之平行的地下金属管线。

③ 雷雨天气不得测量防雷接地装置的接地电阻。

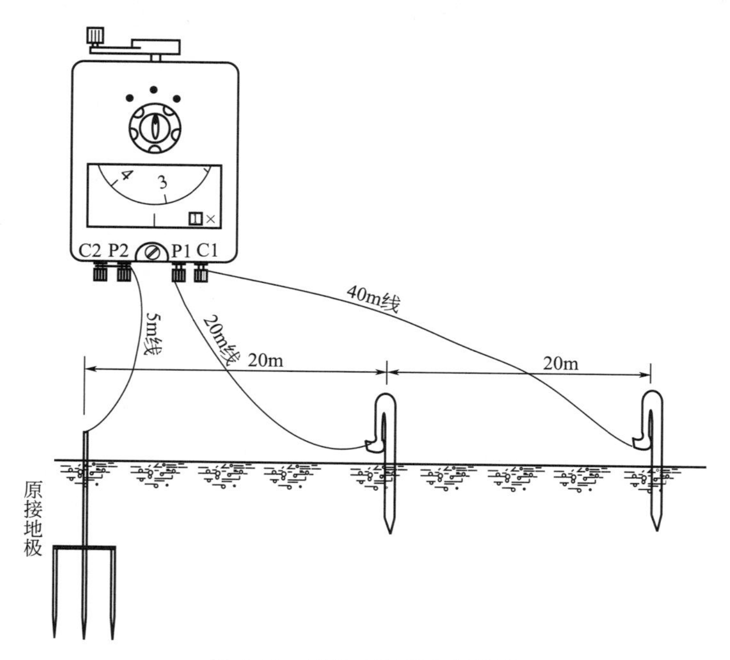

图 9-13　接地电阻仪电极接线

第十章

继电保护电路

一、高压继电保护的基本知识

1.10kV 供电系统在电力系统中的重要位置

电力系统是由发电、变电、输电、配电和用电五个环节组成的。在电力系统中，各种类型的、大量的电气设备通过电气线路紧密地连接在一起。由于其覆盖的地域极其辽阔、运行环境极其复杂以及各种人为因素的影响，电气故障的发生是不可避免的。由于电力系统的特殊性，上述五个环节应是环环相扣、时时平衡、缺一不可，又几乎是在同一时间内完成的。在电力系统中的任何一处发生事故，都有可能对电力系统的运行产生重大影响。例如，当系统中的某工矿企业的设备发生短路事故时，由于短路电流的热效应和电动力效应，往往造成电气设备或电气线路的致命损坏，还有可能严重到使系统的稳定运行遭到破坏；当 10kV 不接地系统中的某处发生一相接地时，就会造成接地相的电压降低，其他两相的电压升高，长此运行就可能使系统中的绝缘遭受损坏，也有进一步发展为事故的可能。

10kV 供电系统是电力系统的一部分。它能否安全、稳定、可靠地运行，不但直接关系到企业用电的畅通，而且涉及电力系统能否正常地运行。

10kV 系统中包含着一次系统和二次系统，一次系统比较简单、更为直观，在考虑和设置上较为容易；而二次系统相对较为复杂，并且二次系统包括了大量的继电保护装置、自动装置和二次回路。所谓继电保护装置就是在供电系统中用来对一次系统进行监视、测量、控制和保护，由继电器来组成的一套专门的自动装置。为了确保 10kV 供电系统的正常运行，必须正确地设置继电保护装置。

2. 继电保护装置

在低压配电系统中，熔断器、自动开关内的电磁脱扣器作为短路保护元件；热继电器、自动开关内的热脱扣器作为过负荷元件；漏电开关作为漏电保护元件；断相继电器作为缺相保护元件。这些元件均有一个共同的特点，就是在正常情况下，均流过被保护元件的负荷电流，监视被保护元件的运行状态。当发生不正常情况或短路事故时，保护元件动作，切断故障电路。

所谓继电保护装置，是指能反映电力系统中电气设备所发生的故障或不正常状态，并动作于断路器跳闸或发出信号的一种自动装置。它的基本作用是：当电力系统发生故障时，能自动地、迅速地、有选择性地将故障设备从电力系统中切除，以保证系统其余部分迅速恢复正常运行，并使故障设备不再继续遭受损坏；当系统发生不正常工作情况时，能自动地、及时地、有选择性地发出信号通知运行人员进行处理，或者切除那些继续运行会引起故障的电气设备。继电保护装置是电力系统必不可少的组成部分，对保障系统安全运行、保证电能质量、防止故障的扩大和事故的发生，都有极其重要的作用。

3. 继电保护装置的主要任务

① 在正常运行的情况下，继电保护通过高压测量元件（电流互感器、电压互感器等变换元件）接入电路。测量元件流过被保护元件的负荷电流，监视发电、输电、变电、配电、用电等环节电气元件的运行状况。

② 当电力系统发生各种不正常运行方式时，如中性点不接地系统发生单相接地故障、变压器过负荷、轻瓦斯动作、油面下降、温度升高、电力系统振荡、非同期运行等，继电保护应可靠动作，瞬时或延时发出预告信号，告诉值班人员尽快处理。

③ 当电力系统发生各种故障时，如电力系统单相接地短路、两相短路、三相短路；设备线圈内部发生匝间、层间短路等，继电保护应可靠动作，使故障元件的断路器跳闸，切除故障点，防止事故扩大，确保非故障部分继续运行。

④ 为使故障切除后，被切除部分尽快投入运行，可借助继电保护和自动装置来实现自动重合闸、备用电源自动投入和按周波自动减负荷。

⑤ 继电保护装置可实现电力系统远动化、遥讯、遥测、遥控等。

4. 对继电保护装置的基本要求

电力系统发生各种短路故障时，所引起的后果相当严重。短路电流的瞬时冲击值会产生一个很大的电动力，使电气设备遭受机械力的破坏；短路引起的电弧及短路电流的热效应，使电气设备绝缘损坏；短路时，系统电压急剧下降，使用户的正常用电遭受破坏，造成停产停电；在电力系统关键部位发生短路时，若处理不及时，会使整个电力系统解列，系统瓦解。为保证电力系统的安全运行，使电气元件免遭破坏，对继电保护装置的基本要求有四点，即：选择性、灵敏性、速动性和可靠性。

① 要具有选择性。当电力系统发生事故时，继电保护装置应能迅速将故障设备切除（断开距离事故点最近的断路设备），从而保证电力系统的其他部分正常运行。为了保证继电保护装置的动作有选择性，主保护靠继电保护整定值配合来实现选择性，如图 10-1 所示。

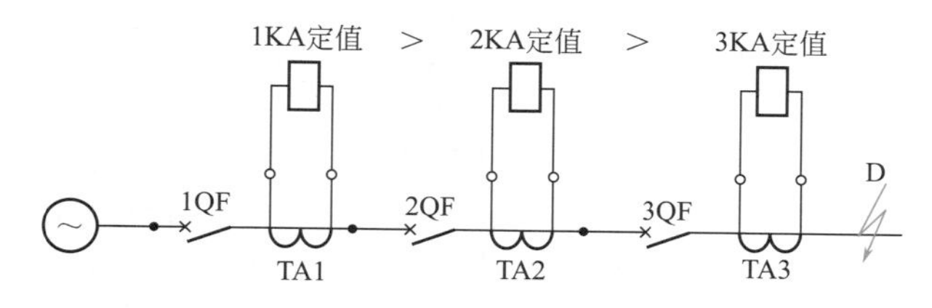

图 10-1 主保护靠继电保护整定值配合

当 D 点发生短路时，短路电流流过 1QF、2QF、3QF，此时应断开 3QF 断路器，1QF、2QF 断路器不应断开，这就叫有选择动作。为保证选择性，1QF 或 2QF 的继电保护装置均不应启动，这主要靠选择继电保护的整定值来保证，即自故障点向电源侧逐级降低继电保护装置对该故障点的灵敏度。

后备保护靠继电保护的时间级差配合来实现选择性，如图 10-2 所示。

当 D 点发生短路时，短路电流流过 1QF、2QF、3QF 断路器，各断路器的后备保护均启动，因保护装置的动作时间是按照自故障点向电源侧逐级递增的原则设计的，$t_1 > t_2 > t_3$，所以

3QF 应先动作切除故障点，1QF、2QF 继电保护因故障电流消失而自动返回，这就保证了有选择动作。

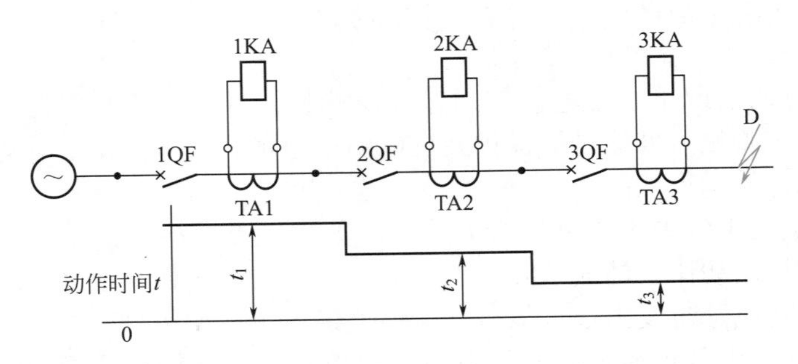

图 10-2　后备保护靠继电保护的时间级差配合

除同一个系统的上级断路器保护整定值应比下级断路器保护的整定值大 1.1 倍以上外，在动作时限上还应有一个时间级差，通常取 0.5 ～ 0.7s。

② 要具有速动性。快速切除短路故障能缩小故障范围，减轻短路电流对电气设备的破坏程度；加速系统电压的恢复；提高电力系统和发电机并列运行的稳定性；使短路点电弧容易熄灭；提高自动重合闸的成功率；缩短用户停电时间和减少电能损失；保证系统非故障部分的正常运行。

短路故障切除时间等于继电保护的动作时间和断路器的固有跳闸时间之和。若继电保护采用速动保护，断路器采用快速型，就可实现速动性。目前 10kV 断路器跳闸时间小于 0.06s，速动继电保护的动作时间为 0.02 ～ 0.04s。

③ 要具有灵敏性。灵敏性系指继电保护装置对故障和异常工作状况的反应能力。在保护装置的保护范围内，不管短路点的位置如何、不论短路的性质怎样，保护装置均不应产生拒绝动作。

但在保护区外发生故障时，又不应该产生错误动作。保护装置灵敏与否，一般用灵敏系数来衡量。各种类型保护装置的灵敏性可用灵敏度（或灵敏系数）来衡量。以过电流保护为例：

$$灵敏度系数=\frac{保护区域末端的短路电流}{一次侧动作电流}$$

④ 要具有可靠性。继电保护装置应经常地处于准备动作状态。在电力系统发生事故时，相应的保护装置应可靠动作，不应拒动。在电力系统正常运行情况下也不应误动，以免造成用户不必要的停电。为了使保护装置动作可靠，除正确地选用保护方案、正确计算整定值以及选用质量好的继电器等电气元件外，还应对继电保护装置进行定期校验和维护，加强对继电保护装置的运行管理工作。

5. 主保护和后备保护

10kV 供电系统中的电气设备和线路应装设短路故障保护。短路故障保护应有主保护、后备保护，必要时可增设辅助保护。

当在系统中的同一地点或不同地点装有两套保护时，其中有一套动作比较快，而另一套动作比较慢，动作比较快的就称为主保护；而动作比较慢的就称为后备保护。即为满足系统稳定和设备的要求，能以最快速度有选择地切除被保护设备和线路故障的保护，就称为主保护；例如变压器的电流速断保护，只能保护变压器一次侧设备，不能保护变压器二次侧设备。

后备保护不应理解为次要保护，它同样是重要的。后备保护不仅可以起到当主保护应该动作而未动作时的后备作用，还可以起到当主保护虽已动作但最终未能达到切除故障部分的作用。除此之外，它还有另外的意义。为了使快速动作的主保护实现选择性，从而造成了主保护不能保护线路的全长，而只能保护线路的一部分，也就是说，出现了保护的死区。这一死区就必须利用后备保护来弥补。

6. 近后备和远后备

当主保护或断路器拒动时，由相邻设备或线路的保护来实现的保护称为远后备保护；由本级电气设备或线路的另一套保护实现后备的保护，就叫近后备保护。

如图 10-3 所示，配电变压器低压出线 D 发生故障时，变压器的后备保护也启动，低压出线保护 2QF 动作切除故障点后，变压器的后备保护返回，当低压出线保护 2QF 拒绝动作时，变压器后备保护按预先整定的时间动作，切除变压器高压侧的断路器，就是远后备保护。

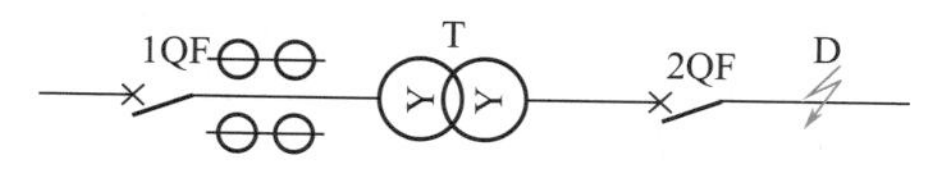

图 10-3　近后备和远后备

辅助保护：为补充主保护和后备保护的性能或当主保护和后备保护退出运行而增设的简单保护，称为辅助保护。

7.10kV 配电系统常用继电保护的种类

① 电流速断保护。电力系统的发电机、变压器和线路等电气元件发生故障时，将产生很大的短路电流。故障点距离电源越近，则短路电流越大。为此，可以利用电流大于电流继电器的最大整定值时，保护装置就动作，使断路器跳闸将故障段切除。

电流速断保护按被保护设备的短路电流整定，是指当短路电流超过整定值时，保护装置动作，断路器跳闸。电流速断保护一般没有时限，不能保护线路全长（是为避免失去选择性），即存在保护的死区。

电流速断保护是变压器的主保护，当从保护安装处至变压器高压线圈一段内，包括高压开关柜的线路隔离开关、高压配电电缆、一次引线、高压套管、高压线圈发生各种短路故障时，均能起到保护作用并作用于断路器跳闸，不能保护变压器的全部。对于线路只能保护线路全长的 70% ～ 80%。

速断保护的原则：对被保护线路来说，整定的保护动作电流应大于（躲过）被保护线路末端的最大短路（三相金属性短路）电流。对被保护的变压器来说，整定的保护动作电流大于变压器低压侧出口的最大短路（三相金属性短路）电流。

② 过电流保护。过电流保护一般是按避开最大负荷电流来整定的。为了使上、下级过电流保护有选择性，在时限上也应相差一个级差。而电流速断保护是按被保护设备的短路电流来整定的，因此一般它没有时限。两者常配合使用作为设备的主保护和后备保护。

过电流保护是变压器电流速断的后备保护，叫近后备保护；又是穿越性短路故障的后备保护，叫远后备保护；是变压器低压侧的主保护；过电流保护动作于断路器跳闸。

过电流保护的整定原则：整定电流应躲过线路最大的负荷电流。

③ 瓦斯（气体）保护。瓦斯继电器接在变压器油箱与油枕之间，瓦斯保护是针对油浸式变压器内部故障的一种保护装置，当变压器内发生故障时，故障点局部发生高热，引起附近变压器油的膨胀，分解出大量气体迫使瓦斯继电器动作。

当发出轻瓦斯信号时，值班员应立即对变压器及瓦斯继电器进行检查，注意电压、电流、温度及声音的变化，同时迅速收集气体做点燃试验。如果气体可燃，说明内部有故障，应及时分析故障原因；如气体不可燃，应对气体及变压器油进行化学分析以作出正确判断。

重瓦斯动作（瓦斯动作掉闸）后，值班员在判明故障性质以前，变压器不得投入运行。当发出重瓦斯信号时，则应根据当时变压器的音响、气味、喷油、冒烟、油温急剧上升等异常情况，证明其内部确有故障时，应立即将变压器停止运行。

④ 零序保护。电力系统中发电机或变压器的中性点运行方式，有中性点不接地、中性点经消弧线圈接地和中性点直接接地三种方式。10kV 系统采用的是中性点不接地的运行方式。

系统运行正常时，三相是对称的，三相对地间均匀分布有电容，在相电压作用下，每相都有一个超前90°的电容电流流入地中。这三个电容电流数值相等、相位相差120°，其和为零，中性点电位为零。

假设 A 相发生了一相金属性接地，则 A 相对地电压为零，其他两相对地电压升高为线电压，三个线电压不变，这时对负荷的供电没有影响。按规程规定还可继续运行 2h，而不必切断电路，这也是采用中性点不接地的主要优点。但其他两相电压升高，线路的绝缘受到考验，有发展为两点或多点接地的可能。应及时发出信号，通知值班人员进行处理。

10kV 中性点不接地系统中，当出现一相接地时，利用三相五铁芯柱的电压互感器（PT）的开口三角形的开口两端有无零序电压来实现绝缘监察。这种装置存在一定的缺陷。

当网络比较复杂、出线较多、可靠性要求高，采用绝缘监察装置不能满足运行要求时，可采用零序电流保护装置。它是利用接地故障线路零序电流较非接地故障线路零序电流大的特点构成的一种保护装置。

零序电流保护一般使用在有条件安装零序电流互感器的电缆线路或经电缆引出的架空线路上，当在电缆出线上安装零序电流互感器时，其一次侧为被保护电缆的三相导线，铁芯套在电缆外，其二次侧接零序电流继电器。当正常运行或发生相间短路时，一次侧电流为零。二次侧只有因导线排列不对称而产生的不平衡电流。当发生一相接地时，零序电流反映到二次侧，并流入零序电流继电器，使其动作发出信号。在安装零序电流保护装置时，特别注意的一点是：电缆头的接地线必须穿过零序电流互感器的铁芯。这是由于被保护电缆发生一相接地时，全靠穿过零序电流。

整定原则与一般瞬时电流速断保护类似，它的动作电流 I_{dz} 按躲过被保护线路末端单相或两相接地短路时通过本保护装置的最大零序电流 $I_{d0.max}$ 来确定。

⑤ 温度保护。温度保护是监视变压器上层油温并可以发出控制信号，一般变压器上层油温比中、下层油温高。因此，通过监视上层油温来控制变压器绕组的最高点温度。按 A 级绝缘考虑，由于绕组平均温度比油温高 10℃，因此一般规定上层油温不允许超过 95℃，这样绕组的最高温度不会超过 105℃，这与 A 级绝缘的允许温度是一致的。变压器绕组的最高允许温度为 105℃，并不是说绕组可以长期处在这个温度下运行。如果连续在这个温度下运行，绝缘会很快老化，寿命将大大降低。根据试验，如绕组的运行温度保持在 95℃时，使用寿命为 20 年；温度为 105℃时，使用寿命为 7 年；温度为 120℃时，使用寿命为 2 年。可见变压器的使用年限主要取决于绕组的运行温度。

监视变压器上层油温，也就是监视变压器绕组的绝缘温度。因此保证变压器绕组温度不超过允许值，也就保证了变压器一定的使用寿命。

⑥ 过负荷保护。过负荷保护是监视变压器运行状态、保证变压器在正常负荷范围运行，当负荷大于规定值时，继电保护装置发出报警信号，提示值班人员应加强巡视并采取措施降低变压器负荷，以保证安全运行。

⑦ 柜闭锁。柜闭锁电路是保证断路器在运行位置、试验位置时，开关柜除断路器手车门、仪表室门以外的开关柜门和变压器门不可以打开，以防发生危险。柜闭锁是装在门内的限位开关，门关闭良好时开关压下接点断开；当门打开时限位接通发出跳闸命令。

8. 保护发出跳闸命令的继电保护种类

不是都发出跳闸指令的，只有电流速断保护、过电流保护、单相接地保护、重瓦斯保护才发出跳闸指令。而轻瓦斯保护、过负荷保护、温度保护，只发出报警信号。

9. 继电保护的整定工作应当由谁来做，整定原则

继电保护的整定工作应由供电部分的专职人员负责，用电单位不可随意改动继电保护的整定值。运行值班人员必须熟悉本单位继电保护装置的种类、工作原理、保护特性、保护范围、整定值。

速断保护的整定原则：其整定电流应躲过变压器低压侧母线的最大短路电流。

过流保护的整定原则：整定电流按躲过线路的最大负荷电流。线路最大负荷电流即线路全部的负荷电流加最大设备的启动电流。

10. 继电保护的保护范围

过流保护的保护范围：过电流保护作为被保护线路主保护的后备保护，能保护线路的全长，还应作为下一级相邻线路保护的后备保护。作为配电变压器过流保护主要是保护变压器的低压侧。速断保护的保护范围：电流速断保护作为变压器的主保护，以无时限动作，切除故障点，减少了事故持续时间，防止了事故扩大。为了实现保护的选择性，电流速断不能保护变压器全部，只能保护变压器一次侧高压设备。电流速断保护对被保护元件有保护死区。

11. 根据继电保护动作判断故障点的方法

可以根据继电保护的整定原则和保护范围来确定故障点。

若变压器速断保护动作，断路器掉闸，根据速断保护的整定原则和保护范围分析判断，表明故障出在变压器的高压侧，高压侧有短路故障。

若变压器过流保护动作，断路器掉闸，根据过流保护的整定原则和保护范围分析判断，表明故障有可能出在变压器的低压侧，低压侧有短路故障。

若变压器瓦斯保护动作，表明故障点在变压器的内部。若轻瓦斯保护动作，说明变压器内部发生轻微故障。若重瓦斯保护动作，断路器跳闸，说明变压器内部发生严重故障。

若零序保护动作，则表明系统发生了高压一相对地绝缘损坏。

若确属变压器高压侧或变压器故障，应立即报告供电局用电监察部门。

在未查明故障原因，并未消除故障时，不允许给变压器送电。

12. 继电保护的维护

继电保护的校验和检查工作主要由供电专业人员负责。用电单位要保证继电保护的二次回路的完好，可选用 1000V 的兆欧表，摇测二次回路的绝缘电阻。交流二次回路中每一个电气连接回路，绝缘电阻不低于 1MΩ；全部直流回路，绝缘电阻不低于 0.5MΩ。

在摇测二次回路绝缘电阻时，应注意尽量减少拆线数量，但电源和地线必须断开，并定期巡视检查继电保护装置有无下列异常：

① 各类继电器外壳有无破损，应清洁无油垢；

② 各类继电器的整定值的指示位置是否正确，有无变动；

③ 继电器接点有无卡住、变位、倾斜、烧伤、脱轴、脱焊等；

④ 感应型继电器圆盘转动是否正常，机械掉牌位置是否与运行状态相符合；

⑤ 长期带电的继电器接点有无大的抖动、磨损，声音是否正常；

⑥ 长期带电具有附加电阻的继电器、线圈和电阻有无过热现象；

⑦ 保护压板、切换片及转换开关位置是否与运行位置相符合；

⑧ 各种运行信号指示、光字牌、信号继电器、位置指示信号、预告、事故音响信号是否正常；

⑨ 检查交流、直流操作电源、控制电源是否正常，直流母线电压是否正常，有无直流

一极接地现象；

⑩ 分、合闸回路是否完好，分、合闸线圈有无过热、短路现象，分、合闸线圈的铁芯是否变位。

13. 指示灯的使用规定

高压开关设备合闸红色指示灯，分闸绿色指示灯，储能黄色指示灯是根据 GB 2682《电工成套装置中的指示灯和按钮的颜色》5.2 指示灯颜色的指令含义而确定的。具体见表 10-1。

表 10-1　指示灯的使用规定

颜色	含义	说明
红色	危险或告急	有危险或须立即采取行动
绿色	安全	正常或允许进行
黄色	注意	情况变化或即将发生变化

二、10kV 系统常用的继电器

继电器是构成继电保护最基本的元件，10kV 变、配电所常用的保护继电器的种类繁多，按照不同的分类方法可分成许多类别，主要有电流继电器、电压继电器、时间继电器、中间继电器、信号继电器、瓦斯继电器、综合保护装置等。

1.GL 型过电流继电器

GL 型过电流继电器是利用电磁感应原理工作的，主要由圆盘感应部分和电磁瞬动部分构成，由于继电器及由感应原理构成的反时限特性部分，又有电磁式瞬动部分，因此又称为反时限电流继电器，具有速断保护和过流保护的功能。这种继电器是以反时限保护特性为主，GL 型过电流继电器的外形如图 10-4 所示。GL 型过电流继电器的辅助接点动作特点是常开接点先闭合、常闭接点后断开，以保证在过流保护电流中不会因接点切换造成电流互感器二次开路的事故。接点动作如图 10-5 所示。

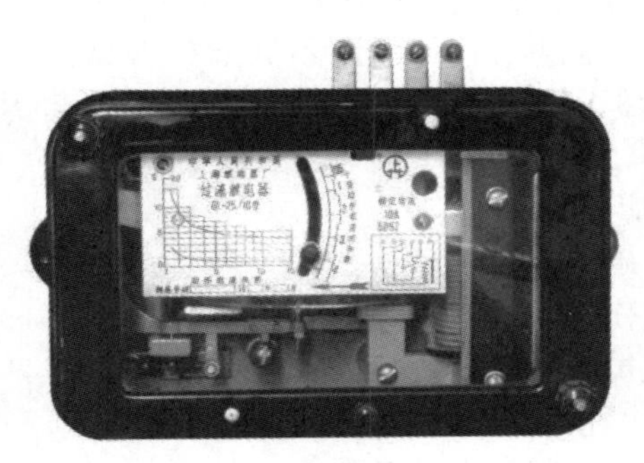

图 10-4　GL 型过电流继电器的外形

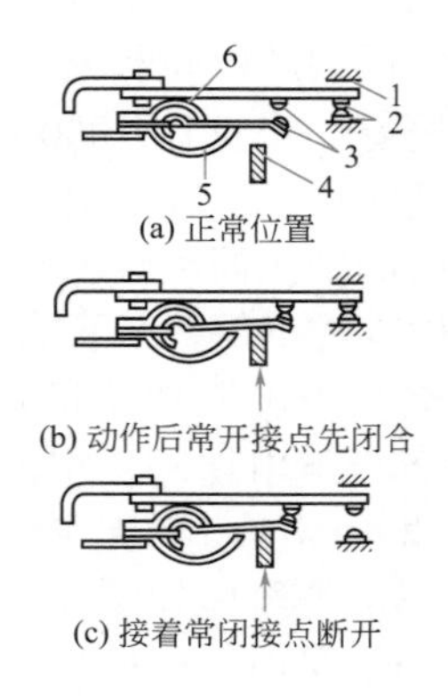

图 10-5　GL 型过电流继电器的接点动作

GL 型过电流继电器的构造与部件功能如图 10-6 所示。

电流线圈设有七个抽头，并有两个调节螺杆，改变调节螺杆插孔的位置，就等于改变线圈的抽头匝数，从而改变了继电器的电流整定值。

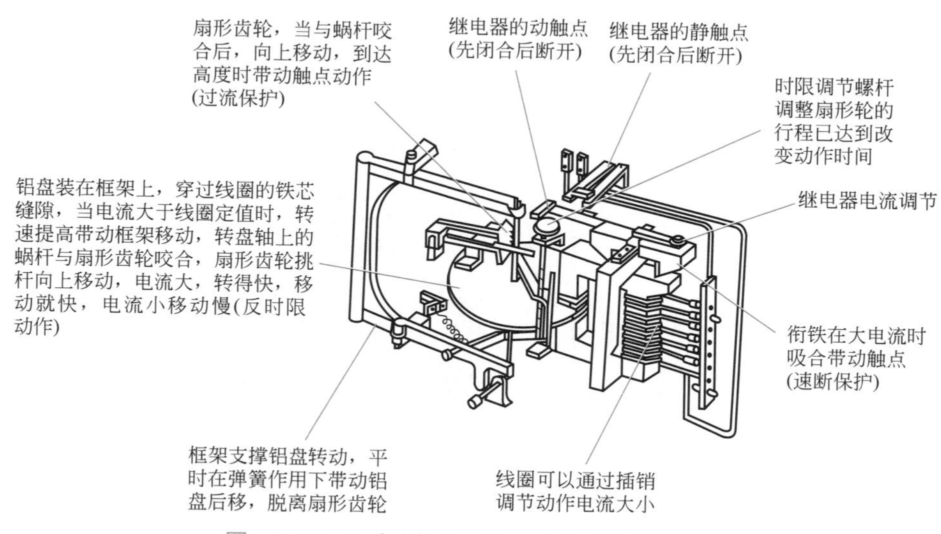

图 10-6　GL 型过电流继电器的构造与部件功能

铝盘也叫感应转盘，在正常运行时，继电器线圈中流过被保护元件经测量元件的负荷电流。由于该电流小于继电器的整定值，感应转盘匀速转动，扇形齿轮和螺母轮杆不会啮合，继电器不动作。当发生各种短路故障时，流过继电器的电流大于继电器的整定电流，感应圆盘开始加速转动带动框架使扇形齿轮与螺母轮杆啮合，扇形齿轮开始上升，经过一定的时间，扇形齿轮上的挑杆挑起触点，继电器触点动作，常开触点闭合动作发出跳闸信号。

短路电流的大小决定了感应转盘加速的快慢，而感应转盘加速的快慢又决定了继电器的动作时间，短路电流大，动作时间快；短路电流小，动作时间慢。换句话说，就是继电器的动作时间与短路电流的大小成反比，这就形成了该继电器的反时限特性。

时间调节螺杆是调整扇形齿轮的起始位置，从而可以改变继电器的动作时间。

可动衔铁装有衔铁杠杆，左右端的密度不一样，当短路电流大于线圈速断元件整定值时，可动衔铁在电磁力作用下直接动作触动继电器常开接点闭合，动作发出跳闸信号。

2.DL 型电流继电器

接入系统中的电流继电器，在正常运行时，流过电气元件的负荷电流由于小于继电器的整定电流，继电器不动作；当系统发生各种短路故障时，短路电流大于继电器的整定电流，继电器动作，接点闭合，发出跳闸脉冲，断路器跳闸。电流继电器的文字符号为 KA，变配电系统常用的电流继电器有 DL 系列。图 10-7 为 DL 型电流继电器的外形和图形符号，图 10-8 为 DL 型电流继电器的内部接线图。

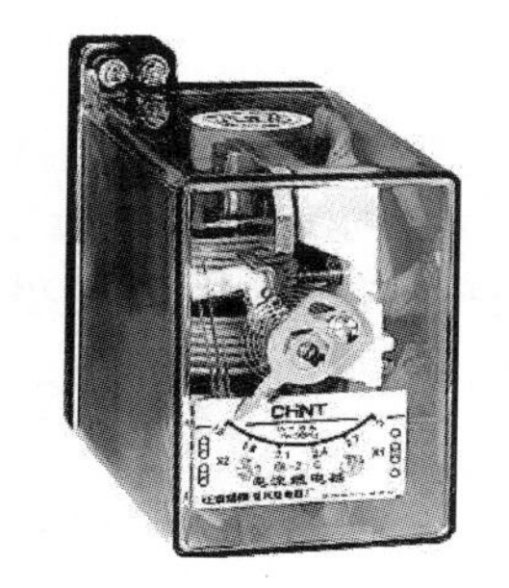

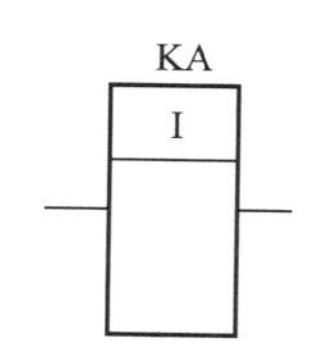

图 10-7　DL 型电流继电器的外形和图形符号

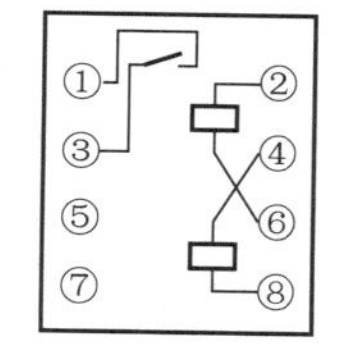

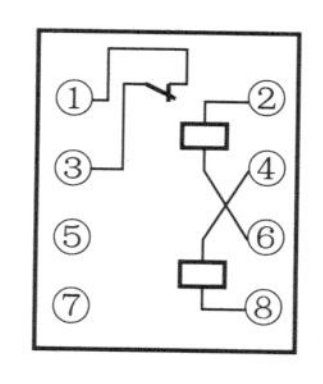

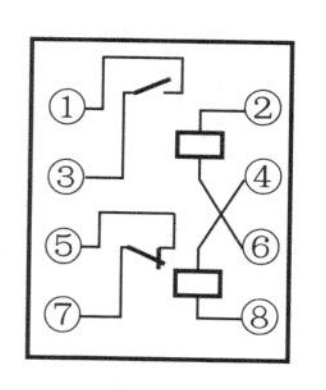

图 10-8　DL 型电流继电器的内部接线图

DL 型电流继电器有两个电流线圈，利用连接片可以接成串联（4、6 连接）或并联（2、4 接一端，6、8 接一端），内部接线如图 10-8 所示，当由串联改为并联时，动作电流增大一倍。动作电流的调整分为粗调和细调，粗调是靠改变两个线圈的串并连接；细调是靠改变螺旋弹簧的松紧力。DL 型电流继电器的构造和主要部件功能如图 10-9 所示。

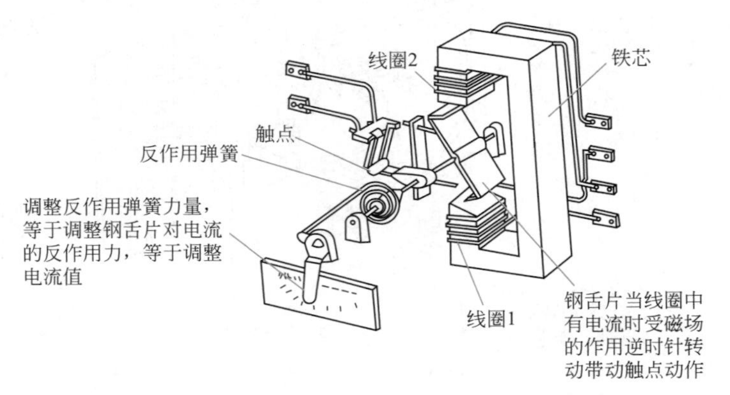

图 10-9　DL 型电流继电器的构造与主要部件功能

3. 信号继电器

信号继电器在继电保护之中用来发出指示信号，因此又称指示继电器。信号继电器的文字符号为 KS，10kV 系统中常用的有 DX 型、JX 电磁式信号继电器，有电流型和电压型两种。电流型信号继电器的线圈为电流线圈，阻抗小，串联在二次回路内，不影响其他元件的动作；电压型信号继电器的线圈为电压线圈，阻抗大，必须并联使用。信号继电器的外形如图 10-10（a）、（b）所示。

(a) DX型信号继电器

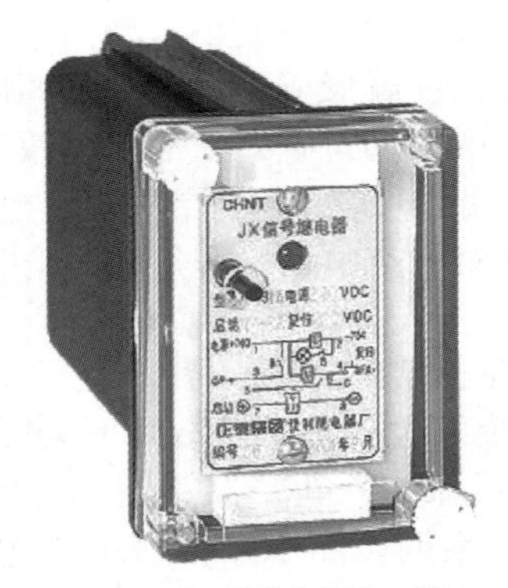

(b) JX型信号继电器

图 10-10　信号继电器的外形

信号继电器的图形符号和文字符号

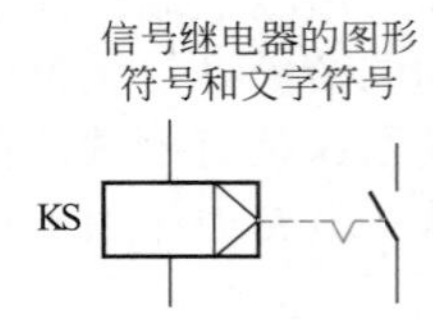

信号继电器的内部接线图

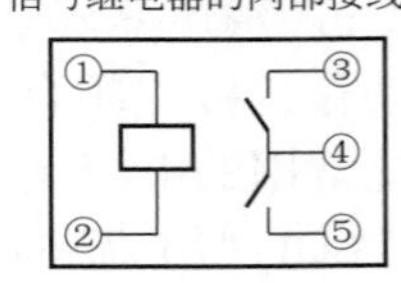

图 10-11　DX-11 型信号继电器的内部接线

DX 系列信号继电器在继电保护装置中主要有两个作用：一是机械记忆作用，当继电器动作后，信号掉牌落下，用来发布控制命令和反映设备状态，信号掉牌为手动复位方式；二是继电器动作后，信号接点闭合，发出事故、预告或灯光信号，告诉值班人员，尽快处理事故。当设备恢复正常以后，必须通过复归信号牌来解除信号，不然将永远地接通信号电路，信号继电器是构成自动控制和远程控制电路不可缺少的元件。

DX-11 型信号继电器的内部接线如图 10-11 所示。图形符号为 GB 4728 规定的机械保持继电器线圈符号，其触点上的附加符号表示非自动复位触点。信号继电器的构造和主要部件功能如图 10-12 所示。

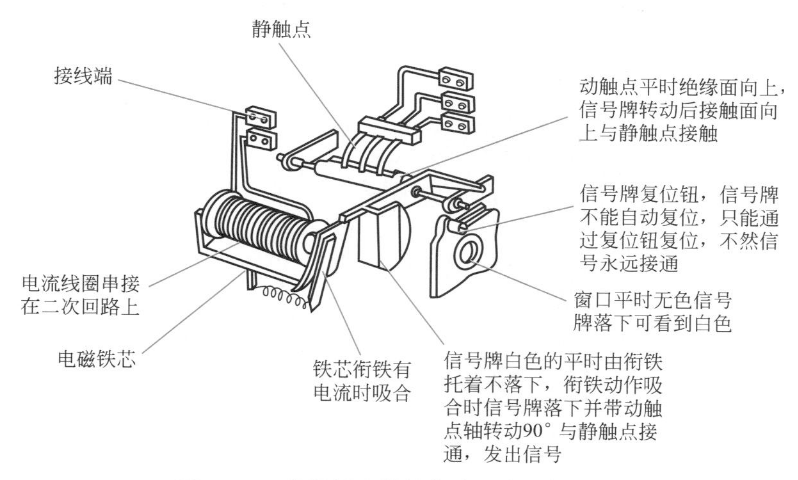

图 10-12 信号继电器的构造和主要部件功能

4. 电磁型 DZ 系列交直流中间继电器

这种继电器是继电保护中起到辅助和操作作用的继电器，也称为辅助继电器，起到增加接点容量和数量的作用，它是一种执行元件。它通常用在保护装置的出口回路中接通断路器的跳闸回路，也称为出口（发出控制指令）继电器。

应用的型号比较多，接点的数量也比较多，有常开和常闭接点，继电器的额定电压应与操作电源的额定电压一致。常用的中间继电器外形如图 10-13（a）～（c）所示，图形符号和内部接线如图 10-14 所示。

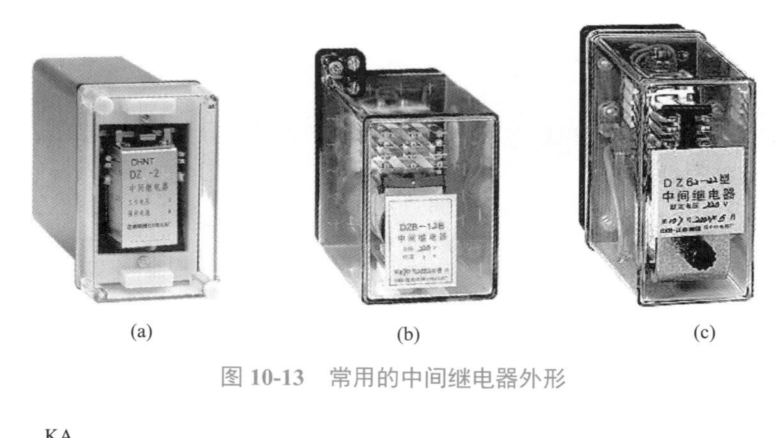

图 10-13 常用的中间继电器外形

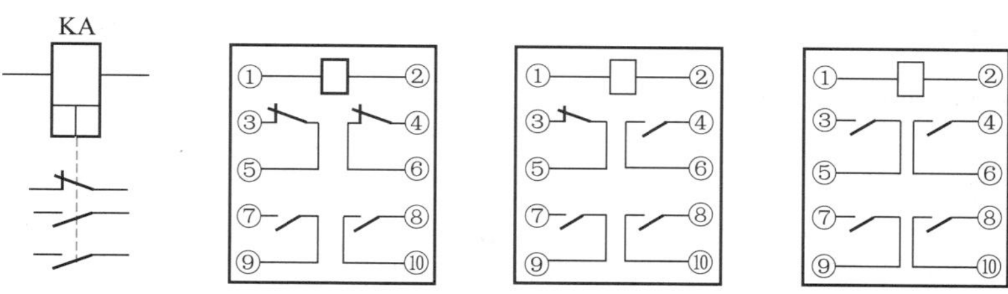

图 10-14 中间继电器的图形符号和内部接线

变配电系统中常用的 DZ 系列中间继电器的基本结构如图 10-15 所示，它一般采用吸引衔铁式结构，当线圈通电时，衔铁快速吸合，常闭触点断开，常开触点闭合。当线圈断电时，衔铁又快速释放，触点全部返回起始位置。其图形符号和内部接线如图 10-14 所示，其中线圈符号为 GB 4728 规定的快吸和快放线圈。

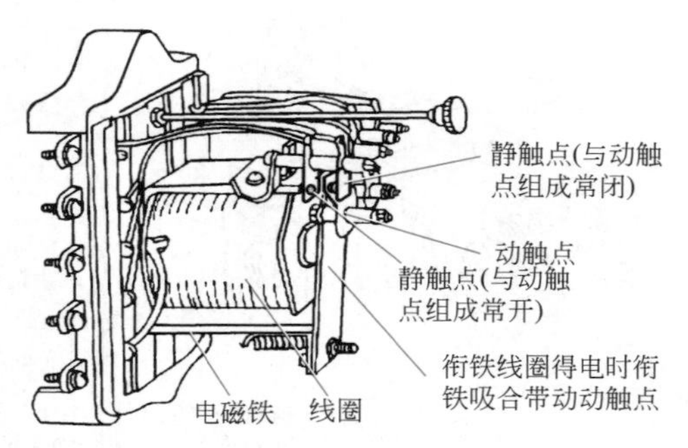

图 10-15 DZ 系列中间继电器的基本结构

5.DS 型时间继电器

电磁型时间继电器在继电保护装置中，是用来使保护装置获得所需要的延时（时限）的元件，可根据整定值的要求进行调整，是过电流和过负荷保护中的重要组成部分。

继电保护常用的时间继电器有 DS 系列，如图 10-16 所示。

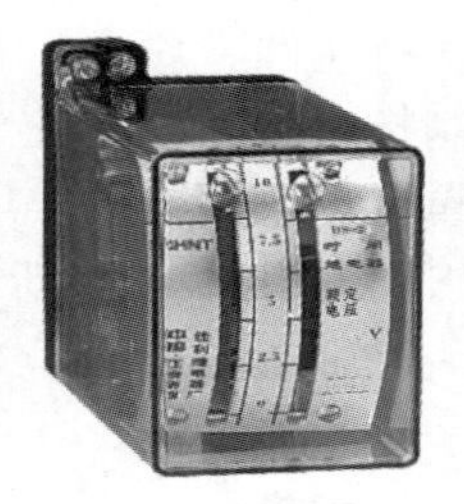

图 10-16 常用的时间继电器

时间继电器有通电工作型和断电工作型，图形及文字符号如图 10-17、图 10-18 所示。

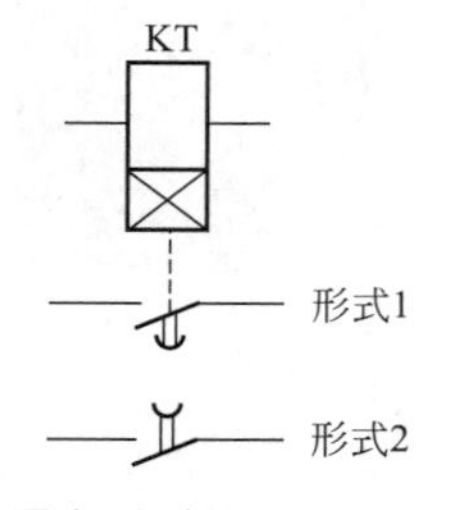

图 10-17 通电延时的线圈及延时闭合触点

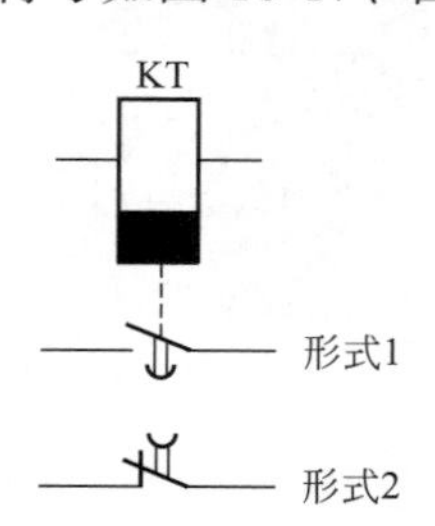

图 10-18 断电延时的线圈及延时断开触点

DS 型时间继电器的内部接线图如图 10-19 所示。

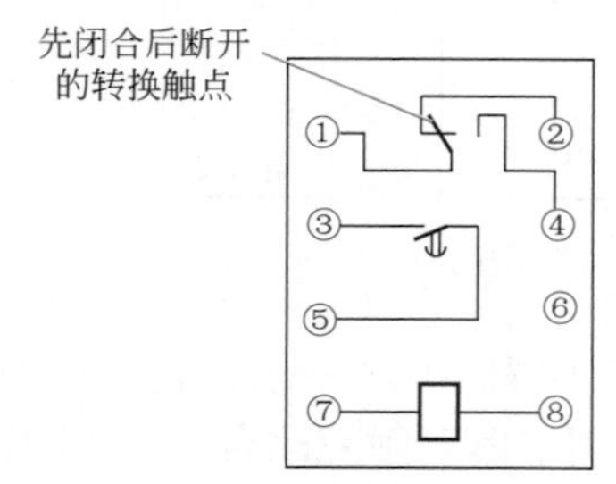

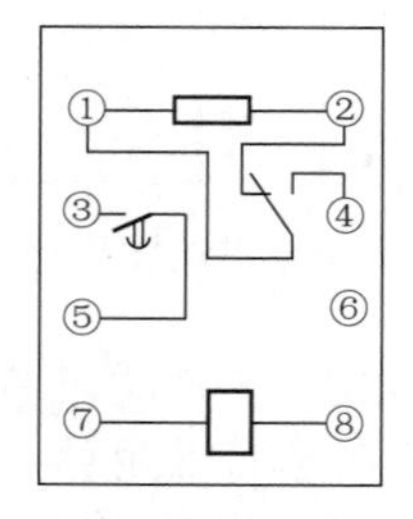
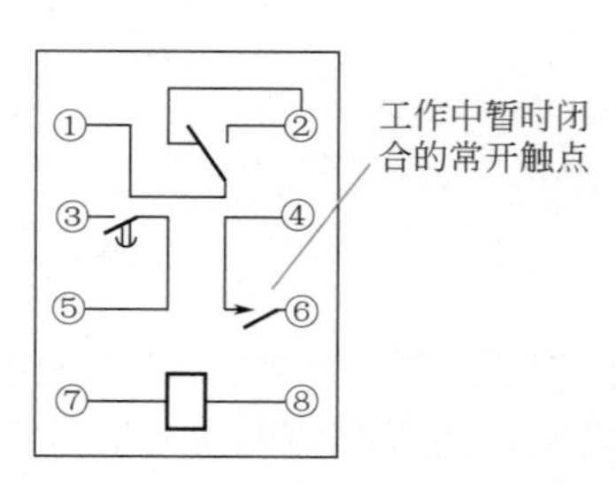

图 10-19 DS 型时间继电器的内部接线图

DS 系列时间继电器有交流、直流之分。DS-110 系列用于直流操作继电保护回路；DS-120 系列用于交流操作继电保护回路。该继电器的接点容量较大，可直接接于跳闸回路。

6. 电压继电器

电压继电器是继电保护电路中重要的电气元件，在继电保护装置中是一种过电压和低电压及零序电压保护的重要继电器，电压继电器的文字符号为 KV，变配电系统常用电流继电器有 DJ 系列。常用的电压继电器外形如图 10-20 所示。

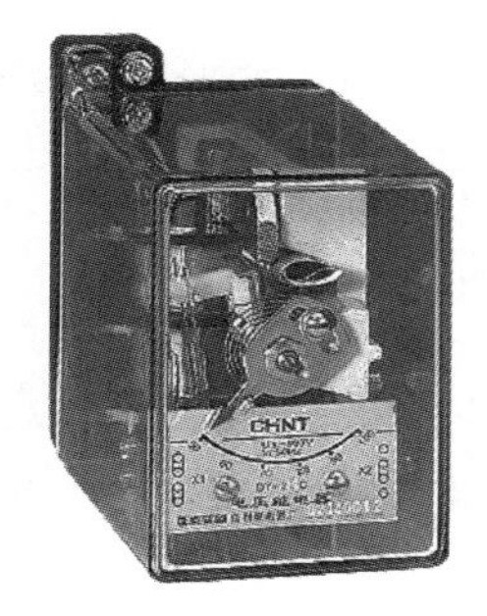
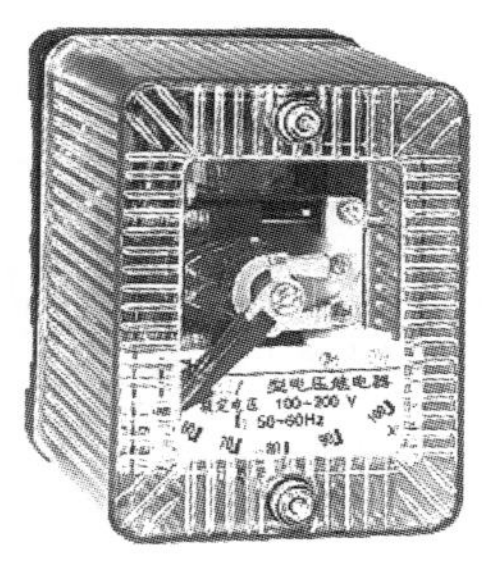

图 10-20　常用的电压继电器外形

DI 系列电压继电器内部接线如图 10-21 所示。

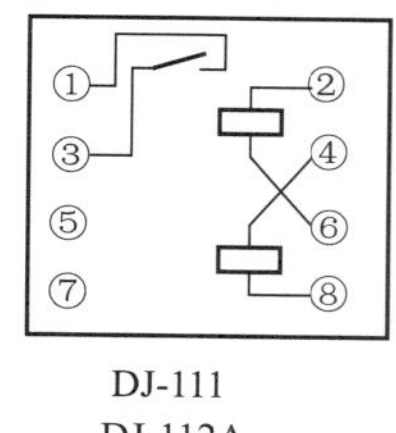
DJ-111
DJ-112A

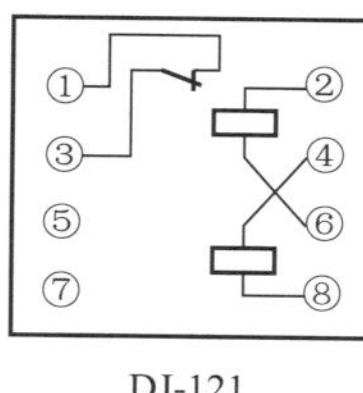
DJ-121
DJ-122A

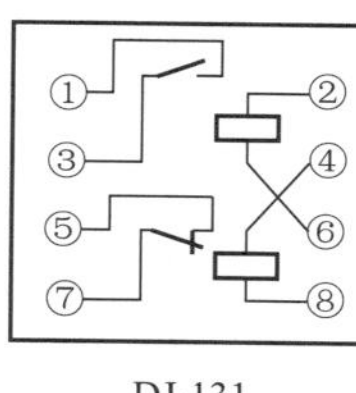
DJ-131
DJ-132A

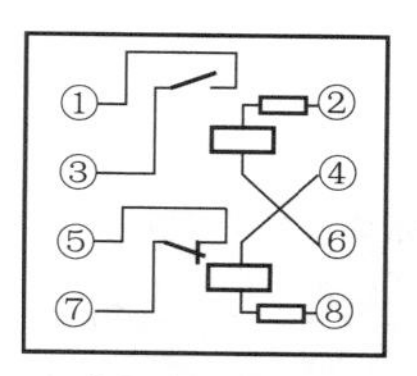
DJ-131-60CN

图 10-21　DJ 系列电压继电器内部接线图

DJ 型电压电器有两个电压线圈，利用连接片可以接成串联或并联。当由并联改为串联时，动作电压提高一倍。动作电压的调整分为粗调和细调，粗调是靠改变两个线圈的串并连接；细调是靠改变螺旋弹簧的松紧力。电压继电器的内部构造与电流继电器一样，只是线圈为电压线圈。

DJ 系列电压继电器分为过电压继电器和低电压继电器。

DJ-111、DJ-121、DJ-131 为过电压继电器；DJ-112、DJ-122、DJ-132 为低电压继电器；DJ-131-60CN 为过电压继电器，每个线圈上串一个电阻，一般接于三相五柱电压互感器开口三角形中，作为绝缘监视用，反映接地时系统的零序电压。

7.DZB 型保持继电器

保持继电器是一种具有自保持绕组功能的特殊继电器，如图 10-22 所示，主要用于直流操作的继电保护回路系统中的防跳跃保护电路。它与其他继电器不同，保持继电器有两种功能的线圈，即电流线圈和电压线圈，有电流线圈启动电压线圈保持和电压线圈启动电流线圈保持两种工作形式，接线图如图 10-23 所示，电压线圈有 24V、48V、110V、220V 四个电压等级，电流线圈有 0.5A、1A、2A、4A、8A 五个电流等级。DZB-115 型保持继电器是电流线圈启动电压线圈保持型，CZB-127 型保持继电器是有一个电压线圈工作、两个电流线圈保持型，具体的工作过程参见继电保护电路。

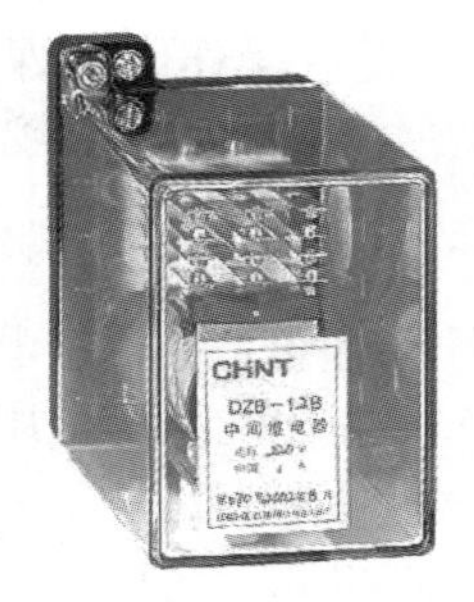

图 10-22　DZB 型保持继电器

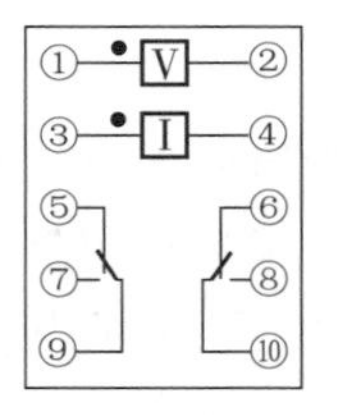

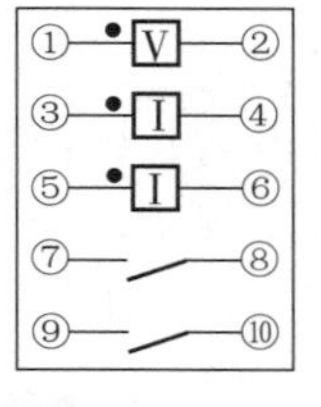

图 10-23　DZB 型保持继电器接线图

8. 气体继电器

气体继电器又称瓦斯继电器，它是针对变压器内部的一种保护装置。当变压器内部发生匝间短路一类故障时，在高温和电弧作用下，变压器油会分解出气体；另外绝缘如果受到局部高温会造成碳化，也会生成气体。气体上升到油箱顶部，并顺着有一定倾斜度的箱盖向油枕方向流动。气体继电器装在油箱和油枕之间的连接油管上，如图 10-24 所示。因此这些气体首先进入气体继电器。

图 10-24　气体继电器外形

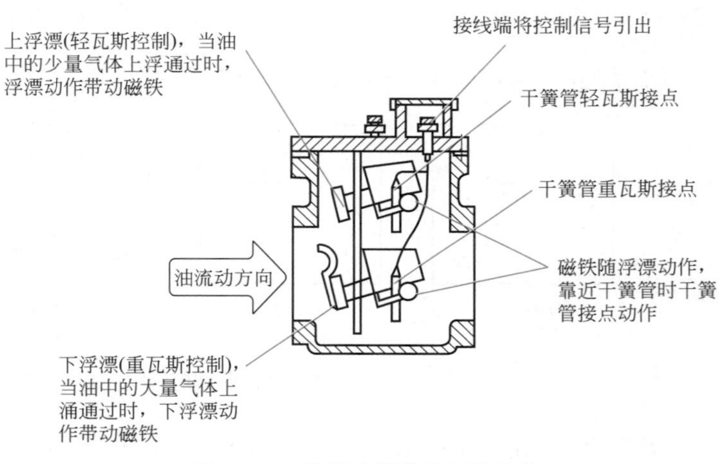

图 10-25　挡板式气体继电器结构

挡板式气体继电器的结构如图 10-25 所示。它的内部装有两个浮球，上边的一个叫轻瓦斯，下面的一个叫重瓦斯。它们可以绕各自的转轴转动。在正常的情况下，两个浮球都绕转轴旋转到最上方，每个浮球上装有一个磁铁和干簧管。当浮球位于最上方时，干簧管接点是断开的。

当变压器内部发生故障时，产生的气体进入了气体继电器，并聚集在它的上部。此时，气体继电器内的油面降低，轻瓦斯浮球首先跟随油面下降，当降到一定程度时，磁铁接近干簧管，干簧管接点接通外部信号电路发出报警信号，值班人员可以及时掌握情况，并采取相应措施。

重瓦斯动作发生在以下两种情况：第一，油枕中已无油，油面降到瓦斯继电器底部，重瓦斯跟随油面下降，直到其接点闭合。第二，变压器内部发生严重的短路故障，瞬时间分解出大量气体，油气流通过瓦斯继电器冲向油枕，冲击力使得重瓦斯挡板转动，磁铁和干簧管接近其接点闭合。

重瓦斯动作说明变压器已发生了不能再继续运行的故障。因此，重瓦斯接点常常直接接入变压器断路器的跳闸回路。运行经验表明，气体继电器对变压器是一种十分有效的保护装置，它的作用常常是其他形式的保护无法代替的。

9. 电接点温度计

电接点温度计是油浸式变压器必配的温度保护元件，将温度探头从油箱顶部插入，可测量油箱内部的温度，电接点双金属温度计是利用温度变化时带动触点变化，当其与上下限接点接通或断开的同时，使电路中的继电器动作，从而自动控制及报警，实物如图 10-26 所示。

电接点温度计接线如图 10-27 所示，上接点的指针是温度上限，下接点的指针是温度下限，中间的黑色指针指示是实际压力的数值，同时也是控制接点的公共端②，当压力达到上限时与上限接电接通② - ③，当压力达到下限时，与下限接点接通② - ①，实际压力在上下限之间时，公共端与上限、下限都断开，以达到温度控制的目的。

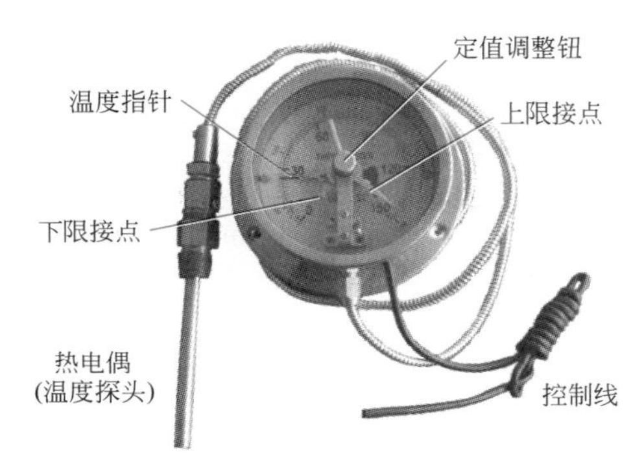

图 10-26 电接点温度计

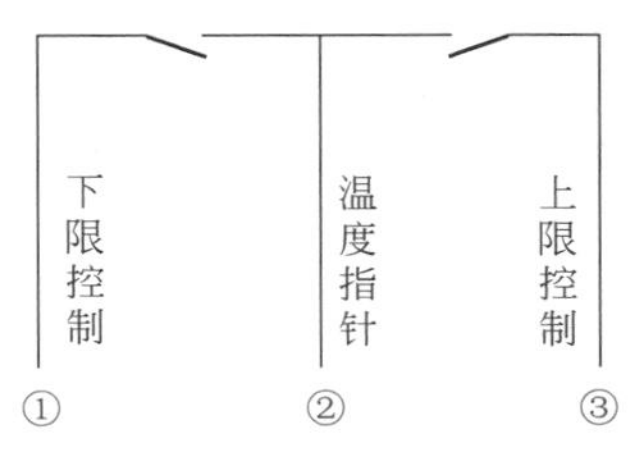

图 10-27 电接点温度计接线

10. 冲击继电器

冲击继电器是高压继电保护电路中一个特有的电气元件，如图 10-28 所示，工作特点是可以捕捉到系统中转瞬消失的事故信号，同时保留现场并发出相应的动作信号，继电保护的速动性决定了掉闸信号持续的时间只有毫秒或微秒，时间极短，一般的电磁继电器的反应速度难以适应这样的要求，而一旦延误会造成电路拒动，这是不能允许的，冲击继电器的内部采用干簧继电器，它的动作灵敏度相对较高，配合其内部的继电器实现自锁，记录现场。使用中可以选择手动复位或延时自动复位方式。

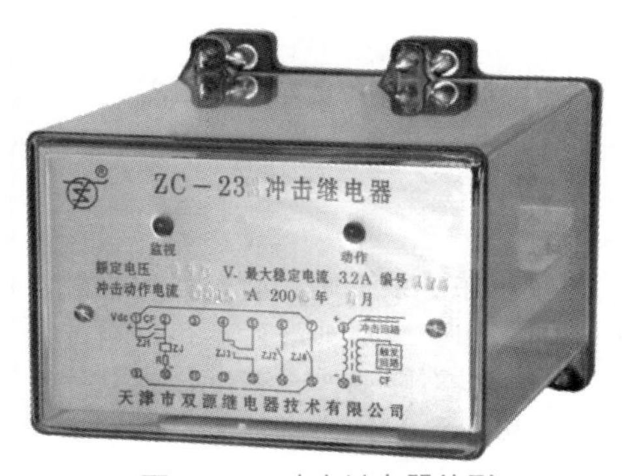

图 10-28 冲击继电器外形

图 10-29 是冲击继电器事故报警电路，KSP 为 ZC-23 型冲击继电器，脉冲变流器 TP 一次侧并联的二极管 VD 和电容器 C 起抗干扰作用，二次侧并联的二极管 VD 的作用是将 TP 的一次侧电流突然减小而在二次侧感应的电流旁路，使干簧继电器 KR 不误动（因干簧继电器动作没有方向性）。其原理是当断路器事故分闸或按下试验按钮 SE 时，脉冲变流器 TP 一次绕组中有电流增量，二次绕组中感应电流启动 KR，KR 动作后启动中间继电器 KM。KM 有两对触点，一对触点闭合启动蜂鸣器 HB，发出音响信号；另一对触点闭合启动时间继电器 KT，经一定延时后，KT 的延时闭合触点接通 KM1，KM1 常闭触点动作后，使 KM 失磁返回，于是音响停止，整个事故信号回路恢复到原始状态。

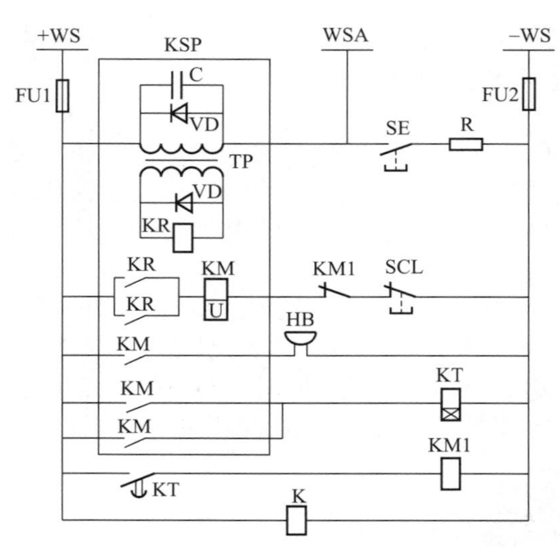

图 10-29　冲击继电器事故报警电路

为能试验事故音响装置的完好与否，另设有试验按钮 SE，按 SE 时，即可启动 KSP，使装置发出音响并按上述程序复归至原始状态。

按下手动复归按钮 SCL 也可使音响信号解除。

11. 保护跳闸压板

保护跳闸压板又称为连接片，其实物如图 10-30（a）所示，其图形符号及文字符号如图 10-30（b）所示，一般接于跳闸回路中，能够起连接跳闸回路和断开跳闸回路的作用。

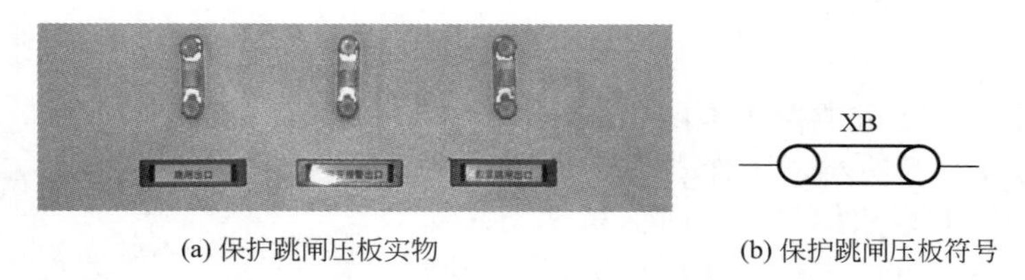

(a) 保护跳闸压板实物　　(b) 保护跳闸压板符号

图 10-30　保护跳闸压板

在保护系统中，有时候保护装置动作我们想让它跳闸，有时保护装置动作我们不想让它跳闸，如变压器补油后运行，可能油中的气体析出，可能造成保护装置动作，但这时不是事故，所以不能动作，若动作就是误动了。所以在不需要动作的时候，我们将保护压板打开，将压板从跳闸切换到信号，既能提醒运行人员注意，又能防止保护误动。

保护跳闸压板取下后相关跳闸回路失效，是为了防止断路器误动作掉闸，一般以下情况需退出：断路器故障、保护校验、改定值、开关传动。检修的时候需要退出，但保护出口压板在运行的时候一般都是投入的。

12. 差动继电器

差动继电器又称作差动保护继电器，其外形如图 10-31 所示，它普遍应用于电力系统中的发电机、电动机、变压器和母线的继电保护中，简单地说就是采用比较被保护设备两端电流，正常时，两端电流一进一出相互抵消，内部发生短路等故障时，同时流入内部，启动该继电器，出口使开关跳闸起到保护发电机、电动机、变压器的作用。

差动继电器的工作原理是交流磁制动，差动绕组接入保护的差动回路，平衡及制动绕组接入环流回路，其作用过程为在正常情况下或者发生穿越性短路时，通过制动绕组的是电流互感器二次电流或全部短路电流，差动继电器接线图如图 10-32 所示，制动绕组产生两部分磁通，一部分磁通在局部磁路中环流，其作用是使铁芯饱和，自动地增大动作电流，从而避免继电器的误动作，这便是所谓的交流磁制动作用。就这一部分磁通的效应而言，制动绕组是彼此独立的，没有相互关系，也不会与二次绕组发生电磁感应。制动绕组还产生了另一部分磁通，它沿着整个磁路环流，并在二次绕组里产生感应电势，也就是制动绕组起了部分的工作绕组的作用。

图 10-31 差动继电器外形

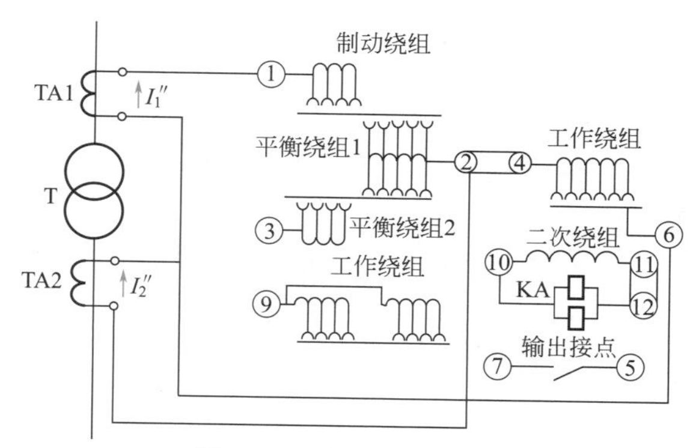

图 10-32 差动继电器接线图

13. 过电流综合保护器

过电流综合保护器与传统继电保护电路相比，具有接线简单、保护功能多、灵敏度高的特点，是一种集保护、测量、控制、监视、通信以及电能质量分析为一体的综合保护器，可以设定成为不同用途的综合保护装置，应用于输变电架空线路、地下电缆、配电变压器、高压电机、电力电容器等不同回路的保护监视。

目前广泛使用的主要有 ABB 的 SPAJ 140C、施耐德的 SEPAM-1000、芬兰瓦萨的 VAMP40、Mpac-3、国产 NAS-9210 等。

综合保护继电器的名词解释如下。

（1）电流保护：一般分为以下三段。

① 过流保护 $I>$：一般指电路中的电流超过额定电流值后，断开断路器进行保护。分为定时限过电流保护和反时限过电流保护。定时限过电流保护是指保护装置的动作时间不随短路电流的大小而变化的保护。反时限过电流保护是指保护装置的动作时间随短路电流的增大而自动减小的保护。

② 延时速断 $I>>$：为了弥补瞬时速断保护不能保护线路全长的缺点，常采用略带时限的速断保护，即延时速断保护。这种保护一般与瞬时速断保护配合使用，其特点与定时限过电流保护装置基本相同，所不同的是其动作时间比定时限过电流保护的整定时间短。

③ 速断保护 $I>>>$：速断保护是电力设备的主保护，动作电流为最大短路电流的 K 倍（无选择性的瞬时跳闸保护）。

（2）重合闸保护：用于线路发生瞬态故障保护动作后，故障马上消失的再一次合闸，也可以两次（或三次）用在线路上，出现永久性故障不能重合闸，重合闸不能用在终端变压器或电动机上。

（3）后加速：指重合闸后加速保护。重合于故障线路上的一种无选择性的瞬时跳闸保护。

（4）前加速：指重合闸前加速保护。

（5）低周减载保护：一般指线路发生故障后，频率下降时的一种保护。

（6）差动保护：一种变压器和电动机的保护（利用前后级的电流差进行保护）。

（7）非电量保护：一般指变压器温度（高温告警、超高温跳闸）、瓦斯（轻瓦斯告警、重瓦斯跳闸）、变压器门误动作等外部因素的保护。

（8）方向保护：一般指用在发电机组并列运行，对两个不同方向电流差别的一种保护。

（9）低电流保护：采用定时限电流保护，欠电流功能用于检测负荷丢失，如排水泵或传输带。

（10）负序电流保护：任何不平衡的故障状态都会产生一定幅值的负序电流。因此，相间负序过电流保护元件能动作于相间故障和接地故障。

（11）热过负荷保护：根据正序电流和负序电流计算出等效电流，从而获得两者的热效应电流。

（12）接地电流保护：三相电流不平衡的一种保护，通常称零序保护。

（13）低电压保护：利用相电压或线电压的定值，当线路发生故障，电压低于这个定值的一种保护。

（14）过电压保护：利用相电压或线电压的定值，当线路在减少负荷的情况下，供电电压的幅度会增大，使系统出现过电压的一种保护。

（15）零序电压保护：电压不平衡的一种保护。

（16）不平衡保护：有电流不平衡保护和电压不平衡保护两种，当线路发生故障后，用不断出现在线路上的电流、电压不平衡使开关跳闸的一种保护。

综合保护继电器的基本工作原理如图 10-33 所示。

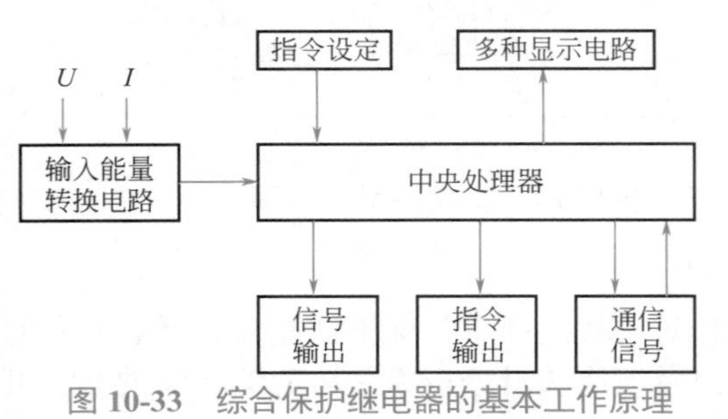

图 10-33　综合保护继电器的基本工作原理

14.SPAJ 140C 过电流综合保护器

SPAJ 140C 系列相电流和中性点过电流组合式继电器适用于作为大电流接地、电阻接地和中性点不接地系统中局部短路的保护，它包括带时限过电流和高定值、低定值接地故障保护。保护装置还含有一套完整的断路器失灵保护。SPAM 140C 型采用了最新的微处理器技术，构成了一套完整的单相、三相过流保护，带和不带方向的接地保护，零序过电压保护，单相、三相组合式过电压，低电压保护，可用作配电系统中的主保护，又可作为主保护的后备。该系列馈线终端集保护、控制和测量功能于一身，适用于配电、变电站馈线开关屏的保护和控制，同时也负责开关柜与控制室之间的联系工作。面板功能如图 10-34 所示。

（1）SPAJ 140C 过电流综合保护器各指示灯的表示含义如下。

① TRIP 指示灯：当保护元件动作时，其跳闸动作指示灯 TRIP 会亮，当该保护元件恢复后，红色指示器仍保持亮着，必须按复位 / 步进按钮来恢复。

② SGF、SGB、SGR 三只指示灯为三组开关的指示灯，它用于定值校验和内部数字逻辑开关的状态。复位键是用于保护动作后的复位，同时还兼作保护器资料读取的步进开关。

③ IRF 灯：当保护器检测到保护器自身有异常或故障时，此灯亮并在数码管有相应的异常码显示。

④ Uaux 运行状态灯：正常运行而且无操作或过流动作时，整个保护器只有绿色电源指示灯（Uaux）亮。

（2）SPAJ 140C 过电流综合保护器显示器动作指示值说明如下。

当某一保护功能动作时，显示器数码管 8 8.8 8 最左边的红色数字亮，表示某种保护功能已经启动，显示的数字编码含义说明见表 10-2。

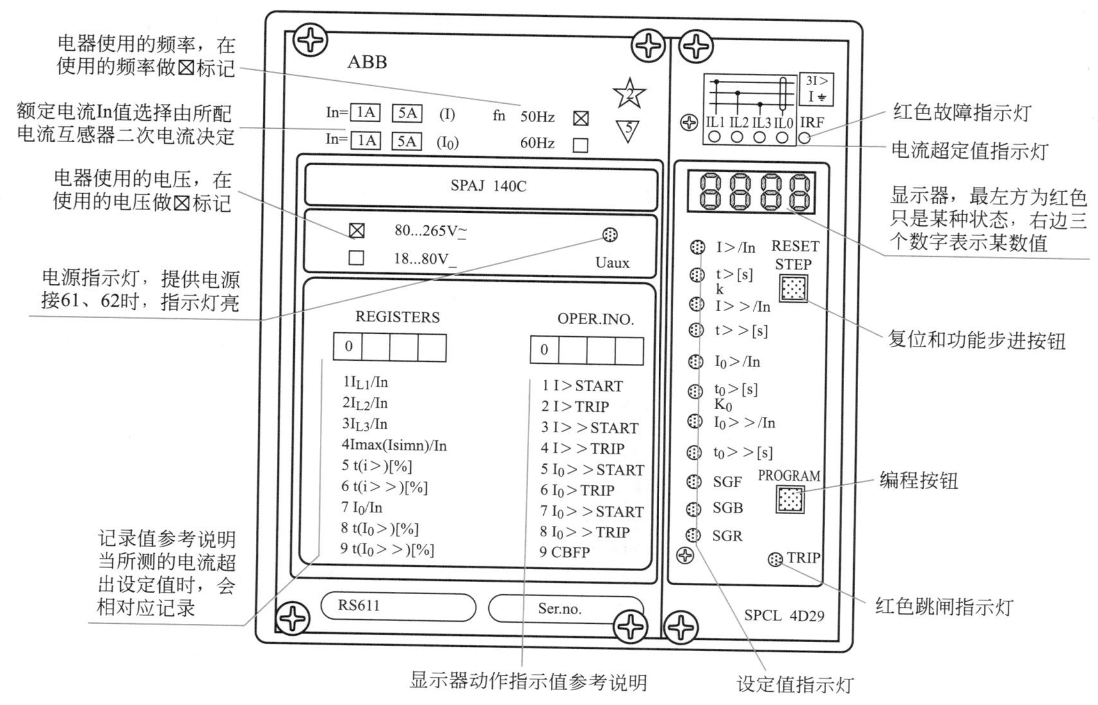

图 10-34　SPAJ 140C 过电流综合保护器面板功能

表 10-2　显示数码管显示的数字编码含义

显示数字	设定值符号	动作说明
1	$I>$ START	低定值过流元件 $I>$已启动
2	$I>$ TRIP	低定值过流元件 $I>$已发出跳闸信号
3	$I>>$ START	高定值过流元件 $I>>$已启动
4	$I>>$ TRIP	高定值过流元件 $I>>$已发出跳闸信号
5	$I_0>$ START	零序保护低定值元件 $I_0>$已启动
6	$I_0>$ TRIP	零序保护低定值元件 $I_0>$已发出跳闸信号
7	$I_0>>$ START	零序保护高定值元件 $I_0>>$已启动
8	$I_0>>$ TRIP	零序保护高定值元件 $I_0>>$已发出跳闸信号
9	CBFP	断路器失灵保护已动作

（3）一次电流的读取：可反复按动 RESET STEP 键，当相应的电流输入灯亮，根据显示数字可计算出此相电流，如图 10-35 所示。

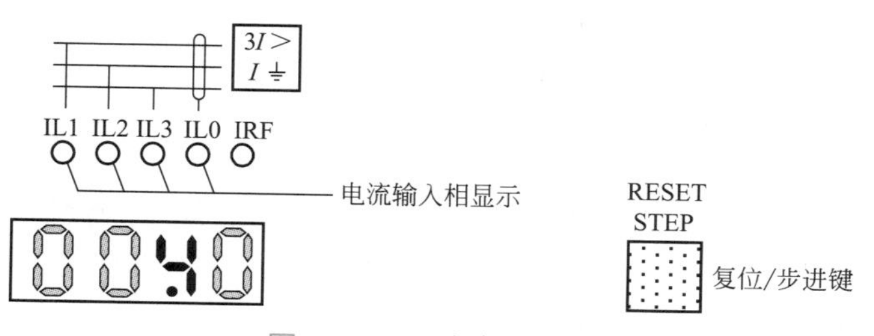

图 10-35　一次电流读取

例：当 IL1 的灯亮时，面板上的显示器所显示的电流值为流入综合保护器的 CT 二次电流，此时若使用 1、2 脚接线，表示电流基准额定值 I_n 为 5A，其所对应的一次电流就为：显示器显示数乘以电流基准额定值 I_n，再乘以 CT 电流比。

一次电流 = 显示数 ×I_n×CT 比

例如：电流互感器为 200/5，显示数字为 0.4，一次电流是多少？

一次电流 =（显示数次）0.4×(I_n)5×(CT 比)40=80A

CT 二次电流 =（显示数次）0.4×(I_n)5=2A

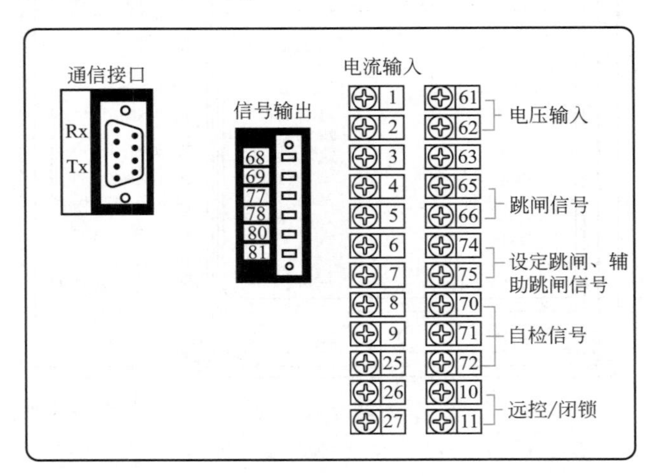

图 10-36　SPCL 140C 过电流综合保护器接线示意图

（4）采用 SPCL 140C 过电流综合保护器继电保护电路电流输入电路。

采用过电流综合保护器作为配电设备继电保护装置时，电流线路的接线要比传统线路简单，只需将电流互感器二次直接接到过流综合保护器的接线端即可，如图 10-36 所示。

当电流互感器二次电流 I_n=5A 时，LAa 接 1、2 端，LAb 接 4、5 端，LAc 接 7、8 端，LAn 接 25、26 端。

当电流互感器二次电流 I_n=1A 时，LAa 应接 1、3 端，LAb 应接 4、6 端，LAc 应接 7、9 端，LAn 应接 25、27 端。

15. 施奈德 SEPAM 综合保护器

施奈德 SEPAM 系列综合保护器适用于作为大电流接地、电阻接地和中性点不接地系统中局部短路的保护，它包括带时限过电流和高定值、低定值接地故障保护。保护装置还含有一套完整的断路器失灵保护。施奈德 SEPAM 采用了最新的 PLC 可编程序控制器微处理器技术，构成了一套完整的单相、三相过流保护，带方向和不带方向的接地保护，零序过电压保护，单相、三相组合式过电压、欠电压保护，可用作配电系统中的主保护，又可作为主保护的后备。该系列馈线终端集保护、控制和测量功能于一身，适用于配电、变电站馈线开关屏的保护和控制，同时也负责开关柜与控制室之间的联系工作。

SEPAM-1000 综合保护继电器面板功能如图 10-37 所示。

（1）状态显示灯。

on 指示灯：绿色，表示综合保护器通电。

🔧 指示灯：红色，表示设备不可使用，正在初始化状态或检测到内部有故障。

$I>$ 51 指示灯：黄色，表示相电流低定值跳闸。

$I>>$ 51 指示灯：黄色，表示相电流高定值跳闸。

I_0 > 51N 指示灯：黄色，表示接地故障低定值跳闸。

I_0 >> 51N 指示灯：黄色，表示接地故障高定值跳闸。

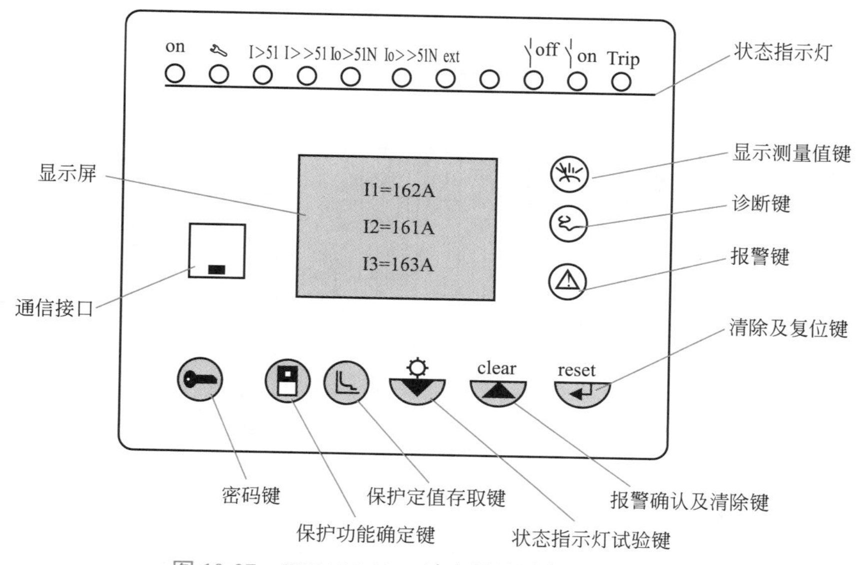

图 10-37　SEPAM-1000 综合保护继电器面板功能

off 指示灯：黄色，表示断路器处于分闸状态。

on 指示灯：黄色，表示断路器处于合闸状态。

Trip 指示灯：黄色，表示断路器处于保护跳闸状态。

（2）功能键的应用。

测量值读取键：按动此键可依次读取监测电路的各项电流值。

诊断键：按动此键可读取跳闸时的电流值及附加测量值。

报警键：当出现系统报警时，按动此键可显示报警信息。

reset 复位键：信号灯熄灭、故障排除后对综合保护器功能复位。

clear 报警确认及清除键：出现报警时按动此键可显示报警前的各种信息（平均电流、峰值电流、运行时间和报警复位）。

状态指示灯试验键：按住 5s，将依次检验并点亮状态指示灯。

保护定值存取键：在设定时使用，可显示、整定以及允许 / 禁止保护功能。

保护功能确定键：在设定时使用，用以输入保护器的常规参数的整定（语言、频率、输入电流及功能模块）。

密码键：在保护整定、参数设定时使用。

（3）SEPAM 综合保护继电器背板接线。SEPAM 综合保护继电器的接线是由多种功能插接件组成的，如图 10-38 所示。A 是基本功能插件；有电源输入、继电器控制接点输出、继电保护指令输出；B 是电流输入模块；与电流互感器二次连接，M 和 K 是多动能输入模块插件；L 是多功能输出模块。

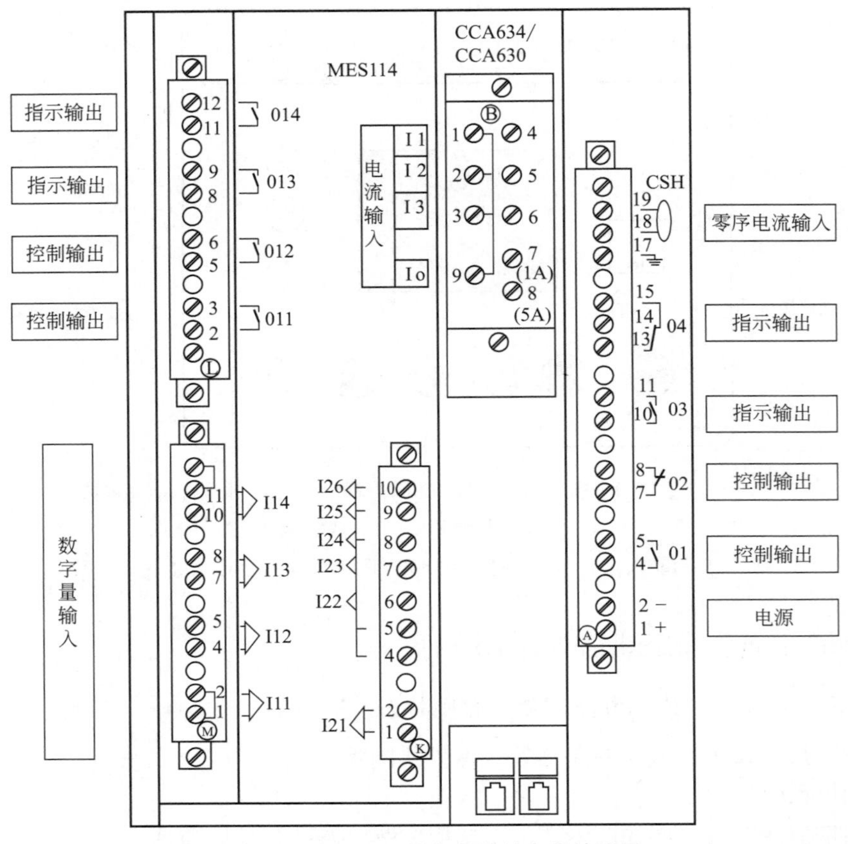

图 10-38　SEPAM 综合保护继电器接线图

16. Mpac-3 可编程序综合保护装置

Mpac-3 可编程序综合保护装置具有 PLC 逻辑可编程功能，可将变配电站自动化系统所需要的自动化功能和逻辑控制功能集成到一个装置中，具有保护、测量、控能和状态监视功能，可以设定成为不同用途的综合保护装置，适用于 35kV 及以下电压等级保护监视。丰富的通信接口，可对装置进行参数设定、远程监视控制。面板功能如图 10-39 所示。

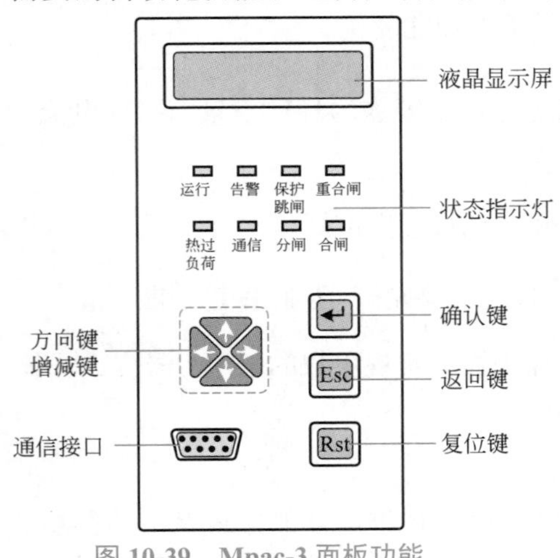

图 10-39　Mpac-3 面板功能

Mpac-3 可编程序综合保护装置具有丰富的测量和保护功能，能够对线路进行三相相(线)电压、零序电压、电压平均值、三相相电流、零序电流、电流平均值、三相功率因数、平均功率因数、有功电能、无功电能、频率进行精确的测量、计量保护。

（1）液晶显示屏。可以显示 4 行英文或 2 行中文字符，显示测量量、计量量、开关状态、定值设定、通信设定、时间设定等界面。

（2）状态指示灯。

运行指示灯：绿色，可编程序综合保护装置正常运行时闪烁。

告警指示灯：黄色，有告警信号输出时闪烁，同时显示屏显示故障代码。

保护跳闸指示灯：红色，发出跳闸输出时长亮。

热过负荷指示灯：黄色，出现异常运行时闪烁。

通信指示灯：绿色，通信接口工作时闪烁。

分闸指示灯：绿色，断路器处于分闸状态时亮。

合闸指示灯：红色，断路器处于合闸状态时亮。

（3）显示屏故障代码。

50P1：瞬时速断电流保护；

50P2：限时速断电流保护；

50P3：过电流保护；

51P：反时限过流保护；

50N1：零序定时限保护；

50N：零序反时限保护；

79：重合闸动作；

59N：零序过电压保护；

60：PT 断线（缺相）保护。

（4）按键功能。

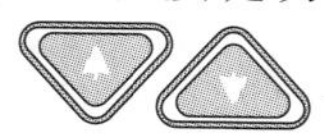上下移动显示屏光标或编程时增减数值。

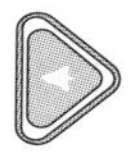 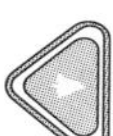左右移动光标或显示画面切换。

确认键：对显示屏所显示内容进行确定。

返回 / 取消键：编程时返回上一级菜单 / 对所修改内容不保存。

复位键：保护装置跳闸指令复位。

（5）Mpac-3 可编程序综合保护装置接线：Mpac-3 可编程序综合保护装置有完整的接线端子，可以适用于各种的保护电路和监测元件，Mpac-3 可编程序综合保护装置接线端子如图 10-40 所示。

17. PA200 系列综合数字式保护继电器

PA200 系列综合数字式保护继电器是采用计算机技术、电力自动化技术、通信技术等多种高新技术的新型电气产品。它集保护、测量、控制、监测、通信于一体，是实现电力系统自动化的基础硬件装置，PA200 综合数字保护继电器能应用在各类开关柜和各类接线方式的系统中，如单母线、双母线、旁路母线和双供电系统。

可以监测 10kV/0.4kV 变配电系统：三相电压；三相电流；有功功率、无功功率、功率因数；有功电能、无功电能；进线开关状态、联络开关状态。

控制方式分为就地控制、远程控制（遥控）和自动控制三种。就地控制是在开关柜前操作；远程控制是由操作员在中控室所发出控制指令进行操作；自动控制是根据系统设定参数自动操作。其控制包括：10kV 断路器；0.4kV 进线开关；10kV 系统接地告警；故障信号自动复归；

配电系统经济运行控制；电源自动切换；其他设备控制。

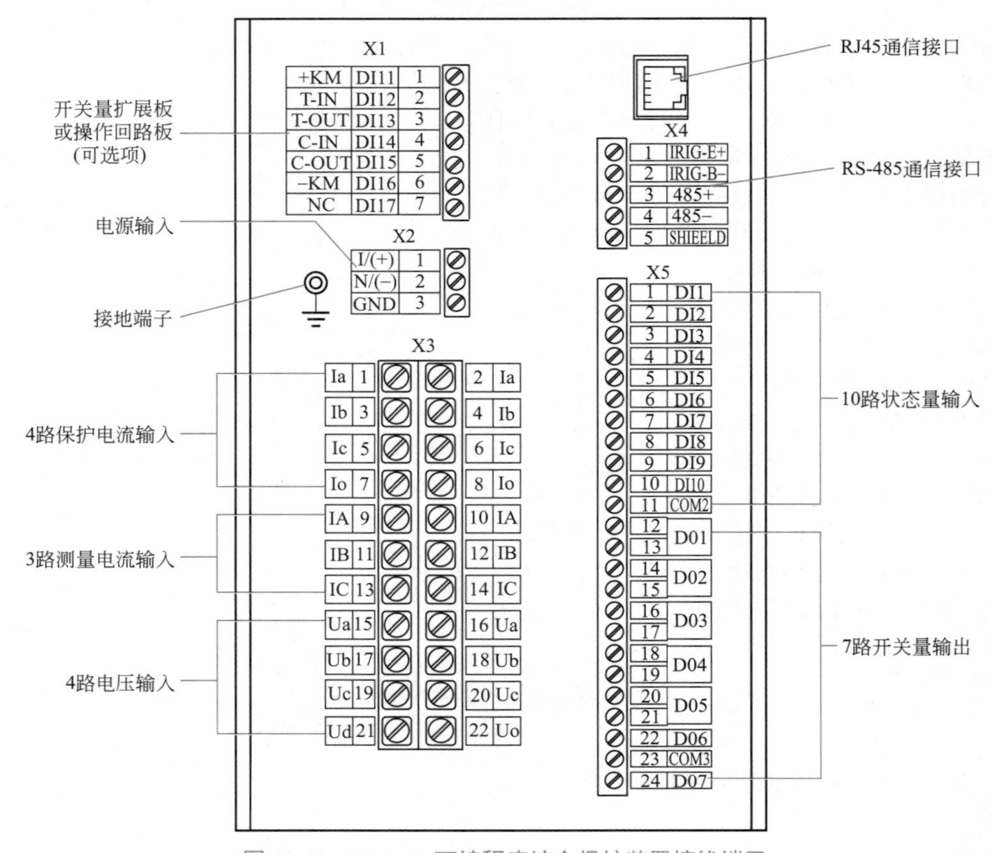

图 10-40 Mpac-3 可编程序综合保护装置接线端子

（1）各保护功能根据一次设备设置，主要保护如下。

① 10kV 进线保护：电流速断；限时速断；定时限过流；PT 断线；接地告警；控制回路告警。

② 10kV 出线带变压器保护：电流速断；限时速断；定时限过流；三相一次重合闸；低周减载；PT 断线；接地告警；控制回路断线；零序电流保护。

③ 10kV PT：PT 断线；接地告警。

④ 10kV/0.4kV 进线保护：过流；过压；瓦斯；控制回路断线。

⑤ 在系统各级保护间加设区域联锁功能（即防越级跳闸功能）；10kV 两路进线开关控制回路中设有软件联锁，不能同时合闸送电。

⑥ 保护动作有故障记录功能（包括类型、时间信息，可增加动作值、故障录波、故障动作次数记录等信息）；保护定值可就地 / 远方配置、保护投退压板也可就地 / 远方设置。

PA200 系列数字保护继电器各型号单元保护配置如下。

PA-201（T）：测控单元，无保护功能；

PA-211（T）：速断、限时速断、过流、重合闸；

PA-221（T）：速断、零序电流、重合闸、反时限过流；

PA-231（T）：速断、限时速断、过流、零序电流；

PA-241（T）：速断、零序电流、温度、反时限过流；

PA-251（T）：速断、过流、温度、瓦斯；
PA-261（T）：速断、过流、零序电流、温度；
PA-271（T）：速断、过流、重合闸、备自投、零序电压告警；
PA-281（T）：速断、过流、低压、低周减载；
PA-291（T）：接地、断线、过压、欠压有 T 表示有通信功能，无 T 表示无通信功能。

（2）PA200 面板布置及操作简介：PA200 综合数字式保护继电器面板功能如图 10-41 所示。

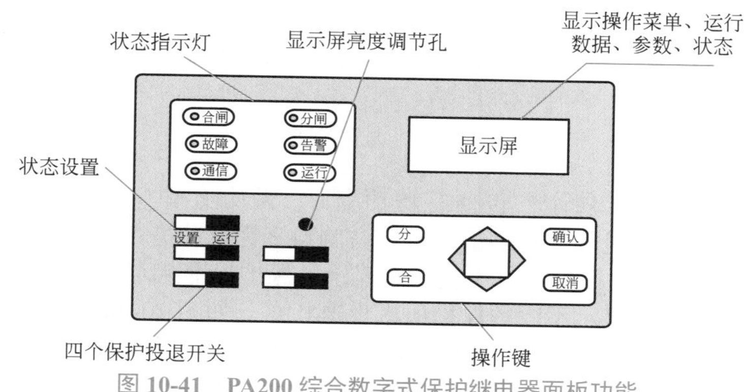

图 10-41　PA200 综合数字式保护继电器面板功能

（3）显示屏：显示屏为液晶显示器，显示方式为绿底黑字，显示特点为全中文菜单结构，可显示各种功能菜单，并可显示各种数据、参数、一次系统图、事件记录表、保护定值等信息。根据用户要求还可增设液晶休眠功能，当无故障、无告警状态下 5min 后 LCD 自动休眠，当有键盘操作或有故障、告警信号时自动打开 LCD 显示。

主菜单屏内有 14 条子菜单可供选择。依次为：A、一次系统；B、测量数据；C、保护投退；D、系统参数；E、事件记录；F、单元型号；G、输出测试；H、系统自检；I、开关输入；J、通信监测；K、定值整定；L、系数整定；M、参数整定；N、通道零点。

每一屏显示两行，如图 10-42 所示，用操作键的上△、下▽可滚动选择各条子菜单，当选中某子菜单后该子菜单底色变黑，此时按下“确认”键即可进入相应子菜单。在任一子菜单下，按“取消”键即可返回主菜单。

常用的子菜单功能：

①“A、一次系统”。

显示一次系统的二次侧电压、电流值。

显示一次系统接线示意图，如图 10-43 所示。用操作键的上△、下▽可滚动选择各相电压、电流值显示和隔离刀闸、接地刀闸、断路器状态，其状态可随相应开关的变化而指示为分、合状态。箭头边的数字（如 211）为单元编号。

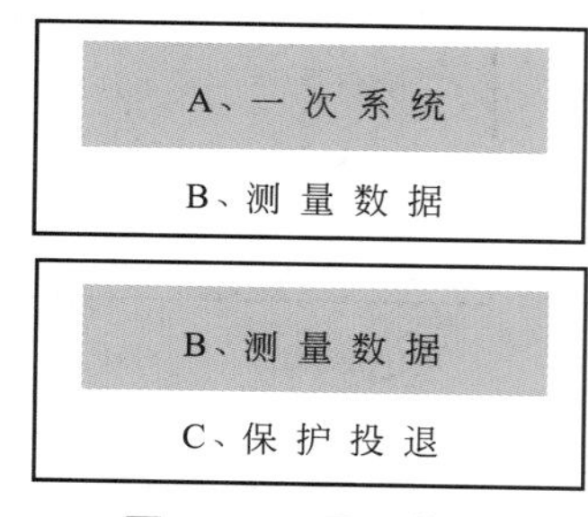

图 10-42　显示菜单

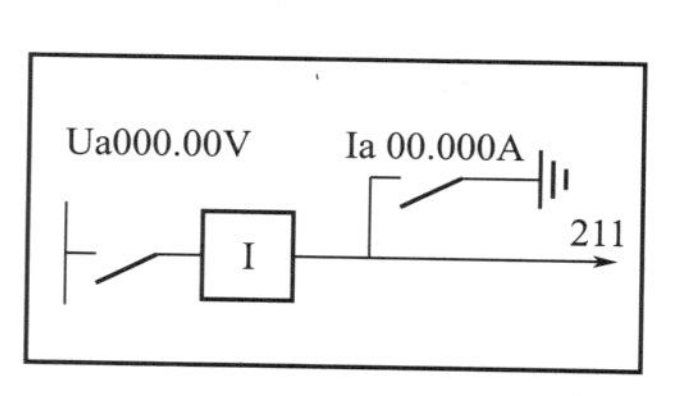

图 10-43　一次系统显示

② “B、测量数据”。

测量数据显示内容包括两屏，用△、▽键可进行屏与屏切换。

第一屏显示 A、B、C 三相电压及三相电流值。用◁、▷键可进行一次值 / 二次值切换。如图 10-44 所示，分别为第一屏的一次值、二次值显示。

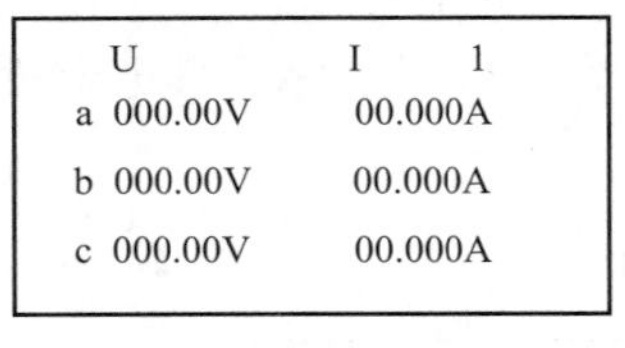

(a) 一次的值

U	I	2
a 000.00V	00.000A	
b 000.00V	00.000A	
c 000.00V	00.000A	

(b) 二次的值

图 10-44 “B、测量数据”的显示

第二屏显示如图 10-45 所示，包括有功功率 P、无功功率 Q、零序电流 I_0、有功电能 P_h、无功电能 Q_h，并记录电能的累加值，电能右侧数字为脉冲进数步长。

③ “C、保护投退”。模拟投退压板形状显示各保护投退状态。

对应不同的保护功能显示不同的保护压板投退状态。如图 10-46 所示，当把投退拨动开关拨至右侧“投入”位置时，显示为投入状态（如：速断、限时速断）；当把投退拨动开关拨至左侧“退出”位置时，显示为退出状态（如：过流、零序过流）。

P=0000W
Q= −0000Var　　I0=00.000A
Ph=0000.00kwh　　0000
Qh=0000.00Kvarh　　0000

图 10-45 测量数据第二屏的显示

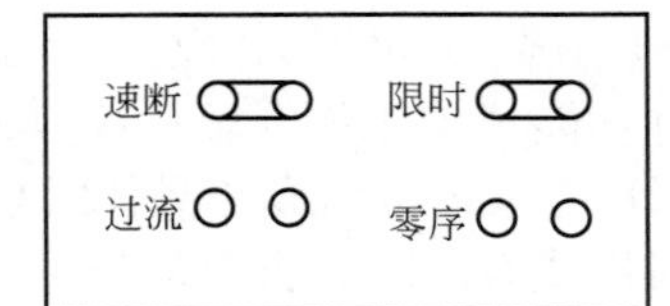

图 10-46 保护投退状态显示

④ “E、事件记录”。共可记录 30 个事件，共 00 ～ 29 屏。按◁ ▷ △ ▽键可逐条翻看事件记录。

可显示记录下的各种动作信息，包括断路器、隔离开关的状态变化，保护功能、设置状态的投退等事件，并记录下事件发生的时间以及保护动作时的故障值，其中时间记录的分辨率小于 2ms。同时本装置会逐条将记录存入 EEPROM（电可擦可编程只读存储器）中。事件刚在屏幕上显示时如图 10-47 所示，数字编号后出现一个“#”，过流退出代表该事件还未存入 EEPROM 中，当“#”消失后会显示“*”，证明事件已存入 EEPROM。图 10-48 是表示第 7 条没有记录。

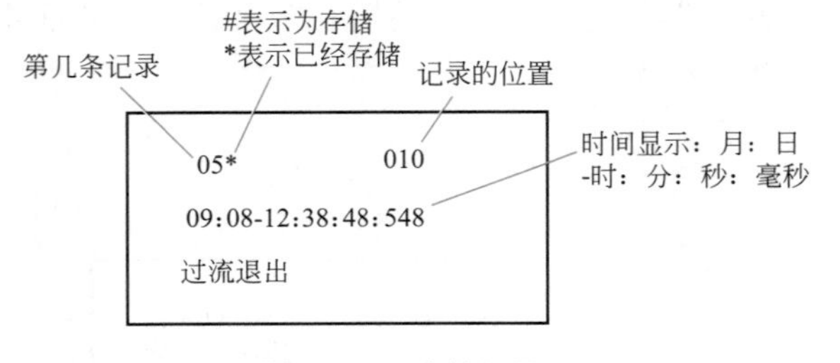

图 10-47 事件记录

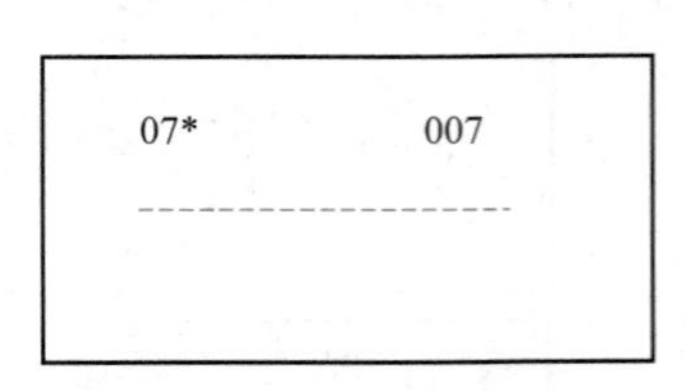

图 10-48 没有记录

（4）状态指示灯。

① 运行 LED 指示灯：在保护继电器正常工作时，为闪烁状态，颜色为绿色。当工作

LED 指示灯不闪烁时表明保护继电器为非正常工作状态，应立即处理、维护。

② 故障 LED 指示灯：当保护继电器检测到其所监控的电力设备发生故障时，例如：线路短路、接地等，故障 LED 指示灯点亮，颜色为红色。

③ 告警 LED 指示灯：告警 LED 指示灯在保护继电器检测到电力设备运行于不正常工作状态，如：控制回路断线、过温等而发出的告警信号时，该指示灯点亮，颜色为红色。若检测到保护继电器内部故障时该指示灯闪烁。

④ 通信 LED 指示灯：保护继电器通过 RS-485/RS-422 接口在总线上与 PC 通信时该灯将闪烁，指示颜色为绿色。

⑤ 分闸 LED 指示灯：当保护继电器检测到断路器位置信号为分闸状态时，分闸 LED 指示灯将点亮，颜色为绿色。进行本地操作分闸时，在“操作预令”状态下该指示灯闪烁。

⑥ 合闸 LED 指示灯：当保护继电器检测到断路器位置信号为合闸状态时，合闸 LED 指示灯将点亮，颜色为红色。进行本地操作合闸时，在“操作预令”状态下该指示灯闪烁。

（5）操作按键：

① 分合操作按键：分[分]合[合]操作按键用于本地控制可操作的电力设备，如断路器的分合控制。操作过程分为操作预令和操作动令两个步骤，按键按第一下时启动操作预令，相应的分合闸指示灯闪烁，单元处于“操作预令”状态。此间，第二次按动同一操作按键（动令确认），单元方可执行相应操作。预令与动令操作时间必须在 0.5 ～ 5s 内，当时间少于 0.5s 时动令不被确认，当时间超过 5s 时，预令过程将自动结束，动令确认不被认可，操作过程必须重新开始。

面板操作功能键：方向键◁ ▷ △ ▽、“确认”“取消”等面板操作功能键用于 LCD 显示翻屏以及光标移位指示、参数设定调整、口令录入等操作。

② 保护投退拨动开关：用于设置保护功能的投入与退出，代替传统二次电路中的保护压板。当拨动开关在右侧位置时，表示此项保护功能投入；在左侧位置时，表示此项保护功能退出。当面板上的投退开关在退出位置时，用遥控方式还可实现远方保护投退控制，即“软压板”功能。保护投退开关（压板）的状态，可在 LCD 屏上的“C、保护投退”子菜单上清楚地看到。

③ 状态设置开关：运行 / 定值设置开关在右侧“运行”位置时为运行状态，此时可通过前面板分合按键控制断路器的分合，也可由远方遥控断路器分合；运行 / 设置开关在左侧“设置”位置时，单元将进入设置工作状态。当在本地或远方进行定值整定、系数整定、参数整定或进行输出测试时该开关必须拨至设置位置，并可将整定后的数据存于 EEPROM 中永久保存。LCD 显示设定选择菜单，可在本地通过方向键◁ ▷ △ ▽、“确认”“取消”键或在远方进行整定操作，设置后仍将开关拨至“运行”位置。

a. 显示屏亮度调节孔。

LCD 液晶显示会随外界温度的变化而变化，致使 LCD 在一定的环境温度下可能无法清晰地显示内容。此时，可通过调节 LCD 背光亮度使屏幕清晰可见。

调节方法：拔出 LCD 背光亮度调节孔塑料塞，用十字小螺钉旋具插入此孔，调节电位器旋钮，调至 LCD 对比度适中。

b. PA200 综合数字式保护继电器的接线端。

保护继电器后盖板接线端子的模拟量输入端和开关量输入端不能接错，否则将造成保护继电器无法正常工作或损坏，X3 端子板上的开关量输入默认为无源接点，X1 和 X2 端子板上的模拟量输入为交流信号。

保护继电器后盖板接线端因型号不同，故接线端数量和输入输出功能也不同。图 10-49 是以 PA-211（T）为例，PA-211（T）型保护继电器前面板的 4 个投退开关分别对应的是速断、限时速断、过流、重合闸保护投退。

X1		
编号	名称	
1	Ia*	电流输入
2	Ia	
3	Ib*	
4	Ib	
5	Ic*	
6	Ic	
7	I0*	
8	I0	
9	220V	电源
10	220V	

X2		
编号	名称	
1	Ua	电压输入
2	Ub	
3	Uc	
4	Un	
5		
6		
7	HJ+	合闸输出
8	HJ–	
9	TJ+	跳闸输出
10	TJ–	
11	XJ1+	故障信号
12	XJ1–	
13	XJ2+	告警信号
14	XJ2–	

X3		
编号	名称	
1	IN1	断路器位置
2	IN2	开关量输入
3	IN3	开关量输入
4	IN4	开关量输入
5	IN5	开关量输入
6	IN6	瞬动触点
7	IN7	有功电能脉冲
8	IN8	无功电能脉冲
9	CGND	输入信号公共端
10	CGND	输入信号公共端
11	TXD+	RS-422 通信总线
12	TXD–	
13	RXD+	
14	RXD–	

图 10-49　保护继电器后盖板接线端

三、电流保护的几种接线形式

电流保护是变配电设备的主要继电保护设施，电流保护的接线方式是指电流互感器与电路继电器的连接方式，不同的连接方式对系统中电流的反应各有不同，下面针对每种接线的特点进行介绍。

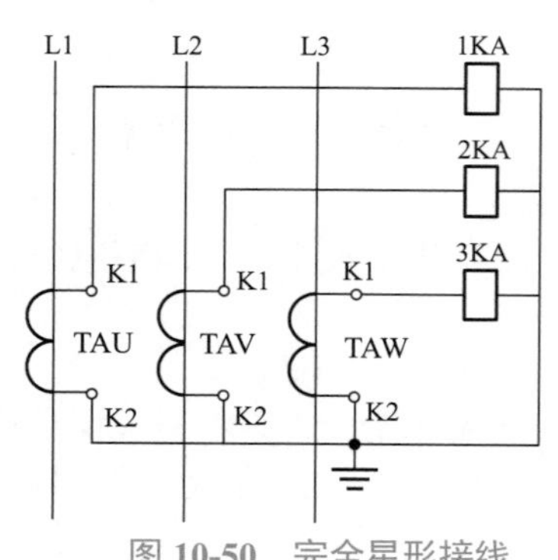

图 10-50　完全星形接线

1. 完全星形接线的特点

完全星形接线适用于三相三线制供电中性点不接地系统和中性点经消弧电抗器接地的三相三线供电系统或三相四线中性点直接接地系统，电流保护完全星形接线如图 10-50 所示。

电流保护完全星形接线对于系统中的电路的各种电流都能反映，不会因故障不同而变化，因此继电保护的灵敏性较高，保护接线系数等于 1，对于系统中的三相、两相短路及单相对地短路等故障均能保护。

此种保护使用的电流互感器和继电器数量较多，保护装置的可靠性较高。

2. 不完全星形接线的特点

不完全星形接线如图 10-51 和图 10-52 所示。

① 这种接线适用于 10kV 三相三线终端不接地系统的进、出线保护。

② 这种保护的特点是能反映各类型的相间短路，但不能完全反映单相接地短路，不适用于大容量变压器的保护，保护的灵敏度较低。改进后的不完全星形接线还是在两相上装电流互感器。而采用三只电流继电器的接线形式可提高继电保护的灵敏度。

③ 不完全星形接线电路中电流互感器少，接线简单，但在同一个系统中不装设电流互感器的相应一致（一般 V 相不装），否则，在本系统内部发生两相接地短路故障时保护装置将拒动，而造成越级掉闸事故，延长了故障切除时间，使故障扩大。

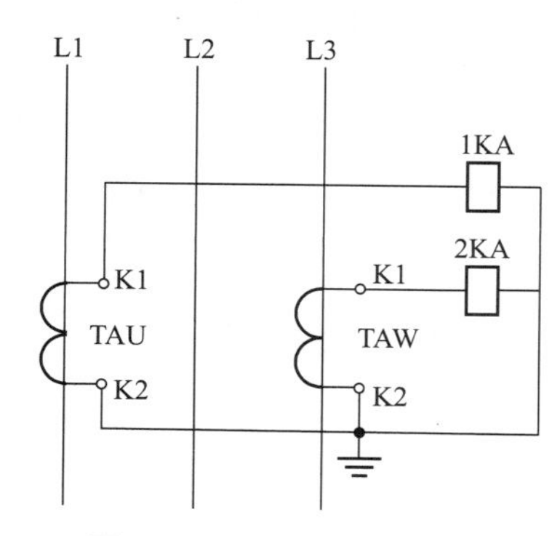

图 10-51 不完全星形接线

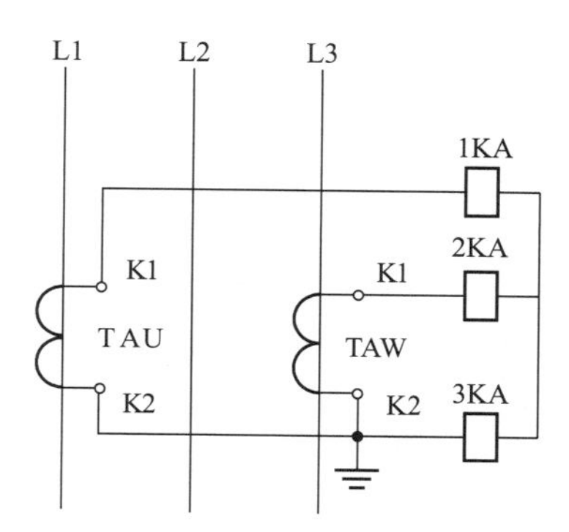

图 10-52 改进后的不完全星形接线

3. 两相差接线的特点

① 这种接线是采用两只电流互感器，只用一只电流继电器的接线方式，如图 10-53 所示。

② 这种接线使用的电气元件少，结构简单，但保护可靠性差，灵敏度不高，不适用于所有形式的短路故障保护。

③ 这种接线只适用于 10kV 中性点不接地系统中的短路故障保护，常用于 10kV 系统的不重要线路和高压电动机的多相短路保护。

4. 三相三角形接线的特点

① 这种接线比较复杂，投资大，适用于中性点接地的系统中，在中性点接地电力系统中，对于任何形式的短路故障（三相短路、二相短路及单相接地短路）都能起到保护作用。如图 10-54 所示。

② 在中性点不接地电力系统中，对于单相接地外的任何短路故障也能起到保护作用。

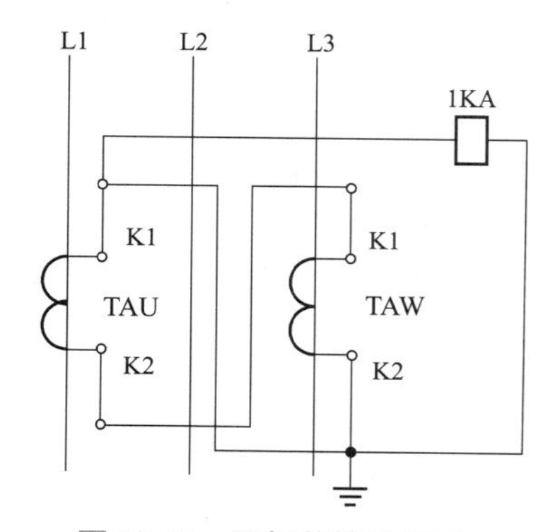

图 10-53 两相差接线原理

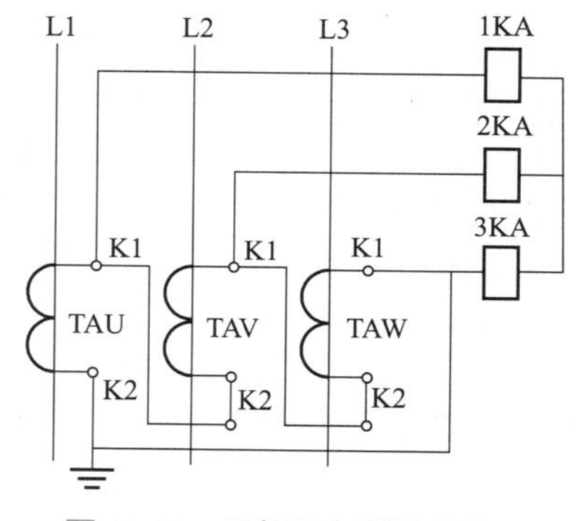

图 10-54 三相三角形接线原理

四、常用继电保护电路分析

1. 低电压闭锁的过电流保护电路特点

过电流保护的动作电流是按躲过最大的负荷电流来整定的，但在某种情况下不能满足灵敏度的要求。因此，为了提高电流保护动作的灵敏度和改善躲过负荷电流的条件，采用低电压闭锁的过电流保护线路。低电压闭锁的过流保护装置，是由低电压继电器 KV、中间继电器 KM 及信号继电器 KS1 构成低电压闭锁回路。有电流继电器 KA、时间继电器 KT 和信号继电器 KS2 构成过电流保护。如图 10-55 所示。

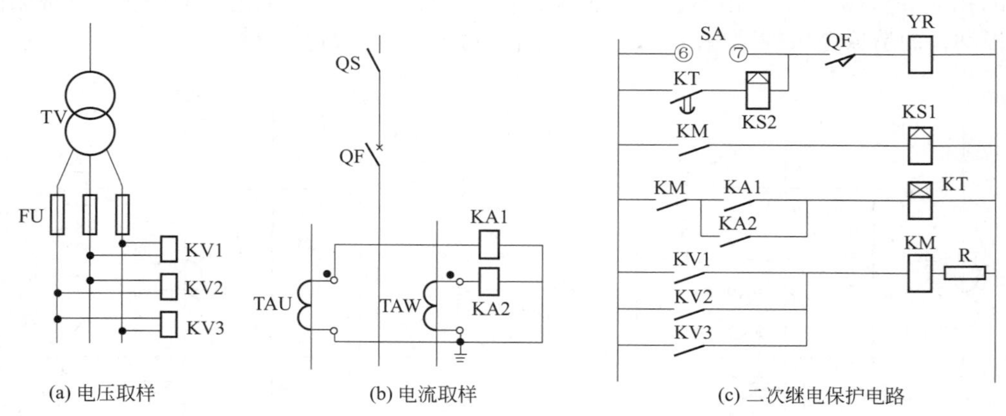

图 10-55　低电压闭锁的过电流保护电路原理展开图

KA—过电流继电器；KS—信号继电器；KV—低电压继电器；KM—中间继电器；YR—分闸线圈；QF—断路器辅助接点；SA—断路器操作开关；KT—时间继电器；TV—电压互感器；TA—电流互感器

在正常情况下电压正常，无过负荷时，低电压继电器 KV1、KV2、KV3 和电流继电器 KA1、KA2 均不动作，常开接点处于断开位置，保护不起作用。若有大容量的设备启动，而启动时冲击电流是最大负荷电流时，超过了电流继电器的整定值，这时虽然电流继电器 KA 会动作常开接点接通，但由于母线上的电压没有明显下降，所以低电压继电器的接点不会闭合，中间继电器 KM 也不会动作，因此也不会启动过电流时限保护 KT，保护出口 KS2 无动作信号，保护不动作，断路器不跳闸。

当被保护的线路发生短路故障产生大电流，使母线上电压急剧下降，使低电压继电器 KV1、KV2、KV3 动作接点闭合，使中间继电器 KM 动作常开接点闭合，并且电流继电器 KA1、KA2 动作接点闭合，接通时间继电器 KT 电路，经过一定时限后时间继电器 KT 的延时闭合接点接通，使得分闸线圈 YR 得电动作，将断路器 QF 跳闸切除故障。

从上述分析可知，装设了低电压闭锁元件后过电流保护的整定值可以不按躲过最大负荷电流整定，而按正常的持续负荷电流整定，这样就提高了过电流保护的灵敏度，同时也提高了保护装置动作的可靠性。中间继电器 KM 的另一对接点接信号继电器 KS1。其作用除在保护装置动作时发出信号外，还能起到当电压回路断线或熔丝熔断时，发出信号，可以及时的处理故障。

为保证低电压闭锁元件在发生各种相线短路时能够可靠动作，三只低电压继电器应接在线电压上，并将三只继电器的接点并联。

2. 电流闭锁电压速断保护电路特点

在有多个支路的变配电系统中，由于与母线相连接的任一线路发生短路故障时，母线上的电压都要下降，这时与母线相连接的各线路电压速断保护的低电压继电器均要动作，造成不应有的断路器的跳闸，为保证继电保护的选择性，电压速断保护电路加装电流继电器，作为闭锁元件借以判断故障线路，这就构成了电流闭锁电压速断保护电路。

电流闭锁电压速断保护电路原理如图 10-56 所示。

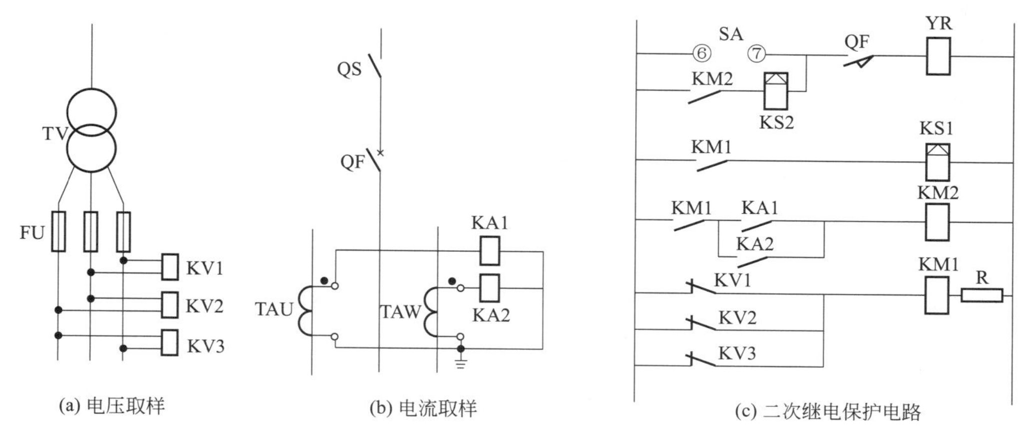

图 10-56 电流闭锁电压速断保护电路原理

KA—过电流继电器；KM—中间电器；KS—信号继电器；KV—电压继电器；YR—分闸线圈；QF—断路器辅助接点；SA—断路器控制开关；R—降压电阻 20W、2kΩ

正常运行时，母线上的电压为额定电压，电压继电器 KV1、KV2、KV3 吸合的常闭接点断开。电流继电器 KA1、KA2 的接点也是处于断开的位置。这时如果在保护范围内发生短路故障电流增大使电流继电器 KA 动作，电压继电器 KV 由于电压下降而复位接点闭合。由电压继电器 KV 启动中间继电器 KM1，控制电源经中间继电器 KM1 的接点和电流继电器 KA 的接点使中间继电器 KM2 吸合动作，KM2 吸合动作 KM2 的常开接点接通，控制电源经 KM2 接点、信号继电器 KS2 线圈、断路器辅助接点 QF，向分闸线圈 YR 发出跳闸信号，使断路器 QF 跳闸切除故障。

当其他的线路发生故障时。母线上的电压虽下降电压继电器 KV 由于电压下降而复位，但电流继电器 KA1、KA2 不动作，中间继电器 KM2 也不动作，断路器不会跳闸，保证了继电保护的选择性。如果当电压回路断线或熔丝熔断时，电压继电器 KV1（或 KV2、KV3）动作，启动中间继电器 KM1，经信号继电器 KS1 发出断线信号，这时由于电流继电器 KA1、KA2 无故障电流而不动作，从而避免了保护电路误动作，所以电流继电器 KA 起到了使电压继电器速断保护有选择性和电压回路断线的闭锁作用。

3. 电流速断保护电路特点

电流速断保护电路的特点，当线路采用定时限过电流保护时为了保证继电保护的选择性，保护动作的时限必须按阶梯原理整定。如果保护的线段较多时，靠近电源端的保护时限则太长，这时过电流保护就有缺陷了，要克服这一缺点，限制保护的动作范围，使在保护线路外的线段发生故障时不动作，这样就可不要求在时限上配合。

为了将电流保护的范围限制在本线路段，则在保护的动作电流的整定必须大于下一级线路的首端短路时的最大短路电流，如图 10-57 所示，短路点的短路电流肯定比变压器低压侧短路电流要大得多，危害也比低压短路大，是不能靠有时限保护切断事故段的，必须立即切断事故。电流速断保护选择性是用增大动作电流的整定值而取得的，所以不必加时限电路，为瞬时保护，称为电流速断保护。

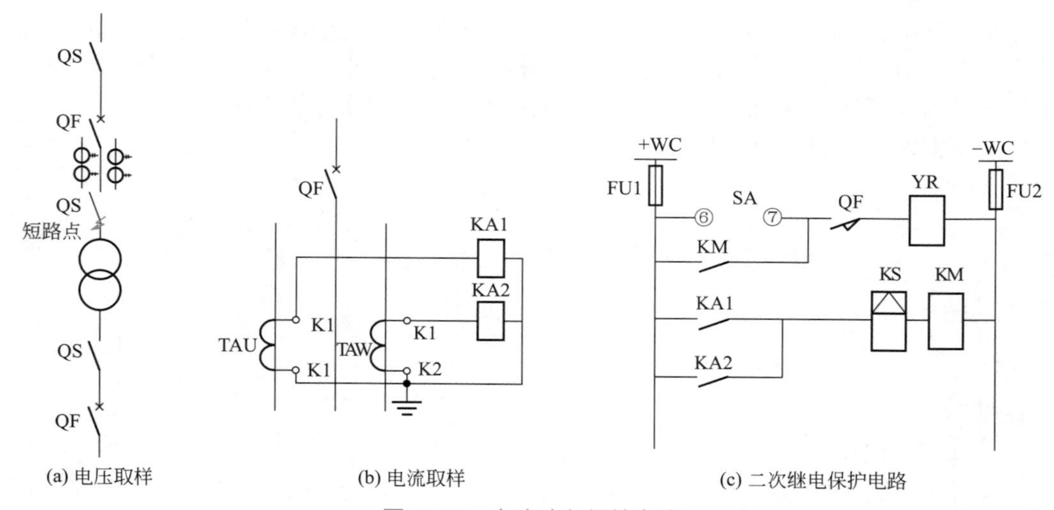

图 10-57　电流速断保护电路

KA—DL 型电流继电器；KS—DX 型（电流型）信号继电器；KM—中间继电器；YR—分闸线圈；QF—断路器的辅助接点；TA—电流互感器；SA—断路器主令开关

当线路正常运行时，电流继电器 KA1、KA2 不动作，中间继电器 KM 也不会得电动作。当保护线路（图中的短路点）发生短路故障时，电流互感器 TA 的二次电流增大，使得电流继电器 KA1、KA2 动作，电流继电器的常开接点闭合，控制电源经 KA 的常开接点、信号继电器 KS 线圈使中间继电器 KM 得电动作，KM 辅助接点闭合，分闸线圈 YR 得电动作，断路器跳闸切除故障。由于有电流流过信号继电器 KS，KS 动作发出速断跳闸信号。

4. 定时限速断、过流保护电路特点

定时限过电流保护的动作时间是一个常数，是固定不变的。不管故障电流多大，只要大于电流继电器的整定值，就以固定的整定时间来动作，表现为固定时间特性，所以称为定时限保护，也就是说继电保护的动作时间与故障电流大小无关。定时限速断、过流保护接线原理如图 10-58 所示。

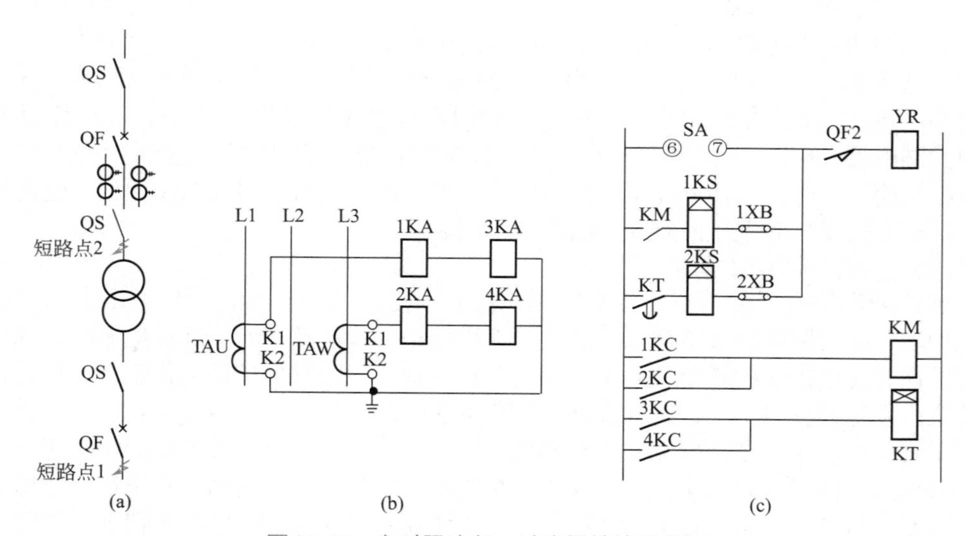

图 10-58　定时限速断、过流保护接线原理

TA—电流互感器；KA—DL 型电流继电器；KS—DX 型信号继电器；KM—中间继电器；YR—分闸线圈；QF—断路器的辅助接点；KT—时间继电器；XB—跳闸压板

电流回路中，1KA、2KA 为速断保护元件整定电流大，3KA、4KA 为过电流保护元件整定电流小。串接于同一电流互感器回路。

在正常情况下，电流继电器均流过负荷电流，由于负荷电流小于速断保护元件和过电流保护元件的整定值，电流继电器不启动，保护不动作，断路器不跳闸。

当变压器低压出线（短路点 1）发生短路故障时，3KA 或 4KA 启动，接通时间继电器 KT，开始延时，延时时间到 KT 的延时闭合接点接通，跳闸线圈 YR 得电动作，断路器跳闸。

过电流保护元件动作顺序如下：3KA、（4KA）→ KT（线圈）→ KT 延时闭合接点→ 2KS 信号继电器→ 2XB 跳闸压板→ YR 跳闸线圈，变压器高压侧断路器跳闸，2KS 信号继电器动作发出过流跳闸信号。

当变压器高压侧（短路点 2）发生短路故障时，速断保护元件 1KA 或 2KA 动作，1KA 或 2KA 的常开接点闭合，直接使中间继电器 KM 得电动作，KM 的常开接点闭合，跳闸线圈 YR 得电动作，断路器跳闸。

速断保护元件动作顺序如下：1KA（2KA）→ KM（线圈）→ 1KS → lXB → YR 跳闸线圈，断路器跳闸，切除故障点，1KS 信号继电器动作发出速断跳闸信号。

5. 反时限过流保护电路特点

反时限过电流保护的动作时间是一个变数，随短路电流大小而变，短路电流大，动作时间快，短路电流小，动作时间慢，表现为反时限特性。就是说继电保护的动作时间与短路电流大小有关，成反比例关系。反时限过流保护一般采用的是 GL 型电流继电器，反时限过流保护接线原理如图 10-59 所示。

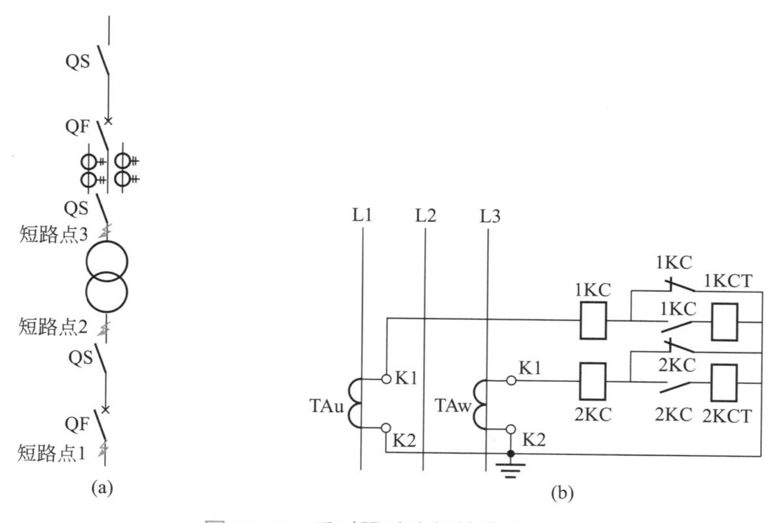

图 10-59 反时限过流保护接线原理

在正常情况下，lKC，2KC 过流继电器中流过经变换的负荷电流，由于该负荷电流小于继电器的整定值，感应转盘在负荷电流作用下匀速转动，继电器不动作，其常开、常闭接点不转换，过电流脱扣器（KCT）中无电流，断路器不跳闸。这时继电保护起监视作用。

当变压器低压出现回路（短路点 1）短路故障时，故障电流大于 lKC、2KC 继电器整定值，感应过流元件也启动，经过规定的时间动作，接点转换，其常开接点先闭合，接通了过电流脱扣器线圈，常闭接点后打开，去分流作用消失，使短路电流全部通过断路器的过电流脱扣器（KCT），断路器可靠掉闸。如果低压 QF 动作跳闸，故障电流消失感应过流元件动作也解除返回，保护具有选择性，故障是发生在下一级线路。

当变压器低压母线（短路点 2）短路故障时，因为故障电流是发生在低压 QF 的前端，低压 QF 不会动作，1KC、2KC、继电器感应过流元件启动（电磁元件不动作），经过反时限延时，接点转换，断路器跳闸。

当变压器高压侧发生（短路点 3）短路故障时，短路电流大于电磁元件和感应元件整定值，两个元件均启动，由于电磁元件是瞬时动作，KC 接点转换使断路器跳闸。

6. 定时限过电流综合保护电路特点

定时限综合保护电路包括了速断保护、过流保护和过负荷保护电路，是电流综合保护的一种，其动作特性为定时限。主要由电流继电器 KA、时间继电器 KT、中间继电器 KM、信号继电器 KS、电流互感器 TA、跳闸压板 XB 等组成。原理图如图 10-60 所示。

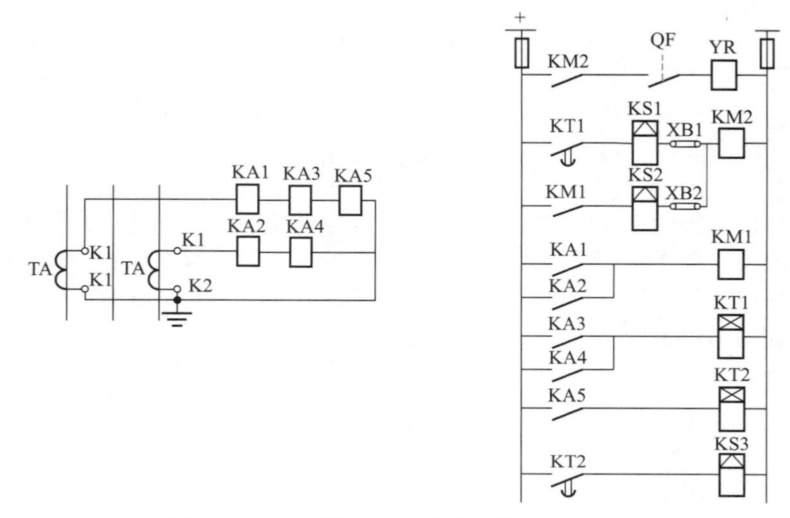

图 10-60　定时限过电流综合保护电路原理图

KA—过电流继电器；KS—信号继电器；KM—中间继电器；KT—时间继电器；

XB—跳闸压板；YR—分闸线圈；QF—断路器辅助接点；YR—跳闸线圈

元件特点：电流继电器 KA1、KA2 定值大于 KA 3、KA4 的定值，作为速断保护元件；KA3、KA4 定值较小，用于过流保护元件；KA5 的定值等于或略大于线路的额定电流，是监视负荷的元件。KS 电流型信号继电器串联在电路中，电路中有电流即可吸合动作。

速断保护的动作过程如下：当变压器高压侧发生短路时，短路电流经电流互感器流入 KA1、KA2、KA3、KA4 电流继电器，在短路电流值大于 KA1、KA2 电流继电器的定值时便启动。因为电流继电器的接点是并联连接，所以只要一只电流继电器的接点闭合，都可使 KM1 中间继电器启动，使 KM1 常开接点闭合，接通信号继电器 KS2 和中间继电器 KM2。信号继电器动作发出信号报警，中间继电器 KM2 动作，接通跳闸回路，使 QF 断路跳闸切除故障。

过流保护的动作过程如下：当变压器低压侧发生故障时，故障电流经电流互感器流入 KA1、KA2、KA3、KA4 电流继电器，在故障电流值大于电流继电器 KA3、KA4 的定值又小于 KA1、KA2 的定值时，KA3、KA4 便启动。因为电流继电器的接点是并联连接，所以只要一只电流继电器的接点闭合，都可使 KT1 时间继电器启动，按其整定时间延时，延时的时间到其接点闭合，信号继电器 KS1 及中间继电器 KM2 得电。信号继电器启动发出信号报警，中间继电器 KM2 动作，接通跳闸回路，使 QF 断路跳闸切除故障。

过负荷保护的动作如下：当变压器的负荷电流超过变压器额定电流时，电流互感器二次电流大于电流继电器 KA5 定值，KA5 便启动，常开接点接通时间继电器 KT2 得电延时，延时时间到，时间继电器的延时闭合接点接通，信号继电器 KS3 动作发出信号报警。过负荷保护电路加装时间继电器的作用，是为了区分因启动电流太大变压器短时间超过额定电流。

7. 防跳回路

防止因控制开关或自动装置的合闸接点未能及时返回（例如操作人员未松开手柄，自动装置的合闸接点粘连）而正好合闸在故障线路和设备上，造成断路器连续合、分、合现象。

对于电流启动，电压保持式的电气防跳回路还有一项重要功能，就是防止因跳闸回路的断路器辅助接点调整不当（变位过慢），造成保护出口接点先断弧而烧毁的现象。这种现象对于微机保护装置来说是不可容忍的，而这一点却常被人们忽视。

（1）防跳回路的典型接线。常用防跳回路有串联式防跳回路、并联式防跳回路、弹簧储能式防跳回路、跳闸线圈辅助接点式防跳回路等。国产断路器多采用串联式防跳回路。

断路器多采用并联式防跳回路。其中串联式防跳回路最合理，应用也最广泛，它除具有防跳功能外，还具有防止保护出口接点断弧而烧毁的优点，这也是应用微机保护装置不可缺少的技术条件。其他防跳回路只具有断路器防跳的功能，跳闸线圈辅助接点式防跳回路在执行防跳功能时，跳闸线圈长期带电有可能烧毁。

（2）串联式防跳回路。所谓串联式防跳，即防跳继电器 TBJ 由电流线圈启动，并将该线圈串联在断路器的跳闸回路中，电压保持线圈与断路器的合闸线圈并联。如图 10-61 所示。当 SA 合闸到故障线路或设备上时，这时（5-8）接通，则电流保护继电器 KA 动作，保护出口的 KA 常开闭合，此时防跳继电器 TBJ 的电流线圈 启动（合闸的瞬间 QF2 闭合），同时断路器跳闸，TBJ3 的常闭接点断开合闸回路，另一对常开接点 TBJ2 接通电压线圈 并通过 TBJ1 保持。若此时 SA 的（5-8）还在合闸位置或 KA 接点不能返回而继续发出合闸命令，由于合闸回路已被断开，断路器不能合闸，从而达到防跳目的。另外，当 TBJ 电压保持启动后，其并联于保护出口的常开接点 TBJ1 闭合并自保，直到“逼迫”断路器开关 SA 改变操作位置为止，有效地防止了断路器因为分、合、分动作和电弧。

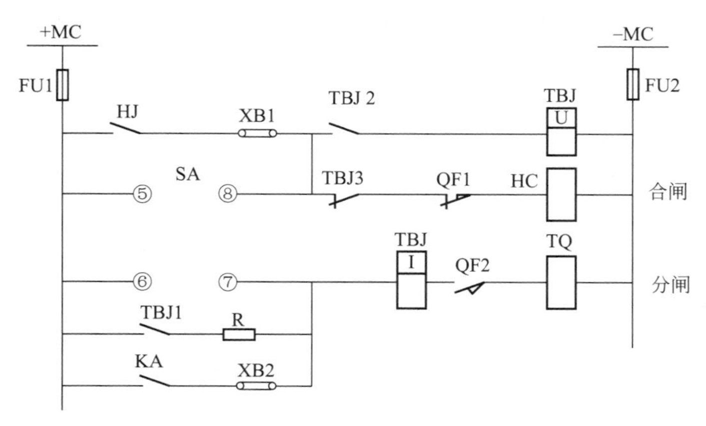

图 10-61　串联式防跳回路

TBJ—防跳跃继电器；SA—主令开关；QF—断路器辅助接点；HC—合闸线圈；TQ—分闸线圈；
KA—保护跳闸出口；HJ—保护合闸出口；XB—掉闸压板

（3）并联式防跳回路。所谓并联式防跳，即防跳继电器 KD 的电压线圈并联在断路器的合闸 Y3 回路上，如图 10-62 所示。例如一个持久的合闸命令存在时，合闸整流桥输出经 Y3 → S2 → S3 → S1 → KD（2-1）接通合闸线圈 Y3 动作，断路器合闸后，并联在合闸回路中的 S3 辅助常开接点闭合，启动防跳继电器 KD，KD 接点即由（2-1）位置切换到（4-1）位置，断开合闸回路并保持。

若此时线路或设备故障还未解除，保护继电保器 KA 发出跳闸指令 Y2 分闸脱扣器动作，断路器分闸。但由于合闸回路已可靠断开，即使主令开关 SA 还在合闸位置，断路器也不能再合闸 从而防止了断路器合、分、合跳跃。

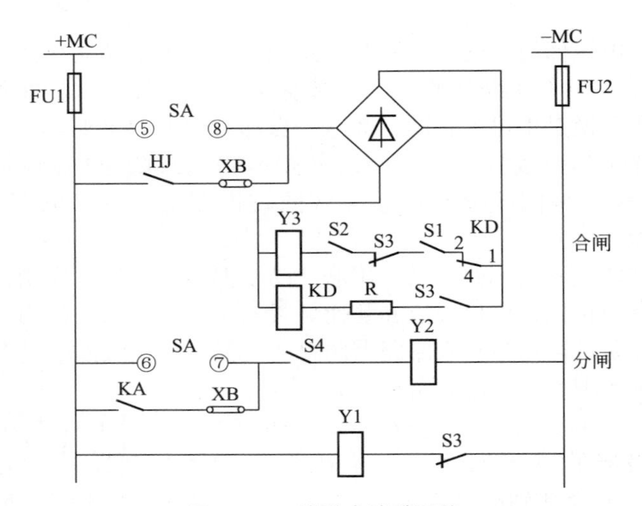

图 10-62 并联式防跳回路

S1—弹簧储能限位开关；S2—合闸闭锁电磁铁辅助接点；S3，S4—断路器辅助接点；Y1—合闸闭锁电磁铁；Y2—分闸脱扣器；Y3—合闸线圈；KD—防跳继电器；HJ—保护合闸出口；KA—保护跳闸出口；SA—主令开关；XB—掉闸压板

（4）弹簧储能式防跳回路。弹簧储能式防跳电路如图 10-63 所示，当一个持久合闸命令到来时，合闸电路经 SA 或 HJ 通过 S3 → K1 → K1 → S2 → S1 → YA 接通开关合闸。断路器合闸后弹簧机构又开始储能，储能未到位时并联在合闸回路的弹簧储能辅助开关 S3 常闭触点接通防跳继电器 K1，防跳继电器 K1 的常开触点自保，K1 的常闭触点断开合闸回路。若此时线路或设备故障，继电保护动作跳闸，由于合闸回路已可靠断开，有效地防止了开关跳跃。

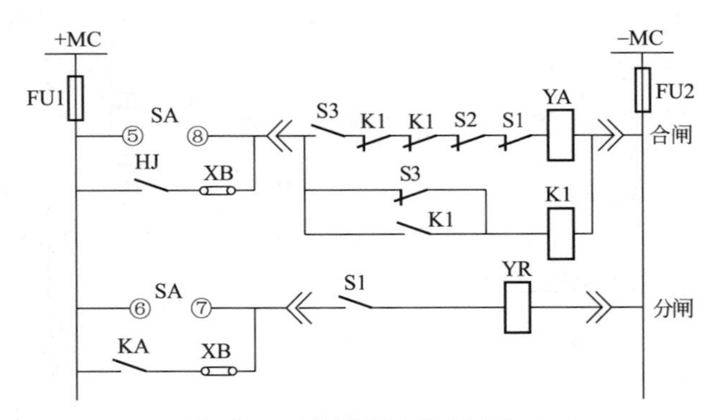

图 10-63 弹簧储能式防跳回路

S1—断路器辅助接点；S2—手车限位开关；S3—弹簧储能辅助开关；K1—防跳继电器；YA—合闸线圈；YR—分闸线圈；HJ—保护合闸出口；KA—保护跳闸出口；SA—主令开关；XB—掉闸压板

8. 重合闸电路（ARD）

在供电系统中，当发生瞬时性故障，如雷电引起的绝缘子表面闪络、大风引起的短时碰线、通过鸟类身体放电及树枝等物掉在导线上引起的短路等，这类故障在断路器跳闸后，多数能很快地自行消除。线路大多能恢复正常运行。线路故障大多是瞬时性的，因此线路发生故障断开后，再进行一次重合闸会大大提高供电的可靠性。因此如采用自动重合闸装置（简称ARD），使断路器在跳闸后，经很短时间又自动重新合闸送电，从而可大大提高供电可靠性，避免因停电而给国民经济带来的巨大损失。

供配电系统中采用的ARD，一般是一次重合式，因为一次重合式简单经济，而且基本上能满足供电可靠性的要求。运行经验证明，ARD的重合成功率随着重合次数的增加而显著降低。对架空线路来说，一次重合成功率可达60%～90%，而二次重合成功率只有15%左右，三次重合成功率仅3%左右。因此一般用户的供配电系统中只采用一次重合闸。

（1）自动重合闸装置的基本要求

① 操作人员用控制开关或遥控装置断开断路器时，自动重合闸不应动作。

② 如果是一次电路出现故障使断路器跳闸时，自动重合闸应动作。但是一次式自动重合闸只应重合一次，因此应有防止断路器多次重合于永久性故障的“防跳”措施。

③ 自动重合闸动作后，应能自动返回，为下一次动作做好准备。

④ 自动重合闸应与继电保护相配合，使继电保护在自动重合闸动作前或动作后加速动作。大多采取重合闸后加速保护装置动作的方案，使自动重合闸重合于永久性故障上时，快速断开故障电路，缩短故障时间，减轻故障对系统的危害。

图10-64所示为DH-2型重合闸继电器构成的电气式一次式自动重合闸展开图。重合闸继电器是根据电阻、电容回路充电放电原理构成的，由电容器、时间继电器、中间继电器、充电电阻、放电电阻及信号灯等组成。1SA是断路器控制开关，2SA是选择开关，用来投入和切除自动重合闸装置。

自动重合闸装置的动作条件是：线路发生短路故障时，断路器自动跳闸，重合闸继电器中电容器已充好电。

（2）自动重合闸过程

① 当线路正常运行时，1SA（21-23）、2SA（1-3）均在接通状态。重合闸继电器中电容C充电，其充电回路如图10-65所示+WC → 1FU → 2SA（1-3）→ 4R → C → 2FU → −WC，此时指示灯HL亮，表示控制母线电压正常，电容C已处在充电状态，重合闸继电器处于备用状态。

② 当线路发生故障时，继电保护动作使断路器自动跳闸。断路器的辅助触点QF常闭触点闭合，2SA还在工作位置（1-3）通，KAR中的KT得电动作，经延时后，其常开触点闭合接通KM电压线圈，电容C向KM电压启动线圈放电，使KM动作而接通合闸回路，并由KM的电流线圈自保持动作状态，直至断路器合上，路径分析如图10-66所示。如重合闸成功，所有继电器复位，电容C又开始充电，充电15～25s后，才能达到KM所要求的动作电压值，从而保证了自动重合闸装置只动作一次。如重合闸不成功，则说明有永久性故障存在，时间继电器KT再次启动，但由于电容C来不及充好电，KM不能动作，因此不能再次合闸，保证只能一次重合闸。

③ 手动跳闸过程。在手动跳闸时，控制开关1SA处于“跳闸后”位，其触点（21-23）断开，（2-4）闭合，将自动重合装置切除，同时电容C放电，使重合闸装置不可能动作。

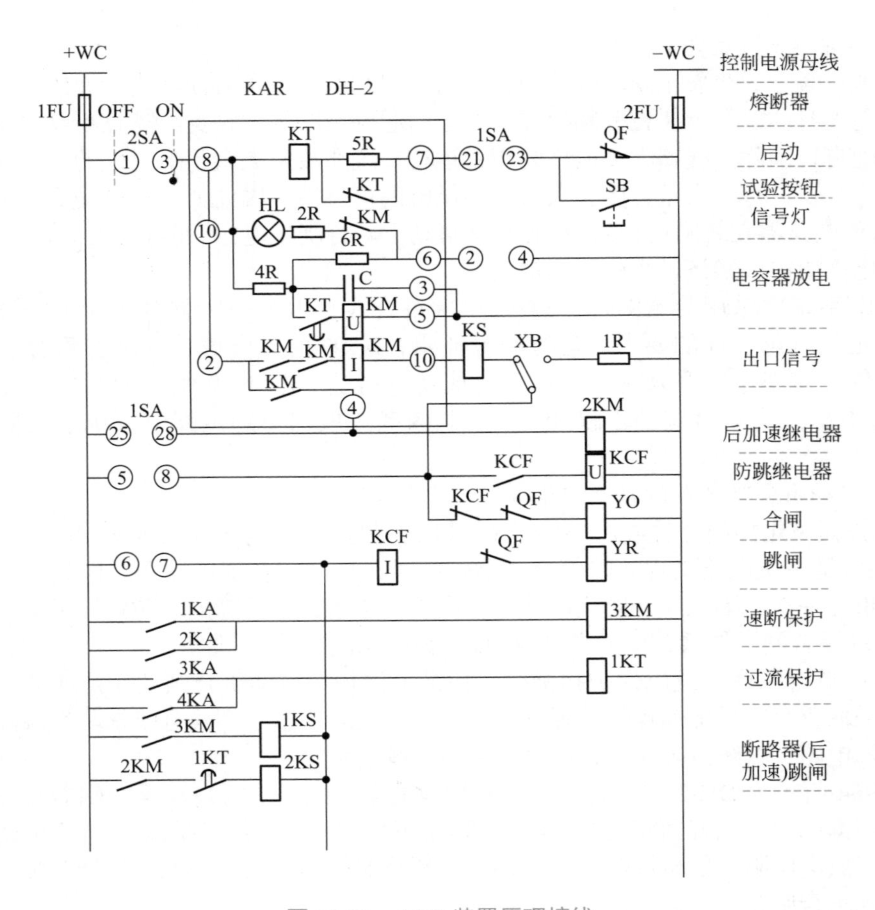

图 10-64 ARD 装置原理接线

2SA—选择开关（重合闸投入、退出）；1SA—断路器控制开关；KAR—重合闸继电器；YO—合闸继电器；YR—跳闸线圈；KM—保持继电器；QF—断路器辅助触点；KCF—防跳继电器；2KM—后加速继电器（DZS-145 型中间继电器）；KS—信号继电器

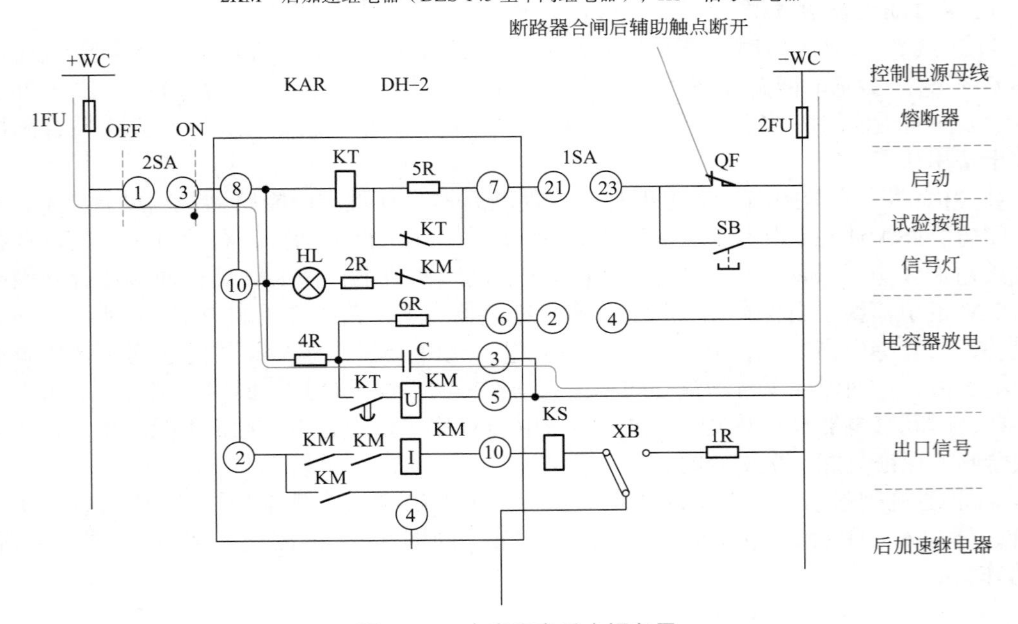

图 10-65 电容充电重合闸备用

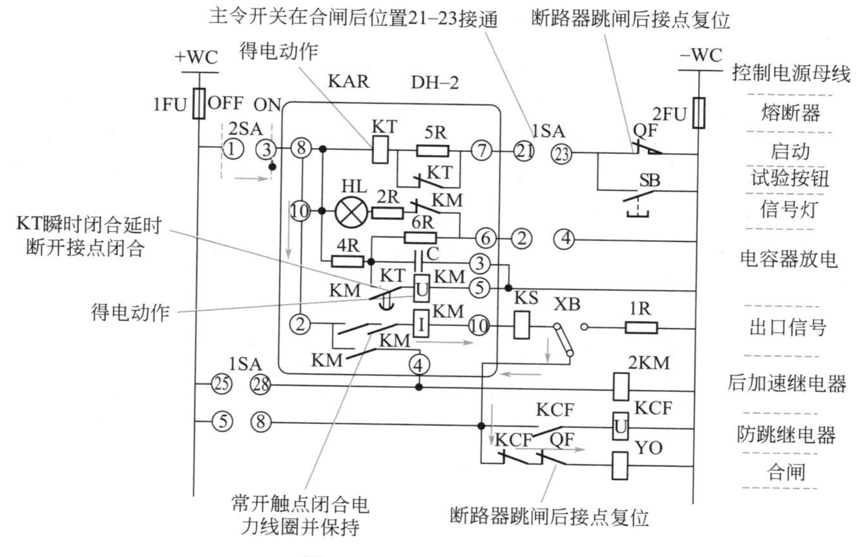

图 10-66 重合闸的过程

④ 加速保护过程。自动重合装置采用后加速保护。其工作原理为：当线路上发生永久性故障时，假设第一次是由定时限过电流保护动作，1KT 延时后断路器自动跳闸，重合闸装置启动，断路器自动重合闸，同时加速继电器 2KM 得电动作，其延断常开触点瞬时闭合。由于断路器重合在永久性故障线路上，过电流保护再次启动，接点 3KA、4KA 闭合，1KT 再次得电，在 1KT 瞬时闭合的常开触点和 2KM 闭合的延断常开触点的共同作用下，使断路器第二次瞬时跳闸断开故障线路，实现后加速保护，从而减少短路电流的危害。

如果手动合闸故障线路，ARD 不动作，而后加速保护动作。在手动合闸前，断路器处于分闸状态，电容 C 经 1SA 触点（2-4）放电。当手动合闸故障线路后，电容 C 来不及充电，重合闸装置不动作。但加速继电器 2KM 经控制开关 1SA 触点（25-28）得电动作，其延断常开触点瞬时闭合。由于线路上有故障，过电流保护动作与前面后加速保护一样，断路器自动瞬时跳闸断开故障线路，实现后加速保护。

9. 差动保护

变压器电流差动保护主要用来保护双绕组或三绕组变压器绕组内部及其引出线上发生的各种相间短路故障，同时也可以用来保护变压器单相匝间短路故障。在继电器线圈中流过的电流是两侧电流互感器的二次电流差，如图 10-67 所示，也就是说差动继电器是接在差动回路的。

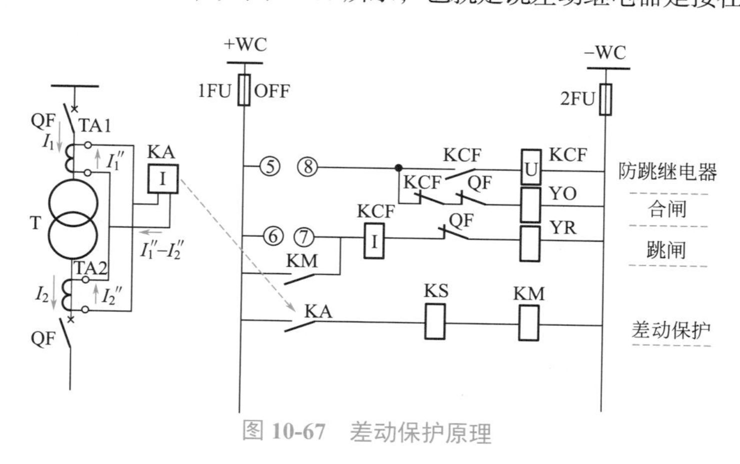

图 10-67 差动保护原理

从理论上来讲，正常运行及外部故障时，差动回路电流为零。实际上由于两侧电流互感器的特性不可能完全一致等原因，在正常运行和外部短路时，差动回路中仍有不平衡电流 I_{umb} 流过，此时流过继电器的电流 I_K 为 $I_K=I_1''-I_2''=I_{umb}$，要求不平衡电流应尽量的小，以确保继电器不会误动。当变压器内部发生相间短路故障时，在差动回路中由于 I_2'' 改变了方向或等于零（无电源侧），这是流过继电器的电流为 I_1'' 与 I_2'' 之和，即 $I_K=I_1''+I_2''=I_{umb}$，能使继电器可靠动作。

变压器差动保护的范围是构成变压器差动保护的电流互感器之间的电气设备，以及连接这些设备的导线。由于差动保护对保护区外故障不会动作，因此差动保护不需要与保护区外相邻元件保护在动作值和动作时限上相互配合，所以在区内故障时，可以瞬时动作。

10. 继电器组成的继电保护电路分析

看懂高压继电保护电路并不是一件很难的事情，在这里大家跟我一起阅读分析由继电器组成的二次保护电路。首先看图 10-68 是采用继电器组成的高压继电保护二次回路原理图，有速断、过流、温度、零序、柜门闭锁保护功能，断路器采用 CT 电磁合闸机构并有防跳跃保护，图中的各种控制保护功能我们逐一分析。

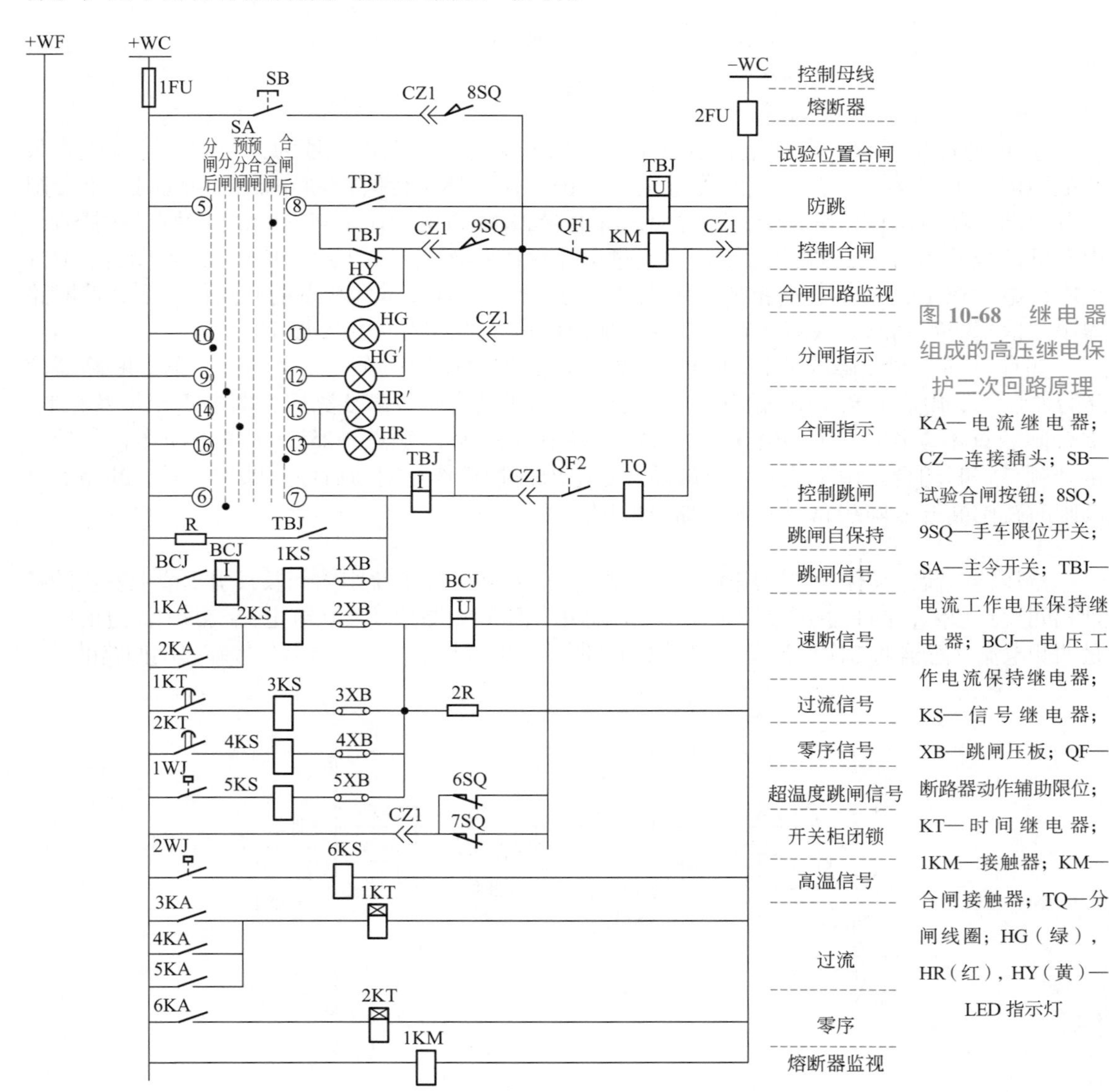

图 10-68 继电器组成的高压继电保护二次回路原理

KA—电流继电器；CZ—连接插头；SB—试验合闸按钮；8SQ，9SQ—手车限位开关；SA—主令开关；TBJ—电流工作电压保持继电器；BCJ—电压工作电流保持继电器；KS—信号继电器；XB—跳闸压板；QF—断路器动作辅助限位；KT—时间继电器；1KM—接触器；KM—合闸接触器；TQ—分闸线圈；HG（绿），HR（红），HY（黄）—LED 指示灯

（1）继电保护的电流回路：电流回路如图 10-69 所示，电路采取三相式保护电路，电路中的电流互感器其中一组 1TA 二次绕组接电流表，负责监视电路运行状态，三个电流表和三个 CT 都呈星形连接，电流表所反映为各自的线电流。

电流保护回路由电流互感器另一组二次绕组 2TA，接了六个 DL 型电流继电器，1KA、2KA 为高定值，用于速断保护。3KA、4KA、5KA 为低定值，用于过流保护。6KA 接在 CT 二次回路的中性点上，用于零序电流保护。

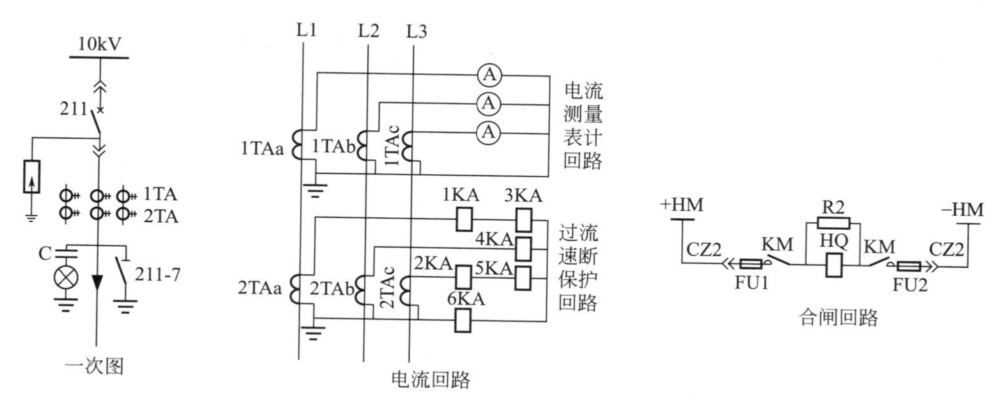

图 10-69　继电保护的电流回路

（2）试验位置合闸回路如图 10-70 所示：试验位置合闸是断路器在试验位置时检验断路器动作的，当断路器手车拉至试验位置时，位置限位开关 8SQ 动作接通，断路器运行位置开关 9SQ 不接通，主令开关 SA 不起作用，只有试验合闸操作按钮 SB，试验合闸的电路经控制母线 +WC → 1FU → SB →插头 CZ1 →位置限位 8SQ →断路器辅助接点 QF1 →合闸接触器 KM →插头 CZ1 → 2FU →控制母线 −WC，形成控制回路。

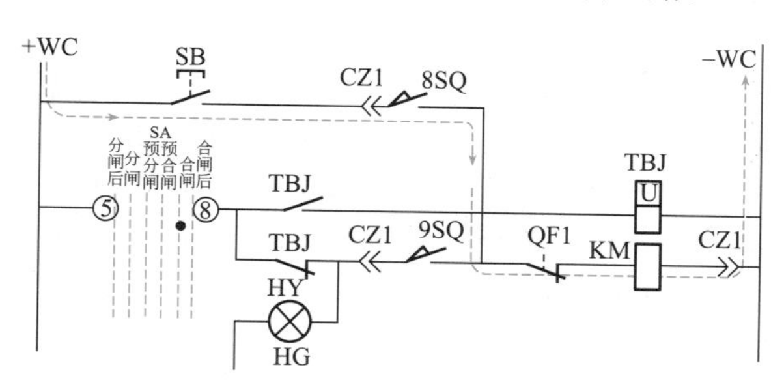

图 10-70　试验位置合闸回路

（3）防跳回路：防跳保护是断路器合闸时防止因控制开关或自动装置的合闸接点未能及时返回（例如操作人员未松开手柄，自动装置的合闸接点粘连）而正好合闸在故障线路和设备上，造成断路器连续合、分、合的现象。动作跳闸后而跳闸信号未解除时，又发出了合闸命令造成断路器出现断、通、断的误动作，如图 10-68 的继电保护电路采用两个保持继电器用于断路器防跳保护，一个是电流速断保护回路的 BCJ（电压工作电流保持继电器），用于信号保持；另一个是 TBJ（电流工作电压保持继电器），用在合闸控制回路。防跳的具体控制过程见图 10-71。

动作分析如下：

① 电流回路中的 1KA 或 2KA 检测到短路信号常开触点闭合，接通继电器 BCJ 的电压

线圈；

② BCJ 的电压线圈得电动作，继电器的常开触点闭合接通跳闸出口；

③ BCJ 的常开触点闭合，BCJ 的电流线圈动作；

④ BCJ 的电流线圈动作保持吸合，BCJ 常开触点保持接通；

⑤ 跳闸出口回路中的 TBJ 因有电流而吸合动作；

⑥ TBJ 吸合动作，是 TBJ 的触点动作，TBJ 的常开触点接通 TBJ 的电压线圈，常闭触点断开合闸线圈 KM 的电路；

⑦ TBJ 电压线圈吸合动作，并通过自身触点自保，直到“逼迫”断路器常开辅助接点改变位置为止。

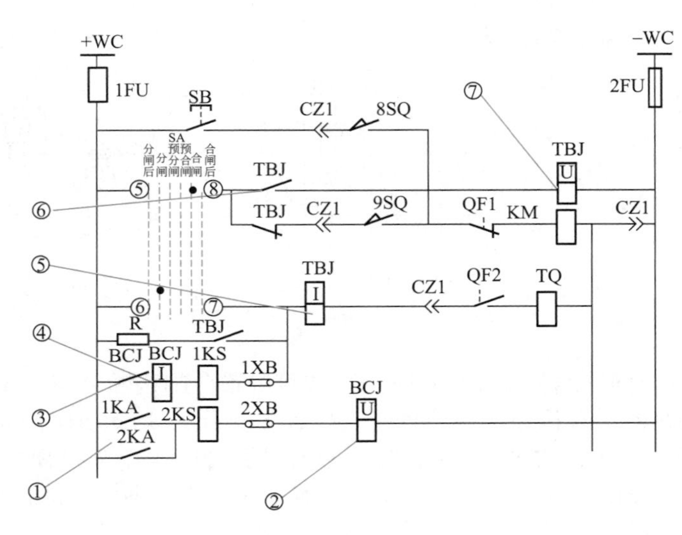

图 10-71 防跳过程

（4）控制合闸回路：控制合闸也是操作合闸控制电路，如图 10-72 所示，合闸操作只有将断路器推至运行位置，这时 9SQ 运行位置限位开关闭合（运行位置时 8SQ 断开）和断路器辅助限位 QF1 闭合才可进行操作，电路从控制母线 +MC → 1FU 熔断器→主令开关 SA（5-8）→ TBJ 常闭→插头 CZ1 →位置限位 9SQ → QF1 常闭→合闸线圈 KM →插头 CZ1 → 2FU 熔断器→ -MC，形成动作回路。合闸接触器 KM 吸合其主接点接通合闸电磁线圈，断路器合闸后其辅助限位开关 QF 常闭断开。

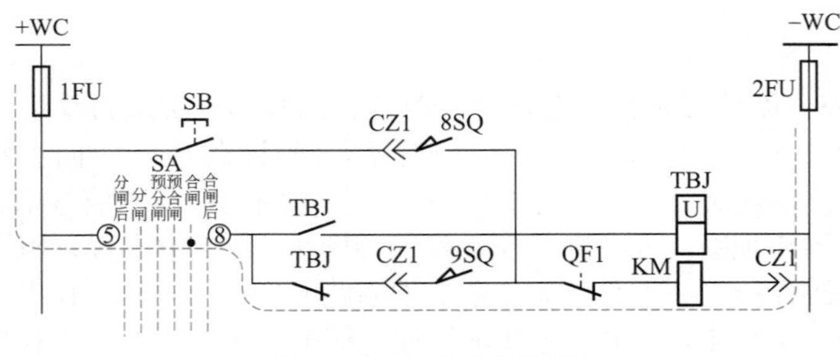

图 10-72 控制合闸回路

合闸电磁铁是一个独立的电路，如图 10-73 所示，由直流电源直接引入合闸电源，合闸电磁铁 HQ 受合闸接触器 KM 的控制，合闸接触器 KM 得电吸合，其主接点闭合，电磁铁

HQ 得电动作完成合闸，FU1、FU2 为合闸线圈的短路保护熔断器，熔丝可按合闸线圈电流的 1/3 ～ 1/4 选择。

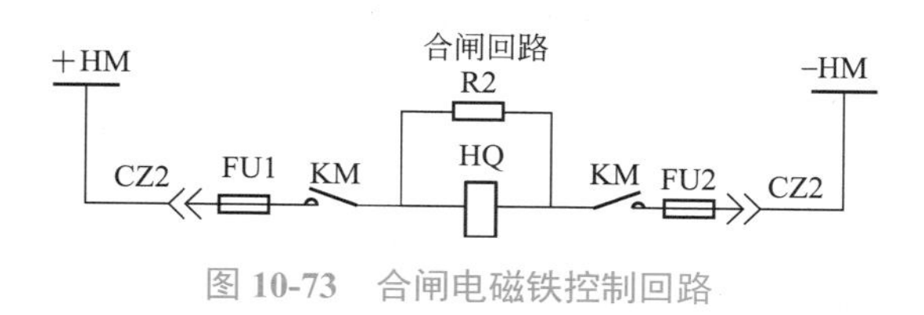

图 10-73 合闸电磁铁控制回路

（5）合闸回路监视：如图 10-74 所示，当断路器分闸之后主令开关 SA 回到分闸后位置，断路器辅助限位开关 QF1 常闭复位（接通），开关 SA 的 10、11 两点接通，此时绿灯 HG 亮，表示断路器已经分闸，黄灯 HY 亮，表示断路器位置无误，二次连接插头连接良好。

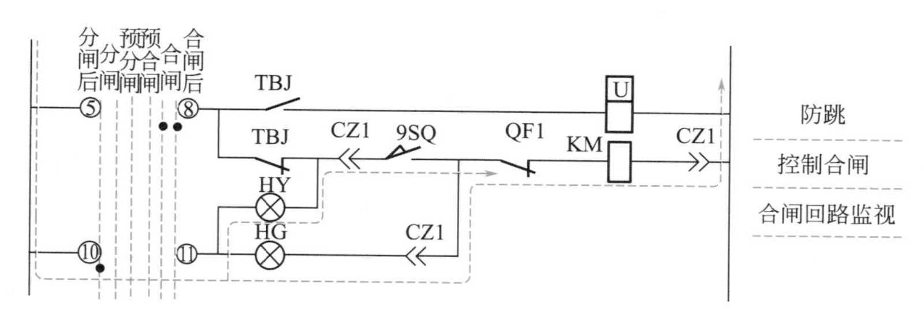

图 10-74 合闸回路监视

（6）控制分闸回路：如图 10-75 所示，当断路器合闸成功后，断路器的辅助常开触点 QF2 闭合，接通分闸线圈 TQ，这时主令 SA 在合闸后位置开关 16、13 两点接通，红灯 HR 亮，监视分闸回路的完好，需要分闸时将 SA 开关先旋转到预分闸位置，14、15 两点接通，这时 HR′ 红灯闪亮，提示是否要进行分闸操作，分闸 SA 旋转到分闸位置令 6、7 两点接通，分闸线圈 TQ 得电动作，断路器分闸，QF 触点全都复位。

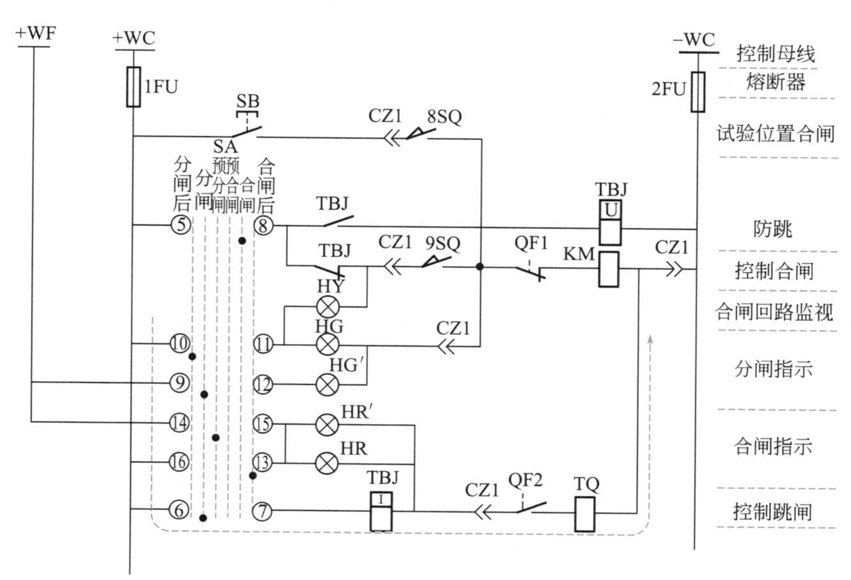

图 10-75 合闸指示与控制分闸回路

（7）跳闸自保持回路：跳闸自保持回路如图 10-76 所示，跳闸自保持回路是防跳跃功能的一部分，当速断继电器 1KA、2KA 动作触点接通时，速断信号回路中的继电器 BCJ 电压线圈得电动作，BCJ 的常开接通 BCJ 的电流线圈，此时如果断路器合闸，BCJ 和 TBJ 电流线圈动作，常开触点接通保持跳闸信号，直至电流继电器 1KA 或 2KA 断开，才解除跳闸保持。

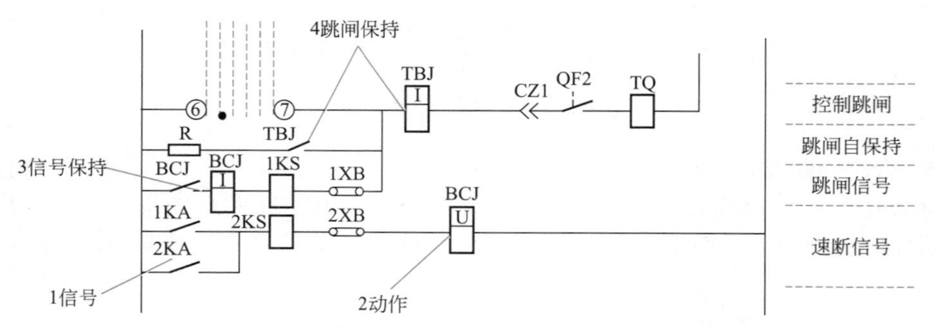

图 10-76 跳闸信号和跳闸自保持回路

（8）跳闸信号回路：跳闸信号电路是由 BCJ 继电器常开、BCJ 电流线圈、1KS 信号继电器、1XB 压板组成。当继电器 BCJ 电压线圈得电吸合后，BCJ 常开接点动作，信号继电器 1KS 因为有电流流过而动作，发出跳闸信号，1KA 或 2KA 触点接通，2KS 动作发出速断信号（1KS、2KS 是电流型信号继电器）。

（9）信号回路：如图 10-77 所示，信号包括了过流信号、零序电流信号、变压器超温信号、开关柜闭锁、控制电源监视等。

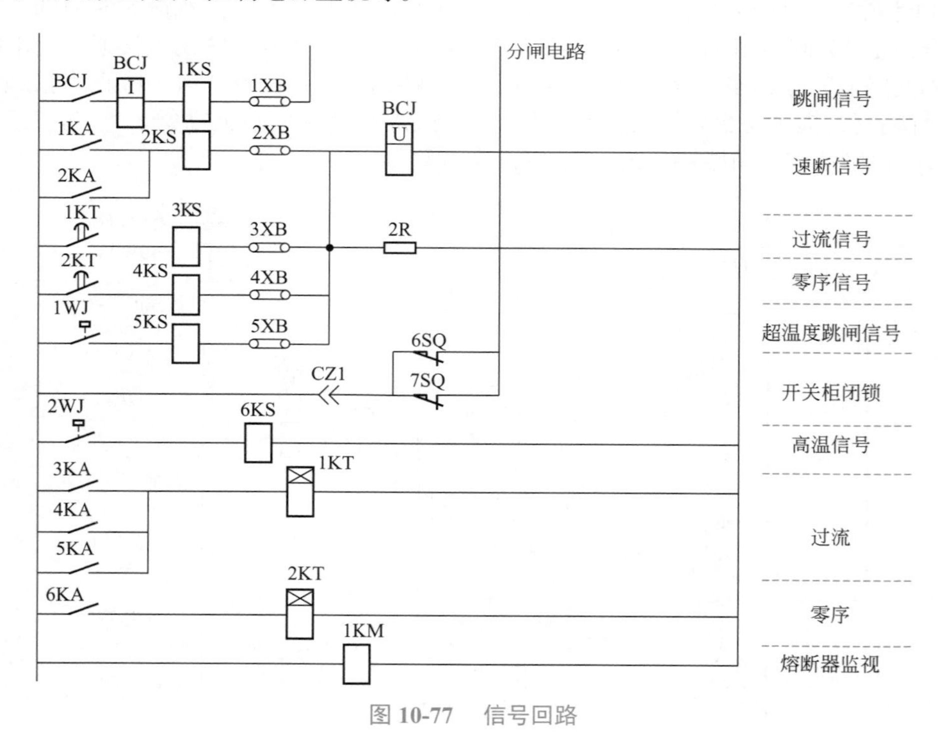

图 10-77 信号回路

过流信号是由 CT 二次保护回路中的 3KA、4KA、5KA 电流继电器动作，接通时间继电器 1KT 延时，延时时间到 1KT 的延时闭合接点闭合，3KS 动作，发出信号并接通跳闸电路。

零序信号是由6KA电流继电器动作，接通时间继电器2KT，延时时间到2KT的延时闭合接点闭合，4KS动作，发出信号并接通跳闸电路。

变压器超温跳闸信号是由温度继电器1WJ因高温动作，1WJ的常开接点闭合，接通5KS，发出信号并接通跳闸电路。

速断信号回路是CT二次保护回路中的1KA、2KA电流继电器因故障电流大于定值而吸合动作，1KA、2KA的常开接点闭合，接通2KS动作，发出速断跳闸信号。

变压器高温报警是由温度继电器2WJ检测，高温时2WJ接通，6KS信号继电器动作报警。

（10）开关柜闭锁：开关柜闭锁电路是保证断路器在运行位置时，开关柜除断路器手车门、仪表室门以外的开关柜门不可打开，以防发生危险，6SQ、7SQ是装在门内的限位开关，门关闭良好时开关压下接点断开，当门打开时SQ接通分闸电路，令断路器跳闸。

熔断器监视是监视控制电路中1FU、2FU熔断器的，当熔断器熔丝熔断后1KM不再吸合，1KM的常闭触点复位闭合，接通报警电路。

11. 采用ABB SPCL 140C过电流综合保护器的继电保护电路分析

采用ABB SPCL 140C过电流综合保护器的继电保护器是现在应用很广泛的高压综合保护装置，图10-78是采用ABB SPCL 140C过电流综合保护器中置式高压变压器柜的柜面。

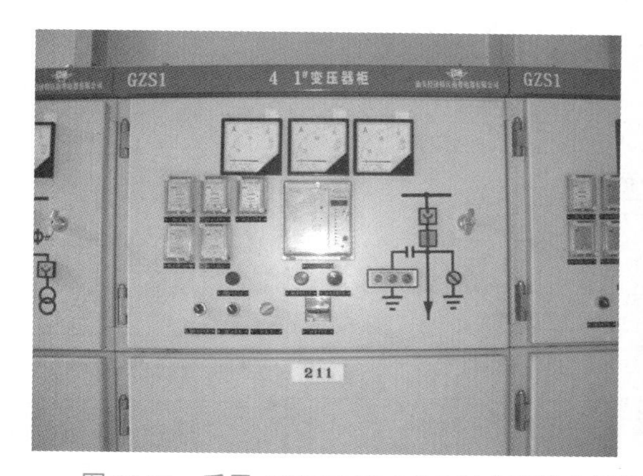

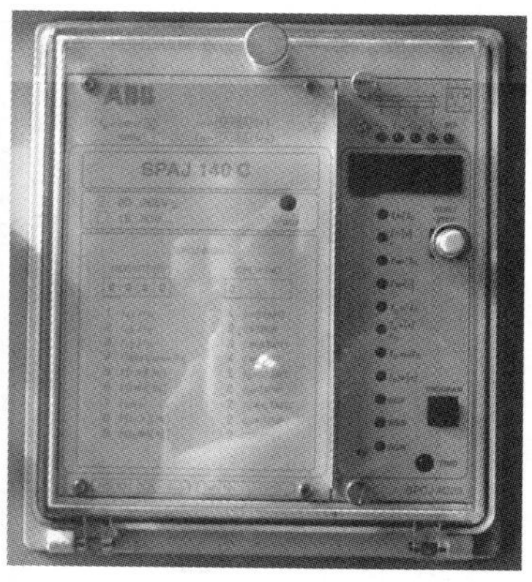

图10-78　采用ABB SPCL 140C过电流综合保护器中置式高压变压器柜的柜面

（1）SPCL 140C过电流综合保护器的继电流输入回路。如图10-79所示，高压线路采用三相式保护电路，211负荷侧装有三个电流互感器1TAa、1TAb、1TAc与电流表连接用于测量，2TAa、2TAb、2TAc与综合保护器KC的电流输入端1～2、4～5、7～8连接，TAn零序保护电流互感器也接于综合保护器25、26端。

（2）采用SPCL 140C过电流综合保护器的高压二次回路分析。采用SPCL 140C过电流综合保护器的高压二次回路如图10-80所示。

① 主要部件介绍：断路器采用CT弹簧储能操动机构；KC——过电流综合保护器；S8——试验位置限位开关；S9——运行位置

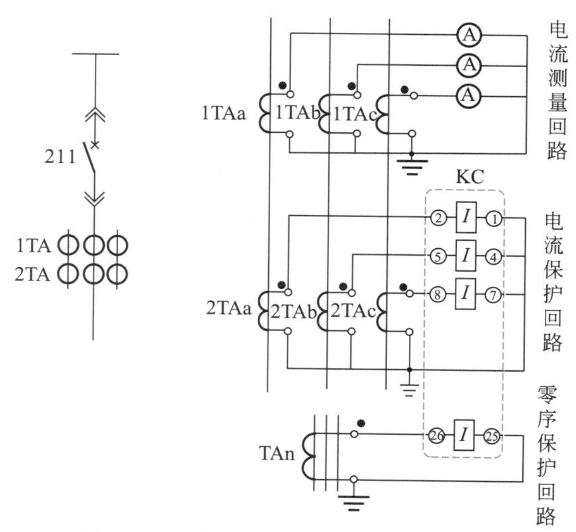

图10-79　采用SPCL 140C过电流综合保护器的继电流输入回路

限位开关；S1——储能限位开关；X0——断路器二次线插头；SF——扳把开关；SA——合闸主令开关；1KM——电压动作电流保持继电器；SQ——接地开关限位；KS——信号继电器；QF——断路器辅助触点；XB——跳闸压板；Y1——中间继电器；HQ——合闸线圈；TQ——分闸线圈；HLT，HLQ，HLR——状态指示器；HG——分闸指示灯；HR——合闸指示灯。

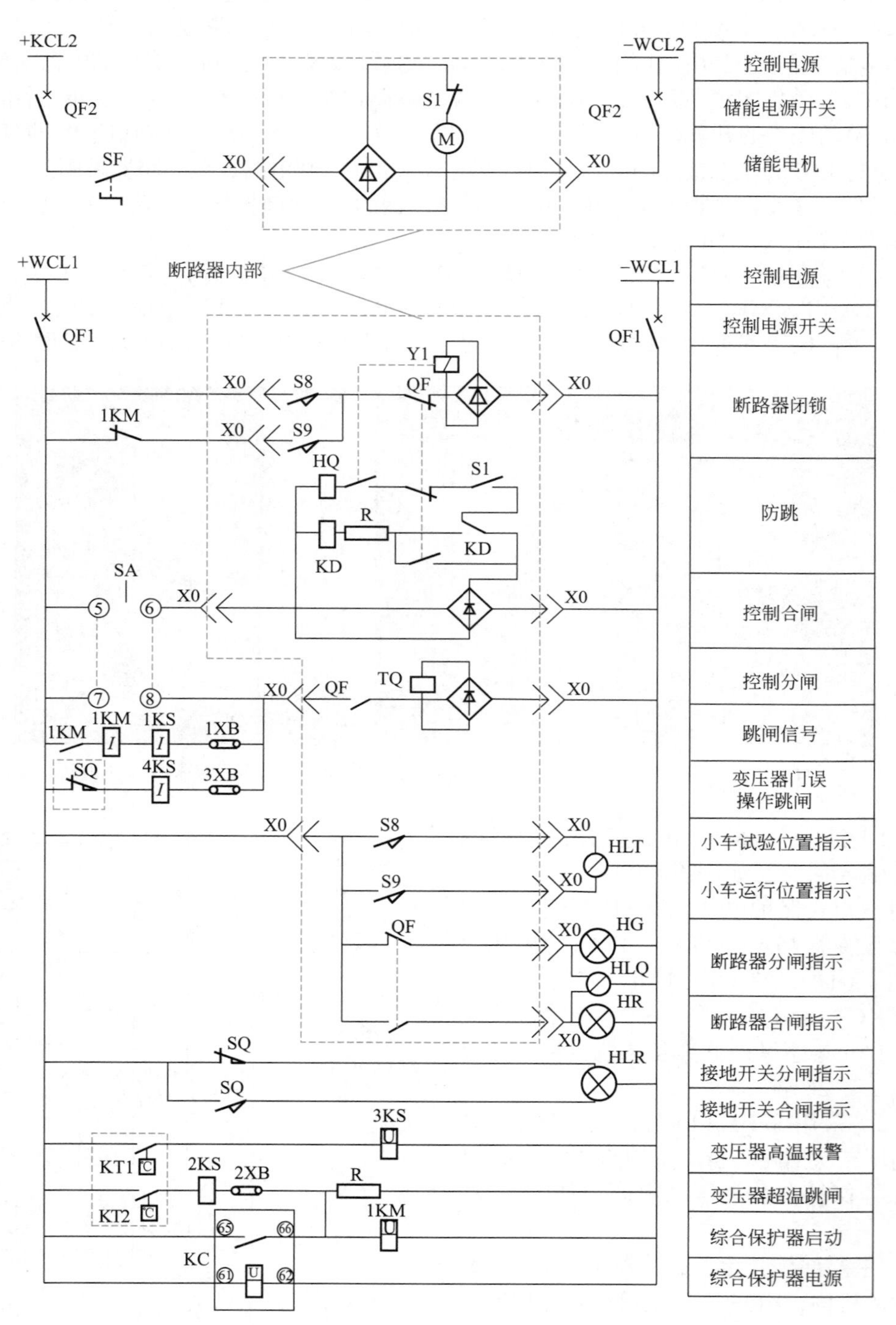

图 10-80　采用 SPCL 140C 过电流综合保护器的高压二次回路

② 继电保护电路动作分析。

a. 弹簧储能回路：如图 10-81 所示，当断路器要合闸时应先进行储能操作，储能时扳动开关 SF 接通储能电机，储能开始，当储能到位时触动限位开关 S1，S1 的常闭触点断开储能电机电路，储能停止，S1 的常开触点接通防跳电路，为接通合闸 HQ 的电路做好准备。

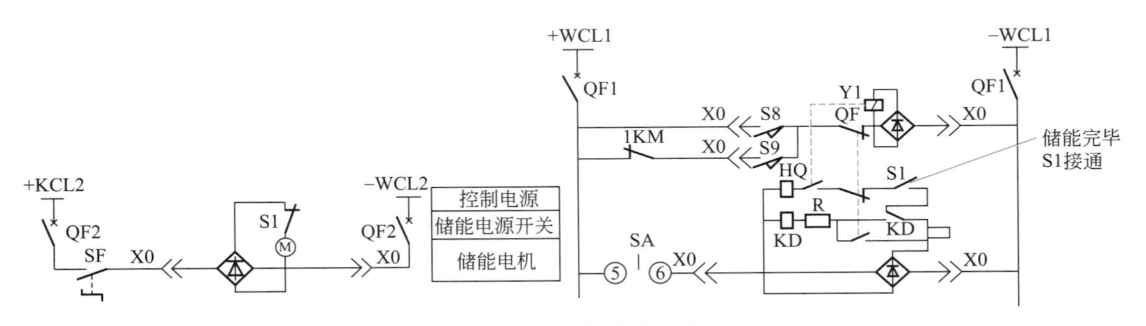

图 10-81 弹簧储能回路

b. 断路器闭锁回路：断路器闭锁回路是为移开式开关柜断路器手车专门制定的保护电路，如图 10-82 所示，是由 S8、S9、1KM、QF 四个触点组成的，只有当断路器手车在试验位置时 S8 闭合，或在运行位置时 S9 闭合，跳闸回路的继电器 1KM 常闭触点未动作，中间继电器 Y1 才可得电吸合，Y1 的常开触点闭合接通合闸线圈 HQ 电路，断路器才具备合闸条件，否则没有合闸动作。

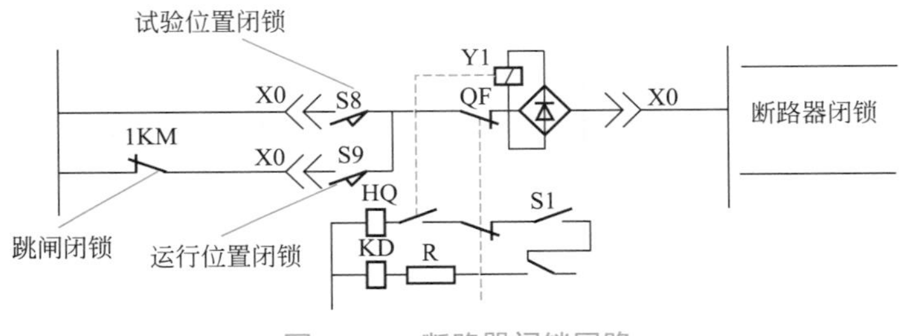

图 10-82 断路器闭锁回路

c. 防跳回路：防跳电路由 Y1 和 KD 两个继电器组合完成，如图 10-83 所示，当断路器合闸后主令开关 SA 的 5、6 触点还在接通位置时，断路器辅助触点 QF 已经动作，常闭触点断开合闸线圈 HQ 线路，常开触点接通 KD 线路，KD 继电器得电吸合，KD 的 1、2 触点断开 HQ 合闸线圈电路，KO 的 1、3 触点接通令 KD 自保，合闸线圈 HQ 不能动作，直至断路器合闸指令消除。

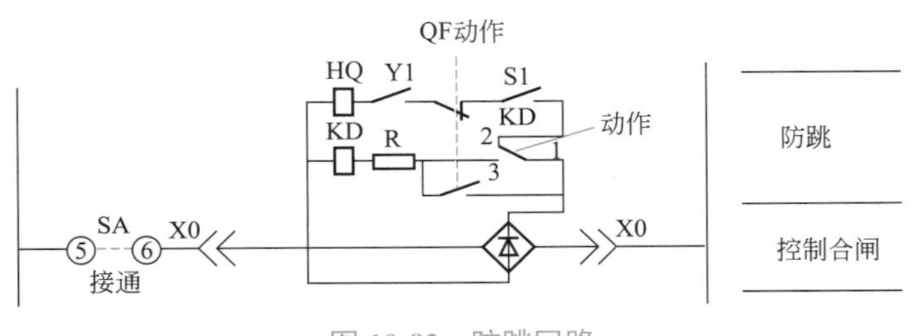

图 10-83 防跳回路

d. 控制合闸回路：控制合闸电路分析如图 10-84 所示，断路器合闸必须在储能到位 S1

闭合、断路器辅助触点 QF 复位、防跳继电器 KD 未动作的条件下，操作主令开关 SA 令 5、6 触点接通才可合闸。

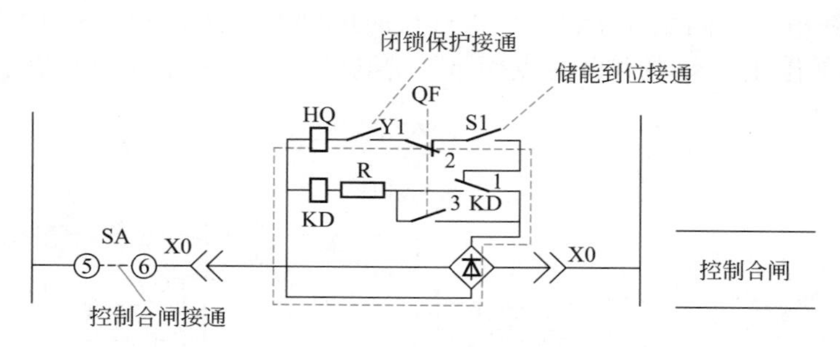

图 10-84 控制合闸回路

e. 控制分闸回路：如图 10-85 所示，断路器合闸后其辅助常开触点 QF 接通，操作主令开关 SA 扳至分闸位时 7、8 两点接通，分闸线圈 TQ 得电动作发出分闸指令。

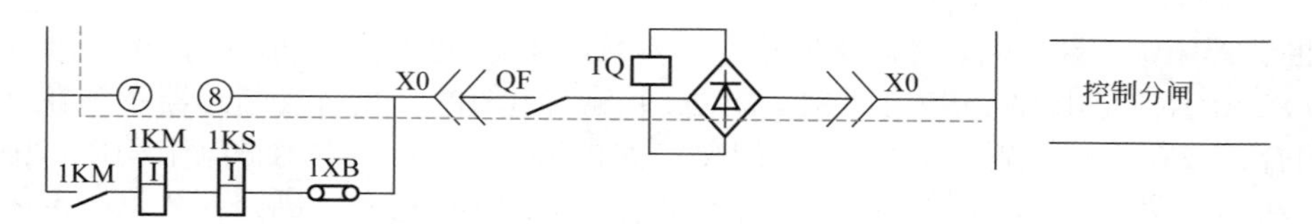

图 10-85 控制分闸回路

f. 跳闸信号与报警信号回路：如图 10-86 所示。

SQ 是装在变压器门上的限位开关，变压器运行时防护门关闭紧密限位开关 SQ 断开，如果打开变压器的防护门 SQ 复位接通分闸电路，令断路器跳闸，断开变压器高压供电，防止误入带电间隔造成触电事故，同时 4KS 信号继电器动作报警。

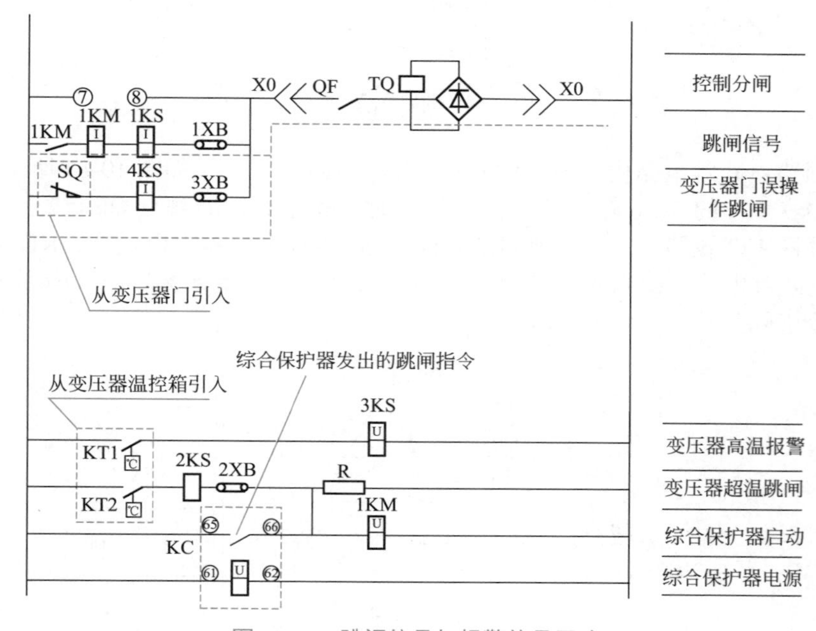

图 10-86 跳闸信号与报警信号回路

变压器高温报警 KT1 由变压器温控器引出信号，超过设定温度时 1KT 接通，3KS 信号继电器动作报警。

当变压器温度超高时温控器 KT2 动作，接通 1KM 线圈，1KM 的触点接通分闸电路，2KS 信号继电器动作，指示是变压器超温跳闸。

12. 采用施耐德 SEPAM 综合保护继电器的电路分析

采用施耐德 SEPAM 综合保护继电器的继电保护器也是现在应用很广泛的高压综合保护装置，图 10-87 是施耐德 SEPAM 综合保护继电器的继电保护器高压柜的柜面。

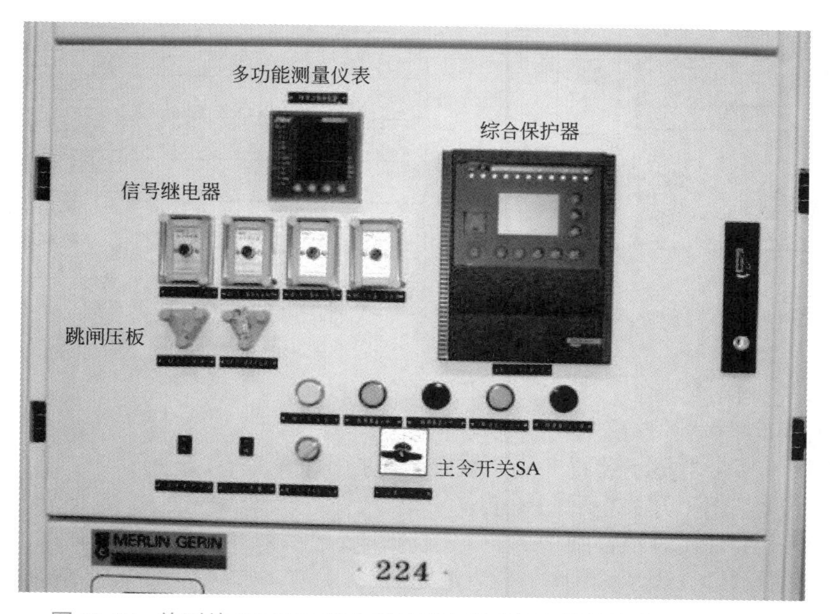

图 10-87 施耐德 SEPAM 综合保护继电器的继电保护器高压柜的柜面

（1）一次回路分析：图 10-88 是一个 10kV 馈电柜（变压器出线柜）移开式开关柜的一次回路图，断路器装在手车上，由隔离插头连接主回路，手车拉出主回路断开，具有良好的隔离作用，断路器负荷侧采用三相式加零序电流保护电路，断路器负荷侧装有接地刀闸 SQ，以便在检修时将线路接地确保检修安全，GSN 是带电显示装置，用以表示断路器合闸变压器处于运行状态。断路器负荷侧的避雷器用于消除操作过电压。

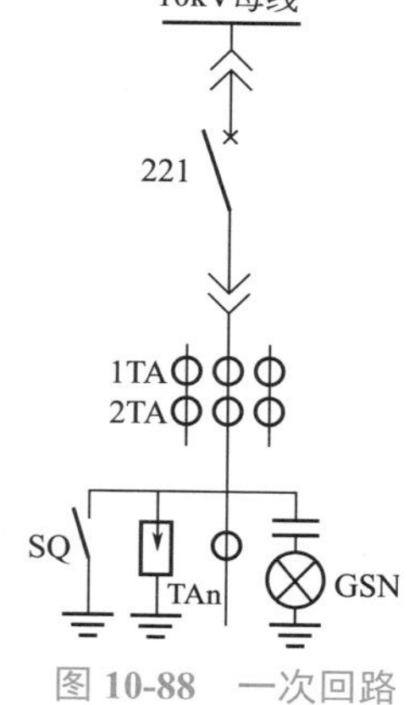

图 10-88 一次回路

电路采用三相电流保护和零序保护，一次回路中 1TA 用于电流表测量，2TA 用于三相电流保护，TAn 是零序保护，如图 10-89 所示。互感器 2TAa 二次接保护器的 4 ～ 1 端做 A 相保护，互感器 2TAb 二次接保护器的 5 ～ 2 端做 B 相保护，互感器 2TAc 二次接保护器的 6 ～ 3 端做 C 相保护，互感器 TAn 二次接保护器 8 ～ 9 端做零序保护。

（2）信号输出回路：信号输出回路如图 10-90 所示，1KS ～ 3KS 为信号继电器可接警铃、警灯，综合保护器的 L 输出模块 6、9、12、10、13 为监控信号输出。空气开关跳闸信号是监视控制母线电源的。

采用 SEPAM 综合保护继电器的继电保护器高压二次回路如图 10-91 所示。

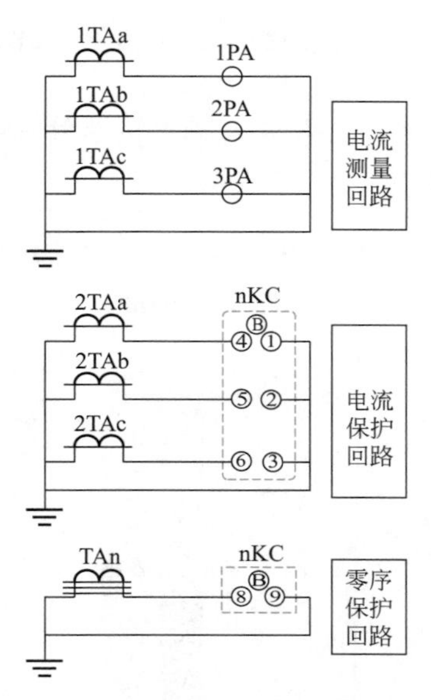

图 10-89　电流输入回路

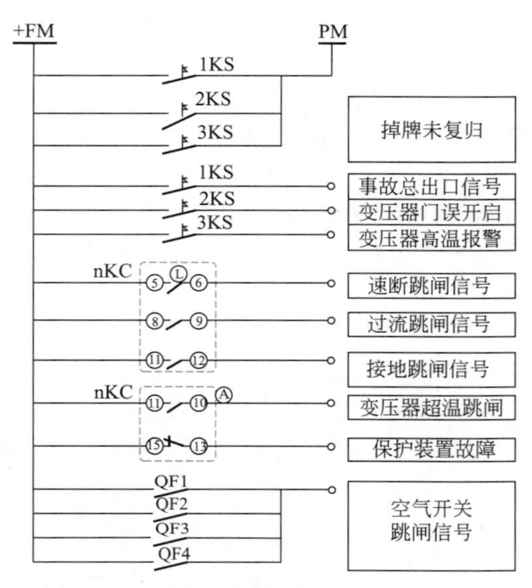

图 10-90　信号输出回路

图中主要元件用途：

1KM：中间继电器，储能电路结束动作信号；

ZS1：GSN1 型带电显示装置，用于线路带电指示；

MS：电磁锁，用于开关柜后门闭锁；

HR：红色指示灯，表示合闸；

HG：绿色指示灯，表示分闸；

HW：黄色指示灯，表示储能结束，具备合闸条件；

1PA ～ 3PA：电流表，电流测量；

1KS：电流型信号继电器；

2KS、3KS：电压型信号继电器；

1XB、2XB：连接板，用于解除 / 投入跳闸指令；

1EH、2EH：加热器，用于开关柜内除湿；

nKC：SEPAM-20T 综合保护继电器；

nQF：EV12 真空断路器；

SA：主令开关，用于断路器分合操作；

S8：限位开关，断路器手车试验位置开关；

S9：限位开关，断路器手车运行位置开关；

XF：合闸线圈；

MX1：分闸线圈；

-≪　≫-：连接插头。

（3）断路器储能回路：储能电路为直流电源，控制如图 10-92 所示，SA4 是储能扳把开关，nSQ 为储能位置开关，储能时扳动 SA4 开关接通储能电机 M，当储能到位时储能位置开关 nSQ 动作，nSQ 常闭接点断开储能电机电路，电机停止，nSQ 的常开接点接通 1KM，1KM 中间继电器得电吸合，其常开接点接通，指示灯 HW 亮，表示储能结束具备合闸条件。

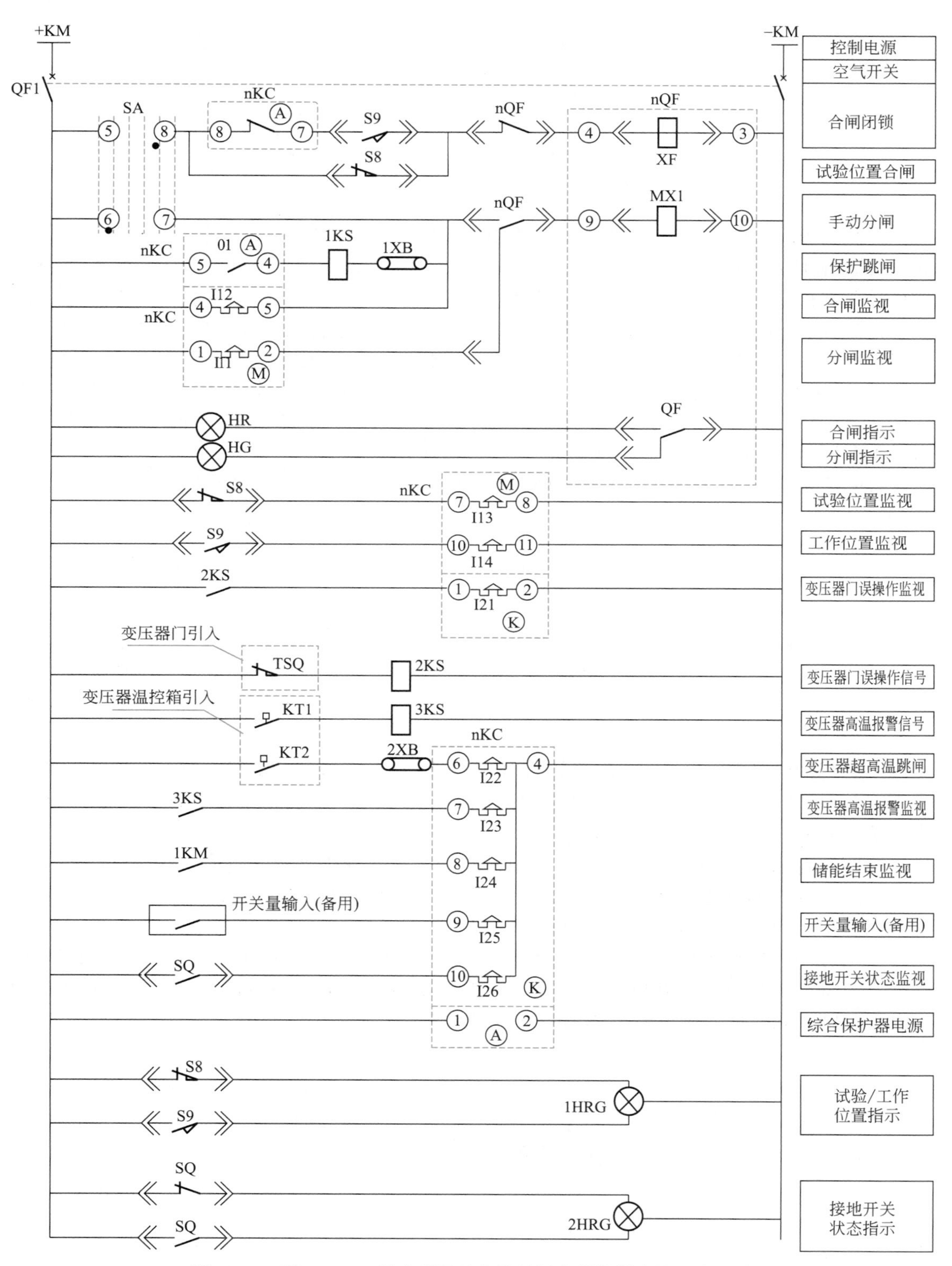

图 10-91　用 SEPAM 综合保护继电器的继电保护器高压二次回路

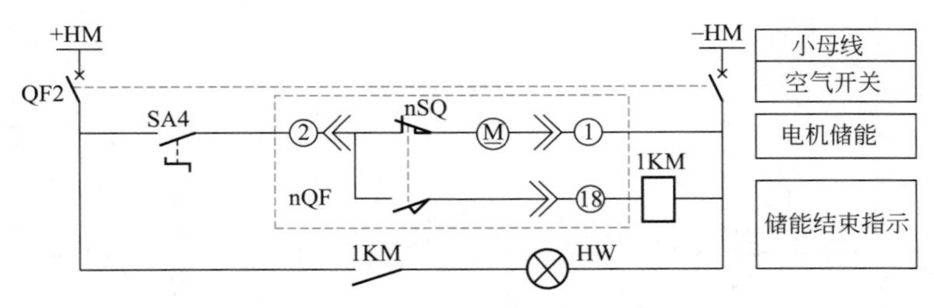

图 10-92　断路器储能回路

（4）合闸回路分析：合闸回路如图 10-93 所示，合闸回路由主令开关 SA（5-8）、nKC 综合保护器（8-7）接点、手车位置开关 S9、断路器辅助接点 nQF、合闸线圈 XF 组成。nKC 综合保护器接点（8-7）起合闸防跳作用，当综合保护器发出跳闸信号后（8-7）接点断开，主令开关 SA 合闸操作无效，只有当按综合保护器面板上的reset复位键，令（8-7）复位后 SA 合闸操作才有效，S9 是断路器手车位置开关，只有当手车推至运行位置 S9 闭合时，试验位置开关 S8 断开时才可进行合闸操作，nQF 是断路器的辅助接点，断路器在分闸状态时辅助常闭接点应闭合，具备上述三个条件，合闸操作才有效，S8 是断路器手车试验位置开关，当手车在试验位置时 S8 闭合、S9 断开，可进行合闸试验。

合闸的路径 +KM → SA（5-8）→ nKC（闭合）→ S9（闭合）→ nQF（未动作）→ XF → −KM。

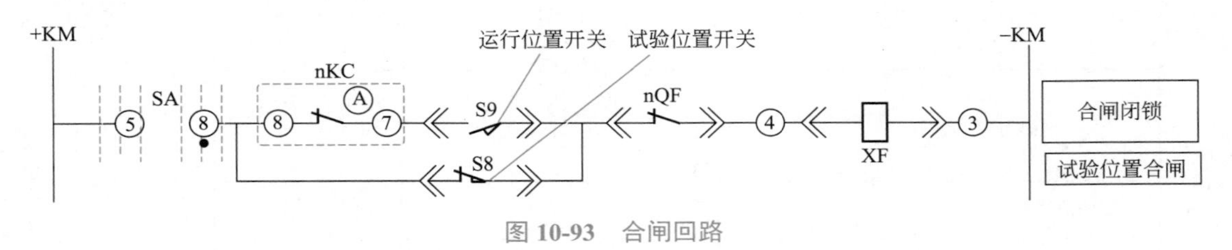

图 10-93　合闸回路

（5）分闸回路分析：分闸回路如图 10-94 所示，断路器在分闸状态时，断路器 nQF 接点与综合保护器 nKC 的数字量输入接点 I11 的（1-2）接通，综合保护器状态指示灯off○亮，表示断路器分闸。

断路器合闸时，nQF 接点闭合与分闸电路接通，综合保护器数字量输入接点 I12 的（4-5）接通，综合保护器状态指示灯on ○亮，表示合闸，由于 nKC（4-5）触点是非开关量触点，MX1 不会因为（4-5）接通母线而动作。

手动分闸时操作 SA 主令开关令（6-7）接通，分闸线圈 MX1 得电动作分闸。当出现电路异常时综合保护器发出跳闸指令，综合保护器 01 的（5-4）接点接通，分闸线圈 MX1 得电动作分闸，同时信号继电器 1KS 动作发出故障跳闸信号。

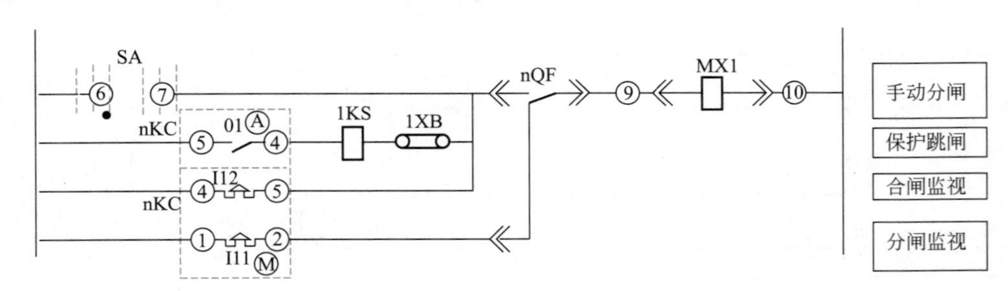

图 10-94　分闸回路

（6）分合指示回路：如图 10-95 所示，断路器分合指示回路由断路器辅助接点 nQF、红色信号灯 HR、绿色信号灯 HG 组成，分闸状态时 nQF 与 HG 接通，绿灯亮，表示分闸，合闸状态时 nQF 与 HR 接通，红灯亮，表示合闸。

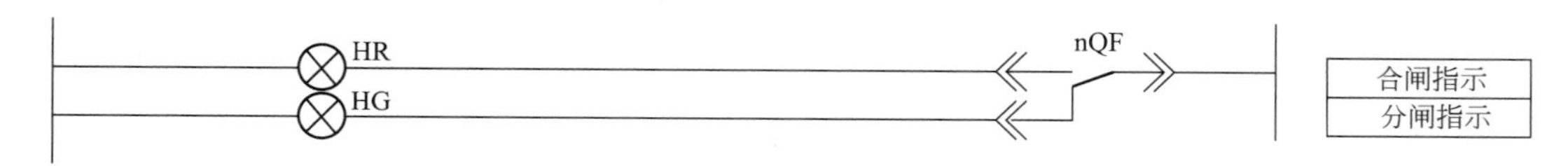

图 10-95　分合指示回路

（7）设备状态监视回路：如图 10-96 所示，设备状态监视是保证高压开关柜和变压器确在安全运行状态下才可投入运行的功能,状态监视是利用综合保护器的程序指令功能完成，试验位置时 S8 接通 S9 断开、变压器门开关 2KS 断开，断路器可进行合闸试验。合闸时必须是 S8 断开 S9 接通、2KS 接通，否则综合保护器接在合闸电路中 I13 的（7-8）两点断开，禁止合闸。

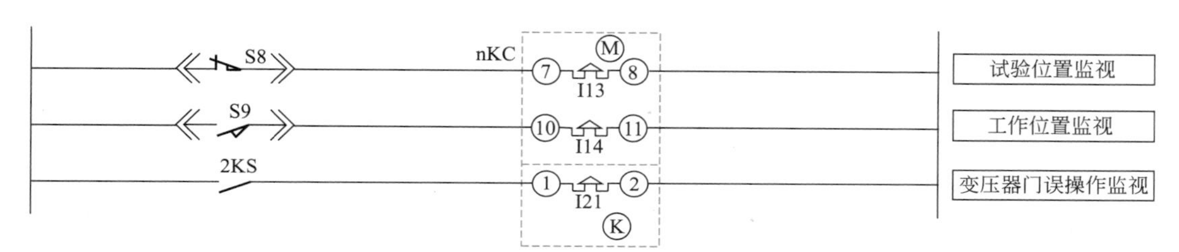

图 10-96　设备状态监视回路

（8）运行监视回路：如图 10-97 所示，变压器门误操作是保证室内变压器在运行状态时，打开变压器门误入带电间隔的安全措施，TSQ 是装在变压器门口的限位开关，防护门关闭良好，TSQ 触点断开，2KS 不动作，防护门打开时 TSQ 触点闭合，2KS 动作发出误操作信号，断路器跳闸或不能进行合闸操作。

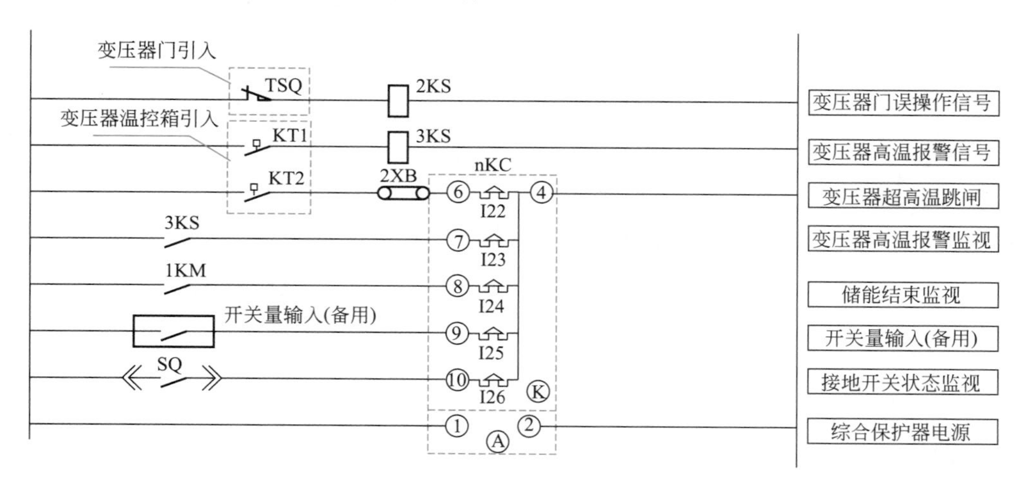

图 10-97　运行监视回路

变压器温度监视是由变压器温度控制箱引出的两个控制接点，KT1 是变压器高温报警信号接点，变压器超过设定运行温度时 KT1 闭合，3KS 信号继电器得电发出报警信号，

KT2 是变压器超高温控制接点，当变压器出现超高温状态时，KT2 触点闭合，接通综合保护器 nKC 的信号输入 I22 的 6 接点，由综合保护器发出跳闸信号并记录运行状态，2XB 是连接板，在特殊状态下可打开连接板，解除高温跳闸功能。

开关柜接地刀闸监视，当开关柜在检修状态时接地开关投入，当接地开关投入时 SQ 闭合，电源接通综合保护器 nKC 的 10 接点，综合保护器 nKC 显示在检修状态，合闸操作功能是失效。

（9）状态指示器回路：如图 10-98 所示，状态指示器电路由开关和状态指示器组成，用以指示断路器位置和接地开关状态。状态指示器可参考移开式开关柜特征和操作要点一章的介绍。

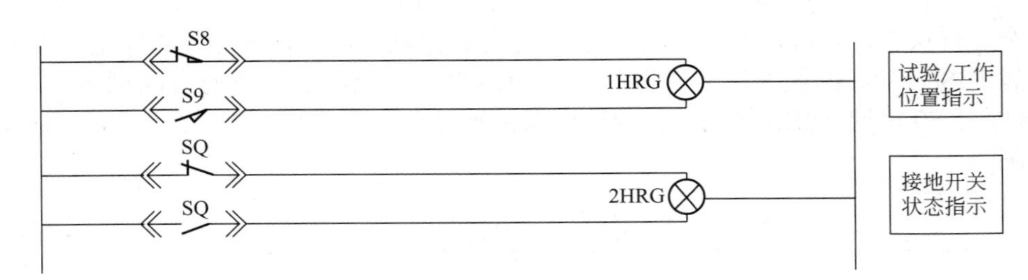

图 10-98　状态指示器回路

（10）开关柜辅助回路：如图 10-99 所示，采用交流单相电源，1EH、2EH 加热器是 220V 100W 电加热器，主要用于消除开关柜内因为天气变化而产生的结露现象，照明的作用是便于巡视检查柜内设备运行状态，高压开关柜后门在运行状态下不允许打开，只有通过观察窗巡视柜内的设备情况，MS 是一个 220V 的电磁锁，当控制母线有电时 ZS1 带电装置工作，带电装置的 K1、K2 两点接通，电磁锁 MS 工作，锁住开关柜后门以防意外事故。

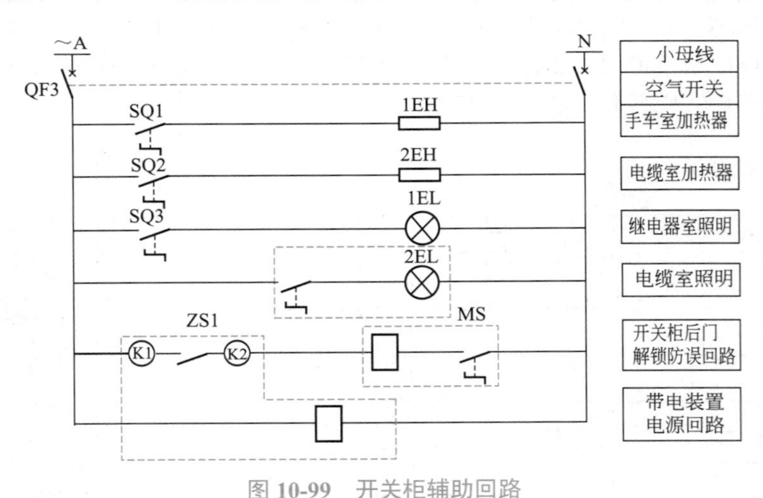

图 10-99　开关柜辅助回路

13. 采用 PA200 综合保护继电器的电路分析

由于 PA200 综合数字式保护继电器是采用计算机技术、电力自动化技术、通信技术等多种新技术的新型电气产品。它集保护、测量、控制、监测、通信于一体，在实际应用中极大地简化了二次保护回路的接线，接线时只需将监控电流、电压接入继电器输入端，输出端直接控制电路，各种保护及联锁关系均由继电器的计算机功能完成，使继电保护二次回路明了便于分析。

图 10-100 是 PA200 综合数字式保护继电器接线方案，应用在高压出线柜，柜型为中置式移开 KYN 柜，配置 VD4 真空断路器。

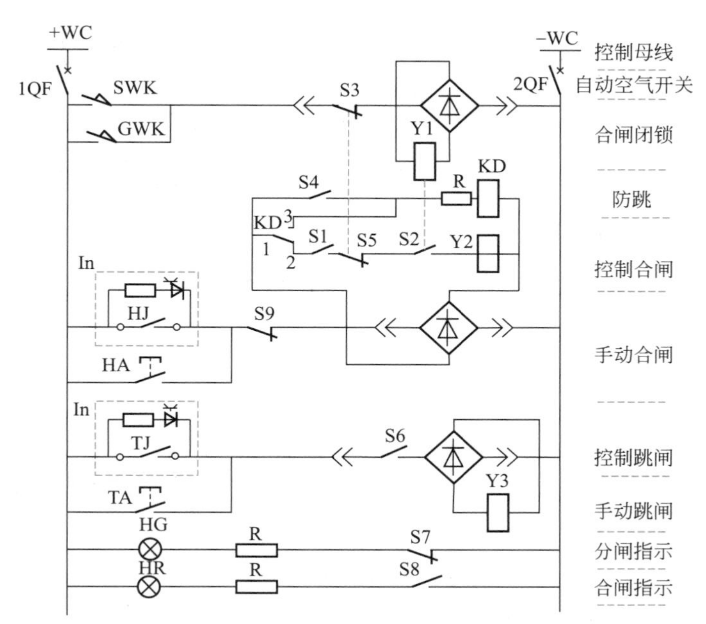

图 10-100　采用 PA200 综合数字式保护继电器的高压出线柜保护原理图

SWK—试验位限位开关；GWK—运行位限位开关；HA—手动合闸开关；HJ—继电器上合闸开关；TA—手动分闸开关；HJ—继电器上分闸开关；KD—防跳继电器；Y1—断路器闭锁线圈；Y2—合闸线圈；Y3—分闸线圈；S1—储能开关；S2—闭锁开关；S3 ～ S9—断路器辅助开关；光电耦合开关符号—光电耦合开关；In—综合保护器

（1）合闸闭锁电路：合闸闭锁是确保断路器在合闸之前处于正确安全位置的控制措施，如图 10-101 所示：只有当断路器手车在试验位置或运行位置，限位开关 SWK 或 GWK 闭合，并且断路器处于分闸状态 S3、S5 闭合，闭锁线圈 Y1 才可得电，Y1 得电动作令 S2 常开触点接通，Y2 才有可能工作，断路器具备合闸条件，否则合闸操作断路器没有动作。

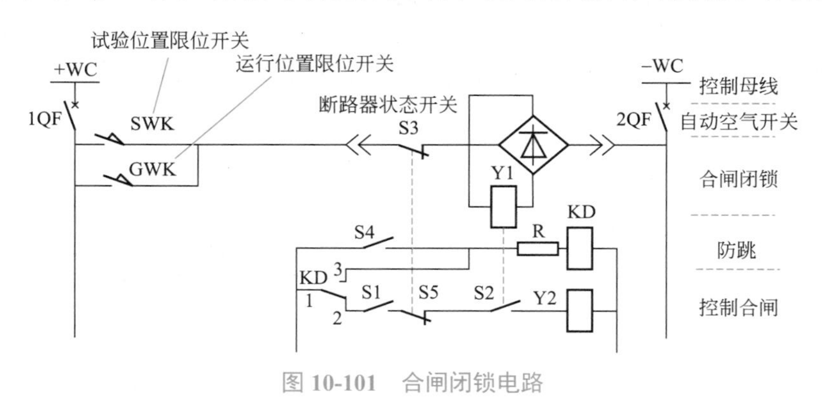

图 10-101　合闸闭锁电路

（2）合闸电路：如图 10-102 所示，当储能到位后 S1 触点闭合、断路器状态 S5 闭合、合闸闭锁 S2 接通、防跳继电器未动作 KD 常闭接通，这时合闸操作才有效。

合闸时可以按开关柜上的 HA 按钮，或继电器 In 面板上操作键的［合］进行合闸操作，也可以通过远程控制光电耦合开关合闸。

合闸后 S8 触点闭合，红灯 HR 亮，表示断路器合闸处于运行状态。

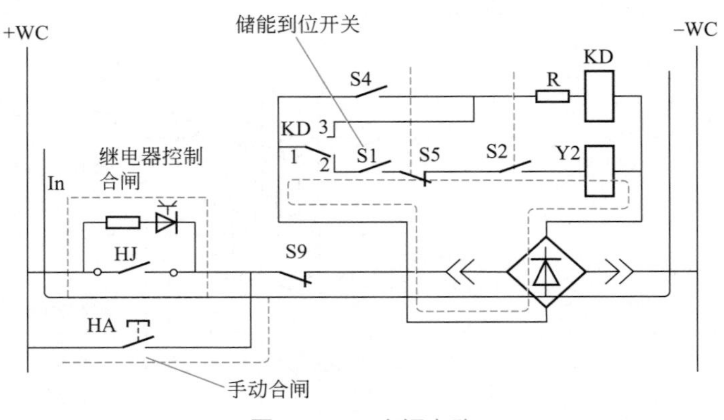

图 10-102　合闸电路

（3）防跳合闸电路：如图 10-103 所示，断路器合闸后 S4 触点接通防跳 KD 线路，KD 动作常闭触点 1、2 断开合闸线圈 Y2 的线路，常开触点 1、3 接通 KD 线路，并实现自保，防止合闸线圈 Y2 再次得电动作。

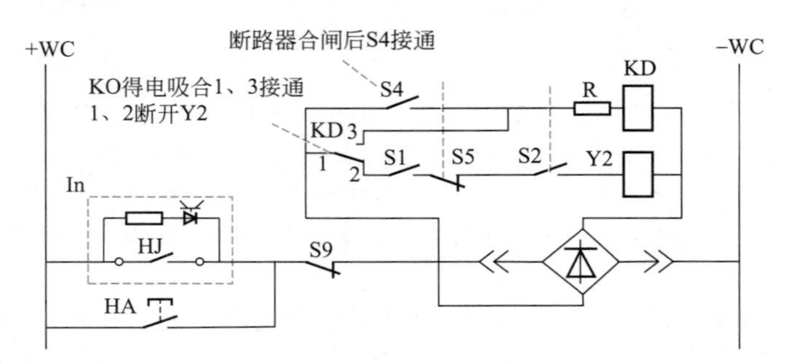

图 10-103　防跳合闸电路

（4）分闸电路：如图 10-104 所示，断路器合闸后辅助开关 S6 接通分闸回路。分闸时可以按开关柜上的 TA 按钮，或继电器面板上操作键的分进行分闸操作，也可以通过远程控制令光电耦合开关动作分闸，当线路异常自动跳闸时，继电器的光电耦合开关动作发出跳闸指令。

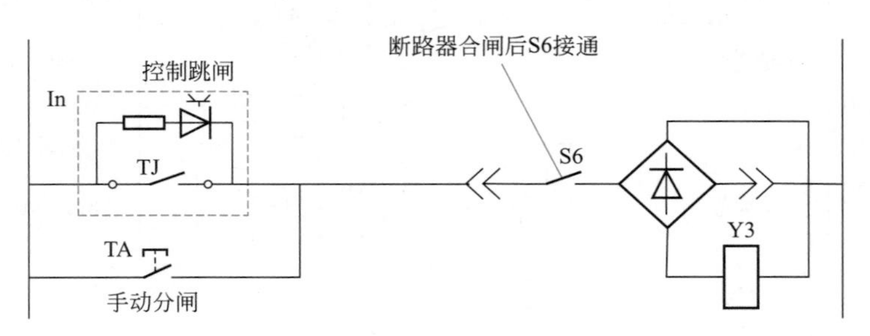

图 10-104　分闸电路

第十一章

变电所的直流系统

一、变电所直流系统的作用

直流系统在变电站中为控制、信号、继电保护、自动装置及事故照明等提供可靠的直流电源。它还为操作提供可靠的操作电源。直流系统的可靠与否，对变电站的安全运行起着至关重要的作用，是变电站安全运行的保证。

二、直流屏和 UPS 的区别

直流屏是将交流电整流为直流电，直流屏主要是为开关柜、综合保护装置等提供操作电源或者控制电源。

UPS 的原理是先将交流电整流为直流电，再经过逆变单元，将直流电逆变为交流电为外界负载供电、计算机等提供后备电源。

两者在市电故障时，都是由蓄电池组对外供电的。

三、直流系统的组成及各元件的作用

（1）蓄电池：变电所直流系统的备用电源。正常情况下，变电所的直流负载是由充电装置供电，蓄电池处于浮充电状态，以补充蓄电池的自放电，处于备用状态，当直流充电装置失去交流电源或充电装置故障，那么变电所的直流负载的供电就由蓄电池供给。一般变电所蓄电池配置的容量为 300A・h，以 30A 电流放电，理论上计算可以放 10h，以足够的时间进行直流系统故障处理。

（2）充电装置：供给变电所直流负载的主要电源。平时充电装置向直流负载供电的同时，以很小的电流向蓄电池浮充电，以补偿蓄电池的自放电，使蓄电池始终处于满充状态。充电装置每季度还向蓄电池进行一次静态放电，每月向蓄电池进行一次动态放电，以解决因蓄电池间自放电不同，出现部分落后电池，而进行一次过充电，并延长蓄电池的寿命。

（3）直流母线：直流母线是汇集和分配直流电能的设备。充电装置将输出的直流电汇集到直流母线，再通过直流母线将电能分配到各个直流负载中去。

（4）绝缘监察装置：监察直流系统正极和负极电源对地绝缘情况的一套装置。当直流正极或负极绝缘下降，某极对地电压达到设定的整定值时（一般整定为 150V），绝缘监察装置发出预告信号，便于值班员检查处理。

（5）电压监察装置：是监察直流母线电压的一套装置。当直流母线电压高于或低于设定的整定值时（一般整定为直流母线电压高于 250V、低于 170V），电压监察装置发出“直流电压过高”或“直流电压过低”预告信号，便于值班员及时调整直流母线电压。

（6）闪光装置：是反映断路器与控制开关所对应位置的一种信号装置。当断路器位置与控制开关不对应时，发出红灯或绿灯闪光，便于值班员进行故障判断。

四、直流母线的文字代号

根据 GB/T 4728《电器图用图形符号》的规定母线文字代号见表 11-1。

表 11-1　母线文字代号

设备名称	文字代号	设备名称	文字代号
电压小母线	WV	事故音响小母线	WFS
控制小母线	WCL	预告音响小母线	WPS
合闸小母线	WCL	闪光小母线	WF
信号小母线	WS	直流母线	WB

五、直流系统的接线方式

对于 220kV 及以下容量不太大的变电站，直流系统采用单母线分段接线时，可装设一组蓄电池，根据对可靠性的要求，这组蓄电池可以配置一套或两套充电装置。

（1）配置一套充电装置。正常运行时，两段母线通过分段开关并列运行，蓄电池和充电装置分别接于不同的母线上，如图 11-1 所示。

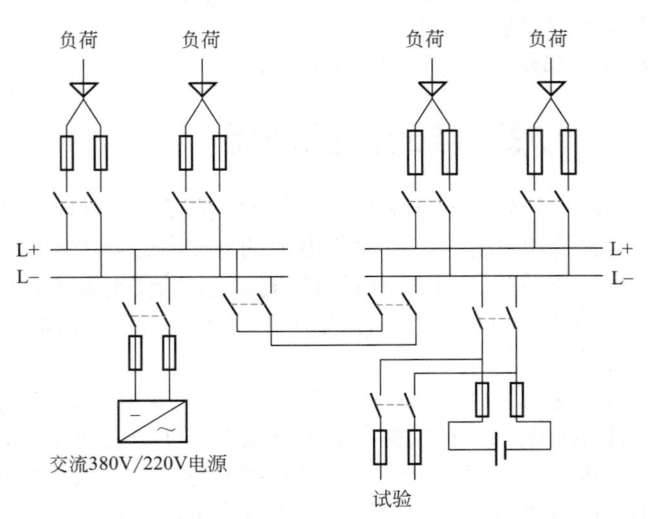

图 11-1　配有一组蓄电池和一套充电装置的单母线分段接线图

（2）配置两套充电装置。两套充电装置容量相同，分别接在不同的直流母线上，一组蓄电池根据需要可通过开关切换至两段直流母线上。任何一套充电装置故障，均不会影响对直流负荷的供电，可靠性有所提高。其接线如图 11-2 所示。

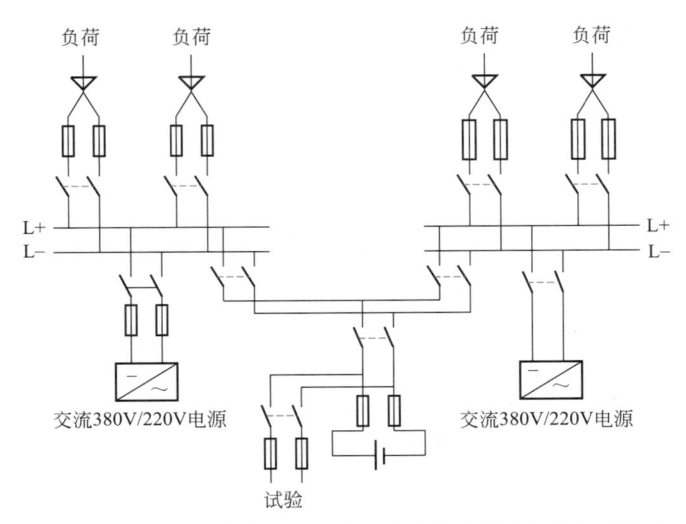

图 11-2　具有一组蓄电池和两套充电装置的单母线分段接线图

六、直流屏的电路配置

图 11-3 是现在常用的直流屏双路供电电路，它采用交流双路供电、单路整流模块、两组蓄电池的配置形式，可以选择一组电池或两组电池并联向外电路供电，这种电路的供电保障性很高，当一路电源掉电时，可以自动切换第二路电源供电，保障向直流系统的供电。

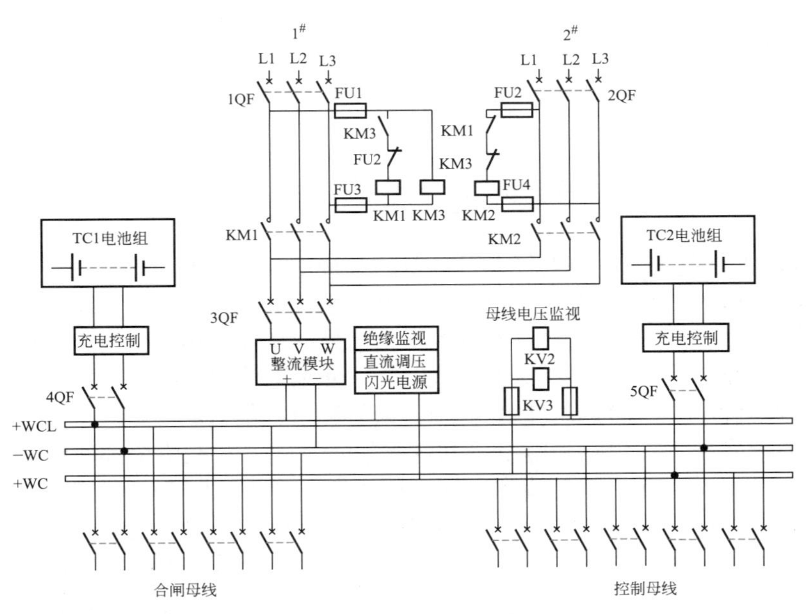

图 11-3　直流屏的双路供电电路

电源自动切换过程：当第一路电源向整流模块供电时 KM3 得电动作，KM3 常开闭合，KM1 得电动作，向整流模块供电，同时 KM1、KM3 的常闭触点断开 KM2 的电路实现互锁。若第一路电源掉电时 KM3、KM1 失电释放，同时 KM1、KM3 的常闭触点复位接通 KM2 线圈回路，KM2 动作吸合，此时切换到第二路电源供电，三相交流电源经 3QF 开关接入整流模块后，直流输出供给直流系统的各路母线。

七、直流屏的监视与报警功能

直流屏具有自检报警的功能，自检报警电路如图 11-4 所示，双路交流电压失电时，KM1、KM2 释放，其常闭触点复位接通报警信号。直流电压监视电路由 KV1 高电压继电器和 KV2 低电压继电器组成，母线电压过高时 KV1 启动报警，母线电压低时 KV2 低电压继电器动作报警。电池检测装置在运行时不间断地巡回检测电池组中的单只电池电压，如图 11-5 所示，发生异常时，YC1 或 YC2 发出信号。整流模块发生异常，由模块控制器 GM 发出信号告警。以上的各路信号作为直流屏的内部自检保护，它们都作用于预告信号，并同时驱动光字牌显示，提示值班员尽快处理。

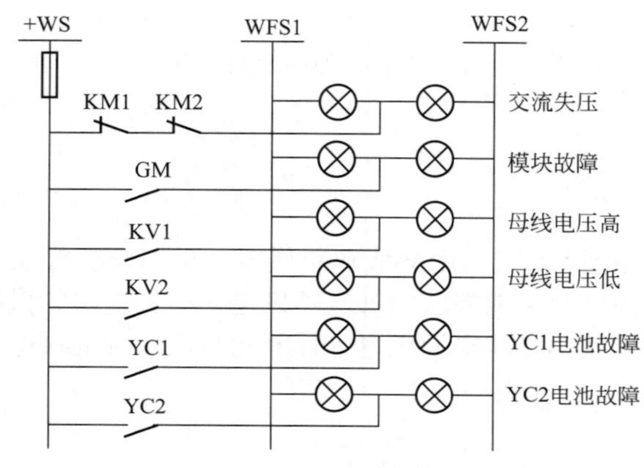

图 11-4　直流屏的自检报警电路

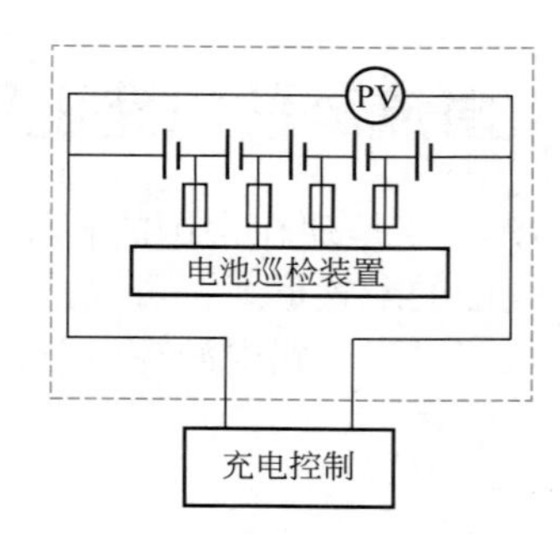

图 11-5　电池组巡检

八、中央信号装置各类信号的作用

中央信号装置是监视变电站电气设备运行的各种信号装置的总称。正常运行时，它能显示出断路器和隔离开关的合、断位置，反映出电力系统的运行方式。当出现不正常的运行方式或发生故障时，它能通过灯光及音响设备发出信号，从而使运行值班人员能根据信号的指示迅速而准确地判断事故的性质、地点、范围，以便采取恰当的措施进行处理。

中央信号按其性质可分为事故信号、预告信号和位置信号。

（1）事故信号装置：包括音响信号和灯光信号装置。变电所全部断路器共用一套音响信号装置，当发生事故时用它来召唤和通知运行值班人员。灯光信号能够显示出故障的性质、范围和保护的动作情况，例如事故跳闸的断路器，其位置指示灯闪光就属于灯光信号。

（2）预告信号装置：包括音响信号装置和光字牌。当运行中的电气设备出现异常或发生危及安全的故障（如变压器过负荷、轻瓦斯动作等等）时，预告信号装置将发出区别于事故音响的另一种音响信号——警铃。同时，在光字牌中，将指出异常或故障内容，运行值班人员则可根据信号及时进行处理。

（3）位置信号装置：通常用灯光信号显示断路器的运行状态，用“指示器的红带”显示隔离开关位置。红灯表示断路器接通，绿灯表示断开。当把手的位置与断路器实际位置不对应时，指示灯将发出闪光。

九、直流系统对地绝缘监视的工作原理

直流系统在变电所具有重要的位置，要保证变电所长期安全运行，直流系统的绝缘问题是不容忽视的，直流系统与交流电网是相互独立的一个系统，直流系统的正负极均不许接地，当发生直流一点接地时，接地点没有短路电流流过，熔断器也不会熔断，仍可继续运行，但也必须及时发现、及时处理。否则当在发生另一点接地或绝缘不良时，将可能导致开关设备的误动作或拒动，甚至发生烧毁相关元件或线路的严重事故。

图 11-6 是由电磁继电器构成的直流系统绝缘监视装置，它适用于单母线供电的直流系统，是电厂和变电所广泛采用的一种绝缘监视装置。

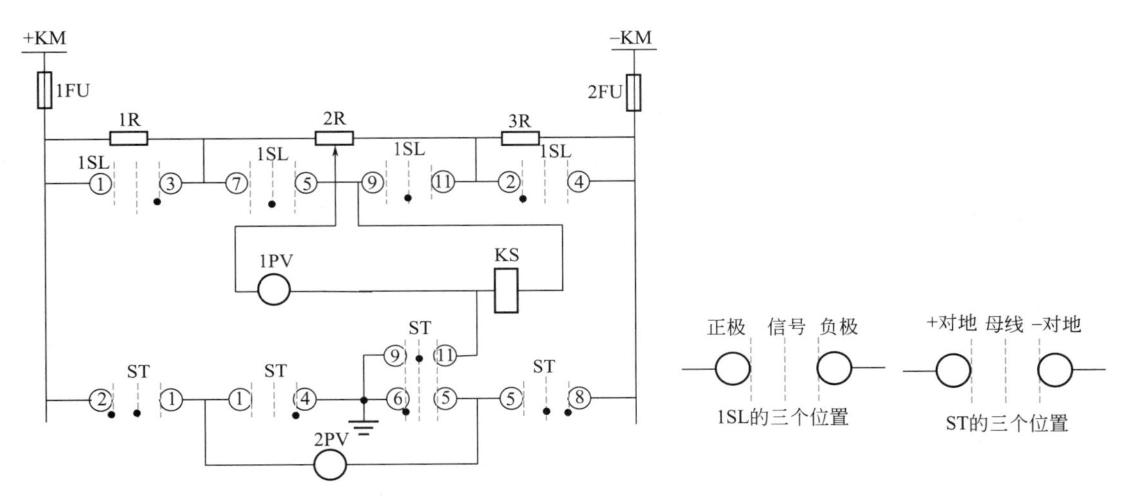

图 11-6　直流系统绝缘监视装置

1R、2R、3R—1000Ω；1PV（有电压与电阻双刻度线 150-0-150V、0-∞-0），2PV—电压表；KS—电流继电器

正常时，开关 1SL 在信号位置时（5-7）和（9-11）接通，ST 的（9-11）接通，1PV 的上端取自由 1R、2R、3R 组成分压电路的中点，下端通过开关 ST 接地，此时电压表 1PV 指示为零。

当正极接地时，接地点通过 ST 的（9-11）→ KS（左）→ 1SL 的（9-11）→ 3R → -KM，信号继电器 KS 动作发出接地信号，此时电压表 1PV 指示正偏（向右偏），此时的路径及电压表指示如图 11-7 所示。

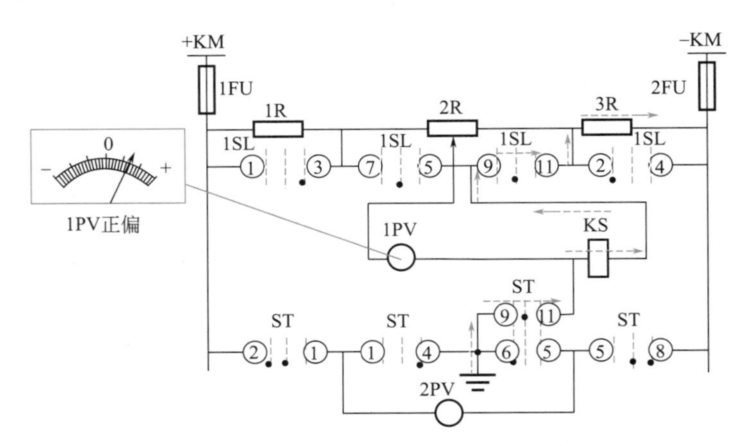

图 11-7　正极接地时的监视路径及电压表指示

当负极接地时，正极 +KM → 1R → 1SL（7-5）→ KS（右）→ ST 的（9-11）→负极（⏚），无论是哪种接地，多会造成原电路的平衡被破坏，引起信号继电器 KS 的动作，此时电压表 1PV 指示反偏（向左偏），此时的路径及电压表指示如图 11-8 所示。

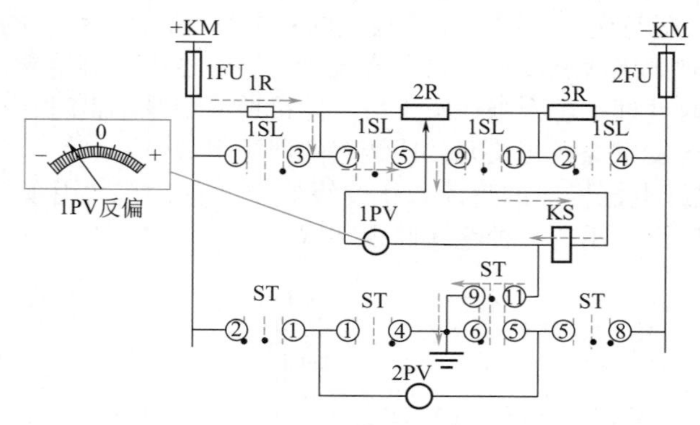

图 11-8 负极接地时的监视路径及电压表指示

由于 1PV 是双向电压表，通过它可以反映出接地的方向，正极接地是正偏，负极接地时反偏。

电压表 2PV 的作用是监视母线电压和正负极对地电压，当 ST 开关不操作时在母线位置，ST 的（1-2）（5-8）接通，电压表指示为母线电压。当 ST 转换至“+ 对地”位置时，ST 的（1-2）（5-6）接通，指示为正极对地电压。ST 在“- 对地”位置时，ST 的（1-4）（5-8）接通，指示为负极对地电压，三个电压的监视路径如图 11-9 所示。

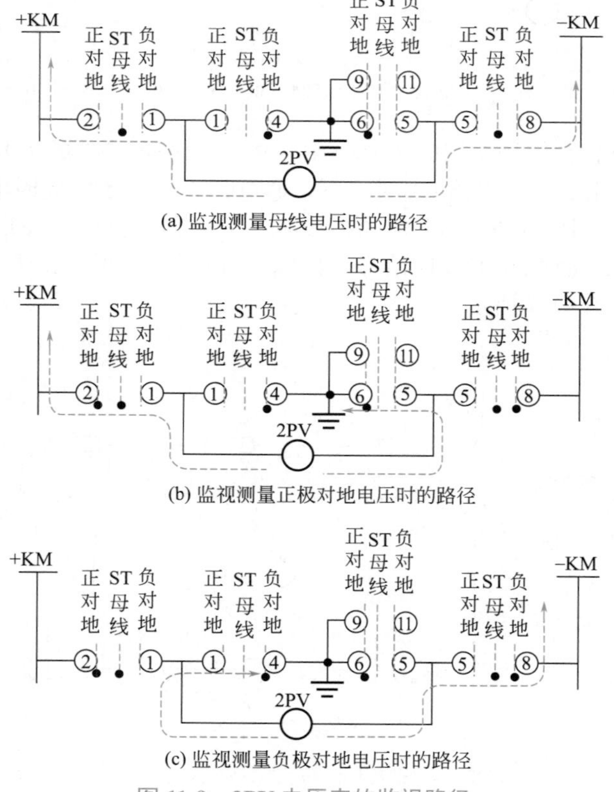

(a) 监视测量母线电压时的路径

(b) 监视测量正极对地电压时的路径

(c) 监视测量负极对地电压时的路径

图 11-9 2PV 电压表的监视路径

十、直流系统正、负极发生接地对运行的危害

直流正极接地有造成继电保护误动作的可能。因为一般跳闸线圈和出口中间继电器等均接有负电。如果这些回路同时发生另一点接地或绝缘不良就会引起继电保护装置的误动作。同样道理，直流负极接地也会造成继电保护装置误动作，甚至造成断路器误跳闸。此外，由于直流系统的两点接地，还可能将分、合闸回路短路，一方面可能烧坏继电器的触点；另一方面还可能在设备发生故障时，造成越级跳闸，使事故范围扩大。

十一、查找蓄电池直流系统接地的操作步骤和注意事项

查找蓄电池直流接地应根据直流系统运行方式、操作情况以及气候条件的影响等情况进行判断。一般采用拉路寻找、分段处理的方法。以先信号部分，后保护部分；先室外部分，后室内部分为原则。在切断各专用直流回路时，切断时间不得超过3s，不允许长时间切断专用回路查找直流接地故障，因为设备不允许在无监护状态下运行，不管回路接地与否均应立即把开关合上，当发现某一专用直流回路有接地现象时，及时找出接地点尽快消除。

处理直流接地时，应注意以下方面。

① 用仪表检查时，所用仪表的内阻应不低于2000Ω/V。

② 当直流发生接地时，禁止在二次回路上工作。

③ 处理接地故障时，不许造成直流短路或另一点接地。

④ 检查和处理直流接地的故障工作，必须由两人进行。

⑤ 在进行拉路寻找时，应充分考虑由于直流失压可能引起的保护、自动装置的误动，并应事先采取必要的安全措施。

十二、闪光电路的应用

闪光电路由继电器KM、电阻R、电容C组成，如图11-10所示。按下按钮SB或操动机构的（9-12）（14-15）接通时，闪光母线与负电源接通，+WS → KA常闭→ KA线圈→

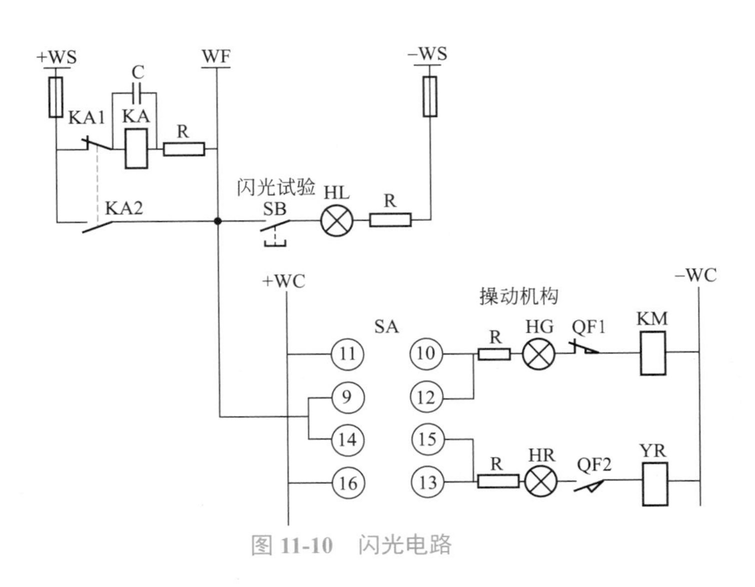

图11-10　闪光电路

电阻 R → SB 按钮→ HL →电阻 R → -WC 构成回路，此时电容器 C 经附加电阻 R 充电，于是加在 KA 两端的电压不断升高，当达到其动作电压时，KA 动作，其常开触点 KA1 闭合，闪光母线 WF 与正电源直接接通，信号灯全亮。同时其常闭触点 KM 断开它的线圈回路，电容 C 便放电，放电后，电容 C 的端电压逐渐降低，待降至 KA 的释放电压时，KA 断电复位，KA2 断开，KA1 复位闭合，闪光母线 WF 经 KA 线圈、KA1 又与正电源接通，信号灯呈半亮。重复上述过程，便发出连续闪光。

十三、光字牌电路

直流屏上的光字牌是值班人员的重要帮手，一般中、大规模的变配电所、高压设备就有十几或几十面开关柜，面对如此庞大、数量众多的设备，在运行监视中及时准确地判断和处理本系统内随时可能发生的异常或故障，是非常困难的，很难实现面面俱到。为此在保护监视的电路中，配置了大量的信号继电器、光字牌和相关的音响设备，当报警音响后，值班人员根据由光字牌上的文字信息和发光指示，为值班人员迅速判明故障源做出决断提供了一种便捷的条件。变配电室一般要求每次交接班时，交接双方应对光字牌进行试验，确认运行良好。

光字牌的试验：SA 开关在试验位置时，只有（13-14）（15-16）触点断开，其他触点全部接通，试验的路径为 +WS → 1FU → (12-11) → (9-10) → (8-7) → WFS2 →光字牌→ WFS1 → (1-2) → (4-3) → (5-6) → -WS，此时所有的光字牌均为两两串联状态，可以检查并试验是否发光正常，此时冲击继电器 KR 不接入电路。光字牌试验电路如图 11-11 所示。

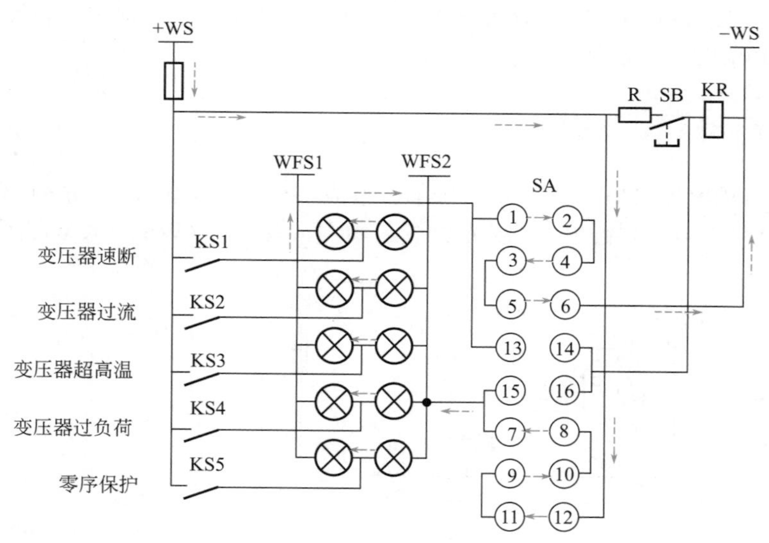

图 11-11 光字牌电路（试验路径）

光字牌运行电路如图 11-12 所示：SA 切换到运行位置状态，只有（15-16）（14-13）触点接通，其他触点全部断开，+WS → (KS2) →光字牌→ WFS1、WFS2 → (13-14) → KR → -WS，当 KS1 ～ KS5 的任一路信号接通时通过相应的两只光字牌并联同时发光，指明故障源，若其中某只灯损坏另一只光字牌同样可以发光指示，指示相对暗一些，此时冲击继电器 KR 通电启动发出相应的指示信号。

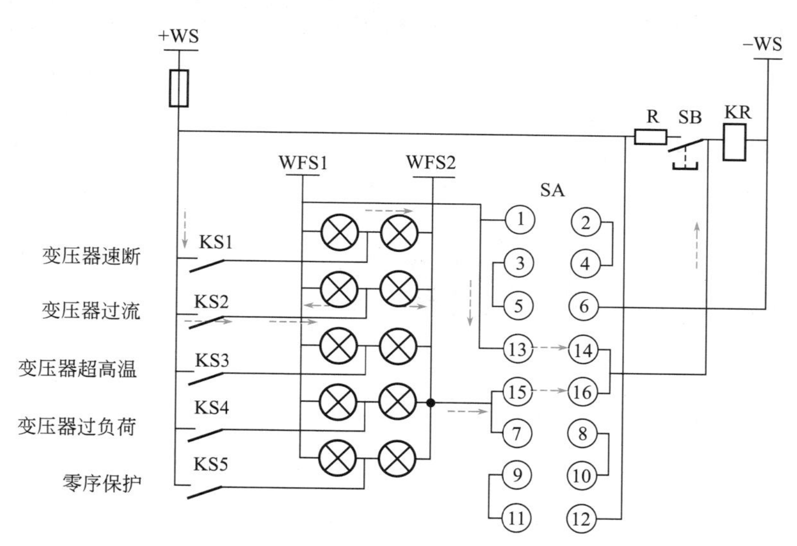

图 11-12　光字牌电路（运行路径）

第十二章

高压柜与倒闸操作

一、高压柜倒闸操作要求

1. 什么是倒闸操作

电气设备分为运行、备用（冷备用及热备用）、检修三种状态。将设备由一种状态转变为另一种状态的过程叫倒闸，所进行的操作叫倒闸操作。通过操作隔离开关、断路器以及挂、拆接地线、直流操作回路、推入或拉出小车断路器、投入或退出继电保护、给上或取下二次插件将电气设备从一种状态转换为另一种状态或使系统改变了运行方式等，这种操作就叫倒闸操作。倒闸操作是一项重要而又复杂的工作。如果发生错误操作，会导致发生设备事故或危及人身安全。

2. 倒闸操作的安全技术要求

① 倒闸操作应由两人进行，一人操作，一人监护。特别重要和复杂的倒闸操作，应由电气负责人监护，高压倒闸操作时操作者应戴绝缘手套，室外操作时还应穿绝缘靴、安全帽和防护镜。

② 重要的或复杂的倒闸操作，值班人员操作时，应由值班负责人监护。

③ 倒闸操作前，应根据操作票的顺序在模拟板上进行核对性操作。操作时，应先核对设备名称、编号，并检查断路设备或隔离开关的原拉、合位置与操作票所写的是否相符。操作中，应认真监护、复诵，每操作完一步即应由监护人在操作项目前画“√”。

④ 操作中发生疑问时，必须向调度员或电气负责人报告，弄清楚后再进行操作，不准擅自更改操作票。

⑤ 操作电气设备的人员与带电导体应保持规定的安全距离，同时应穿防护工作服和绝缘靴，并根据操作任务采取相应的安全措施。

a. 如逢雨、雪、大雾天气在室外操作，无特殊装置的绝缘棒及绝缘夹钳禁止使用，雷电时禁止室外操作。

b. 装卸高压保险时，应戴防护镜和绝缘手套，必要时使用绝缘夹钳并站在绝缘垫或绝缘台上。

⑥ 在封闭式配电装置进行操作时，对开关设备每一项操作均应检查其位置指示装置是否正确，发现位置指示有错误或怀疑时，应立即停止操作，查明原因排除故障后方可继续操作。

⑦ 10kV 双路电源带联络的用户（调度户）并路倒闸时，应按供电调度下达的命令进行

操作，非调度户严禁并路倒闸（误合环操作）。

⑧ 送电时要按先高压后低压，先电源侧开关后负荷侧开关的原则执行操作，停电时则相反。不准越级进行合分操作，否则一旦发生了故障下合闸，开关跳闸难以迅速确定故障点。

⑨ 用户变配电室禁止操作电能计量开关及手车，电能计量具有特殊的严肃性，用户无权对其相关设备操作，一些变电站的计量柜钥匙都在供电部门的掌握之下。

⑩ 手车或抽屉柜的操作，停电时，先拉开断路器，再操作手车或抽屉；送电时应先将手车或抽屉推至工作位置后才能操作断路器合闸。

⑪ 采用高低压自投的用户，倒闸操作前必须先将自投倒为手动，倒闸后立即恢复原状态。

⑫ 刀闸或手车及抽屉操作前，必须先检查断路器处于分闸状态。

⑬ 高低压电源送电前，应检查三相电源电压指示是否正常。

⑭ 变压器送电后应听空载运行声音正常 3min，再进行下一步操作。

⑮ 变压器通电后，检查二次三相电压正常后才能为负荷送电。

⑯ 两台变压器的并列、解列前后，要分别检查负荷电流的分配和大小，防止倒闸后变压器过载。

⑰ 移开式开关柜中检定合格且运行良好的带电显示器可以用来判断有无电。

⑱ 手车柜分合接地刀闸操作，只能以断路器带电显示器三相指示灯分合前后变化作为依据（手车柜验电工作无法进行）。

⑲ 移开式开关柜接地刀闸的分合操作后，应查运行状态指示器，检查操作质量。

⑳ 操作票应使用签字笔或钢笔填写，不准用铅笔填写，不准涂改，铅笔填写或涂改均视为废票。

3. 停送电操作顺序的要求

① 送电时应从电源侧逐向负荷侧，即先合电源侧的开关设备，后合负荷侧的开关设备，送电时开关的操作顺序如图 12-1 所示。

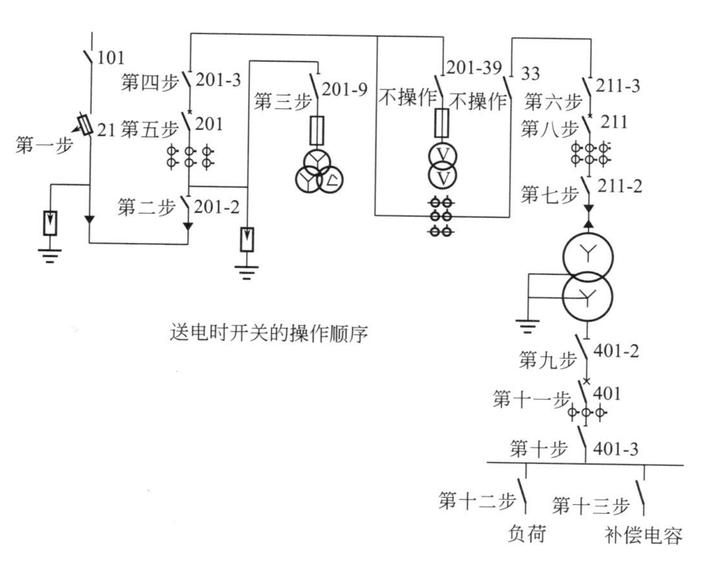

图 12-1 送电时开关的操作顺序

② 停电时应从负荷侧逐向电源侧，即先拉负荷侧的开关设备，后拉电源侧的开关设备，停电时开关的操作顺序如图 12-2 所示。

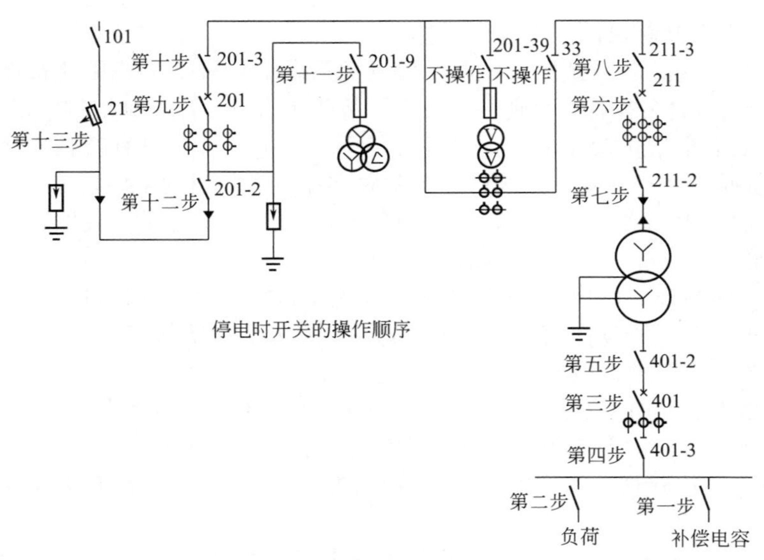

图 12-2　停电时开关的操作顺序

③ 严禁带负荷拉合隔离开关，停电操作应按先分断断路器，后分断隔离开关，先断负荷侧隔离开关，后断电源侧隔离开关的顺序进行，送电操作时先合电源侧隔离开关，后合负荷侧隔离开关，最后合断路器。负荷侧电源侧隔离开关位置如图 12-3 所示。

④ 变压器两侧断路器的操作顺序规定：停电时，先停负荷侧（低压侧）断路器，后停电源侧（高压侧）断路器；送电时顺序相反。变压器并列操作中应先并合电源（高压）侧断路器，后并合负荷（低压）侧断路器；解列操作顺序相反。变压器两侧断路器名称如图 12-4 所示。

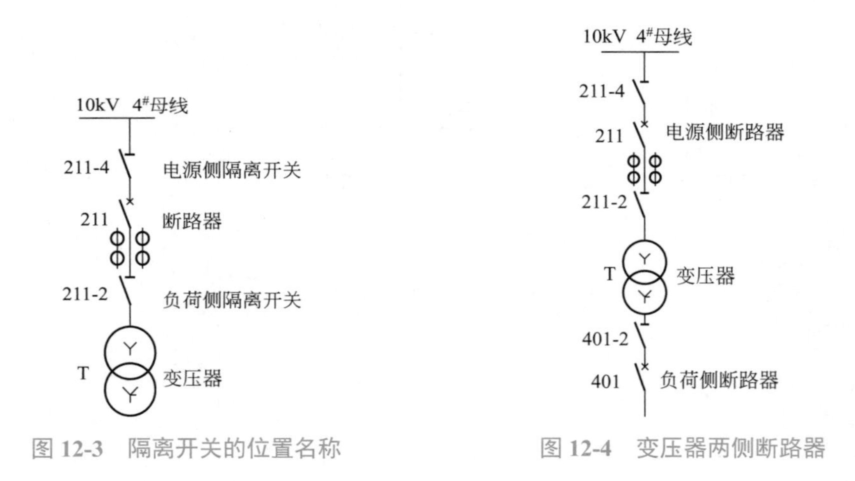

图 12-3　隔离开关的位置名称　　图 12-4　变压器两侧断路器

⑤ 双路电源供电的非调度户用户，严禁并路倒闸。

⑥ 倒闸操作中，应注意防止通过电压互感器、所用变压器、微机、UPS 等电源的二次侧返送电源到高压侧。

4. 电气设备运行状态的定义

电气设备运行状态有四种，为了安全管理四种状态，有明确的定义；固定式开关柜四种状态开关位置如图 12-5 所示。移开式开关柜四种状态可见“二、10kV 移开式开关柜的特征和操作要点”的介绍。

① 运行状态：指某个电路中的一次设备（隔离开关和断路器）均处于合闸位置，电源至受电端的电路得以接通而呈运行状态。

② 热备用状态：指某电路中的一次设备断路器已断开，而隔离开关（隔离电器）仍处于合闸位置（移开式开关柜断路器分闸，断路器手车在运行位置）。

③ 冷备用状态：指某电路中的一次设备断路器及隔离开关（隔离电器）均处于断开位置（移开式开关柜断路器分闸，断路器手车在试验位置）。

④ 检修状态：指某电路中的一次设备断路器及隔离开关均已断开，同时按照保证安全的技术措施的规定悬挂了临时接地线（或合上了接地刀闸），并悬挂标示牌和装设好临时遮栏，设备处于停电检修的状态。

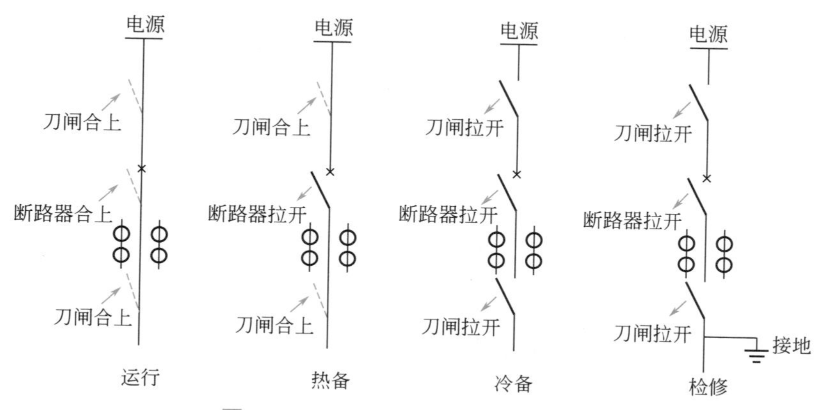

图 12-5　固定式开关柜四种运行状态

5. 应写入倒闸操作票的内容

① 分、合断路器；

② 分、合隔离开关；

③ 断路器小车的拉出、推入；

④ 检查开关和刀闸的位置；

⑤ 检查带电显示装置指示；

⑥ 投入或解除自投装置；

⑦ 检验是否确无电压；

⑧ 检查接地线是否装设或拆除；

⑨ 装、拆临时接地线；

⑩ 挂、摘标示牌；

⑪ 检查负荷分配（电流）；

⑫ 安装或拆除控制回路或电压互感器回路的保险（或开关）；

⑬ 切换保护回路（投退跳闸压板）；

⑭ 检查电压是否正常。

6. 不同系统的倒闸操作

供电系统确实有各式各样，但倒闸操作的原则是一样的。

① 停电操作时，按电源分应先停低压，后停高压；按开关分应先拉开断路器，然后拉开隔离开关。如断路器两侧各装一组隔离开关，当拉开断路器后，应先拉开负荷侧（线路侧）隔离开关，后拉开电源侧隔离开关。合闸送电时，操作顺序与此相反。

② 拉开三相单极隔离开关或配电变压器高压跌落式熔断器时，应先拉中相，再拉开处于下风的边相，最后拉开另一边相。合三相单极隔离开关或配电变压器高压跌落式熔断器时，操作顺序与此相反。

③ 在装设临时携带型接地线时，验确无电压后应先接接地端，后接导体端。拆除时，应先拆导体端后拆接地端。

④ 配电变压器停送电操作顺序：停电时先停负荷侧，后停电源侧，送电时先送电源侧后送负荷侧。

⑤ 低压停电时应先停补偿电容器组，再停抵押负荷，以防止电容器组没有退出负荷已经减下，出现过补偿现象。

7. 执行倒闸操作的方法

在执行倒闸操作时，值班人员接到倒闸操作的命令且经复述无误后，应按下列步骤及顺序进行。

① 操作准备，必要时应与调度联系，明确操作目的、任务和范围，商议操作方案，草拟操作票，准备安全用具等；

② 正值班员或值班长传达命令，正确记录并复述核对；

③ 由操作人填写操作票；

④ 监护人审查操作票；

⑤ 操作人、监护人签字；

⑥ 操作前，应根据操作票内容和顺序在模拟图板上进行核对性模拟操作，监护人在操作票的操作项目右侧内打蓝色“√”；

⑦ 按操作项目、顺序逐项核对设备的编号及设备位置；

⑧ 监护人下达操作命令；

⑨ 操作人复述操作命令；

⑩ 监护人下“准备执行”命令；

⑪ 操作人按操作票的操作顺序进行倒闸操作；

⑫ 共同检查操作电气设备的结果，如断路器、刀闸的开闭状态，信号及仪表变化等；

⑬ 监护人在该操作项目左端格内打红色“√”；

⑭ 整个操作项目全部完成后，向调度回复“已执行”命令；

⑮ 按工作票指令时间开始操作，按实际完成时间填写操作终了时间；

⑯ 值班负责人、值班长签字并在操作票上盖“已执行”令印；

⑰ 操作票编号、存档；

⑱ 清理现场。

8. 调度操作编号的作用与规定

为了便于倒闸操作，避免对设备线路理解的错误，防止误操作事故的发生，凡属变配电所变压器、高压断路器、高压隔离开关、自动开关、母线等电气设备，均应进行统一调度操作编号。调度操作编号有母线编号、断路器编号、隔离开关编号、特殊设备编号等部分。

（1）母线类编号。

① 单母线不分段为3#母线，如图12-6所示。

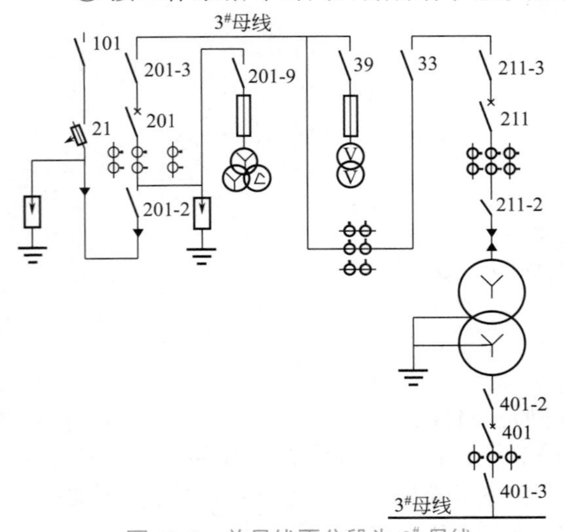

图 12-6　单母线不分段为 3# 母线

② 单母线分段或双母线为 4# 母线和 5# 母线，如图 12-7 所示。

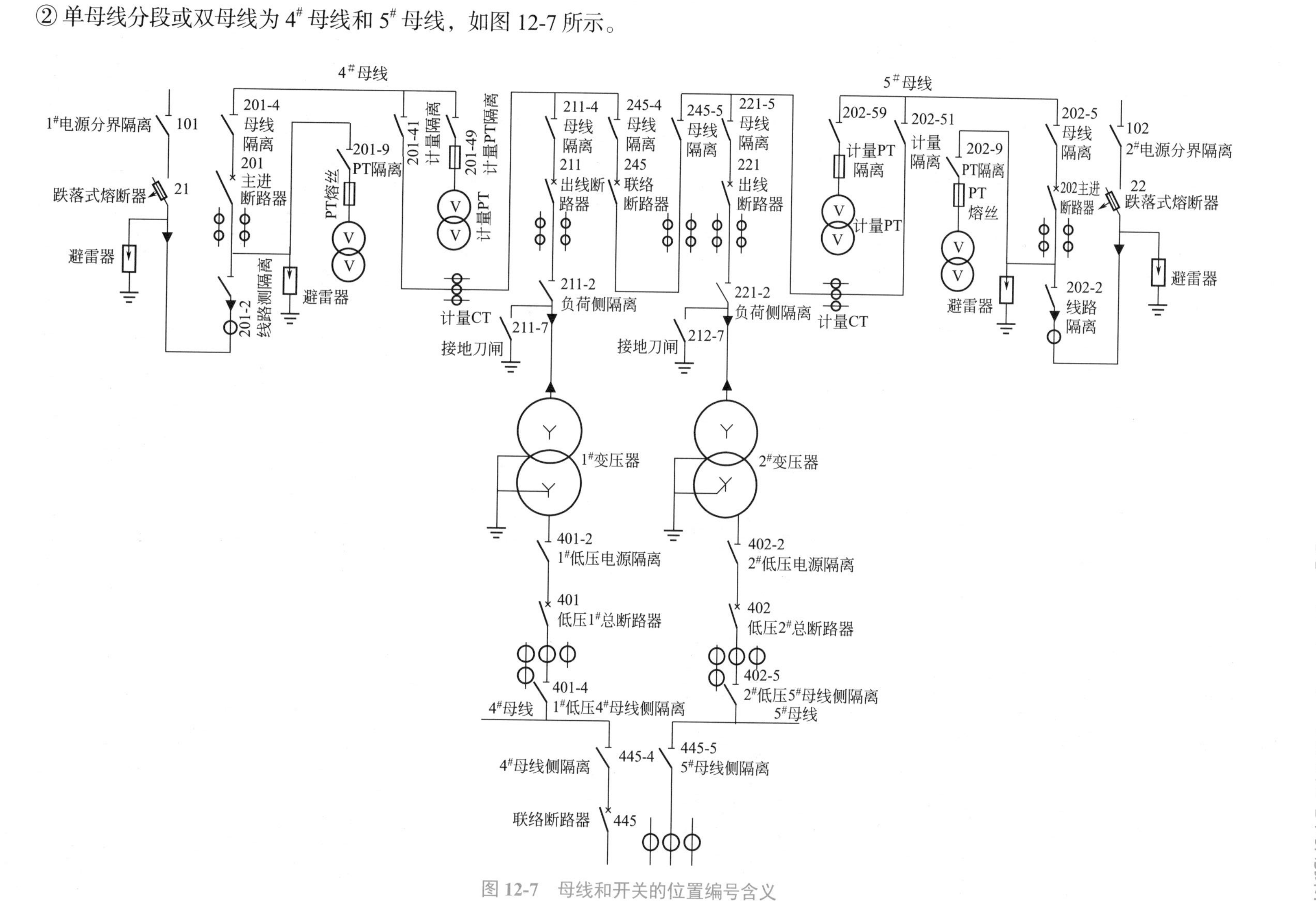

图 12-7　母线和开关的位置编号含义

母线的段是指供电线段，不分段母线是由一个电源供电，分段母线是由两个电源供电，4# 母线为一号电源侧母线，5# 母线为二号电源侧母线。

（2）断路器的编号：用三个数字表示断路器的位置和功能。

① 10kV，字头为 2。进线或变压器开关为 01、02、03……（如 201 为 10kV 的 1 路开关或 1# 变压器总开关）

出线开关为 11、12、13……（如 211 为 10kV 的 4# 母线上的出线第一个开关）；21、22、23……（如 222 为 10kV 的 5# 母线上的第 2 个出线开关）

② 6kV，字头为 6。进线或变压器开关为 0 1、02、03……（如 601 为 6kV 的 1 路进线开关或 1# 变压器总开关）

出线开关为 11、12、13……（如 612 为 6kV 的 4# 母线上的第 2 个开关）；21、22、23……（如 621 为 6kV 的 5# 母线上的第 1 个开关）

③ 0.4kV，字头为 4。进线或变压器开关为 01、02、03……（如 401 为 0.4kV 的 1 路进线开关或 1# 变压器低压总开关）

出线开关为 11、12、13……（如 411 为 0.4kV 的 4# 母线上的第 1 个开关）；21、22、23……（423 为 0.4kV 的 5# 母线上的第 3 个开关）

④ 联络开关，字头与各级电压的代号相同，后面两个数字为母线号。如：

10kV 的 4# 和 5# 母线之间的联络开关为 245。

6kV 的 4# 和 5# 母线之间的联络开关为 645。

0.4kV 的 4# 和 5# 母线之间的联络开关为 445。

断路器编号的快捷记住法见图 12-8。联络开关编号的快捷记住法见图 12-9。

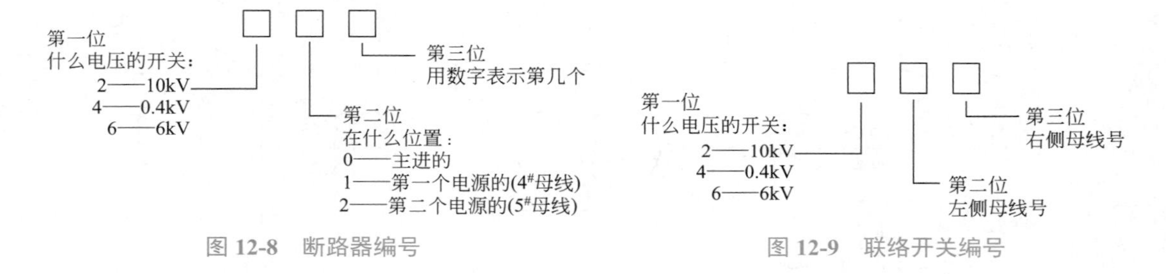

图 12-8　断路器编号

图 12-9　联络开关编号

（3）隔离开关编号。

① 线路侧和变压器侧为 2，如 201-2（10kV 主机开关线路侧隔离）、211-2（211 开关变压器隔离）、401-2（低压 401 主进电源侧隔离）……

② 母线侧随母线号，如 201-4（201 主进开关 4# 母线侧隔离）、211-4（211 断路器 4# 母线侧隔离）、221-5（221 断路器 5# 母线侧隔离）、402-5（低压 402 主进 5# 母线侧隔离）……

③ 电压互感器隔离开关为 9，前面加母线号或断路器号。

如：201-49 为 4# 母线上电压互感器隔离开关（旧标为 49）；201-9 为 201 开关线路侧电压互感器隔离开关。

④ 避雷器隔离开关为 8，原则上与电压互感器隔离开关相同。

⑤ 电压互感器与避雷器合用一组隔离开关时，编号与电压互感器隔离开关相同。

⑥ 所用变压器隔离开关为 0，前面加母线号或开关号。如：40 为 4 母线上所用变压器的隔离开关。

⑦ 线路接地隔离开关为 7，前面加断路器号，如：211-7 为出线开关 211 线路侧（变压器侧）接地隔离开关。

隔离开关的读法，编号中的“-”，不能读成“杠”，必须读成“的”，如201-9应读为201的9，202-2读202的2。

（4）几种设备的特殊编号。

① 与供电局线路衔接处的第一断路隔离开关（位于供电局与用户产权分界电杆上方），在10kV系统中编号为101（10kV第1个分界开关）、102（10kV第2个分界开关）、103……。

② 跌开式熔断器在10kV系统中编号为21（10kV第1组跌开式熔断器）、22（10kV第2组跌开式熔断器）、23……。

③ 10kV系统中的计量柜上装有隔离开关一台或两台，编号可参考以下原则：

● 接通与断开本段母线用的隔离开关4#母线上的为201-41（旧标为44）；5#母线上的为202-51（旧标为55）；3#母线上的为201-31（旧标为33）。

● 计量柜中电压互感器隔离开关直接连接母线上的为201-39（1#电源计量PT3#母线侧隔离）、201-49、202-59（2#电源计量PT5#母线侧隔离）。

（5）高压负荷开关在系统中用于变压器的通断控制，其编号同于断路器。

（6）移开式高压开关柜、抽出式低压配电柜的调度操作编号命名规定。

① 10kV移开式高压开关柜中断路器两侧的高压一次隔离触点相当于固定高压开关柜母线侧、线路侧的高压隔离开关，但不再编号。而进线的隔离手车仍应编号；开关编号同前。

② 抽出式低压配电柜的馈出路采用一次隔离触点，而无刀开关，应以纵向排列顺序编号，面向柜体从电源侧向负荷侧顺序编号，如4#母线的1#柜，从上到下依次为411-1、411-2、411-3……，其余类同。

现在越来越多的10kV用户变电站都采用电缆进户方式，电源前方为供电局开闭站。作为运行值班人员，应对开闭站的操作编号规律有所了解。

（7）供电局开闭站开关操作编号。

电源进线开关：1-1　　2-1

出线开关：第一路电源出线为 1-2　1-3　1-4　1-5

　　　　　第二路电源出线为 2-2　2-3　2-4　2-5

如1-2表示为开闭站1#电源的第2个出线开关。对用电方可理解为供电是从开闭站1#电源的第2个开关引入的。

9. 填写操作票的用语书写方法

操作票的用语不可以随意填写，应使用标准术语，操作任务采用调度操作编号下令，操作票每一个项目栏只准填写一个操作内容。

（1）固定式高压开关柜倒闸操作标准术语。

① 高压隔离开关的拉合。

● 合上：例如合上201-2（操作时应检查操作质量，但不填票）。

● 拉开：例如拉开201-2（操作时应检查操作质量，但不填票）。

② 高压断路器的拉合。

● 合上：分为两个序号项目栏填写，例如，1. 合上201；2. 检查201应合上。

● 拉开：分为两个序号项目栏填写，例如，1. 拉开201；2. 检查201应拉开。

③ 全站由运行转检修的验电、挂地线。

● 验电、挂地线必须标明验电的位置和挂地线的位置。

● 验电、挂地线的具体位置以相关的隔离开关位置为准，如图12-10所示，称“线路侧”“断路器侧”“母线侧”“主变侧”。

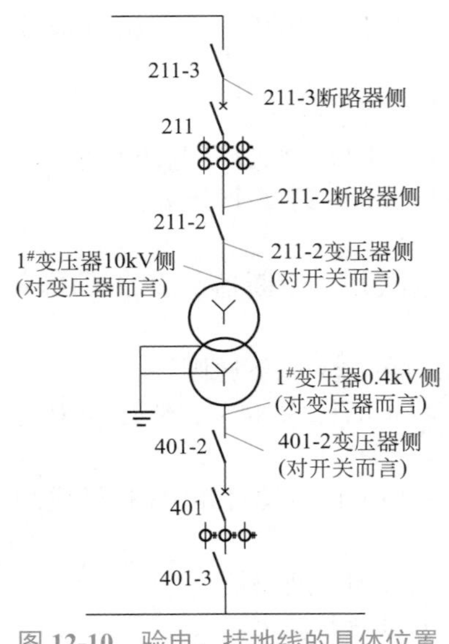

图 12-10　验电、挂地线的具体位置

例：a. 在 201-2 线路侧验电，应写为在 201-2 线路侧验电确无电；

b. 在 201-2 线路侧挂地线，应写为在 201-2 线路侧挂 1# 地线一组。

④ 全站由检修转运行时拆地线。

例：a. 拆 201-2 线路侧 1# 地线；

b. 检查待恢复供电范围内接地线、短路线已拆除。

⑤ 出线开关（断路器）由运行转检修验电、挂地线。

例：a. 在 211-4 断路器侧验电确无电；

b. 在 211-4 断路器侧挂 1# 地线一组；

c. 在 211-2 断路器侧验电应无电；

d. 在 211-2 断路器侧挂 2# 地线一组；

e. 取下 211 操作保险；

f. 取下 211 合闸保险（CDIO）。

⑥ 出线开关（断路器）由检修转运行拆地线。

例：a. 拆 211-4 断路器侧 1# 地线；

b. 拆 211-2 断路器侧 2# 地线；

c. 检查待恢复供电范围内接地线，短路线已拆除；

d. 给上 211 操作保险；

e. 给上 211 合闸保险（CDIO）。

⑦ 配电变压器由运行转检修验电、挂地线。

例：a. 在 1T 10kV 侧验电应无电；

b. 在 1T 10kV 侧挂 1# 地线；

c. 在 1T 0.4kV 侧验电应无电；

d. 在 1T 0.4kV 侧挂 2# 地线。

⑧ 配电变压器由检修转运行拆地线。

例：a. 拆 1T 10kV 侧 1# 接地线；

b. 拆 1T 0.4kV 侧 2# 接地线；

c. 检查待恢复供电范围内接地线、短路线已拆除。

（2）手车式高压开关柜倒闸操作标准术语。手车式高压开关也称“七车柜”，即包括断路器手车、电压互感器手车、隔离手车、PT 和避雷器手车、所用变压器手车、接地手车、电容器和避雷器手车。所以在填写操作票时一定要注明手车名称。

① 手车式开关柜的三个工况位置。

● 工作位置：指小车上、下侧的插头已经插入插嘴（相当于高压隔离开关合好），开关拉开，称热备用，开关合上，称运行。

● 试验位置：指小车上、下插头离开插嘴，但小车未全部拉至柜外，二次回路仍保持接通状态，称为冷备用。

● 检修位置，指小车已全部拉至柜外，一次回路和二次回路全部切断。

② 小车式断路器操作术语：“推入”“拉至”。

例：将 211 断路器手车推入试验位置；

将 211 断路器手车推入工作位置；

将 211 断路器手车拉至试验位置；

将 211 断路器手车拉至检修位置。

③ 小车断路器二次插件种类及操作术语。

● 二次插件种类：当采用 CD 型直流操作机构时，有控制插件、合闸插件、TA 插件；当采用 CT 型交流操作机构时有控制插件、TA 插件。

● 操作术语："给上""取下"。

10. 变配电室的开关用户的操作

变配电室的开关有两类用户是不能操作的，一个是分界刀闸 101、102；另一个是计量柜的刀闸 44（新 201-41）、49（新 201-49）、55（新 202-51）、59（新 205-59），当发现异常需要操作时，应及时向供电管部门说明情况，由供电部门处理。

11. 开关柜必须具备的"五防"功能

"五防"是保证电力网安全运行，确保设备和人身安全、防止误操作的重要技术措施。

"五防"的具体内容为：

① 防止误分、误合断路器；

② 防止带负荷分、合隔离开关；

③ 防止带电挂地线；

④ 防止带地线合闸；

⑤ 防止误入带电间隔。

二、10kV 固定式开关柜特征和倒闸操作

1. 固定式开关柜的特点

固定式开关柜的型号是 GG-1A（F），这种固定式高压开关柜柜体宽敞，内部空间大，间隙合理、安全，具有安装、维修方便，运行可靠等特点，主回路方案完整，可以满足各种供配电系统的需要。

GG-1A（F）型固定式高压开关柜是 GG-1A 型高压开关柜的改型产品，具有"五防"功能；高压开关柜适用于三相交流 50Hz，额定电压 3.6 ～ 12kV 的单母线系统，作为接受和分配电能之用。高压开关柜内主开关为真空断路器和少油断路器。GG1A 开关柜实物如图 12-11 所示，构造图如 12-12 所示。

图 12-11　GG1A 开关柜外形

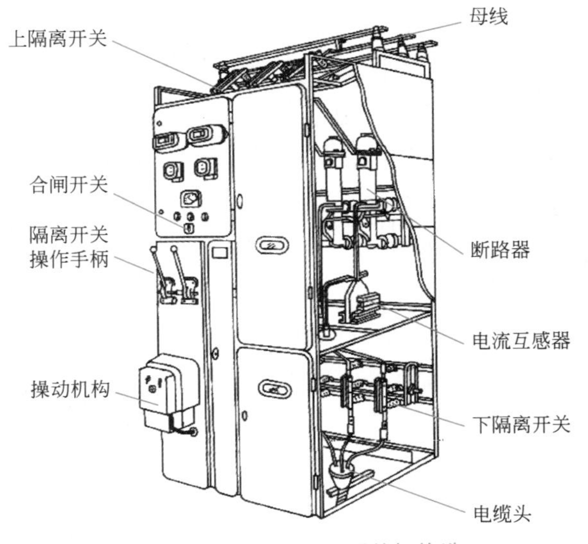

图 12-12　GG1A 开关柜构造

2. 固定式开关柜操作要求

固定式高压开关柜的特点是有上隔离开关和下隔离开关，断路器固定在柜子中间，体积大，有观察设备状态的窗口。隔离开关与断路器之间装有连锁机构。

例如 211 的送电操作，合闸时操作如图 12-13 所示，先合上隔离开关 211-4（母线侧），再合下隔离开关 211-2（负荷侧），最后合断路器 211。

分闸时操作如图 12-14 所示，先拉断路器 211，再拉下（负荷侧）隔离开关 211-2，最后拉上（母线侧）隔离开关 211-4。

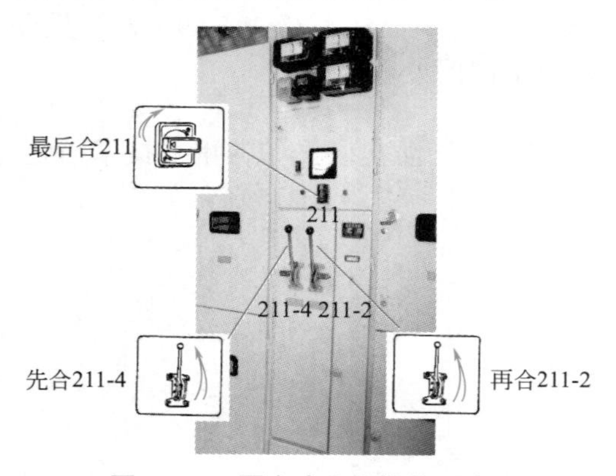

图 12-13　固定式合闸操作顺序

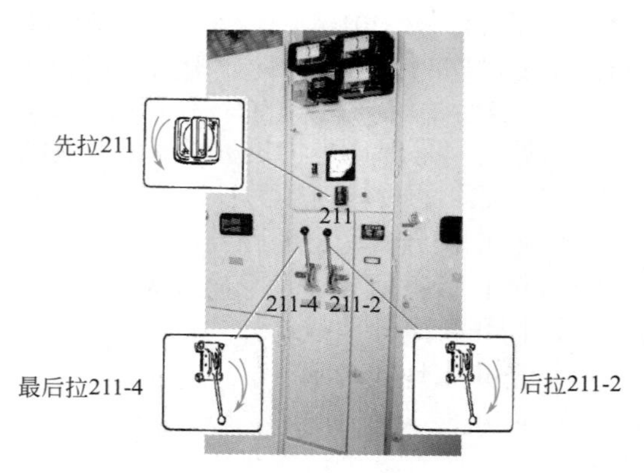

图 12-14　固定式分闸操作顺序

附：GG1A 式固定式开关柜的操作演示视频二维码

3.10kV 双电源单母线分段固定式开关柜倒闸操作票

固定式开关柜倒闸操作票以双电源单母线分段一次系统图为例，如图 12-15 所示。

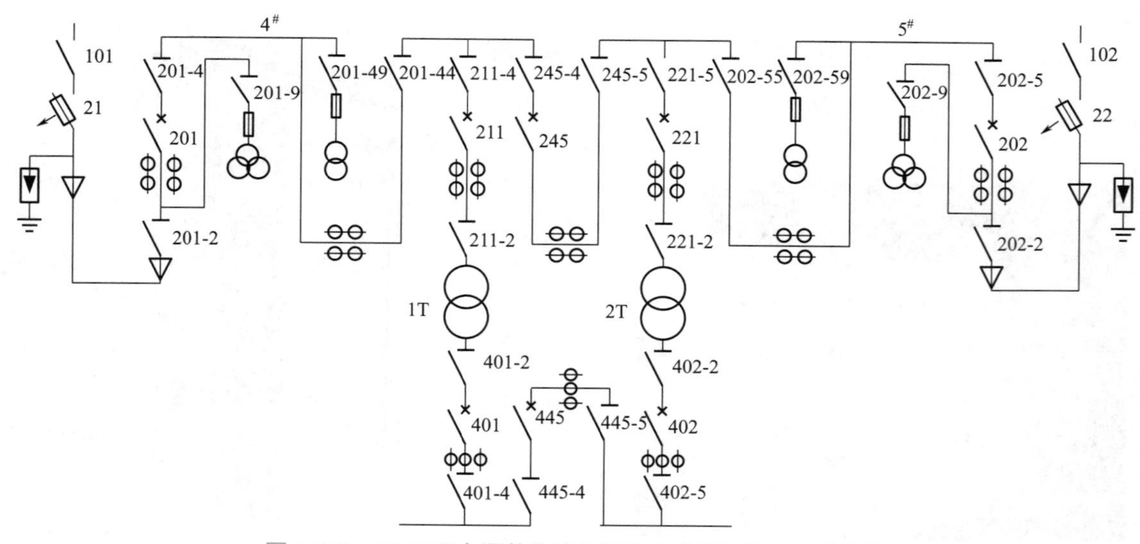

图 12-15　10kV 双电源单母线分段固定式开关柜一次系统图

10kV固定式开关柜倒闸操作票（一）

操作任务：全站送电操作，1# 电源带 1T，2# 电源带 2T 分列运行。

原运行方式：21、201、211、245、22、202、221、401、402、445 分闸。

操作终结运行方式：201 受电带 4# 母线，1# 变压器运行 401 合闸。202 受电带 5# 母线，2# 变压器运行 402 合闸。245、445 分闸。

操作要点：

① 全站停电（冷备用）时，站内应无一处带电点，所以户外跌落熔断器应该是拉开的，站内完全无电，分界开关和计量开关用户无权操作是合闸状态，全站停电时站内各个开关的状态如图 12-16 所示。

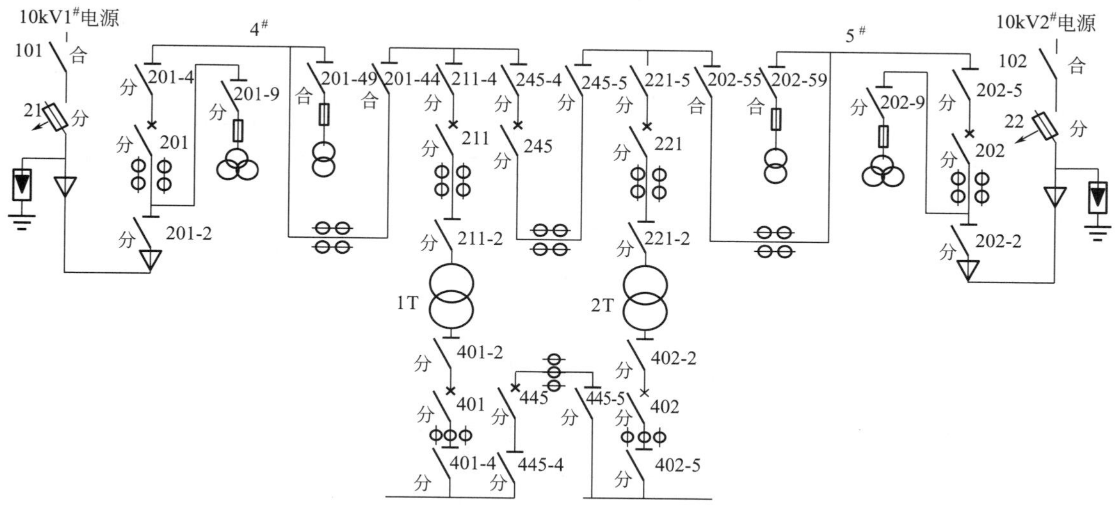

图 12-16　全站停电时站内各个开关的状态

② 注意运行方式为分列运行，1# 电源带 1T 运行，即 201、211、401 合上。2# 电源带 2T 运行即 202、221、402 合上。245、445 不允许合闸。操作终结时各个开关的状态如图 12-17 所示。

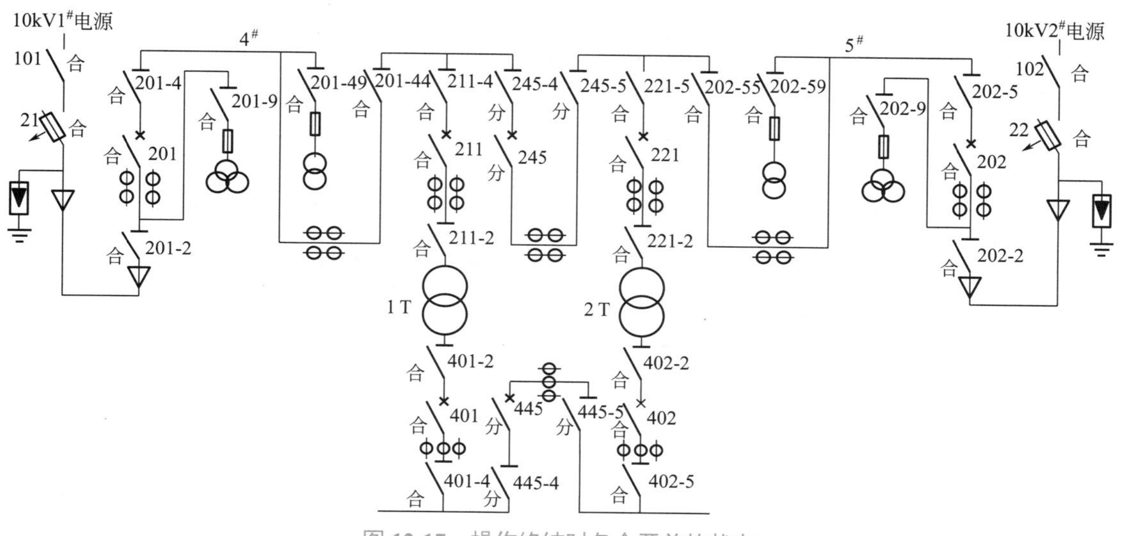

图 12-17　操作终结时各个开关的状态

③ 送电时注意事项，检查待送电范围的开关应处于断开位置，合断路器之前要检查电源三相电压是否正常。送电时应遵循先高压后低压的原则。

④ 分列运行送电时可以先送一个变压器用电，再送另一个变压器，如先送 1T 带低压 4# 母线负荷，再送 2T 带低压 5# 母线负荷，具体的送电方式应根据现场实际情况而定。

全站送电操作票填写见表 12-1。

表 12-1 全站送电操作票

√	操作顺序	操作项目	√	操作顺序	操作项目
	1	查 201、211、245、221、202 确在断开位置		21	合上 22
	2	合上 21		22	合上 202-2
	3	合上 201-2		23	合上 202-9
	4	合上 201-9		24	查 2# 电源 10kV 三相电压正常
	5	查 1# 电源 10kV 三相电压正常		25	合上 202-5
	6	合上 201-4		26	合上 202 开关
	7	合上 201 开关		27	查 202 确已合上
	8	查 201 确已合上		28	合上 221-5
	9	合上 211-4		29	合上 221-2
	10	合上 211-2		30	查 402、445 确在断开位置
	11	查 401、445 确在断开位置		31	合上 221 开关
	12	合上 211 开关		32	查 221 确已合上
	13	查 211 确已合上		33	听 2T 变压器声音，充电 3 分钟
	14	听 1T 变压器声音，充电 3 分钟		34	合上 402-2
	15	合上 401-2		35	查 2T 低压侧 0.4kV 三相电压正常
	16	查 1T 低压侧 0.4kV 三相电压正常		36	合上 402-5
	17	合上 401-4		37	合上 402 开关
	18	合上 401 开关		38	查 402 确已合上
	19	查 401 确已合上		39	合上低压 5# 母线侧负荷
	20	合上低压 4# 母线侧负荷		40	全面检查操作质量，操作完毕
操作人			监护人		

10kV 固定式开关柜倒闸操作票（二）

操作任务：全站停电操作。

原运行方式：1# 电源带 4# 母线 1T、2T 并列全负荷运行方式，2# 电源备用。201、211、245、221、401、402、445 合闸。202 分闸。

操作终结运行方式：21、201、211、245、22、202、221、401、402、445 分闸。

操作要点：

① 停电前的状态 2# 电源备用，并不等于 2# 电源没有，所以 22、202-2、202-9 合闸监视 2# 电源，202 和 202-5 必须是拉开的。操作前开关的状态如图 12-18 所示。

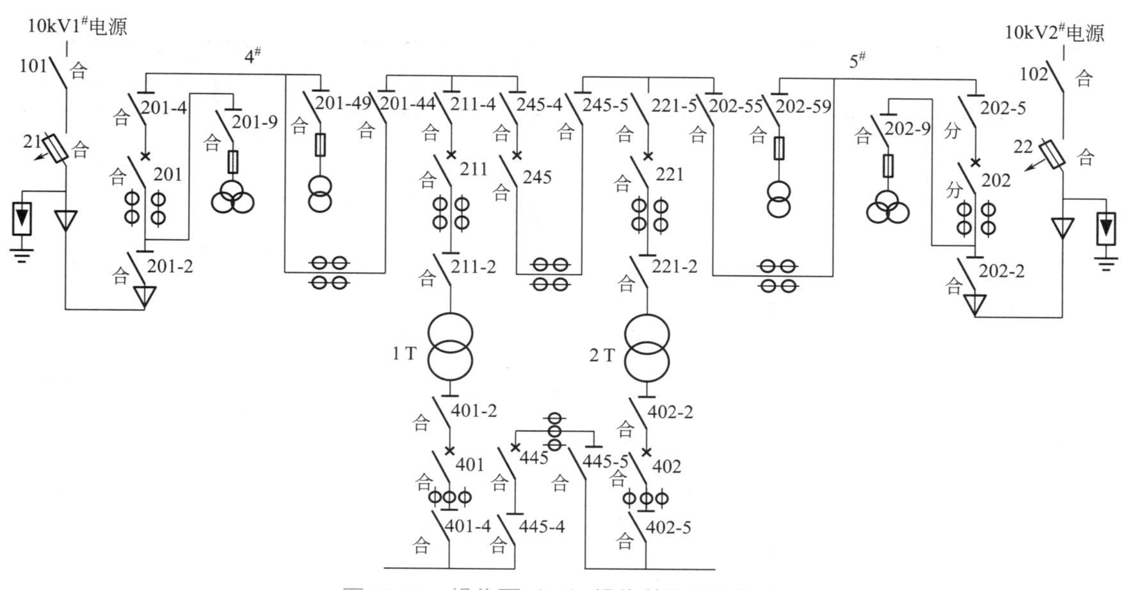

图 12-18　操作票（二）操作前的开关状态

② 全站停电时，户外跌落熔断器应拉开的。操作后的开关状态如图 12-19 所示。

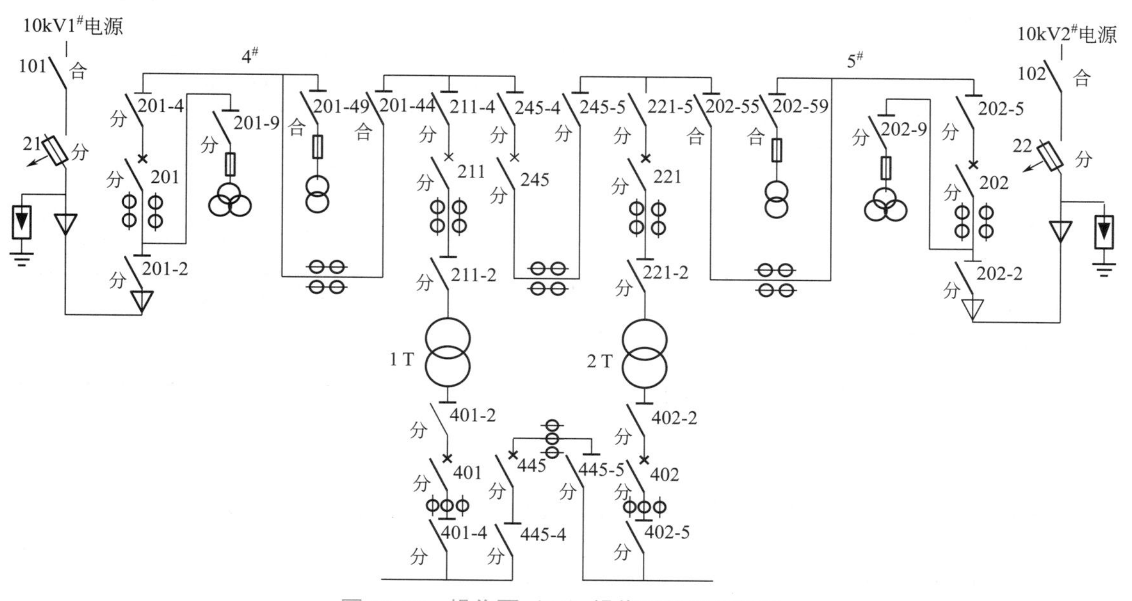

图 12-19　操作票（二）操作后的开关状态

③ 停电时应先停电容器组，后停负荷，以防负荷突变电容器过补偿。

④ 遵循先停低压后停高压的停电原则。

⑤ 注意全站停电，就是全站内无一处带电点，所以备用电源也要进行停电操作。

全站停电操作票填写见表 12-2。

表 12-2 全站停电操作票

√	操作顺序	操作项目	√	操作顺序	操作项目
	1	停低压电容器组		19	拉开 245 开关
	2	停低压各出线开关		20	查 245 确已拉开
	3	拉开 445 开关		21	拉开 245-5
	4	查 445 确已拉开		22	拉开 245-4
	5	拉开 445-4		23	拉开 211 开关
	6	拉开 445-5		24	查 211 确已拉开
	7	拉开 402 开关		25	拉开 211-2
	8	查 402 确已拉开		26	拉开 211-4
	9	拉开 402-5		27	拉开 201 开关
	10	拉开 402-2		28	查 201 确已拉开
	11	拉开 401 开关		29	拉开 201-4
	12	查 401 确已拉开		30	拉开 201-9
	13	拉开 401-4		31	拉开 201-2
	14	拉开 401-2		32	拉开 202-9
	15	拉开 221 开关		33	拉开 202-2
	16	查 221 确已拉开		34	拉开 21
	17	拉开 221-2		35	拉开 22
	18	拉开 221 － 5		36	全面检查操作质量，操作完毕
操作人			监护人		

10kV 固定式开关柜倒闸操作票（三）

操作任务：全站由检修转运行，2# 电源带 2T 全负荷，1# 电源 1T 备用。

原运行方式：21、22、201、211、245、221、202、401、402、445 分闸，201-2 线路侧接地、202-2 线路侧接地。操作前的开关状态如图 12-20 所示。

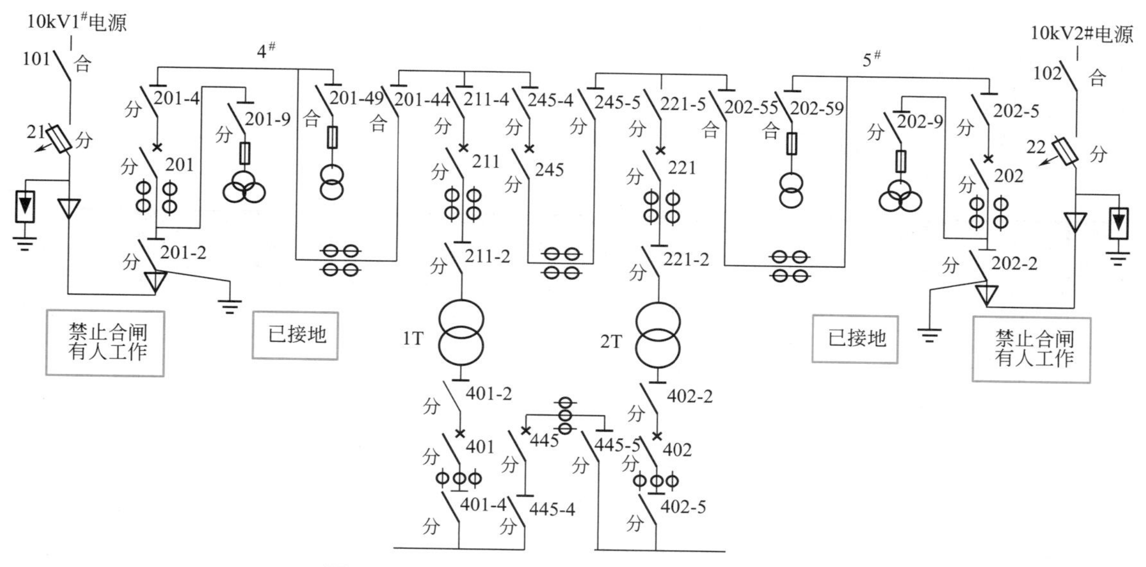

图 12-20　全站由检修转运行操作前的开关状态

操作终结运行方式：2# 电源带 5# 母线 22、202、221、402、445、22 合闸。201、211、245、401 分闸。操作后的开关状态如图 12-21 所示。

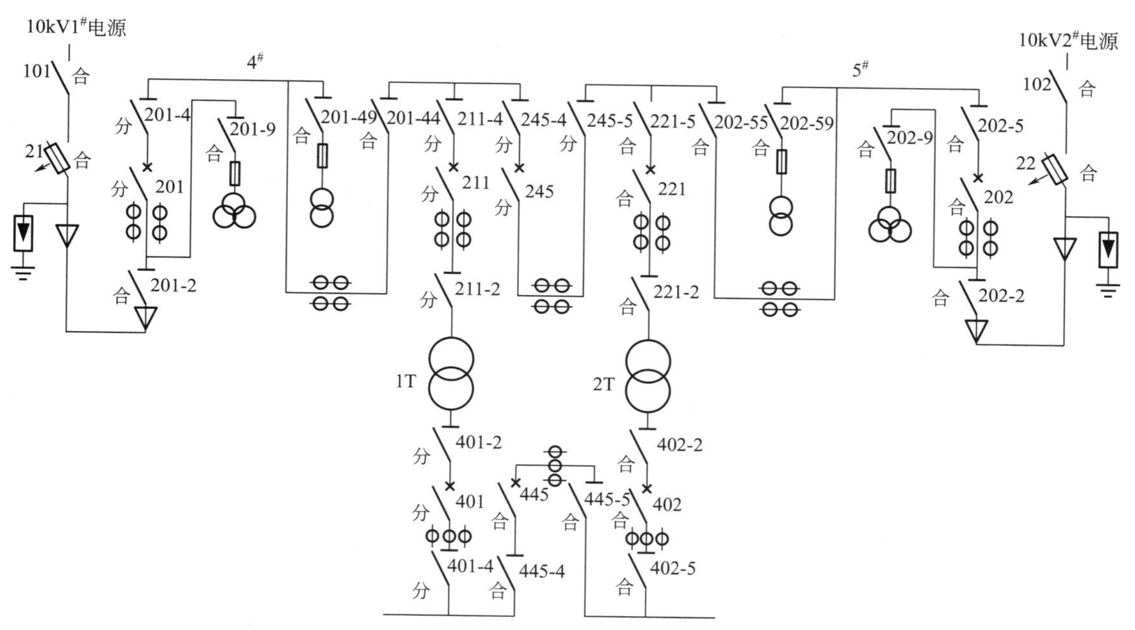

图 12-21　全站由检修转运行操作后的开关状态

操作要点：

① 操作任务是检修后送电操作，要先拆除检修时设置的临时接地线，取下开关手柄上的标示牌。

② 检查待恢复供电范围内的开关，应在断开位置。

③ 送电时检查三相电压应正常。

④ 根据操作任务的要求应先送运行电源，后送备用电源。

⑤ 1# 电源备用并不等于不操作，电源备用是主进开关 201 分闸，但 201-9 合闸用以监视 1# 电源。

全站由检修转运行操作票填写见表 12-3。

表 12-3　全站由检修转运行操作票

√	操作顺序	操作项目	√	操作顺序	操作项目
	1	拆 202-2 线路测接地线		19	合上 402-2
	2	取下 202-2 手柄上“禁止合闸有人工作”“已接地”标示牌		20	查 2T 低压侧 0.4kV 三相电压应正常
	3	拆 201-2 线路测接地线		21	合上 402-5
	4	取下 201-2 手柄上“禁止合闸有人工作”“已接地”标示牌		22	合上 402 开关
	5	查 201、211、245、221、202 确在断开位置		23	查 402 确已合上
	6	合上 22		24	合上 445-5
	7	合上 202-2		25	合上 445-4
	8	合上 202-9		26	查 401 应拉开
	9	查 2# 电源 10kV 三相电压正常		27	合上 445 开关
	10	合上 202-5		28	查 445 确已合上
	11	合上 202 开关		29	合上低压各出线开关
	12	查 202 确已合上		30	合上低压电容器组开关
	13	合上 221-5		31	合上 21
	14	合上 221-2		32	合上 201-2
	15	查 402、445、401 应在断开位置		33	合上 201-9
	16	合上 221 开关		34	查 1# 电源 10kV 三相电压正常
	17	查 221 确已合上		35	全面检查操作质量，操作完毕
	18	听 2T 声音正常，充电 3 分钟		36	
操作人			监护人		

10kV 固定式开关柜倒闸操作票（四）

操作任务：全站由运行转检修，并执行安全技术措施。

原运行方式：1# 电源带 4#、5# 母线，201、211、245、221、401、402 合闸，202、445 分闸。2# 电源备用。操作前的开关状态如图 12-22 所示。

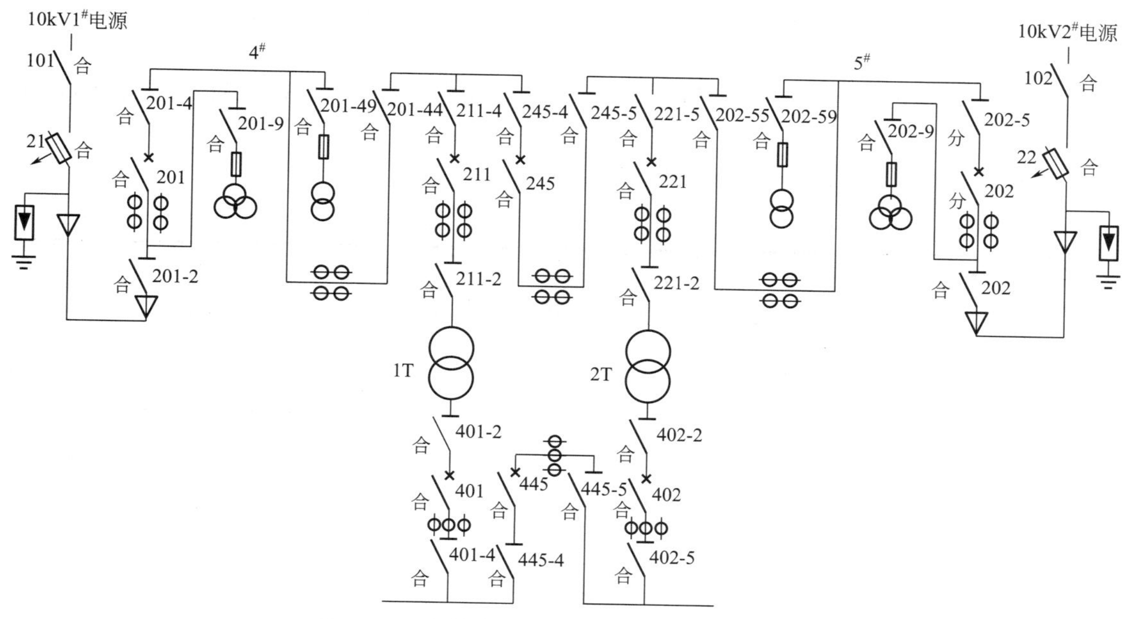

图 12-22　全站由运行转检修操作前的开关状态

操作终结运行方式：201、211、245、221、202、21、22、401、402、445 分闸。并在 201-2、202-2 线路侧挂接地线。全站由运行转检修的设备开关如图 12-23 所示。

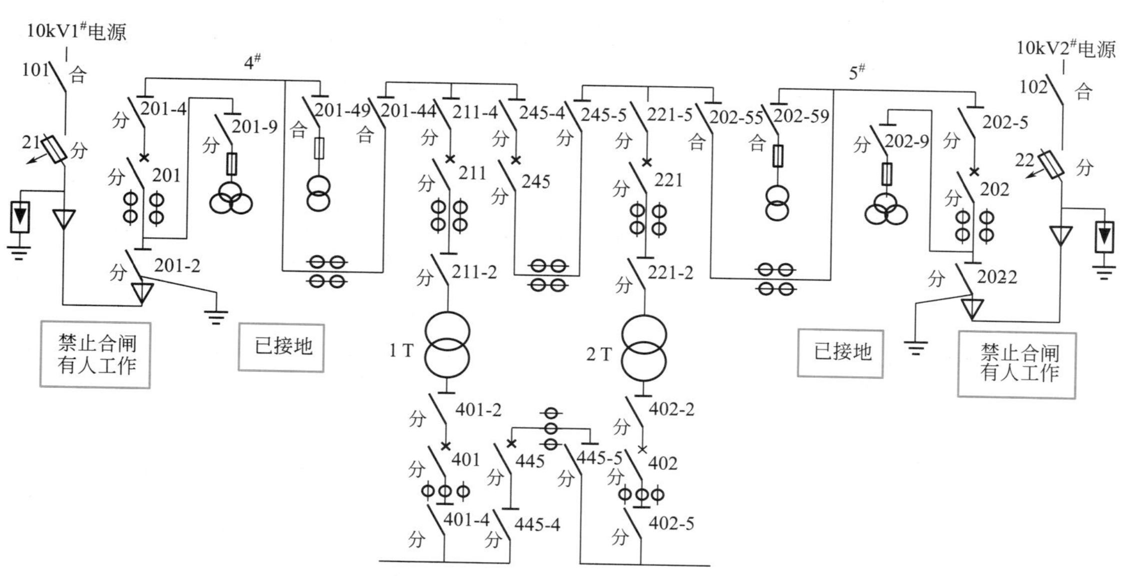

图 12-23　全站由运行转检修操作后的开关状态

操作要点：

① 停电检修应先停电、验电，在有可能来电方向挂临时挂接地线，并在开关手柄上挂标示牌。

② 低压停电顺序，先停电容器，后停负荷。

③ 注意备用电源也要停电。

④ 停电时应先将变压器解列，先拉开 445 开关，不要先断开一个变压器，以防另一台变压器电流突变。

⑤ 原来是 1# 电源带 1T、2T 运行，高压停电时应先停 2T 后停 1T，对 1# 电源而言 2T 是负荷侧。

全站由运行转检修操作票填写见表 12-4。

表 12-4　全站由运行转检修操作票

√	操作顺序	操作项目	√	操作顺序	操作项目
	1	拉开低压电容器组开关		22	拉开 245-4
	2	拉开低压负荷开关		23	拉开 211 开关
	3	拉开 445 开关		24	查 211 确已拉开
	4	查 445 确已拉开		25	拉开 211-2
	5	拉开 445-4		26	拉开 221-4
	6	拉开 445-5		27	拉开 201 开关
	7	拉开 402 开关		28	查 201 确已拉开
	8	查 402 确已拉开		29	拉开 201-4
	9	拉开 402-5		30	拉开 201-9
	10	拉开 402-2		31	拉开 201-2
	11	拉开 401 开关		32	拉开 202-9
	12	查 401 确已拉开		33	拉开 202-2
	13	拉开 401-4		34	拉开 21
	14	拉开 401-2		35	在 201-2 线路侧验应无电压
	15	拉开 221 开关		36	在 201-2 线路侧挂 1# 接地线一组
	16	查 221 确已拉开		37	在 201-2 手柄上侧挂“禁止合闸，有人工作”“已接地”标示牌
	17	拉开 221-2		38	拉开 22
	18	拉开 221-5		39	在 202-2 线路侧验应无电压
	19	拉开 245 开关		40	在 202-2 线路侧挂 2# 接地线一组
	20	查 245 确已拉开		41	在 202-2 手柄上挂“禁止合闸，有人工作”“已接地”标示牌
	21	拉开 245-5		42	全面检查操作质量，操作完毕
操作人			监护人		

10kV 固定式开关柜倒闸操作票（五）

操作任务：1T 由运行转备用，2T 由备用转运行（不停负荷倒变压器）。

原运行方式：1# 电源带 1T 全负荷运行、2# 电源 2T 备用，倒为 2T 全负荷运行 1T 备用。

1# 电源带 4# 母线 201、211、401、445 合闸。202、221、245、402 分闸。1# 电源带 1T 全负荷运行，2# 电源 2T 备用时的开关状态如图 12-24 所示。

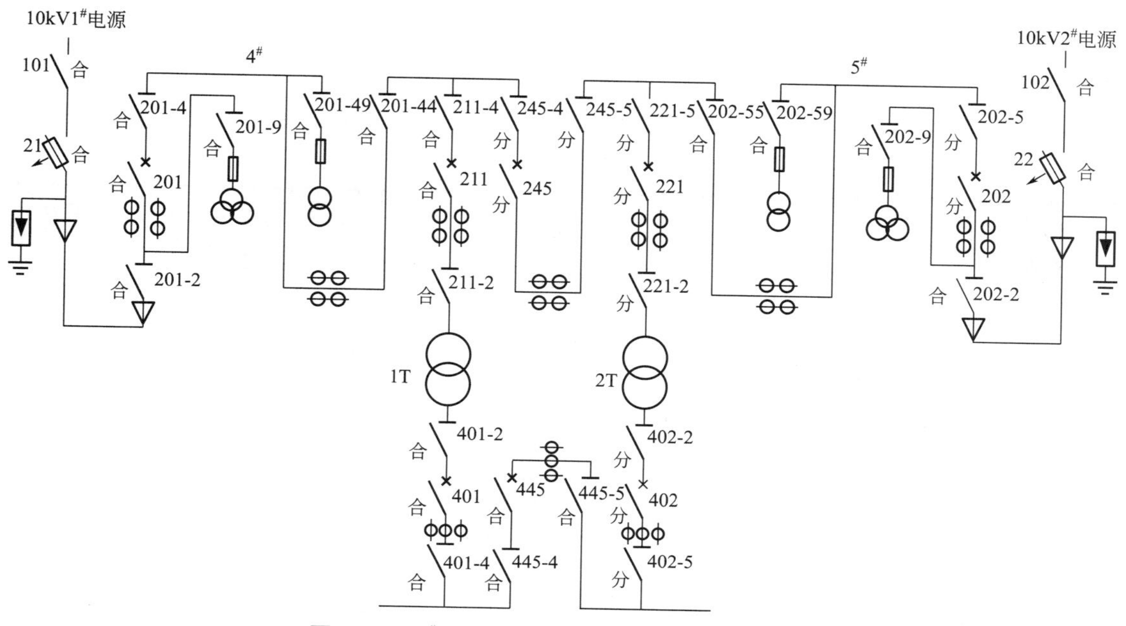

图 12-24　1#1T 全负荷运行，2#2T 备用开关状态

操作终结运行方式：201、245、221、402、445 合闸。202、211、401 分闸。操作后的开关状态如图 12-25 所示。

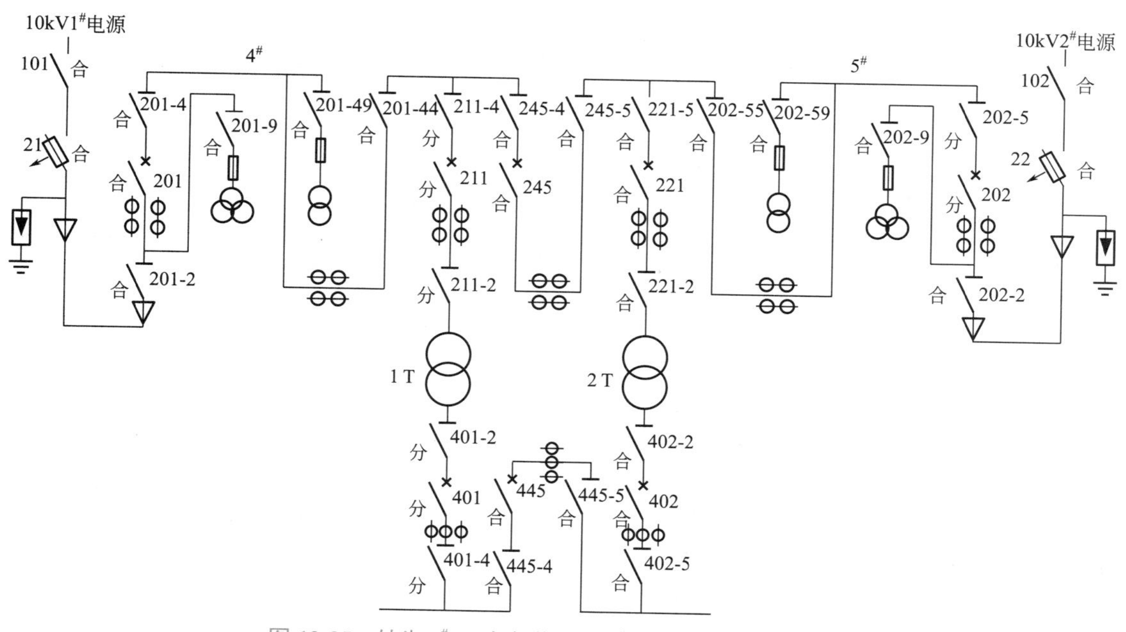

图 12-25　转为 2#2T 全负荷运行 1#1T 备用时开关的状态

操作要点：

① 操作前检查 2T 应符合变压器并列条件。

② 因为负荷没有变动，操作后检查电流应无异常变化。

③ 2T 运行需要合上 245 开关，注意检查 202 开关应在断开位置。

④ 不停负荷倒变压器，表示低压负荷不停电正常运行，操作时应先将备用的变压器 2T 并列投入运行，然后再将运行的变压器 1T 解列退出运行。

不停电倒变压器操作票填写见表 12-5。

表 12-5　不停电倒变压器操作票

√	操作顺序	操 作 项 目	√	操作顺序	操 作 项 目
	1	查 2T 应符合并列条件		15	合上 402-5
	2	查 245、221、202 确在断开位置		16	合上 402 开关
	3	合上 245-4		17	查 402 确已合上
	4	合上 245-5		18	查负荷电流分配正常
	5	合上 245 开关		19	拉开 401 开关
	6	查 245 确已合上		20	查 401 确已拉开
	7	合上 221-5		21	查 2T 电流应正常
	8	合上 221-2		22	拉开 401-4
	9	查 402 确在断开位置		23	拉开 401-2
	10	合上 221 开关		24	拉开 211 开关
	11	查 221 确已合上		25	查 211 确已拉开
	12	听 2T 声音正常，充电 3 分钟		26	拉开 211-2
	13	合上 402-2		27	拉开 211-4
	14	查 2T 低压侧 0.4kV 三相电压正常		28	全面检查操作质量，操作完毕
操作人			监护人		

10kV 固定式开关柜倒闸操作票（六）

操作任务：2# 电源由运行转备用，1# 电源由备用转运行（停电倒电源）。

原运行方式：2# 电源带 2T 全负荷运行，1# 电源 1T 备用，2# 电源带 5# 母线 202、221、402、445 合闸。201、211、245、401 分闸。运行状态如图 12-26 所示。

操作终结运行方式：1# 电源带 4#、5# 母线 201、245、221、402、445 合闸。202、211、401 分闸。

操作后的开关状态如图 12-27 所示。

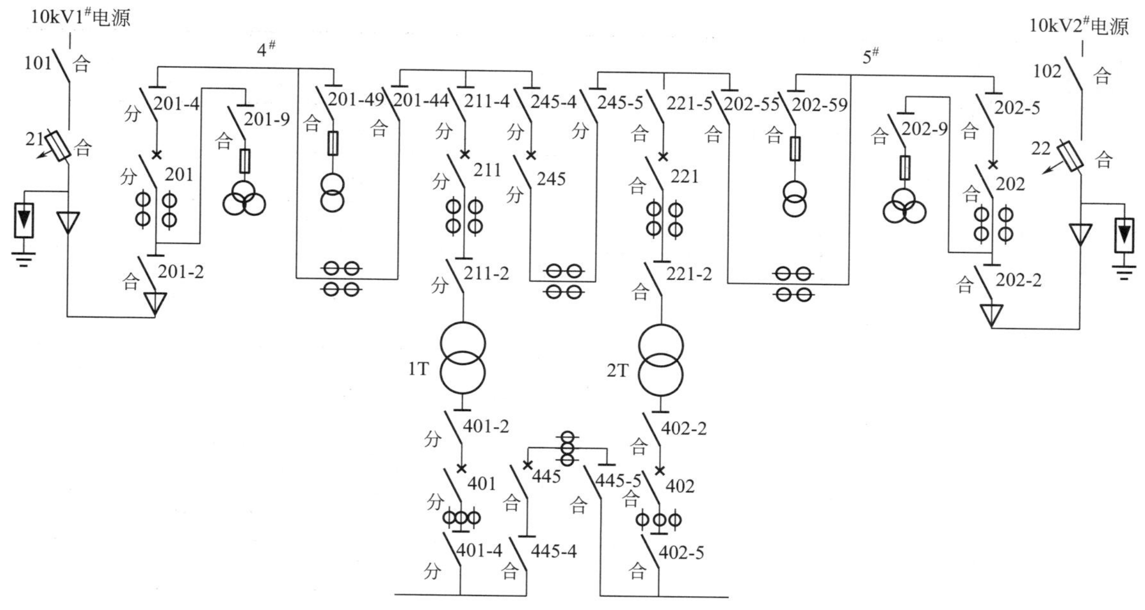

图 12-26 2#2T 全负荷，1#1T 备用时开关的状态

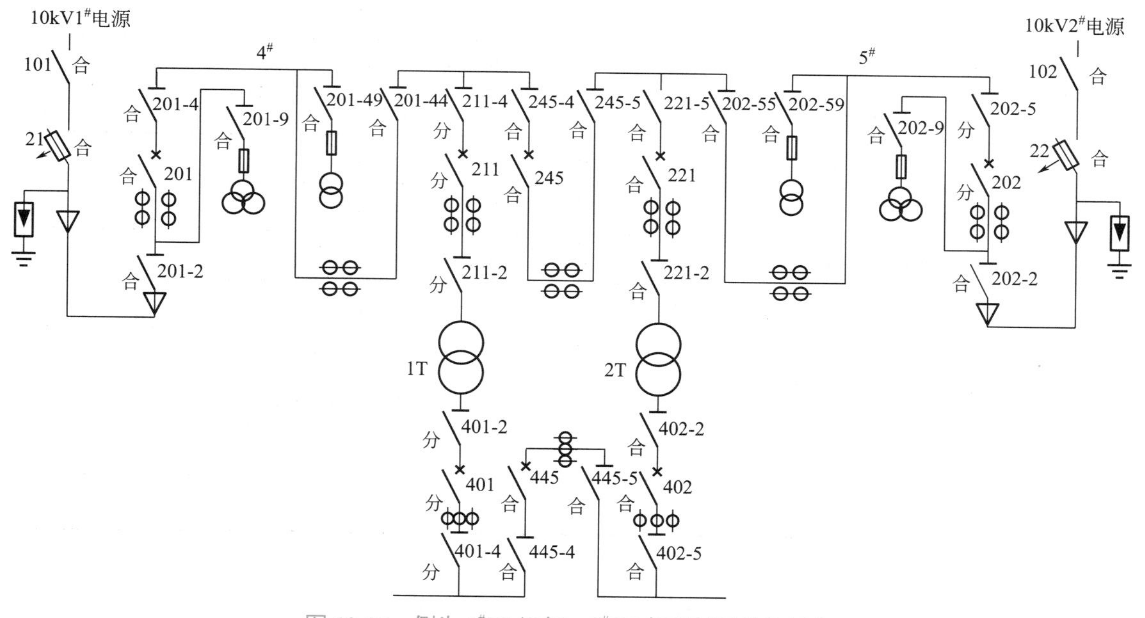

图 12-27 倒为 1#2T 运行，2#1T 备用时开关的状态

操作要点：

① 操作任务是停电倒电源，应先停电压全部负荷，电源倒过来之后再投入低压全部负荷。

② 原运行变压器 2T 继续运行。

③ 操作时应先停运行的 2# 电源，后送备用的 1# 电源。

停电倒电源操作票填写见表 12-6。

表 12-6　停电倒电源操作票

√	操作顺序	操 作 项 目	√	操作顺序	操 作 项 目
	1	拉开低压电容器组开关		23	合上 245-4
	2	拉开低压出线负荷开关		24	合上 245-5
	3	拉开 445 开关		25	合上 245 开关
	4	查 445 确已拉开		26	查 245 确已合上
	5	拉开 445-4		27	合上 221-5
	6	拉开 445-5		28	合上 221-2
	7	拉开 402 开关		29	合上 221 开关
	8	查 402 确已拉开		30	查 221 确已合上
	9	拉开 402-5		31	听 2T 声音正常，充电 3 分钟
	10	拉开 402-2		32	合上 402-2
	11	拉开 221 开关		33	查 2T 低压侧 0.4kV 三相电压应正常
	12	查 221 确已拉开		34	合上 402-5
	13	拉开 221-2		35	合上 402 开关
	14	拉开 221-5		36	查 402 确已合上
	15	拉开 202 开关		37	合上 445-5
	16	查 202 确已拉开		38	合上 445-4
	17	拉开 202-5		39	合上 445 开关
	18	查 1# 电源 10kV 三相电压正常		40	查 445 确已合上
	19	查 201、211、245 确在断开位置		41	合上低压出线开关
	20	合上 201-4		42	合上低压电容器组开关
	21	合上 201 开关		43	全面检查操作质量，操作完毕
	22	查 201 确已合上			
操作人			监护人		

10kV 固定式开关柜倒闸操作票（七）

操作任务：2T 由运行转检修（不停负荷），并执行安全技术措施。

原运行方式：2# 电源带 1T、2T 分列运行，1# 电源备用。2# 电源带 5#、4# 母线，202、221、245、211、401、402 合闸。201、445 分闸。操作前的开关状态如图 12-28 所示。

操作终结运行方式：2# 电源带 5#、4# 母线，202、245、211、401、445 合闸。201、221、402 分闸。

2T 由运行转检修操作后的开关状态如图 12-29 所示。

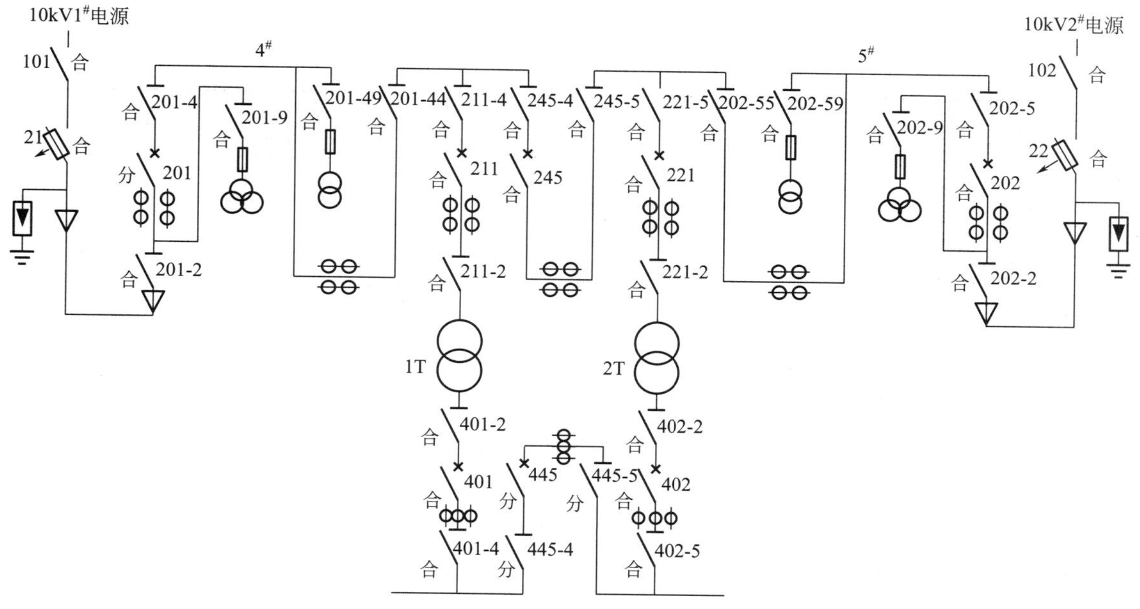

图 12-28　2T 由运行转检修操作前的开关状态

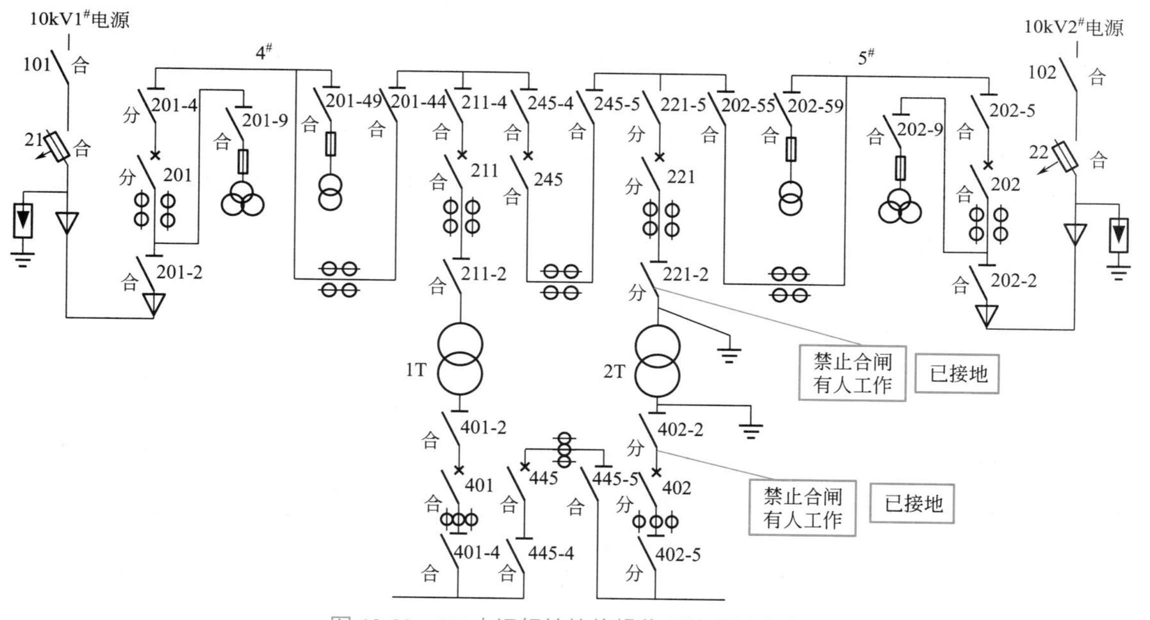

图 12-29　2T 由运行转检修操作后的开关状态

操作要点：

① 2# 电源带 1T、2T 分列运行，2T 由运行转检修，需要 1T 带低压 5# 母线负荷，应检查 1T 是否能带全负荷。

② 原来两台变压器分列运行，2T 检修后低压 5# 母线的负荷要由 1T 供电，445 开关应先合上，再停 402。

③ 注意检查变压器电流变化。

④ 变压器检修要在变压器高低两侧挂接地线，并在开关手柄挂标示牌。

2T 由运行转检修操作票填写见表 12-7。

表 12-7　2T 由运行转检修操作票

√	操作顺序	操 作 项 目	√	操作顺序	操 作 项 目
	1	查 1T 是否带全负荷		12	拉开 221 开关
	2	合上 445-4		13	查 221 确已拉开
	3	合上 445-5		14	拉开 221-2
	4	合上 445 开关		15	拉开 221-5
	5	查 445 确已合上		16	在 2T 高压 10kV 侧验应无电压
	6	查负荷电流分配		17	在 2T10kV 侧挂 1# 接地线一组
	7	拉开 402 开关		18	在 221-2 手柄上挂“禁止合闸，有人工作”“已接地”标示牌
	8	查 402 确已拉开		19	在 2T0.4kV 侧验应无电压
	9	查 1T 电流应正常		20	在 2T 低压 0.4kV 侧挂 2# 接地线
	10	拉开 402-5		21	在 402-2 手柄上挂“禁止合闸，有人工作”“已接地”标示牌
	11	拉卡 402-2		22	全面检查操作质量，操作完毕
操作人			监护人		

10kV 固定式开关柜倒闸操作票（八）

操作任务：2T 由检修转运行（与 1T 并列）。

原运行方式：1# 电源带 1T 全负荷，2# 电源备用。1# 电源带 4# 母线，201、211、401、445 合闸。202、221、245、402 分闸。2T 检修执行安全技术措施。操作前的开关状态如图 12-30 所示。

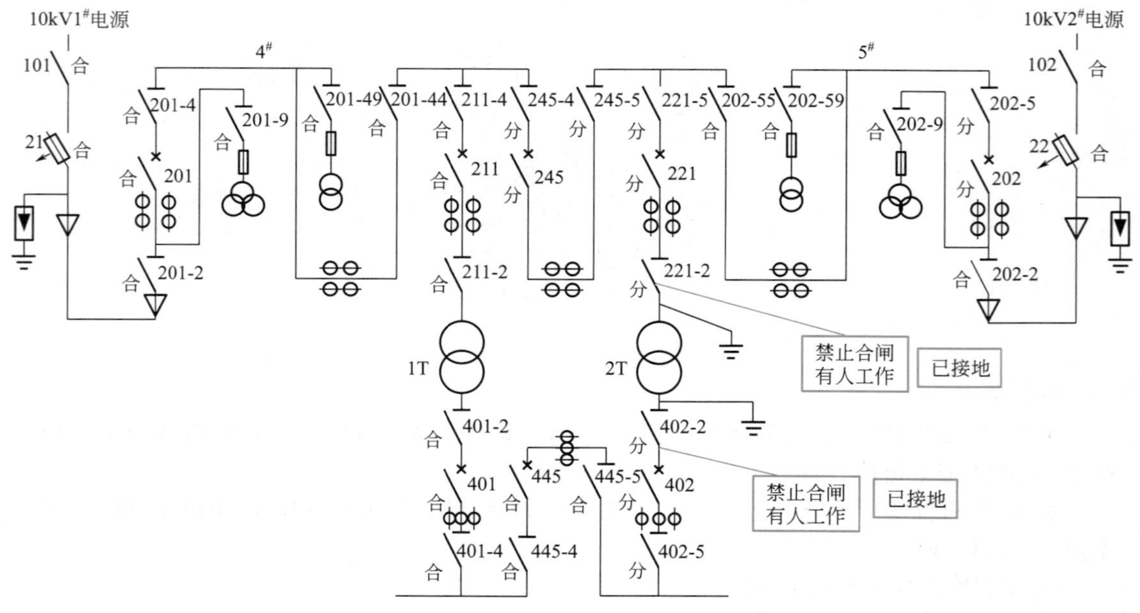

图 12-30　2T 由检修转运行操作前的开关状态

操作终结运行方式：1#电源带4#、5#母线，201、211、245、221、401、445、402合闸，202分闸。

操作后的开关状态如图12-31所示。

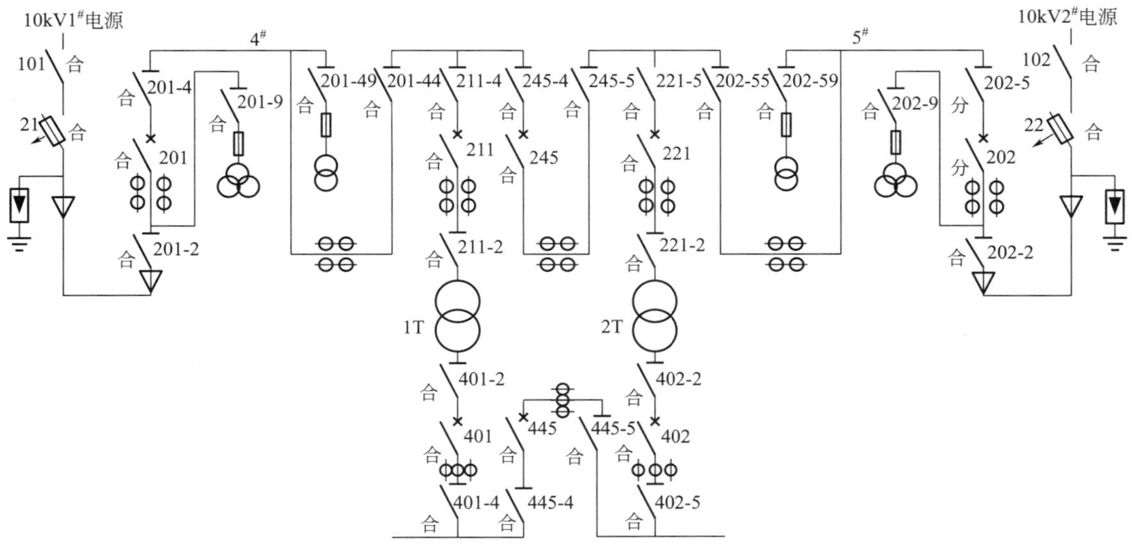

图12-31 2T由检修转运行操作后的开关状态

操作要点：

① 变压器检修后转运行，应检查是否变压器并列条件。

② 先拆除低压侧接地线和标示牌，后拆高压侧接地线和标示牌。

③ 2T转运行4#母线要向5#母线要带电，注意检查5#母线侧的202开关应在断开位置。

④ 2T并列后应检查电流分配是否正常。

2T由检修转运行操作票填写见表12-8。

表12-8 2T由检修转运行操作票

√	操作顺序	操作项目	√	操作顺序	操作项目
	1	拆2T低压0.4kV侧接地线		13	查402应在断开位置
	2	取下402-2手柄上“禁止合闸，有人工作”“已接地”标示牌		14	合上221开关
	3	拆2T高压10kV侧接地线		15	查221确已合上
	4	取下221-2手柄上“禁止合闸，有人工作”“已接地”标示牌		16	听2T声音正常，充电3分钟
	5	查245、221、202、确在断开位置		17	合上402-2
	6	查2T应符合并列条件		18	查2T低压0.4kV三相电压应正常
	7	合上245-4		19	合上402-5
	8	合上245-5		20	合上402开关
	9	合上245开关		21	查402确已合上
	10	查245确已合上		22	查电流分配应正常
	11	合上221-5		23	全面检查操作质量，操作完毕
	12	合上221-2			
操作人			监护人		

三、10kV 移开式开关柜的特征和操作要点

1. 移开式开关柜的特点

移开式开关柜型号有 KYN 型和 JYN 型，分别见图 12-32 和图 12-33，柜体分为五个独立小室，即：断路器手车室、互感器手车室、母线室、电缆室、继电器仪表室。开关设备的二次线与断路器手车的二次线连接是通过手动二次插头来实现的。断路器手车只有在断开位置时，才能插上和解除二次插头，断路器手车处于运行位置时，由于机械联锁作用，二次插头被锁定，不能解除。

图 12-32　KYN 型开关柜外观

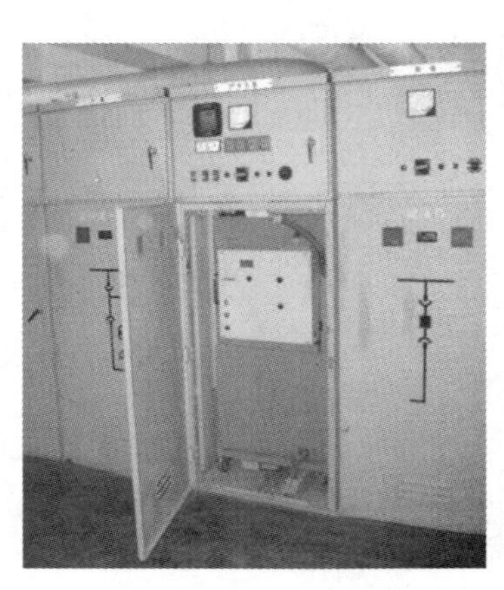

图 12-33　JYN 型开关柜外观

断路器手车：车内装有断路器和操动机构，通过控制插头与二次控制回路连接，可以实现断路器的分合操作。检修时断路器手车可以全部地拉出，JYN 型开关柜断路器手车如图 12-34 所示，KYN 型开关柜断路器手车如图 12-35 所示。

电压互感器手车：（201-9 或 202-9）与进线电源相连，手车上一般装有 V/V 接线的电压互感器和高压熔丝，电压互感器二次线通过控制插头与控制电路连接。更换互感器高压熔丝和检修时手车可以全部地拉出，图 12-36 是 KYN 开关柜互感器手车。

图 12-34　JYN 开关柜断路器手车

图 12-35　KYN 开关柜断路器手车

计量柜手车：（201-49 或 202-59）是高压计量的专用装置，车内装有为计量专用的电流互感器和电压互感器，计量手车用户是无权操作的。

隔离手车：隔离手车是一种专门用于保证安全的隔离装置，隔离手车内没有任何电器，只有连接插头和连板，隔离手车拉出时线路彻底断开，如图 12-37 所示。

为了便于监视运行开关柜，装有三相带电显示装置。

为了防止本身温度和湿度变化较大的气候环境产生凝露带来的危险，在断路器和电缆室分别装设加热器，以使开关柜在上述环境中使用时防止绝缘下降。

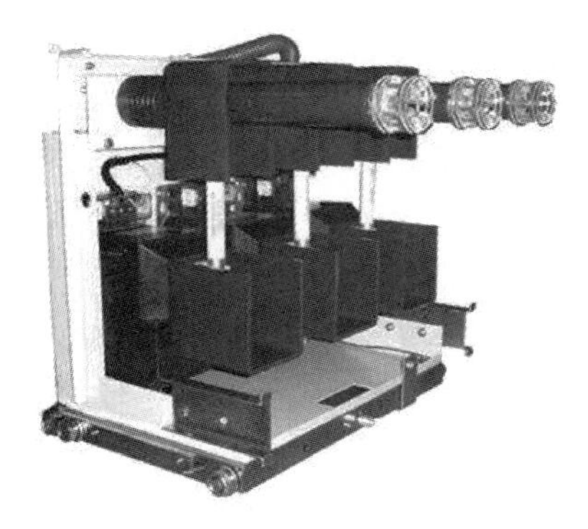

图 12-36　KYN 开关柜互感器手车

图 12-37　KYN 开关柜隔离手车

2. 移开式开关柜的各种操作功能

移开式开关柜的操作与固定式开关柜确有不同的地方，移开式开关柜不像 GG1A 柜，移开式开关柜没有断路器两侧的隔离开关，是利用手车隔离插头取代隔离开关，具有更加安全杜绝误操作的功能。图 12-38 是以 KYN 型开关柜断路器手车为例介绍各种功能和操作方法。

断路器手车各种功能的作用如下。

① 分合指示器：用于表示断路器状态。表示方法有两种，一种如图 12-39 所示，指示窗的黑色箭头向上指合闸，黑色箭头向下指分闸；另一种如图 12-40 所示，圆圈表示分闸，竖条表示合闸，分合指示器的下方的计数器，用于记录断路器的操作次数。

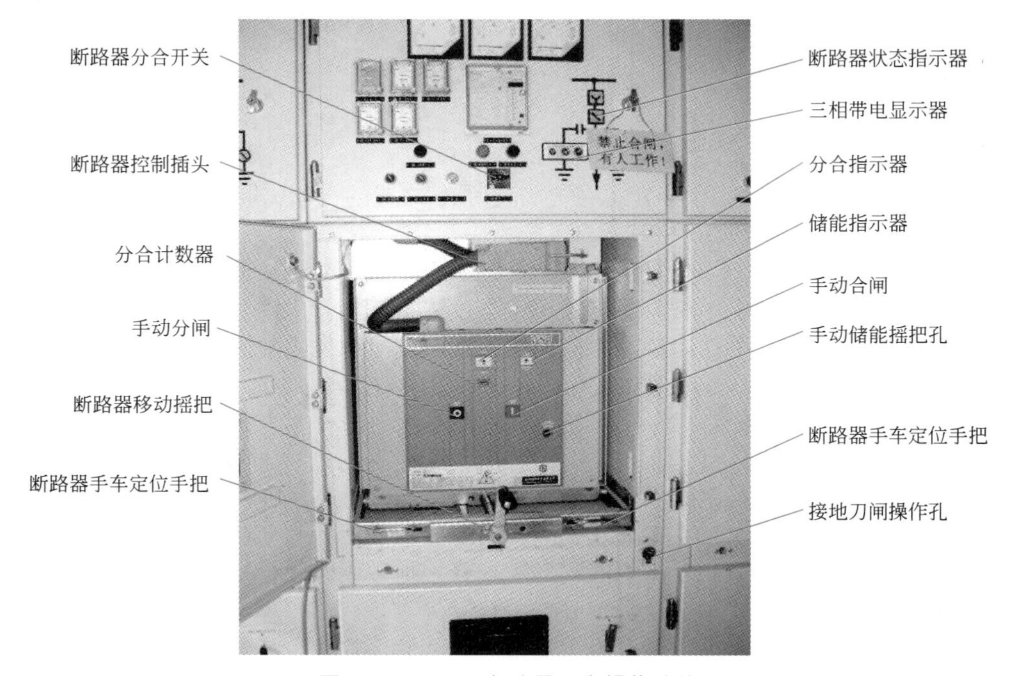

图 12-38　KYN 断路器手车操作功能

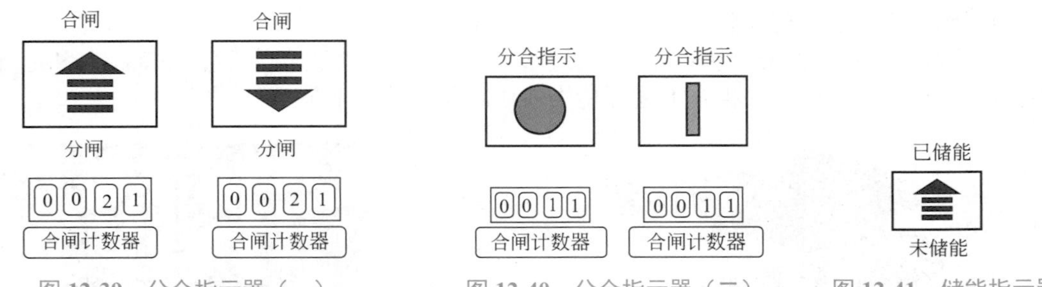

图 12-39　分合指示器（一）　　图 12-40　分合指示器（二）　　图 12-41　储能指示器

② 储能指示器：如图 12-41 所示，用于表示断路器储能操动机构状态，窗口内的黑色箭头与操动机构连接，箭头向上指示已储能，具备合闸条件，剪头向下表示未储能，不具备合闸条件。

③ 手动合闸、分闸钮：如图 12-42 所示，分闸按钮是红色方形中间有白色圆圈，合闸按钮是绿色方形中间有白色竖条，手动分合按钮主要用于操作电源发生故障时，进行断路器的分合操作。

④ 断路器控制插头：如图 12-43 所示，控制插头是断路器手车控制元件与继电保护电路连接件，由于断路器手车拉出时，需要断开控制连线，手车在运行和试验位置时锁杆横向落下使之控制插头不能插拔，只有当手车在检修位置时锁杆转动竖立，这时插头可以插拔。

图 12-42　手动合闸、分闸钮

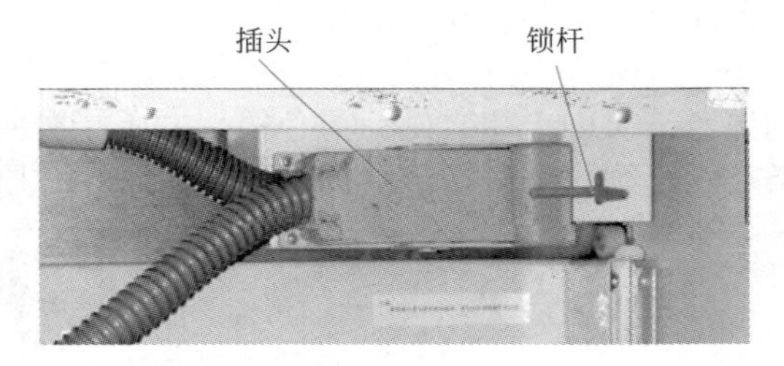

图 12-43　断路器控制插头

⑤ 断路器手车定位锁：手车定位锁是锁定手车位置的，当需要移动手车时，应先打开定位锁，否则手车不能移。

⑥ 断路器位置摇把：手车位置摇把是一个可以插接的工具，顺时针摇动手车推进，逆时针摇动手车拉出，移动手车时需要与手车定位锁配合使用。

⑦ 手动储能摇把孔：手动储能是保证断路器在控制电源发生故障不能进行电动操作时，可采用手动操作，操作时可将摇把插入孔中，顺时针用力摇动手柄，储能时手柄需用力较大，当储能到位后手柄立即轻松。

⑧ 接地刀闸操作孔：接地刀闸是装在断路器负荷侧的一种检修时的安全装置，如图 12-44 所示，只有断路器在检修位置时接地刀闸才可以进行操作。当断路器手车移至检修位置时，挡板能自动打开，将手柄插入孔内，顺时针摇动手柄直至听到“咣当”一声，接地刀闸合上，接地刀闸在合上时手车不能移动。拉开接地刀闸时手柄逆时针摇动，开始时较用力，一直摇到不可操作时表示接地倒闸已全部打开。

注：为保证操作的安全性，手车位置摇把、手动储能摇把、接地刀闸操作摇把是同一个摇把。

图 12-44　KYN 柜接地刀闸

3. 根据移开式开关柜上的状态指器判断断路状态

由于移开式开关柜是封闭的，无法像固定式开关柜那样可以直接观察到断路器和隔离开关，因此必须通过开关柜正面上的状态指示器，判断开关柜处于什么状态，否则由于开关状态不清楚，造成错误操作引发事故。

状态指示器安装在开关柜仪表室面板上，如图 12-45 所示，状态指示器与断路器和断路器手车之间采用机械和电气联锁，可以正确地指示断路器和手车的位置状态。

状态指示器由几个不同状态的显示灯组成，每一个显示灯代表不同的含义，状态指示器各部位的含义如图 12-46 所示。

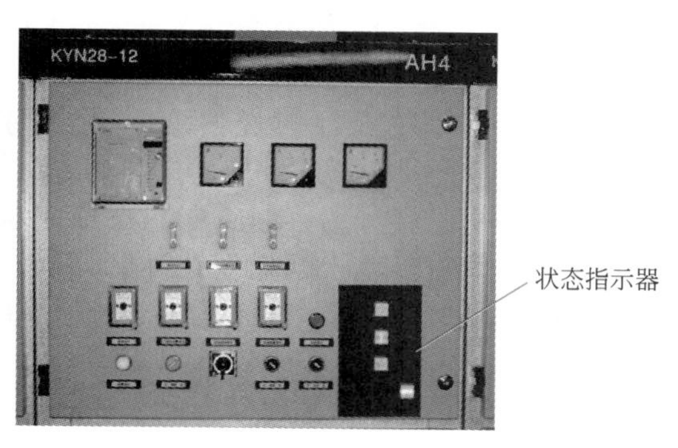

图 12-45　移开式开关柜状态指示器

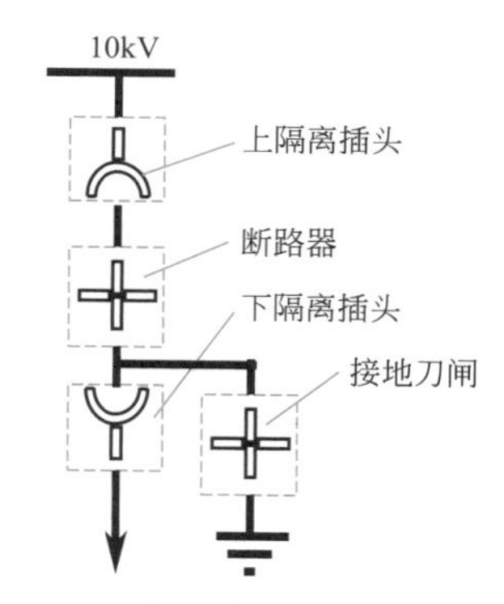

图 12-46　状态指示器各部位的含义

① 断路器热备用状态：断路器在热备状态时，状态指示器上隔离插头和下隔离插头红色，表示断路器手车在运行位置与母线连接，断路器静触点带电，这时开关柜内部断路器状态如图 12-47 所示。断路器指示横向绿色，表示处于分闸状态，可以立即合闸投入运行；接地刀闸横向绿色，表示接地刀闸处于拉开状态。断路器热备时状态指示器的显示如图 12-48 所示。

② 断路器运行状态：断路器运行状态时，状态指示器母线和上、下隔离插头红色，表示断路器手车在运行位置与母线连接；断路器状态指示竖立显示红色，表示处于合闸运行状态，开关柜内部如图 12-49 所示；接地开关横向也是绿色，表示处于分闸状态，如图 12-50 所示。

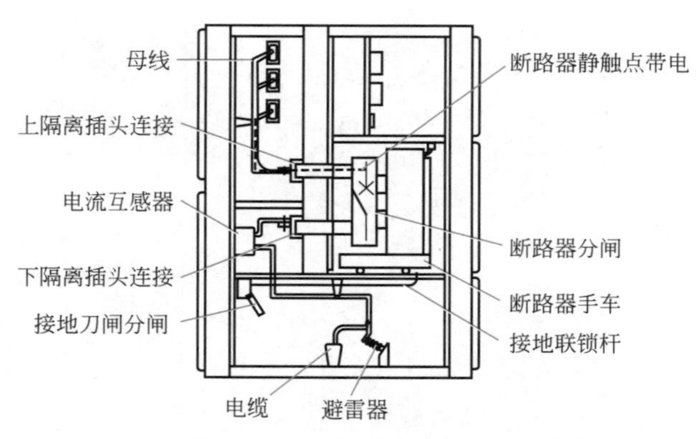

图 12-47　移开式开关柜热备用状态

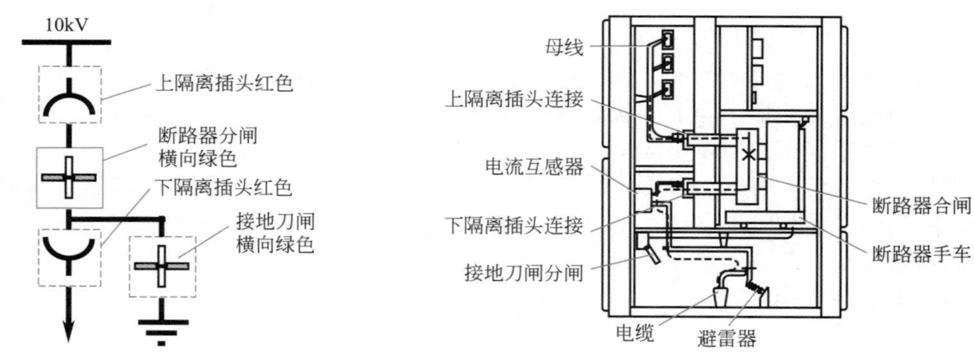

图 12-48　断路器热备时状态指示器的显示　　图 12-49　移开式开关柜运行状态

③ 断路器试验状态：断路器在试验状态时（也称冷备用位置），断路器手车拉至试验（备用）位置，如图 12-51 所示。此时断路器手车与母线分离，但断路器仍然可以分合操作，状态指示器的上、下隔离插头绿色，表示断路器与母线的连接分离；断路器状态横向绿色，表示分闸；接地刀闸还是横向绿色，表示处于分闸。此时接地刀闸操作孔不能打开，状态如图 12-52 所示。此时如果要投入运行，应先将断路器手车推至运行位置，再进行断路器操作。

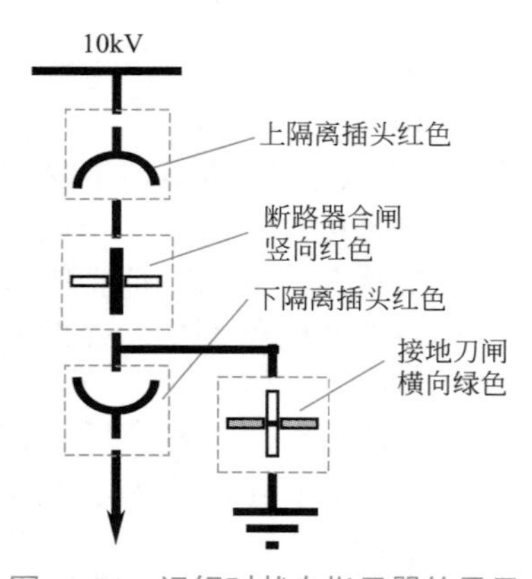

图 12-50　运行时状态指示器的显示

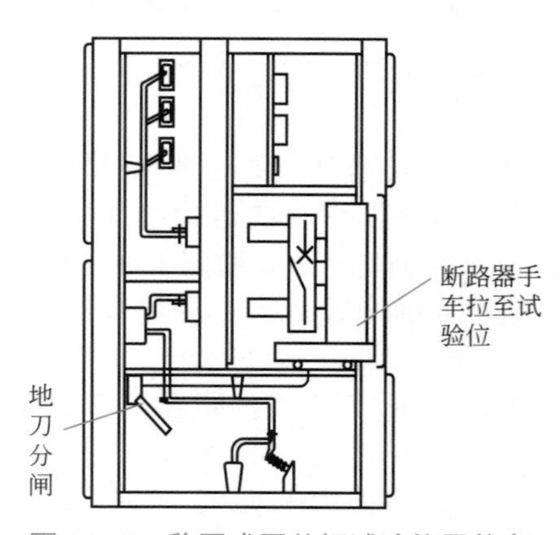

图 12-51　移开式开关柜试验位置状态

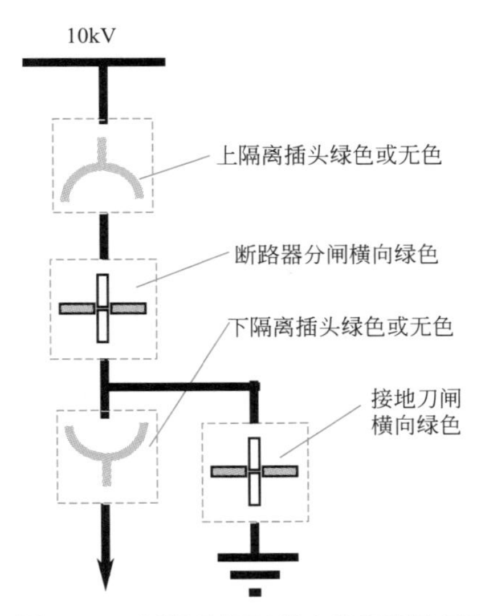

图 12-52　试验位置时状态指示器的显示

④ 线路检修状态：线路检修状态时，断路器手车拉至柜门处，二次控制插头取下，接地刀闸可以合闸，如图 12-53 所示，因为断路器手车拉至柜门处状态指示器的上、下隔离插头无色，断路器显示横向也是无色，这时接地刀闸可以合闸操作，接地刀闸合闸显示为竖立红色。接地刀闸为合闸状态时，断路器手车不能也不允许操作。状态指示器的显示如图 12-54 所示。

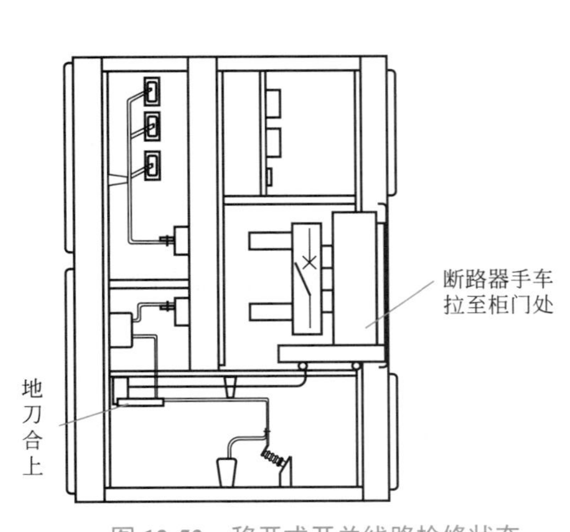

图 12-53　移开式开关线路检修状态

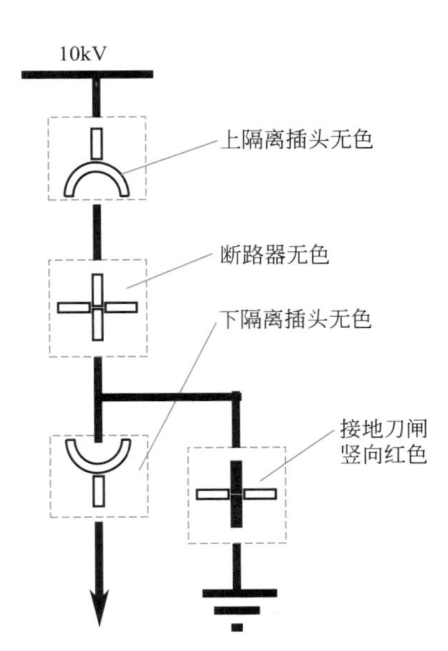

图 12-54　线路检修时状态指示器的显示

4. 移开式开关柜在系统图中的表示方式

图 12-55 是 10kV 双电源单母线移开式开关柜一次系统图，在图中手车的插头代替了隔离开关，当手车在运行位置时手车的插头与母线连接，可进行线路的分合操作。在试验和检修位时手车插头与母线断开，有良好的隔离作用。

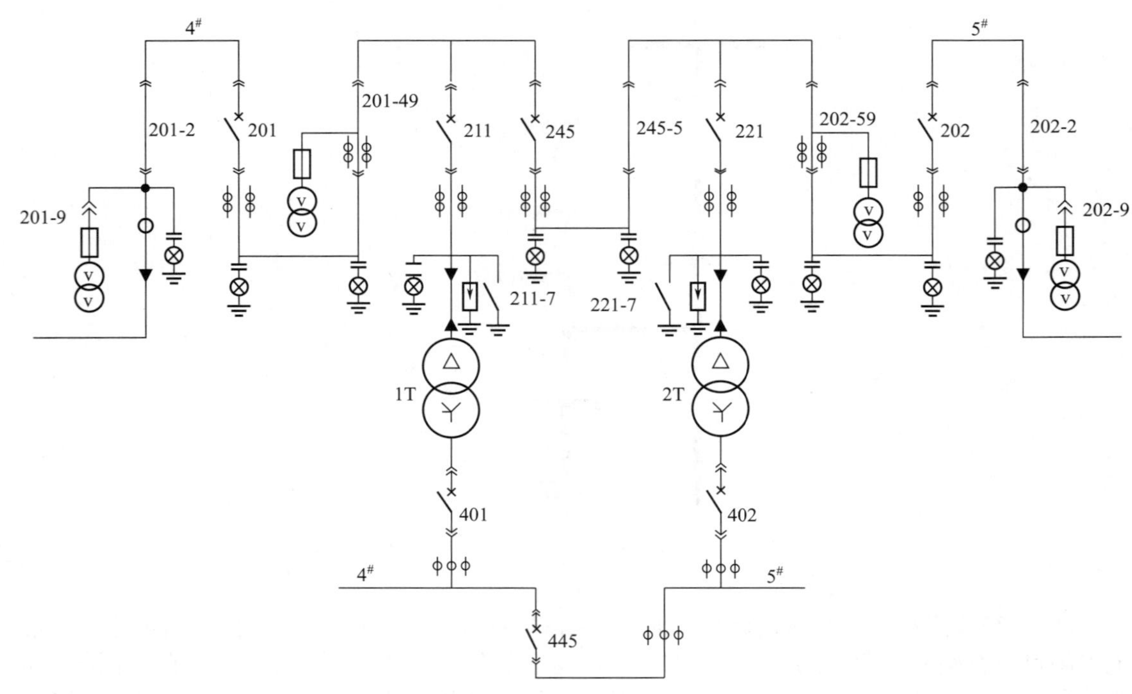

图 12-55　10kV 双电源单母线分段移开式开关柜一次系统图（手车柜）

附：移开式开关柜操作演示视频二维码

四、10kV 移开式开关柜倒闸操作票实例

以图 12-55 为例的 10kV 双电源单母线移开式开关柜一次系统常用操作票如下。

10kV 移开式开关柜倒闸操作票（一）

操作任务：全站送电操作（备用）。

原运行方式：全站停电状态。201-2、202-2 拉出，201、211、245、221、202、401、445、402 分闸。

操作终结运行方式：1# 电源带 1T，2# 电源带 2T 分列运行，201、211、401、202、221、402 合闸，245、445 分闸。

操作要点：

① 全站停电备用状态时主进隔离 201-2、202-2 是拉开的，电源侧电压互感器（201-9、202-9）保留用于监视电源。操作前的设备状态如图 12-56 所示。

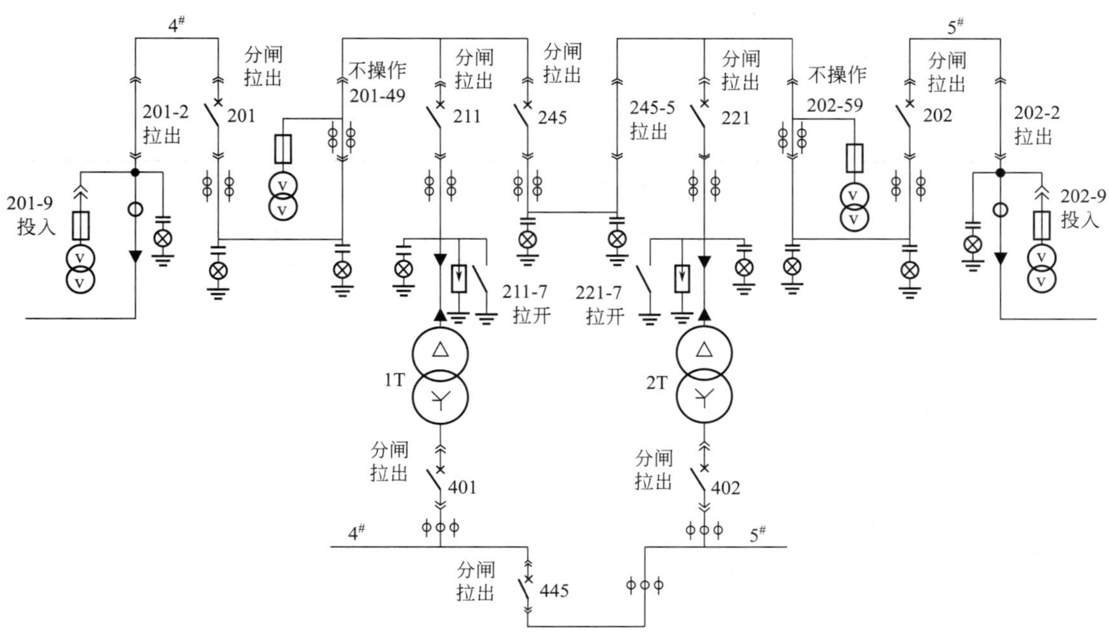

图 12-56 移开式开关柜倒闸操作票（一）操作前的设备状态

② 送电操作前要检查电源电压。

③ 运行方式为 1# 电源带 1T，2# 电源带 2T 分列运行，联络开关 245、245-5、445 必须拉开以防止合环操作。操作后的设备状态如图 12-57 所示。

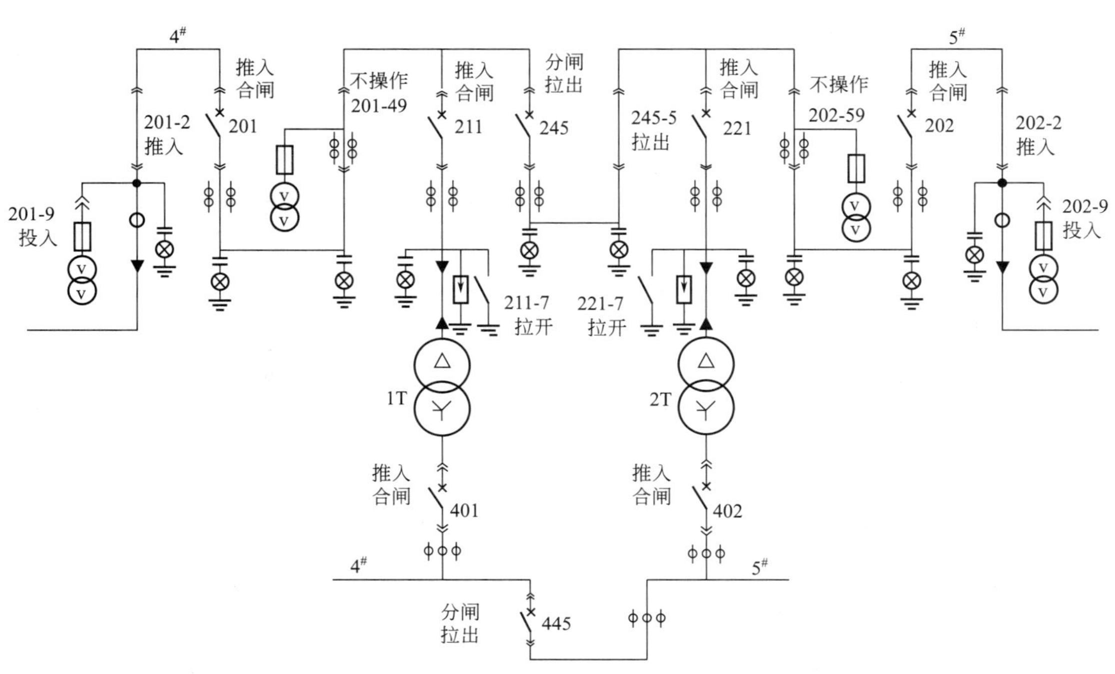

图 12-57 移开式开关柜倒闸操作票（一）操作后的设备状态

④ 送电顺序是先送高压后送低压，先送运行路后送备用路。

⑤ 低压是先合上负荷开关，后合电容器组开关。

移开式开关柜倒闸操作票（一）填写见表 12-9。

表 12-9 移开式开关柜倒闸操作票（一）

√	操作顺序	操 作 项 目	√	操作顺序	操 作 项 目
	1	查 1# 电源 10kV 三相电压正常		23	查 2# 电源 10kV 三相电压正常
	2	查 201、211、245、221、202 确在断开位置		24	查 202、221 确在断开位置
	3	将 201-2 推入运行位置		25	将 202-2 手车推入运行位置
	4	将 201 手车推入运行位置		26	将 202 手车推入运行位置
	5	查 201 手车在运行位置		27	查 202 手车在运行位置
	6	合上 201 开关		28	合上 202 开关
	7	查 201 开关确已合上		29	查 202 开关确已合上
	8	查 201 负荷侧三相带电指示器灯亮		30	查 202 负荷侧三相带电指示器灯亮
	9	将 211 手车推入运行位置		31	将 221 手车推入运行位置
	10	查 211 手车在运行位置		32	查 221 手车在运行位置
	11	查 401 确在断开位置		33	查 402 确在断开位置
	12	合上 211 开关		34	合上 221 开关
	13	查 211 开关确已合上		35	查 221 开关确已合上
	14	查 211 负荷侧三相带电指示器灯亮		36	查 221 负荷侧三相带电器指示器灯亮
	15	听 1T 声音，充电 3min		37	听 2T 声音，充电 3min
	16	查 1T 低压侧 0.4kV 三相电压正常		38	查 2T 低压侧 0.4kV 三相电压正常
	17	查 445 确在断开位置		39	将 402 开关推入运行位置
	18	将 401 开关推入运行位置		40	合上 402 开关
	19	合上 401 开关		41	查 402 确已合上
	20	查 401 确已合上		42	合上 5# 母线侧各出线开关
	21	合上 4# 母线侧各出线开关		43	投入 5# 母线侧电容器组开关
	22	投入 4# 母线侧电容器开关		44	全面检查操作质量，操作完毕
操作人			监护人		

10kV 移开式开关柜倒闸操作票（二）

操作任务：全站停电操作（转备用）。

原运行方式：1# 电源带 1T、2T 并列带全负荷，2# 电源备用。201、211、245、221、401、402、445 合闸，202 分闸，202-2 拉出。操作前的设备状态如图 12-58 所示。

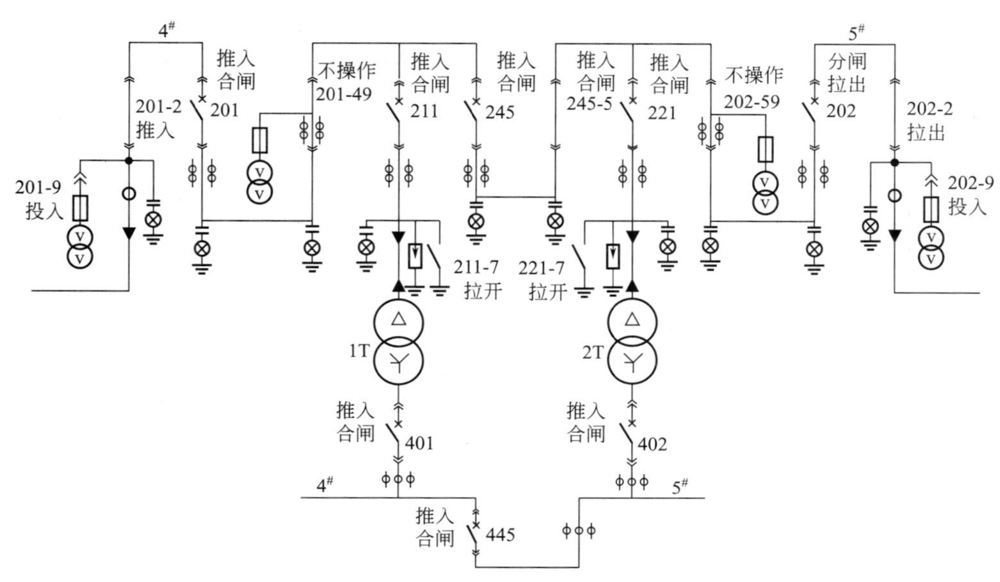

图 12-58　1# 电源带 1T、2T 并列带全负荷全站停电前的设备状态

操作终结运行方式：201、211、245、221、202、401、402、445 分闸，201-2、202-2 拉出。操作后的设备状态如图 12-59 所示。

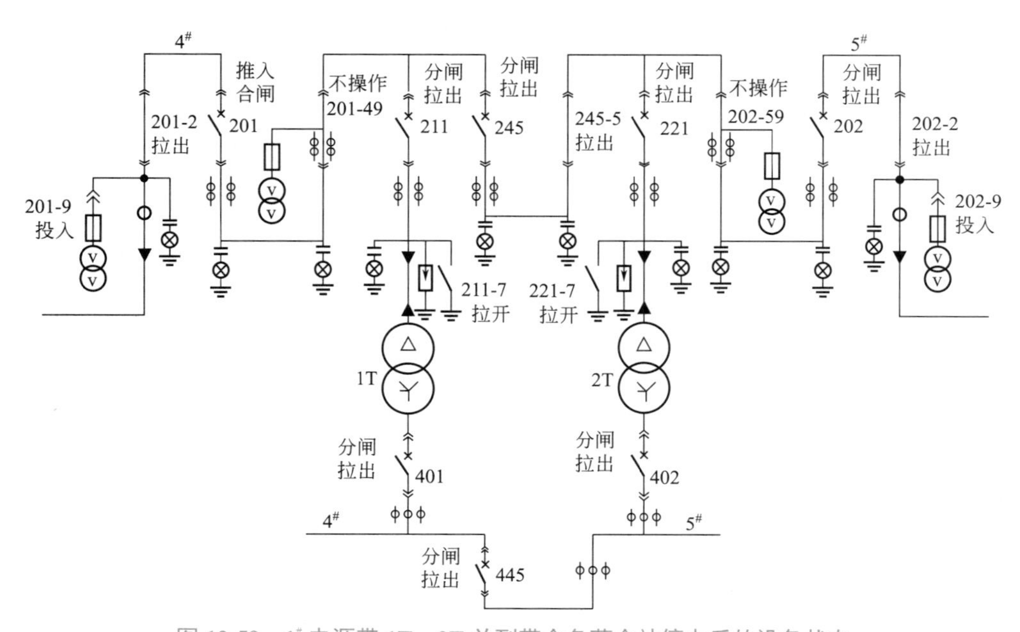

图 12-59　1# 电源带 1T、2T 并列带全负荷全站停电后的设备状态

操作要点：

① 任务要求全站停电备用，应将主进断路器 201、202 拉开至备用位置，主进隔离 201-2、202-2 拉出，保留电源侧的电压互感器 201-9、20-9，用以监视电源。

② 拉开高压断路器后应检查断路器负荷侧三相带电指示器的灯应熄灭。

③ 1# 电源停电后，应将 2# 主进断路器和隔离手车拉至备用位置。

④ 停电操作的操作顺序是先停低压，后停高压。低压是先停电容器，后停负荷。

⑤ 由于原运行是 1# 电源带 1T、2T，停电时 2T 是负荷侧，因此先停 2T 后停 1T。

移开式开关柜倒闸操作票（二）填写见表 12-10。

表 12-10　移开式开关柜倒闸操作票（二）

√	操作顺序	操作项目	√	操作顺序	操作项目
	1	退出低压电容器组		18	查 245 开关确已拉开
	2	拉开低压各出线开关		19	查 245 负荷侧三相带电指示器灯灭
	3	拉开 445 开关		20	将 245 手车拉至试验位置
	4	查 445 确已拉开		21	将 245-5 手车拉至隔离位置
	5	将 445 拉至备用位置		22	拉开 211 开关
	6	拉开 402 开关		23	查 211 开关确已拉开
	7	查 402 确已拉开		24	查 211 负荷侧三相带电指示器灯应灭
	8	将 402 手车拉至试验位置		25	将 211 手车拉至试验位置
	9	拉开 401 开关		26	拉开 201 开关
	10	查 401 确已拉开		27	查 201 开关确已拉开
	11	将 401 拉至试验位置		28	查 201 负荷侧三相带电指示器灯应灭
	12	拉开 221 开关		29	将 201 手车拉至试验位置
	13	查 221 开关确已拉开		30	将 201-2 手车拉至隔离位置
	14	查 221 负荷侧三相带电指示器灯应灭		31	将 202 手车拉至试验位置
	15	将 221 手车拉至试验位置		32	将 202-2 手车拉至隔离位置
	16	查 221 手车拉至试验位置		33	全面检查操作质量，操作完毕
	17	拉开 245 开关			
操作人			监护人		

10kV 移开式开关柜倒闸操作票（三）

操作任务：1T 由运行转备用，2T 由备用转运行（停电倒变压器）。

原运行方式：1# 电源带 1T 全负荷运行，2# 电源 2T 备用，倒为 2T 运行 1T 备用。1# 电源 4# 母线受电 201、211、401、445 合闸，202、221、245、402 分闸。操作前的设备状态如图 12-60 所示。

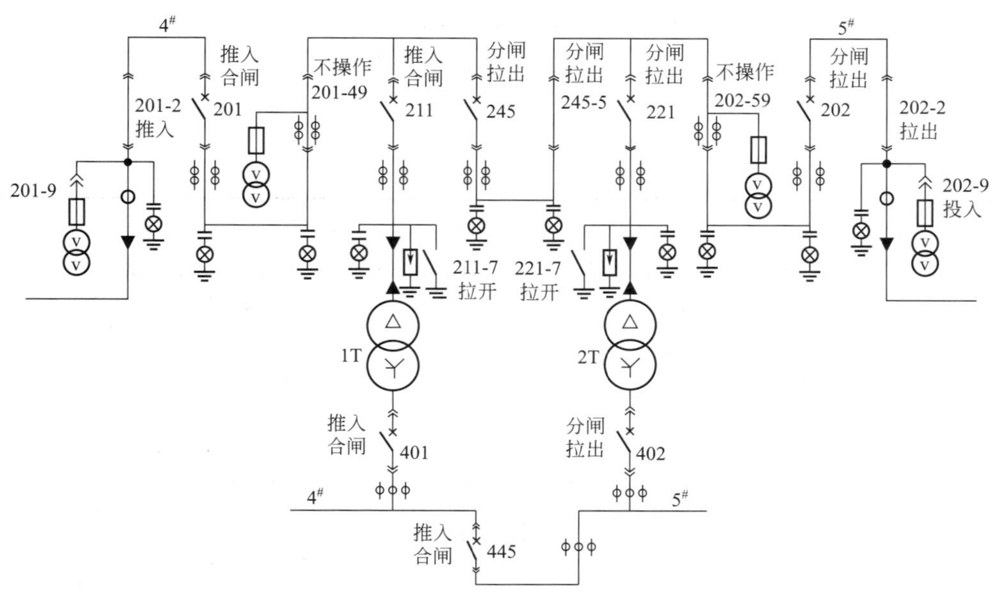

图 12-60 1T 运行转备用、2T 备用转运行操作前的设备状态

操作终结运行方式：1# 电源 4#、5# 母线受电，201、245、221、402、445 合闸，202、211、401 分闸。操作后的设备状态如图 12-61 所示。

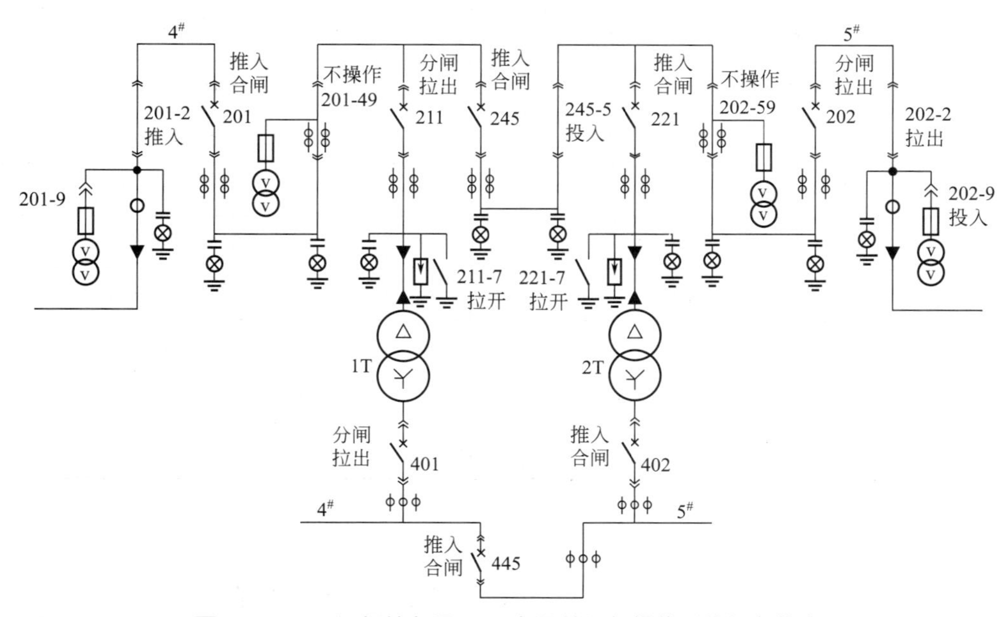

图 12-61 1T 运行转备用、2T 备用转运行操作后的设备状态

操作要点：

① 在不停电也就是不挺符合的情况下进行变压器切换，电源仍然是 $1^{\#}$ 不换。

② 2T 要运行 $5^{\#}$ 母线将带电，操作前应认真检查 221、202、402 确在断开位置。

③ 注意检查变压器是否符合并列条件，防止造成电压波动。

④ 先投入备用的 $2^{\#}$ 变压器，再退出运行的 $1^{\#}$ 变压器。

移开式开关柜倒闸操作票（三）填写见表 12-11。

表 12-11　移开式开关柜倒闸操作票（三）

√	操作顺序	操 作 项 目	√	操作顺序	操 作 项 目
	1	停低压电容器组		19	将 221 手车推至运行位
	2	拉开电压出线开关		20	查 221 手车确在运行位
	3	拉开 445 开关		21	查 402 确在断开位
	4	将 445 拉至备用位		22	合上 221 开关
	5	查 445 确已拉开		23	查 221 开关确已合上
	6	拉开 401 开关		24	查 211 负荷侧三相带电显示器灯应亮
	7	查 401 确已拉开		25	停 2T 声音，充电 3min
	8	将 401 拉至备用位		26	查 2T 低压 0.4kV 三相电压应正常
	9	拉开 211 开关		27	将 402 推入运行位
	10	查 211 开关确已拉开		28	合上 402 开关
	11	查 211 负荷侧三相带电显示器灯应灭		29	查 402 确已合上
	12	将 211 手车拉至试验位		30	将 445 推入运行位
	13	查 245、221、202 确在断开位		31	合上 445 开关
	14	将 245-5 隔离手车推至运行位		32	查 445 确已合上
	15	将 245 手车推至运行位		33	合上低压出线开关
	16	合上 245 开关		34	投入低压电容器组
	17	查 245 开关确已合上		35	全面检查操作质量，操作完毕
	18	查 245 负荷侧三相带电显示器灯应亮			
操作人			监护人		

10kV 移开式开关柜倒闸操作票（四）

操作任务：221 开关由运行转检修，$1^{\#}$ 变压器带全负荷（停电操作）。

原运行方式: 201 受电带 10kV $4^{\#}$ 母线，202 受电带 10kV $5^{\#}$ 母线；$1^{\#}$ 变、$2^{\#}$ 变分列运行；201、202、211、221、401、402 合位；245、445 冷备用。操作前的设备状态如图 12-62 所示。

操作终结运行方式：201 受电带 10kV 4# 母线，201、211、401、445 合闸。202、245、402 分闸。221 手车脱离开关柜。操作后的设备状态如图 12-63 所示。

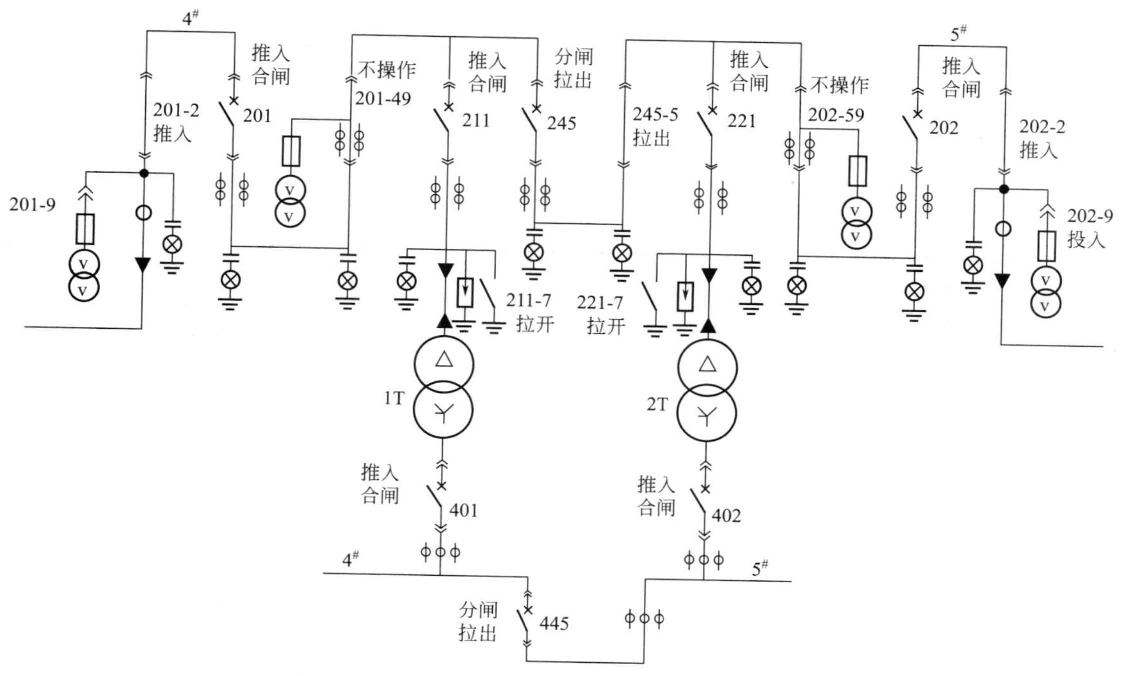

图 12-62　221 开关由运行转检修操作前的设备状态

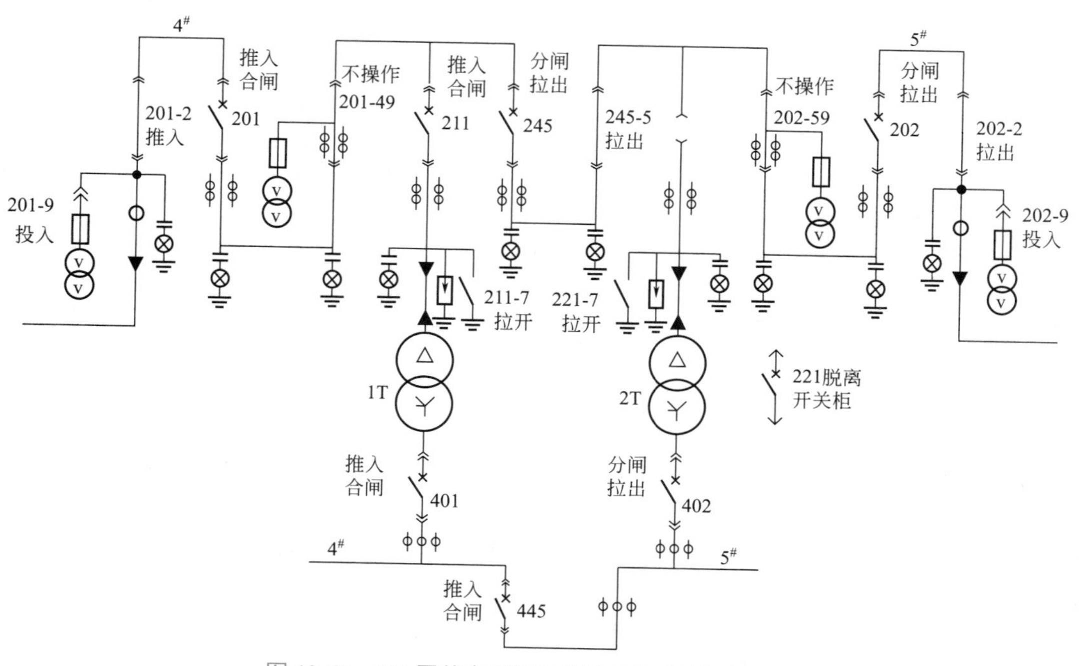

图 12-63　221 开关由运行转检修操作后的设备状态

操作要点：

① 开关由运行转检修，实际也是变压器停止运行的操作。

② 221 检修 5# 母线不再带负荷，所以 202 也必须拉开。

③ 2T 变压器推迟运行后，应先将低压联络开关合上，以保障低压负荷停电时间不能太长。

④ 221 开关检修时脱离了开关柜，不需要接地保护，所以 221-7 不操作。

移开式开关柜倒闸操作票（四）填写见表 12-12。

表 12-12　移开式开关柜倒闸操作票（四）

√	操作顺序	操作项目	√	操作顺序	操作项目
	1	拉开 402 开关		11	拉开 202 开关
	2	查 402 开关确已拉开		12	查 202 开关确已拉开
	3	将 402 手车拉至备用位		13	查 202 负荷侧三相带电指示器灯应灭
	4	将 445 手车推入运行位置		14	拉开 202-2
	5	合上 445 开关		15	将 221 手车拉至检修位
	6	查 445 开关确已合上		16	退出 221 控制开关
	7	查 1T 电流变化应正常		17	退出 221 控制插头
	8	拉开 221 开关		18	移出 221 手车
	9	查 221 开关确已拉开		19	全面检查操作质量，操作完毕
	10	查 221 负荷侧三相带电指示器灯应灭			
操作人			监护人		

10kV 移开式开关柜倒闸操作票（五）

操作任务：1# 变压器由运行转检修，2T 带全负荷（不停负荷，并执行安全技术措施）。

原运行方式：2# 电源带 5#、4# 母线，1T、2T 并列运行，202、221、245、211、401、402、445 合闸，201 分闸。操作前的设备状态如图 12-64 所示。

操作终结运行方式：202、221、402、445、211-7 合闸，211、245、201、401 分闸。操作后的设备状态如图 12-65 所示。

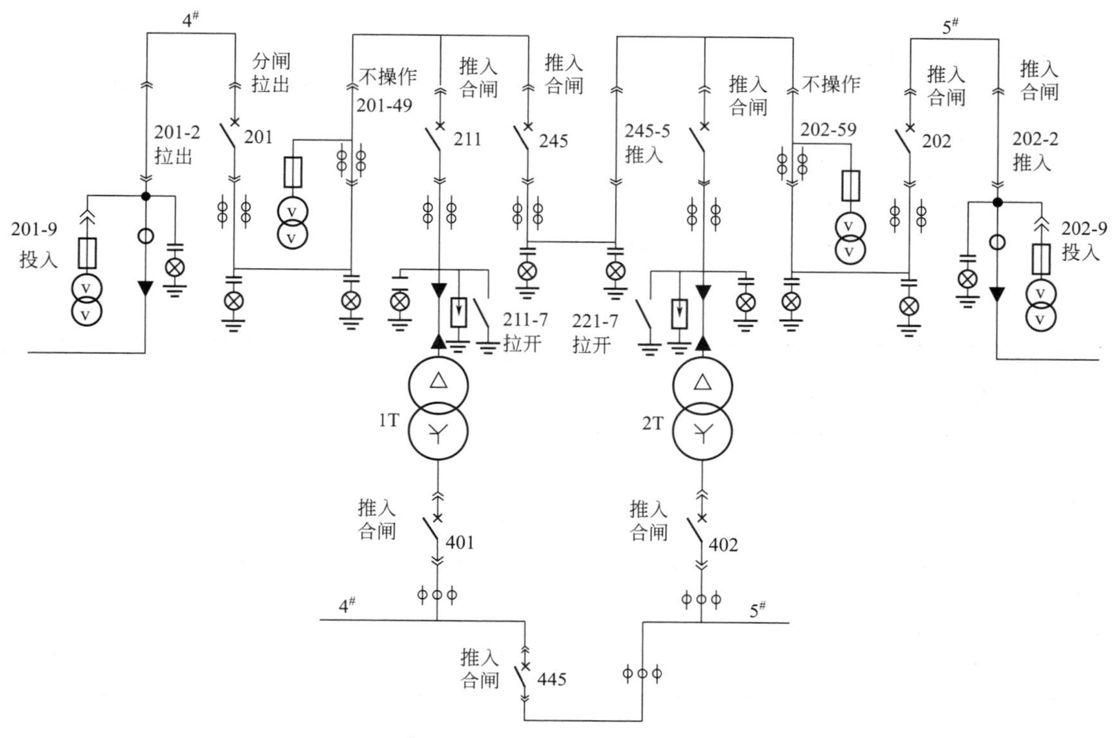

图 12-64　1# 变压器由运行转检修操作前的设备状态

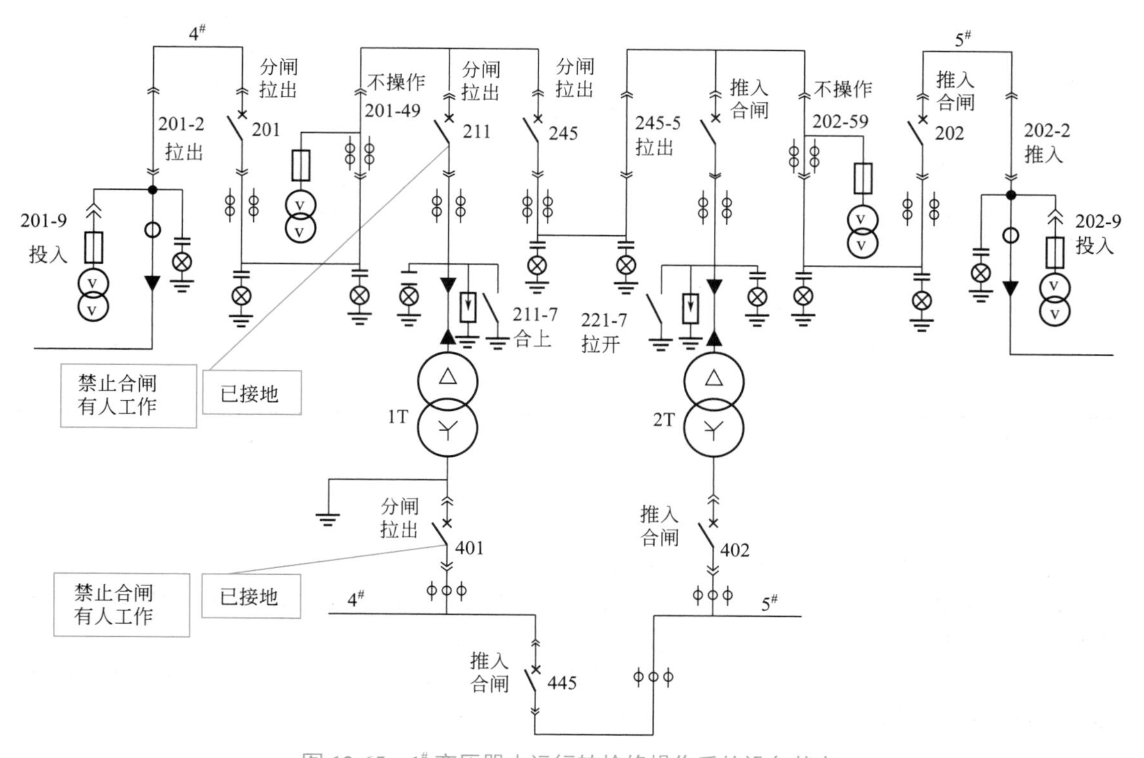

图 12-65　1# 变压器由运行转检修操作后的设备状态

操作要点：

① 不停负荷退出 1# 变压器注意 2# 变压器电流的变化。

② 1# 变压器退出运行，4# 母线不再带负荷，所以高压联络开关 245 也必须拉开。

③ 211 手车拉至检修位置后，才可以合高压侧接地刀闸 211-7。

④ 变压器低压侧必须验电后挂一组临时接地线。

⑤ 在 211、401 的手柄上挂标示牌。

移开式开关柜倒闸操作票（五）填写见表 12-13。

表 12-13　移开式开关柜倒闸操作票（五）

√	操作顺序	操作项目	√	操作顺序	操作项目
	1	拉开 401 开关		11	将 245 手车拉至试验位置
	2	查 401 开关确已拉开		12	拉开 245-5 手车
	3	将 401 拉至备用位置		13	合上 211-7 接地刀闸
	4	查 2T 电流变化应正常		14	查 211-7 刀闸确已合上
	5	拉开 211 开关		15	在 211 手柄上挂“禁止合闸，有人工作”“已接地”标示牌
	6	查 211 开关确已拉开		16	在 1# 变压器低压侧验应无电
	7	查 211 负荷侧三相带电显示器灯应灭		17	在 1# 变压器低压挂接地线一组
	8	将 211 手车拉至检修位置		18	在 401 手柄上挂“禁止合闸，有人工作”“已接地”标示牌
	9	拉开 245 开关		19	全面检查操作质量，操作完毕
	10	查 245 开关确已拉开			
操作人			监护人		

10kV 移开式开关柜倒闸操作票（六）

操作任务：1T 由运行转备用，2T 由备用转运行（不停负荷）。

原运行方式：1# 电源带 4# 母线 1T 全负荷运行，2# 电源 2T 备用，201、211、401、445 合闸，202、221、245、402 分闸。操作前的设备状态见图 12-66。

操作终结运行方式：1# 电源带 4#、5# 母线 2T 运行 1T 备用，201、245、221、402、445 合闸，202、211、401 分闸，操作后的设备状态如图 12-67 所示。

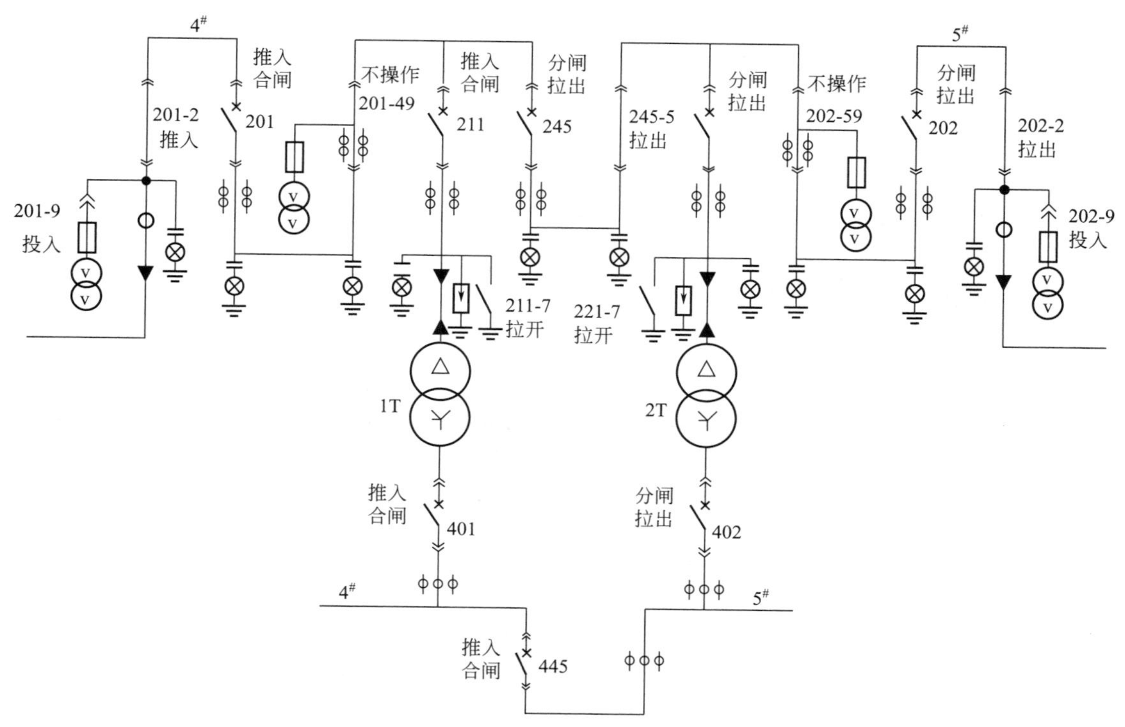

图 12-66 1T 运行转备用、2T 备用转运行操作前的设备状态

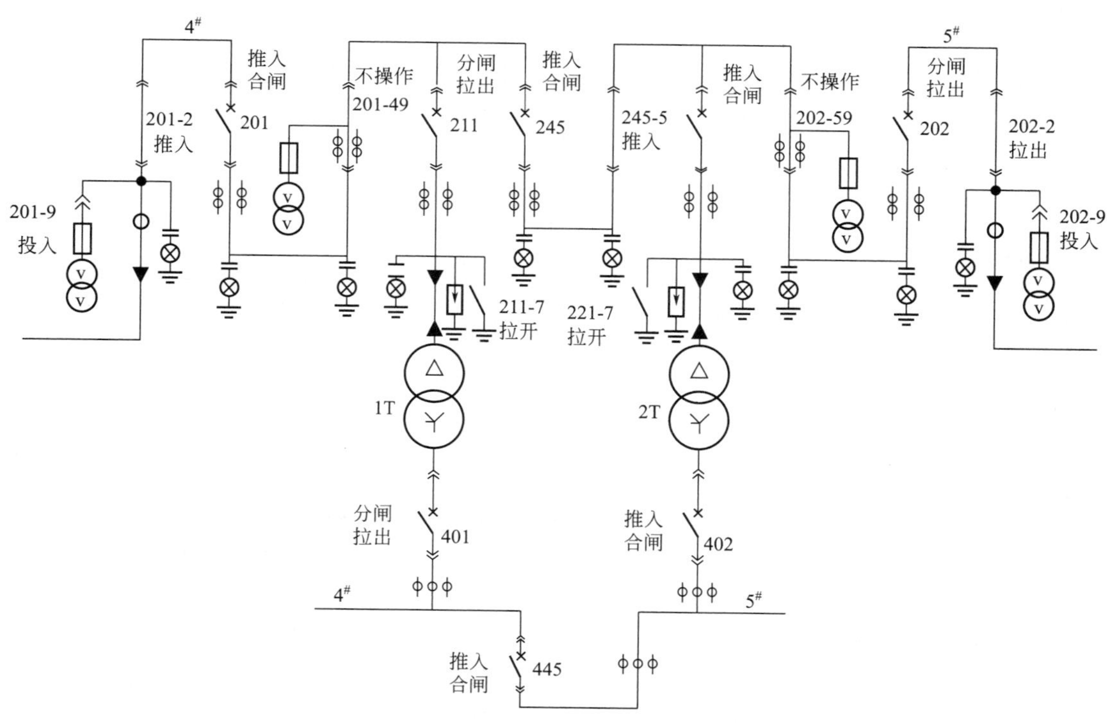

图 12-67 1T 运行转备用、2T 备用转运行操作后的设备状态

操作要点：

① 本题的要求是不停电倒变压器，操作时应先推入备用变压器，后退出运行的变压器。

② 变压器先并列，要检查是否符合并列条件。

③ 变压器解列后要检查电流变化。

④ 1# 电源 2T 运行，5# 母线要带电，送电前应检查 202 确在断开位置，以防止误合环事故。

⑤ 计量的柜仍然是不操作。

移开式开关柜倒闸操作票（六）填写见表 12-14。

表 12-14　移开式开关柜倒闸操作票（六）

√	操作顺序	操作项目	√	操作顺序	操作项目
	1	查 2T 应符合并列条件		14	查 221 开关负荷侧三相带电显示器灯应亮
	2	查 245、221、202 确在断开位		15	停 2T 声音，充电 3min
	3	将 245-5 手车推入运行位		16	查 2T 低压侧 0.4kV 电压应正常
	4	将 245 手车推入运行位		17	将 402 推入运行位
	5	查 245 手车确在运行位		18	合上 402 开关
	6	合上 245 开关		19	拉开 401 开关
	7	查 245 开关确已合上		20	查 401 确已拉开
	8	查 245 开关负荷侧三相带电显示器灯应亮		21	查 2T 电流应正常
	9	查 402 确在断开位		22	将 401 拉至备用位
	10	将 211 手车推入运行位		23	拉开 211 开关
	11	查 221 手车确在运行位		24	查 211 开关确已拉开
	12	合上 221 开关		25	查 211 开关负荷侧三相带电显示器灯应灭
	13	查 221 开关确已合上		26	全面检查操作质量，操作完毕
操作人			监护人		

10kV 移开式开关柜倒闸操作票（七）

操作任务：2T 由检修转运行。

原运行方式：1# 电源带 1T 全负荷，2# 电源备用；201、211、401、445 合闸，202、221、245、402 分闸，2T 检修转运行前的设备运行状态如图 12-68 所示。

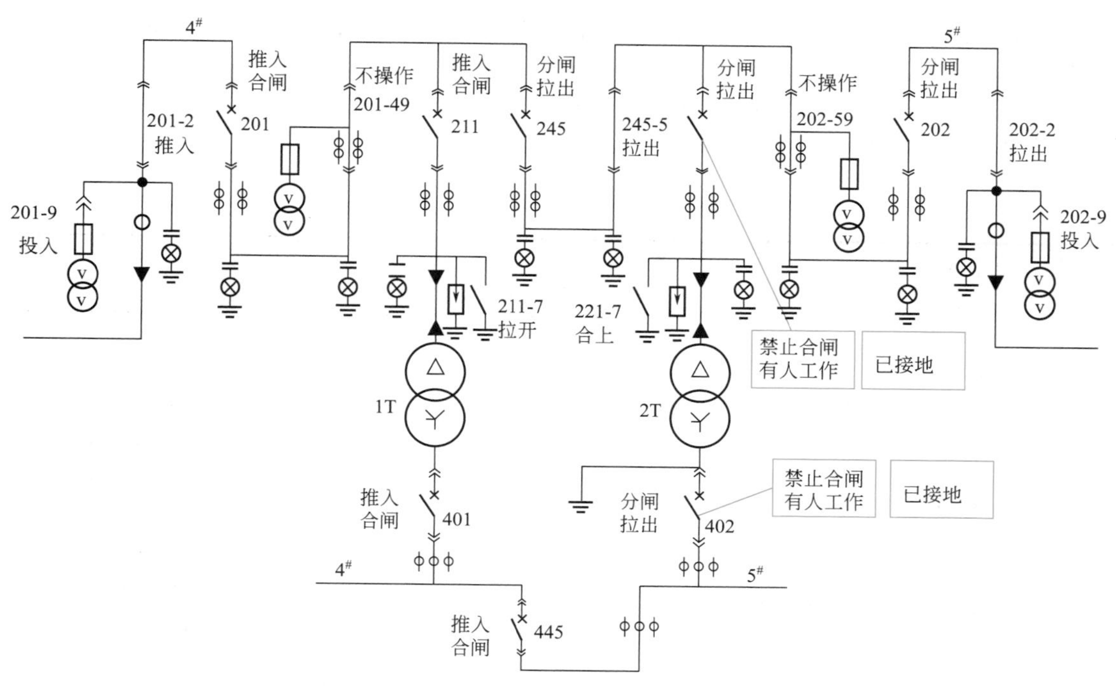

图 12-68　2T 检修转运行前的设备运行状态

操作终结运行方式：2T 由检修转运行与 1T 分列；201、211、245、221、401、402 合闸，202、445 分闸，2T 检修转运行后的设备运行状态如图 12-69 所示。

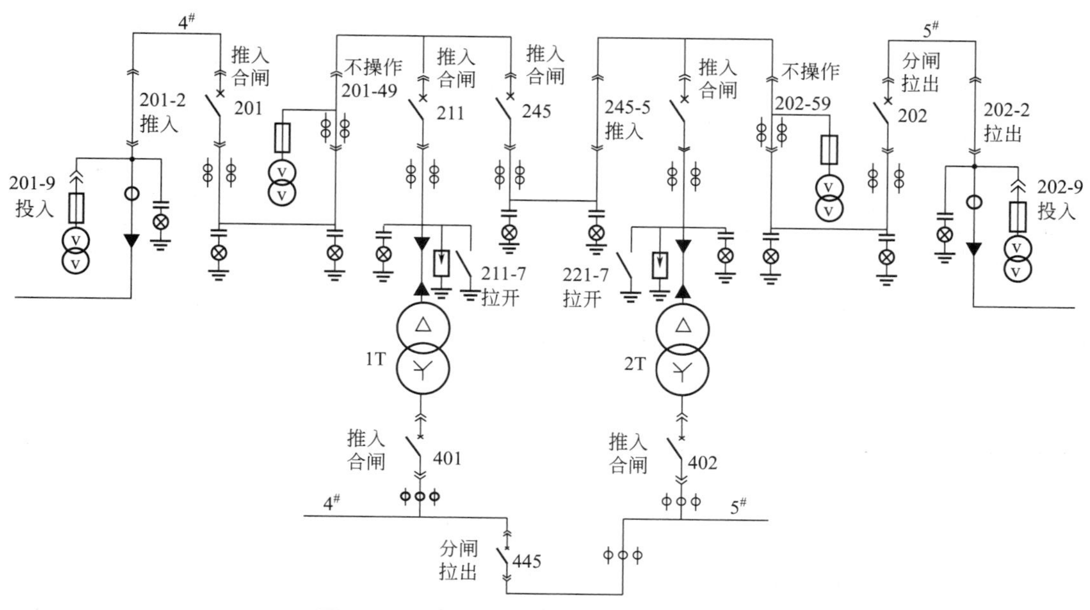

图 12-69　2T 检修转运行后的设备运行状态

操作要点：

① 检修后转运行要先拆低压侧接地线，取下标志牌，后拉开高压接地刀闸，取下标志牌。

② 2T 检修转运行仍然是 1# 电源供电，电源不变。

③ 2T 运行需要 $5^{\#}$ 母线带电，合 245 之前一定要检查 245、221、202 确在断开位置，以防止误合环操作。

④ 2T 投入后与 1T 分列运行，445 要拉开，否则成并列运行。

移开式开关柜倒闸操作票（七）填写见表 12-15。

表 12-15 移开式开关柜倒闸操作票（七）

√	操作顺序	操 作 项 目	√	操作顺序	操 作 项 目
	1	拆 2T 低压侧接地线一组		17	合上 221 开关
	2	取下 402 手柄上"禁止合闸，有人工作""已接地"标志牌		18	查 221 开关确已合上
	3	拉开 221-7 接地刀闸		19	查 221 负荷侧三相带电显示器灯应亮
	4	查 221-7 接地刀闸确已拉开		20	停 2T 声音，充电 3min
	5	取下 221 手柄上"禁止合闸，有人工作""已接地"标志牌		21	查 2T 低压侧 0.4kV 电压应正常
	6	查 245、221、202 确在断开位		22	退出低压 $5^{\#}$ 母线电容器组
	7	将 245-5 隔离手车推入运行位		23	退出低压 $5^{\#}$ 母线负荷
	8	查 245-5 确在运行位		24	拉开 445 开关
	9	将 245 手车推入运行位		25	查 445 确已拉开
	10	查 245 手车确在运行位		26	将 402 推入运行位
	11	合上 245 开关		27	合上 402 开关
	12	查 245 开关确已合上		28	查 402 确已合上
	13	查 245 负荷侧三相带电显示器灯应亮		29	投入低压 $5^{\#}$ 母线负荷
	14	将 221 手车推入运行位		30	投入低压 $5^{\#}$ 母线电容器组
	15	查 221 手车确在运行位		31	全面检查操作质量，操作完毕
	16	查 402 确已拉开			
操作人			监护人		

10kV 移开式开关柜倒闸操作票（八）

操作任务：$2^{\#}$ 电源由运行转备用，$1^{\#}$ 电源由备用转运行（停电倒电源）。

原运行方式：$2^{\#}$ 电源带 2T 全负荷，$1^{\#}$ 电源 1T 备用；202、221、402、445 合闸，201、211、245、401 分闸，操作前的设备运行状态如图 12-70 所示。

操作终结运行方式：$1^{\#}$ 电源带 2T 全负荷，$2^{\#}$ 电源 1T 备用；201、245、221、402、445 合闸，202、211、401 分闸。操作后的设备运行状态如图 12-71 所示。

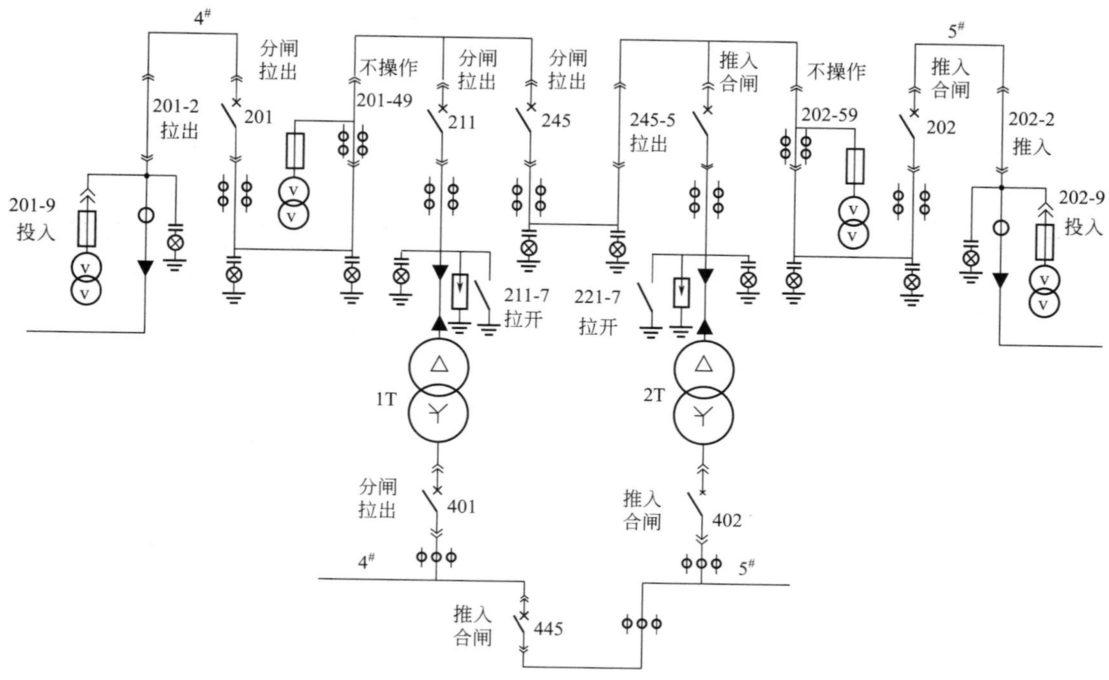

图 12-70　2# 带 2T 全负荷、1# 电源 1T 备用时的设备运行状态

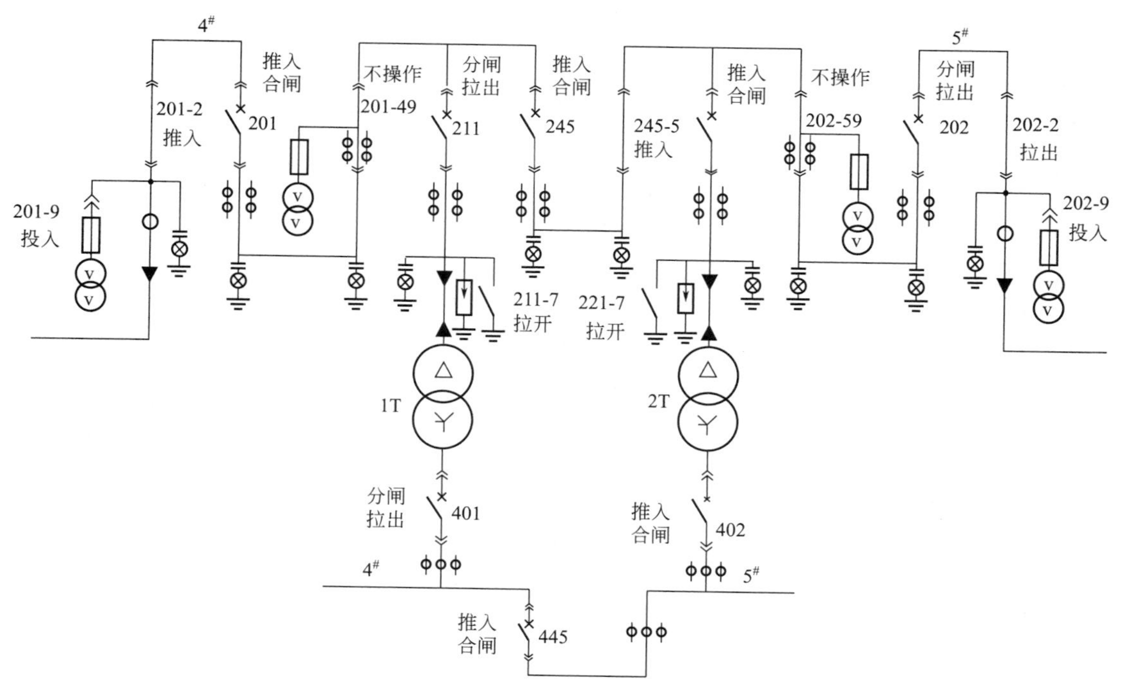

图 12-71　转为 1# 电源 2T 全负荷、2# 电源 1T 备用时的设备运行状态

操作要点：

① 停电倒电源，应先停运行电源，后送备用电源。

② 注意变压器不换。

③ 虽然 5# 母线刚停电操作，在送 1# 电源时也要检查待送电范围开关均在断开位。

④ 221 和 402 开关停电后不久又要合闸，可以不用拉至备用位，但一定要检查确已拉开。

移开式开关柜倒闸操作票（八）填写见表 12-16。

表 12-16 移开式开关柜倒闸操作票（八）

√	操作顺序	操作项目	√	操作顺序	操作项目
	1	退出电压电容器组		19	查 201 开关确已合上
	2	停低压出线开关		20	查 201 负荷侧三相带电显示器灯应亮
	3	拉开 445 开关		21	将 245-5 推入运行位
	4	查 445 确已拉开		22	将 245 手车推入运行位
	5	拉开 402 开关		23	合上 245 开关
	6	查 402 确已拉开		24	查 245 开关确已合上
	7	拉开 221 开关		25	查 245 负荷侧三相带电显示器灯应亮
	8	查 221 确已拉开		26	查 221 确在运行位
	9	查 221 负荷侧三相带电显示器灯应灭		27	合上 221 开关
	10	拉开 202 开关		28	查 221 开关确已合上
	11	查 202 确已拉开		29	查 221 负荷侧三相带电显示器灯应亮
	12	查 202 负荷侧三相带电显示器灯应灭		30	查 402 开关确在运行位
	13	将 202-2 隔离手车拉开		31	合上 402 开关
	14	查 201、211、245、221、202 确在断开位		32	查 445 开关确在运行位
	15	查 1# 电源 10kV 电压应正常		33	合上 445 开关
	16	将 201-2 隔离手车推入运行位		34	合上低压出线开关
	17	将 201 手车推入运行位		35	投入低压电容器组
	18	合上 201 开关		36	全面检查操作质量，操作完毕
操作人			监护人		

五、环网柜的特征和操作要点

1. 环网柜

环网是指环形配电网，即供电干线形成一个闭合的环形，供电电源向这个环形干线供电，从干线上再一路一路地通过高压开关向外配电。这样的好处是：每一个配电支路既可以从它的左侧干线取电源，又可以从它的右侧干线取电源。当左侧干线出了故障，它就从右侧干线继续得到供电，而当右侧干线出了故障，它就从左侧干线继续得到供电。这样一来，尽管总电源是单路供电的，但从每一个配电支路来说却得到类似于双路供电的实惠，从而提高了供电的可靠性。

所谓“环网柜”就是每个配电支路设一台开关柜（出线开关柜），这台开关柜的母线同时就是环形干线的一部分。就是说，环形干线是由每台出线柜的母线连接起来共同组成的。每台出线柜就叫“环网柜”。实际上单独拿出一台环网柜是看不出“环网”的含义的。

这些环网柜的额定电流都不大，因而环网柜的高压开关一般不采用结构复杂的断路器而采取结构简单的带高压熔断器的高压负荷开关。也就是说，环网柜中的高压开关一般是负荷开关。环网柜用负荷开关操作正常电流，而用熔断器切除短路电流，这两者结合起来取代了断路器。当然这只能局限在一定容量内。

2. 预装式变电站

环网柜多用于预装式变电站，预装式变电站俗称为箱式变电站，变是由高压配电装置、变压器及低压配电装置连接而成，分成三个功能隔室，即高压室、变压器室和低压室，高、低压室功能齐全。高压侧一次供电系统，可布置成多种供电方式。预装式变电站如图 12-72 所示，配有主进柜、计量柜，计量柜如图 12-73 所示。装有高压计量元件，满足高压计量的要求，出线柜如图 12-74 所示，变压器室可选择 S7、S9 以及其他低损耗油浸式变压器或干式变压器；变压器室设有自启动强迫风冷系统及照明系统，低压室根据用户要求可采用面板或柜装式结构组成用户所需的供电方案，有动力配电、照明配电、无功功率补偿、电能计量和电量测量等多种功能。

图 12-72　10kV 预装式变电站

高压室结构紧凑合理并具有全面防误操作联锁功能。各室均有自动照明装置。

预装式变电站采用自然通风和强迫通风两种方式，通风冷却良好。变压器室和低压室均有通风道，排风扇有温控装置，按整定温度能自动启动和关闭，保证变压器满负荷运行。

预装式变电站的高压配电装置采用环网柜作为高压控制元件，柜内装有真空负荷开关或六氟化硫负荷开关，出线柜配有熔断器作为变压器的保护元件，为了便于监视运行，开关柜装有三相带电显示装置，出线柜内的负荷开关为双投刀闸，当变压器检修时刀闸扳向接地状态，负荷开关操作为一个操作机构，有三个位置，即接地→拉开→合闸，有效地防止了误操作的发生。

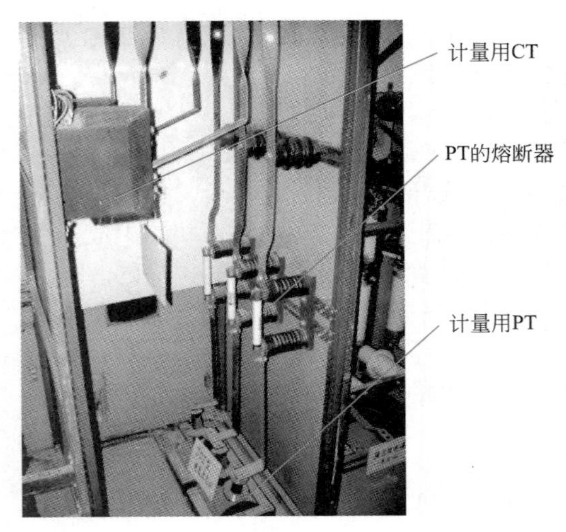

图 12-73　环网柜计量柜实物图

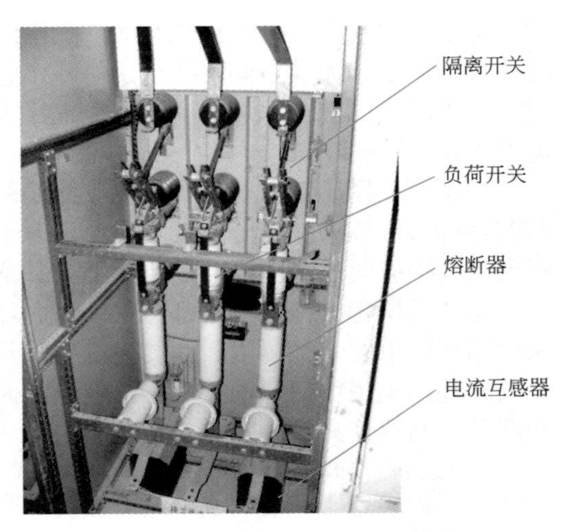

图 12-74　环网柜出线柜实物图

3. 环网柜的操作与其他开关柜的操作的不同

环网柜的操作与其他的开关柜不同，是由手动操作分合闸，而且是由一个可以插拔的操作手柄完成合闸、分闸、接地的操作，操作过程如图 12-75 所示。

操作挡板只有当断路器分闸时才可以打开，送电操作时打开操作挡板，将操作手柄插入隔离开关操作孔内，向上扳动使隔离开关合上，合上后拔出操作手柄再插入下面的负荷开关操作孔，向下用力扳动即可合上负荷开关，分合指示窗口内的字牌翻向合，负荷开关合上后操作挡板立即弹回挡住隔离开关操作孔以防止误操作。

分闸时，按动分闸钮，负荷开关分闸，分闸钮上有锁孔，插入锁销可禁止分闸操作，负荷开关分闸后操作挡板才自动打开，插入操作手柄向下扳动隔离开关分闸，需要接地操作时，将操作手柄拔出再插入上一个操作孔，再向下用力扳动即可将隔离开关负荷侧接地。

环网柜的主要电气元件是负荷开关和熔断器，熔断器内装有可弹启动的撞击器，当一相熔断器熔断时撞击器弹起撞击脱扣连杆，使负荷开关三相联动跳闸切除故障电路，这样避免了因一相熔断器熔断造成二相供电的事情发生。

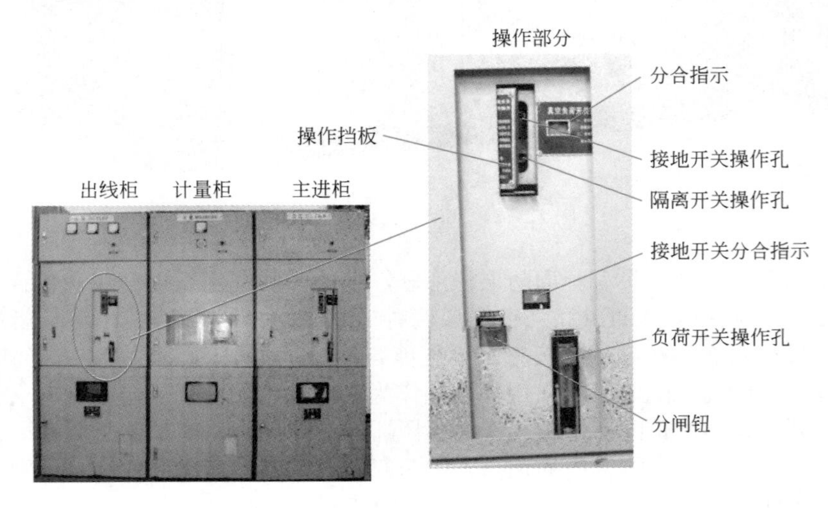

(a) 环网柜分合操作机构形式一

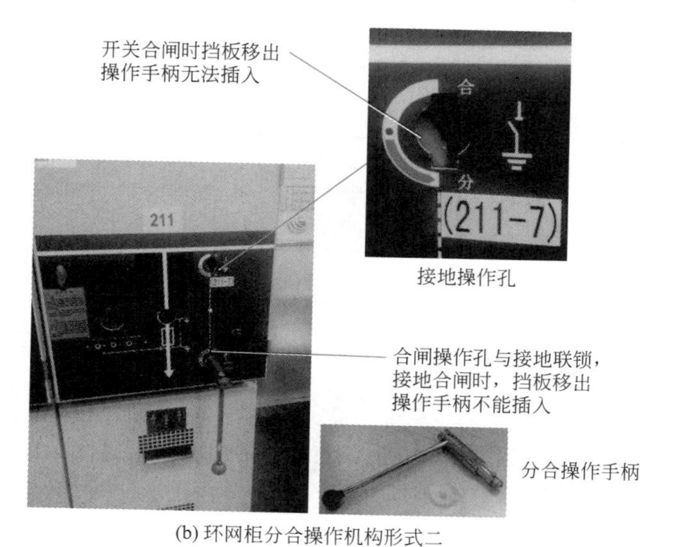

(b) 环网柜分合操作机构形式二

图 12-75 环网柜的分合操作形式

4. 环网柜的系统图的特点

预装式变电站系统图如图 12-76 所示。主进柜 201 电压侧装有三相带电显示器监视线路电源，主进柜只有负荷开关不装熔断器，计量柜为直通式，计量柜上的电压互感器为电能表和监视用电压表提供电压，出线柜 211 负荷侧装有熔断器、接地刀闸、三项互锁操作机构。

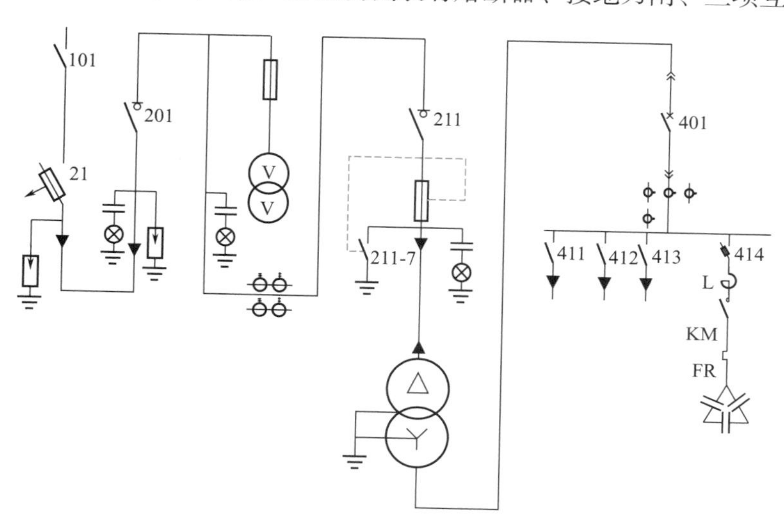

图 12-76 预装式变电站系统图

附：环网柜操作演示视频二维码

5. 环网柜的系统倒闸操作票

见表12-17、表12-18。

表12-17 预装式变电站系统操作票（一）

发令人		下令时间	年 月 日 时 分
		操作开始	年 月 日 时 分
受令人		操作终了	年 月 日 时 分

操作任务：全站送电操作
运行方式为：201受电带3#母线；211、401合上

√	操作顺序	操作项目	√	操作顺序	操作项目
	1	查201、211、401应在断开位置		9	查211负荷侧三相带电指示器灯应亮
	2	合上21		10	听变压器声音，充电3min
	3	查201柜三相带电指示器灯应亮		11	查变压器低压侧0.4kV电压应正常
	4	合上201		12	合上401
	5	查201确已合上		13	查401确已合上
	6	查计量柜三相带电指示器灯应亮		14	合上低压各出线开关
	7	合上211		15	合上低压电容器组开关
	8	查211确已合上		16	全面检查工作质量，操作完毕
操作人			监护人		

表12-18 预装式变电站系统操作票（二）

发令人		下令时间	年 月 日 时 分
		操作开始	年 月 日 时 分
受令人		操作终了	年 月 日 时 分

操作任务：全站停电操作
运行方式为：201受电带3#母线；211、401合上

√	操作顺序	操作项目	√	操作顺序	操作项目
	1	拉开低压各出线开关		5	拉开211
	2	拉开低压电容器组开关		6	查211确已拉开
	3	拉开401		7	查211负荷侧三相带电指示器灯应灭
	4	查401确已拉开		8	拉开201

续表

√	操作顺序	操作项目	√	操作顺序	操作项目
	9	查 201 确已拉开		12	查 201 柜三相带电指示器灯应灭
	10	查计量柜三相带电指示器灯应灭		13	全面检查工作质量，操作完毕
	11	拉开 21			
操作人			监护人		

第十三章

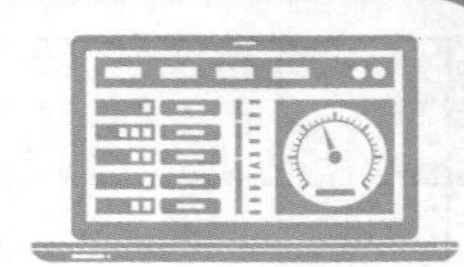

10kV 常用的供电系统图

一、系统图的用途

变、配电所的一次接线图要反映电力系统的实际接线情况。将变、配电所的电源、各种开关电器、电力变压器、母线、电力电缆和电力电容气等电气设备依一定次序相连接的接受和分配电能的电路，采用国家标准（GB 4728.1）规定的图形符号绘制，变、配电所的一次系统图中使用的图形符号如表 13-1 所示，即为一次接线图，它是进行安装、调试、运行、维修工作的主要技术资料。

变、配电所的一次接线图又称主系统单线接线图，或称单线系统图，因为它一般均以单线接线图绘制。在某些图中的局部，例如电流互感器，由于所用的数量不同，局部位置采用两相式和三相式表示。

表 13-1　一次系统图中使用的图形符号及其含义

图形符号	含义	图形符号	含义
	断路器		V/V 接线电压互感器
	隔离开关		三相五柱电压互感器
	负荷开关		U/Y 接线的变压器（干变）
	跌落式熔断器		Y/Y 接线的变压器（油变）
	刀熔开关		隔离手车插头
	带电指示器		零序电流互感器

续表

	避雷器		熔断器
	高压电流互感器		接地
	电缆头		电抗器

二、高压一次系统图的绘制要求

（1）按国标规定的图形符号和文字符号绘制；
（2）操作编号一律标注在开关符号的右侧；
（3）架空线进线的应标明供电电源的路名与杆字号；
（4）电缆进线的应标明开闭站的站名与刀闸标号；
（5）应标明断路器的型号规格、操作机构类型；
（6）应标明进线电缆的型号规格；
（7）应标明计量、测量、主进、出线柜 CT 的变比；
（8）应标明变压器的型号与主要参数（容量、接线方式、一次 / 二次电流值）；
（9）元器件的规格和型号也可以用图表形式在图纸的右下方标出。

三、10kV 常用的系统

10kV 常用的系统如下。

① 环网柜（箱式变电站）配电一次系统如图 13-1 所示。

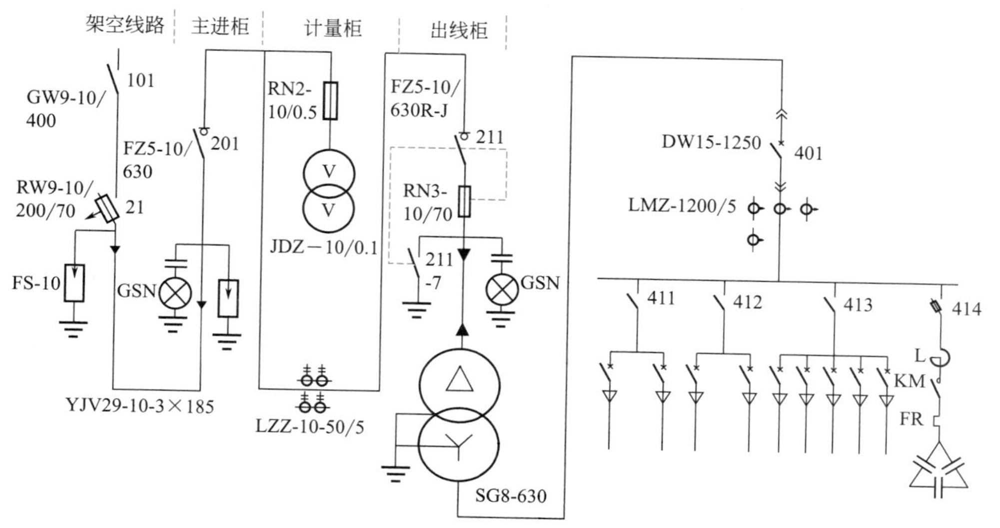

图 13-1　环网柜（箱式变电站）配电一次系统

② 10kV 高供低量系统如图 13-2 所示。

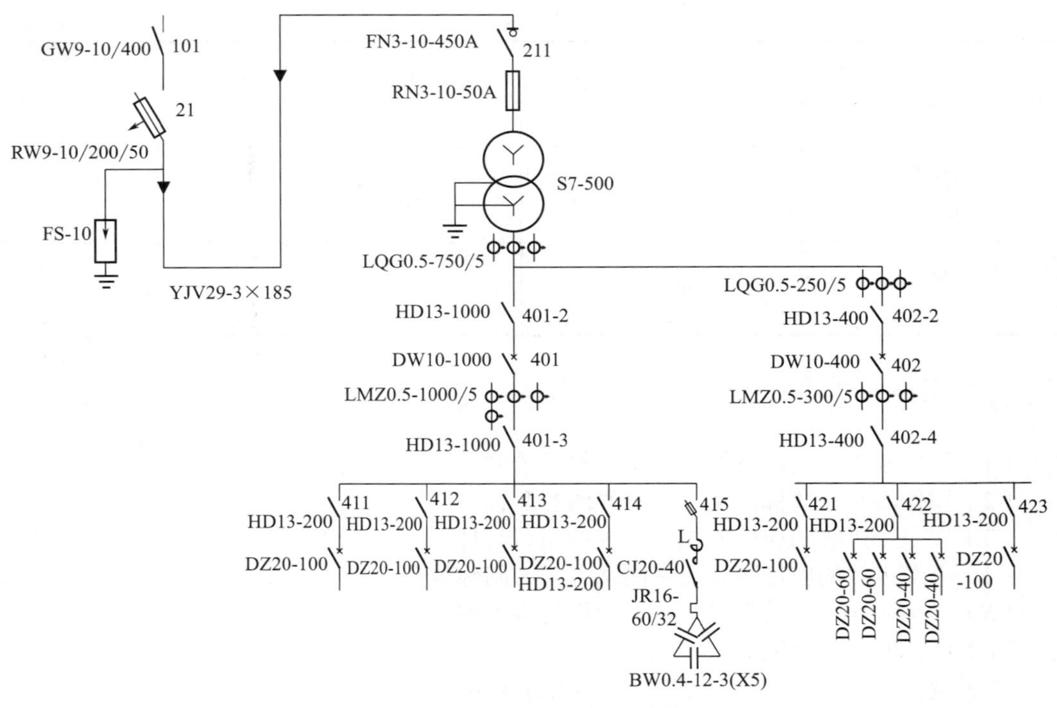

图 13-2　10kV 高供低量系统

③ 10kV 固定式开关柜（GG1A 柜）单电源单变压器系统如图 13-3 所示。

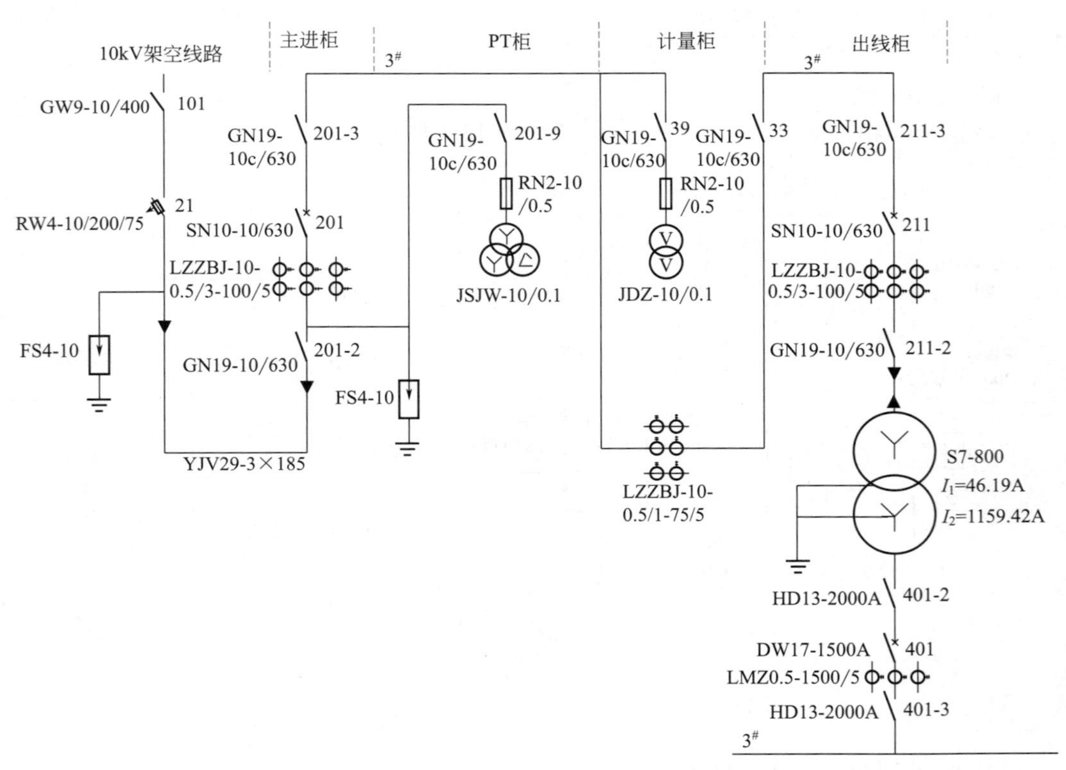

图 13-3　10kV 固定式开关柜单电源单变压器系统

④ 10kV 固定式开关柜（GG1A 柜）单电源双变压器系统如图 13-4 所示。

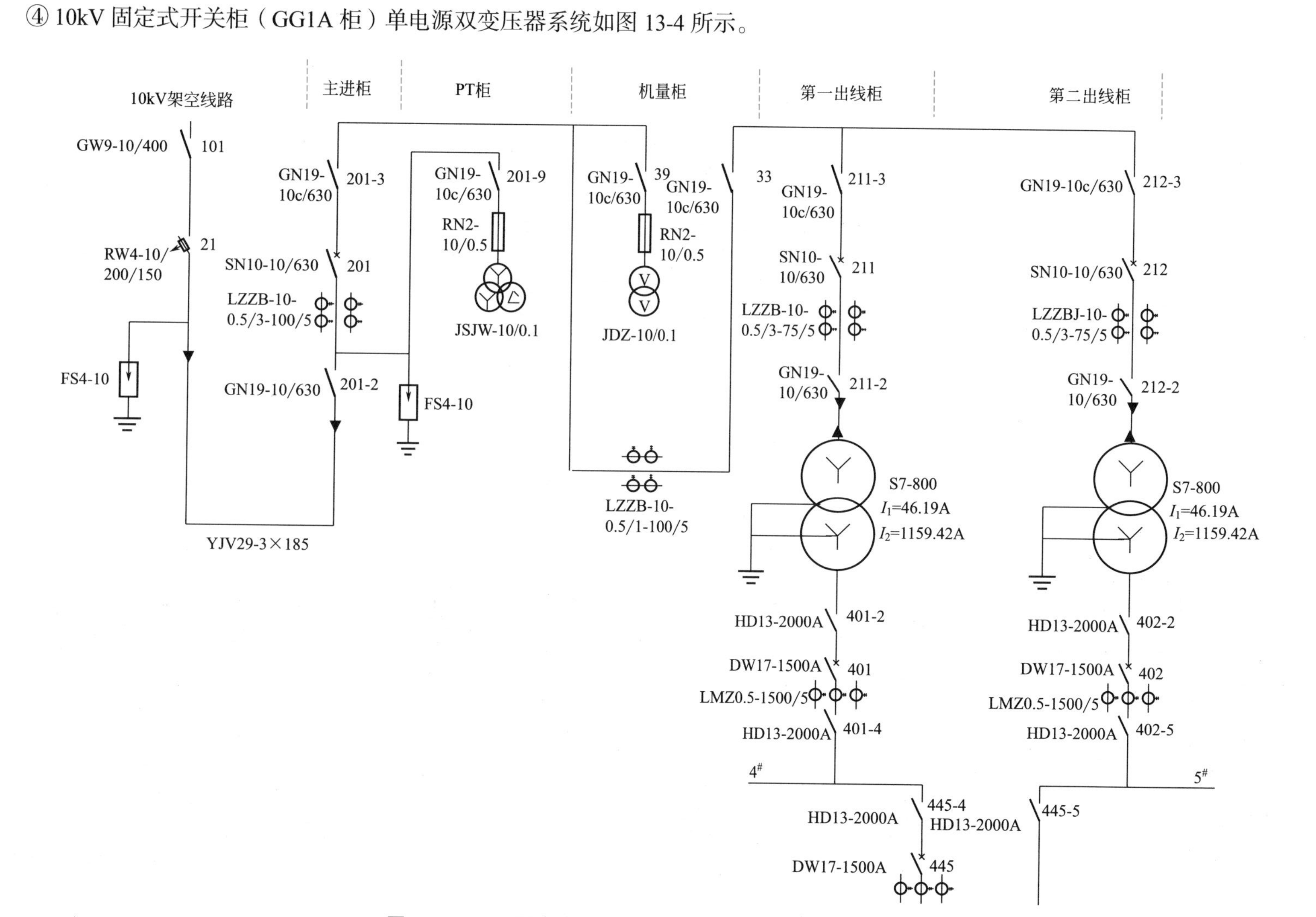

图 13-4　10kV 固定式开关柜（GG1A 柜）单电源双变压器系统

⑤ 10kV 固定式开关柜（GG1A 柜）双电源单母线系统如图 13-5 所示。

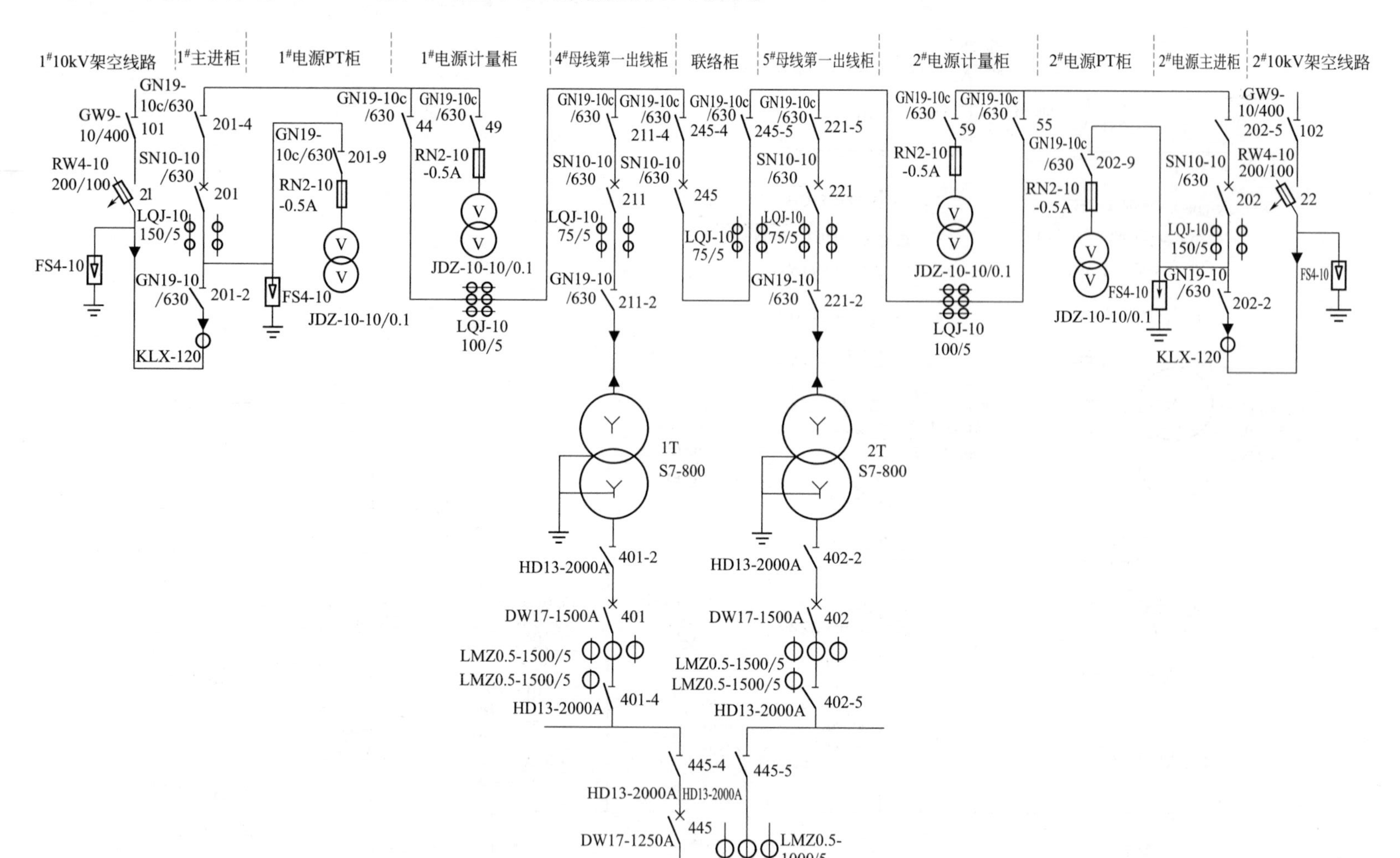

图 13-5　10kV 固定式开关柜（GG1A 柜）双电源单母线系统

⑥ 10kV 移开式（KYN）开关柜 单电源单变压器系统如图 13-6 所示。

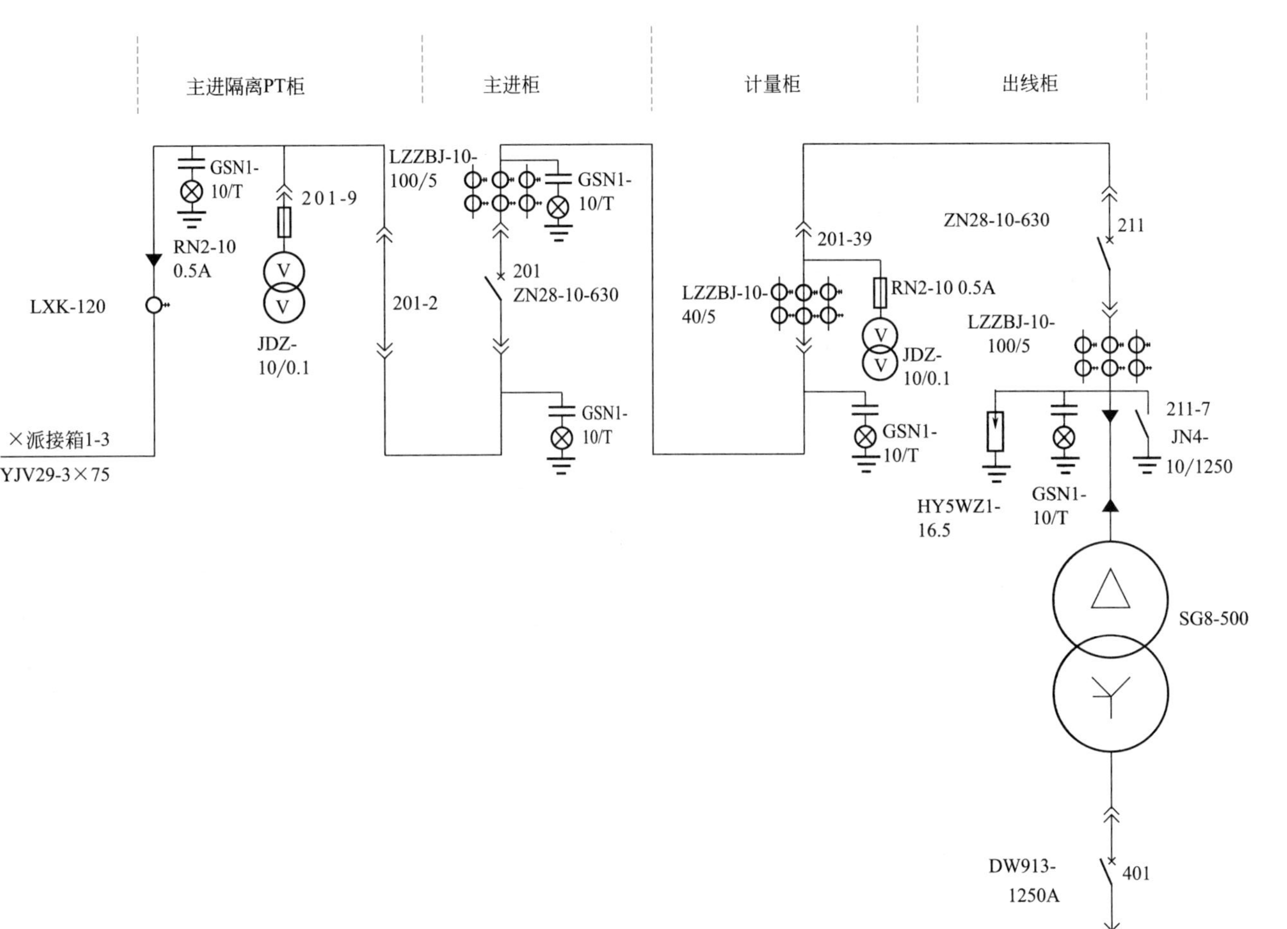

图 13-6　10kV 移开式（KYN）开关柜单电源单变压器系统

⑦ 10kV 移开式（KYN）开关柜 双电源单母线系统如图 13-7 所示。

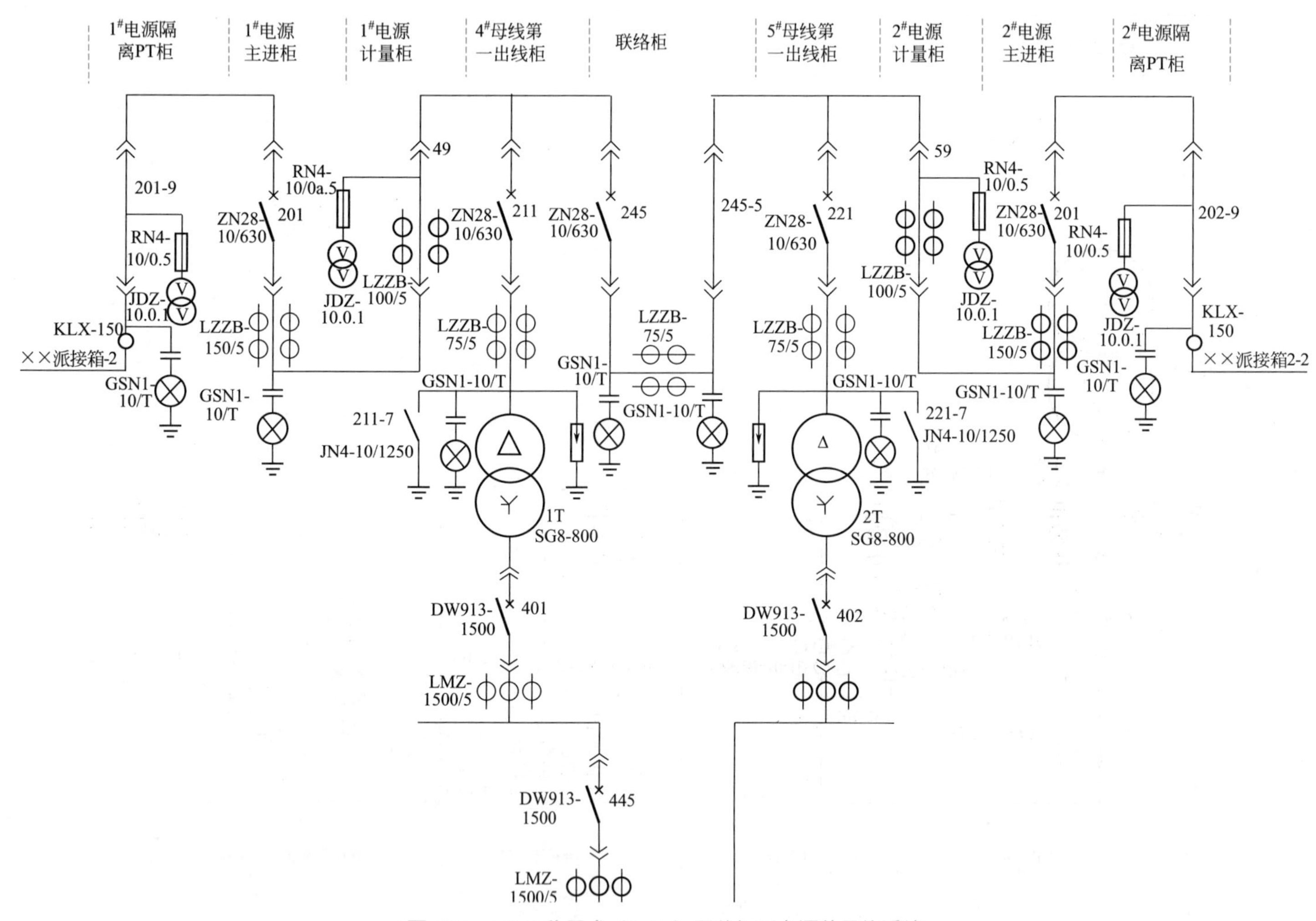

图 13-7　10kV 移开式（KYN）开关柜双电源单母线系统

系统说明：

1. 环网柜（箱式变电站）配电一次系统

① 电源是由供电架空线路接入，与供电部门的分界开关由 101 控制（GW9-10/400 型户外隔离开关）。

② 电源接户线路设有接户杆，接户杆上装有跌落式熔断器 21，用于供电线路的保护和分断。

③ 跌落式熔断器下端接有阀型避雷器，防止雷电过电压的侵入，并由 $185mm^2$ 交联聚乙烯电缆引入箱式变电站内。

④ 箱式变电站内有三个高压开关柜，201 电源主进柜，装有 FZ 型真空负荷开关，负荷开关的电源测装有三相带电指示器用于监视电源和避雷器。

⑤ 高压计量柜内装有 JDZ 型干式电压互感器呈 V/V 接线，为电能表和电压表提供电源，LZZ 型电流互感器可为电能表提供计量电流和监视电流，RN2 型熔断器用于保护电压互感器，熔断器额定电流为 0.5A。

⑥ 211 为馈线柜（出线柜），用于控制变压器，211 为真空负荷开关负荷侧装有保护变压器的高压熔断器，211 开关带有接地刀闸功能，高压熔断器与负荷开关装有熔断激发装置，接地刀闸和负荷开关与熔断器用虚线连接，表示它们之间是联锁关系，熔丝熔断负荷开关跳闸，211 的负荷侧也装有三相带电指示器，用以指示开关运行状态。

⑦ 变压器为 SG8 型容量为 630kV・A 的干式变压器。

⑧ 低压总断路器 401（WD15）为抽开式安装。

⑨ 低压断路器 401 负荷侧装有 LMZ 型电流互感器监视运行电流，A 相另装有一个电流互感器是为了给功率因数补偿器提供电流。

⑩ 414 为 HR 型刀熔开关用以保护电容器组，L 电抗器是防止因系统出现谐振而造成电容器电流太大而毁坏。

⑪ KM 用于电热器的投入和退出。

⑫ FR 是防止电容器过电流的。

2.10kV 高供低量系统（架空线接入电缆引入室内负荷开关控制）

① 电源是由供电架空线路接入，与供电部门的分界开关由 101 控制（GW9-10/400 型户外隔离开关）。

② 电源接户线路设有接户杆，接户杆上装有操作编号 21 的 RW9 型跌落式熔断器，熔丝额定电流 50A 用于供电线路的保护。

③ 跌落式熔断器下端接有 FS 型阀型避雷器，防止雷电过电压的侵入，并由电缆引入变电站内。

④ 室内采用 FN 型空气负荷开关分、合变压器，负荷开关的负荷装有 RN3 型户内熔断器保护变压器。

⑤ 变压器为油浸式变压器，容量为 500kV・A。

⑥ 变压器外壳与低压中性点和避雷器的接地连接在一起，为配电装置的三位一体接地。

⑦ 变压器低压母线上装有电能计量表，低压计量为子母表计量方式，母表配 LQG 型 750/5 电流互感器，子表配 LQG 型 250/5 电流互感器。

⑧ 低压柜为 BSL 型隔离式开关柜，断路器的两侧装有隔离开关。

⑨ HD13 为开启式中央杠杆操作刀开关。

⑩ 低压断路器 401 负荷侧装有 LMZ 型电流互感器是用于监视动力线路的运行电流，A 相另装有一个电流互感器是为了给功率因数补偿器提供电流。

⑪ 低压断路器402负荷侧装有LMZ型电流互感器是用于监视照明线路的运行电流。

⑫ 415为HR型刀熔开关用以保护电容器组，L电抗器是防止因系统出现谐振而造成电容器电流太大而毁坏。

⑬ CJ20-40是交流接触器，用于电热器的投入和退出。

⑭ LR16是热继电器，用于防止电容器过电流。

⑮ 补偿电容器型号是BW型，额定电压为0.4kV，容量为12kvar的三相电容器，共5台。

3.10kV固定式开关柜单电源单变压器系统

① 单电源单变压器的供电系统一般有三类用电单位。

② 电源是由供电架空线路接入，与供电部门的分界开关由101控制。

③ 电源接户线路设有接户杆，接户杆上装有RW4型跌落式熔断器，编号21，用于供电线路的保护。

④ 跌落式熔断器下端接有FS型阀型避雷器，防止雷电过电压的侵入，并由185mm^{2}交联聚乙烯电缆进入变电站内。

⑤ 201-9电压互感器是JSJW型油浸式三相五柱式，能提供相电压和线电压供开关柜上控制、测量，并有绝缘监视功能，表明10kV系统为中性点不接地系统。

⑥ 系统为一台S7型油浸式变压器，容量为800kV·A。

⑦ GG1A型开关柜断路器与隔离开关之间应具有可靠的五防功能。

⑧ 断路器为SN10型少油断路器，额定电流为630A。

⑨ GN19-10c为GG1A型开关柜的上隔离开关，c表示有磁套管。

⑩ GN19-10为GG1A型开关柜的下隔离开关，没有磁套管。

⑪ 低压隔离开关采用HD13为开启式中央杠杆操作刀开关。

⑫ 低压总断路器采用DW17智能型断路器，可实现速断保护、过流短延时、过流长延时、接地和失压保护。

4. 固定式开关柜（GG1A柜）10kV单电源双变压器系统

① 电源是由供电架空线路接入，与供电部门的分界开关由101控制。

② 电源接户线路设有接户杆，接户杆上装有RW4型跌落式熔断器，编号21，用于供电线路的保护。

③ 跌落式熔断器下端接有FS型阀型避雷器，防止雷电过电压的侵入，并由185mm^{2}交联聚乙烯电缆进入变电站内。

④ 201-9电压互感器是JSJW型油浸式三相五柱式，能提供相电压和线电压供开关柜上控制、测量，并有绝缘监视功能，表明10kV系统为中性点不接地系统。

⑤ 系统为两台S7型油浸式变压器，共计1600kV·A，双变压器系统，可根据不同的运行状态，低负荷时使用一台变压器，高负荷时使用两台变压器，保证经济运行，适合用电负荷季节性波动较大的单位。

⑥ GG1A型开关柜断路器与隔离开关之间应具有可靠的五防功能。

⑦ 断路器为SN10型少油断路器，额定电流为630A。

⑧ GN19-10c为GG1A型开关柜的上隔离开关，c表示有磁套管。

⑨ GN19-10为GG1A型开关柜的下隔离开关，没有磁套管。

⑩ 低压隔离开关采用HD13为开启式中央杠杆操作刀开关。

⑪ 低压总断路器采用DW17智能型断路器，可实现速断保护、过流短延时、过流长延时、接地和失压保护。

5.10kV 固定式（GG1A）开关柜双电源单母线系统

① 这种双电源单母线的主接线方式的特点是：设备投资少（在双电源方式下）；接线简单、操作方便；运行方式较灵活。

② 电源接户线路设有接户杆，接户杆上装有跌落式熔断器 21、22，用于供电线路的保护。

③ 跌落式熔断器下端接有避雷器，防止雷电过电压的侵入，并由电力电缆进入变电站内。

④ 201-9、202-9 电压互感器是 JDZ 干式，V/V 接线能提供线电压，供开关柜上控制、监视、测量等用。

⑤ 双电源单母线的供电系统一般为一、二级用电单位。

⑥ 运行形式多样，可以一个电源带一台变压器，也可以一个电源带两台变压器。

⑦ 此种系统的非调度用户严禁两路电源并路倒闸；严禁一个电源各带一台变压器，两台变压器低压并列的运行方式。

⑧ 电源备用时，应拉开电源断路器和母线侧隔离开关，保留 201-9 或 202-9，用以监视备用电源。

⑨ 进线电缆上接有零序电流互感器 LXK，用于监视高压对地绝缘，表明 10kV 供电系统为中性点经低电阻接地系统，站内高压对地绝缘损坏时能发出跳闸指令。

⑩ 高压系统共有 10 面开关柜。

6. KYN 移开式高压开关柜单电源单变压器系统

① 设备是 KYN 型中置式高压开关柜，本系统有四个开关柜，进线 PT 柜 201-2、主进开关柜 201、计量柜 39 和出线柜 211。

② 电源接入点是供电系统的电缆派接箱 1# 电源 3# 闸，由 75mm^2 的交联聚乙烯电缆引入。

③ 进线电缆上接有 LXK 型零序电流互感器，用于监视高压对地绝缘，表明 10kV 供电系统为中性点经低电阻接地系统，站内高压对地绝缘损坏时能发出跳闸指令。

④ 进线 PT 柜 201-9 为电源侧电压互感器手车，手车上装有 LDZ 型干式电压互感器，接线形式为 V/V 接线，电压互感器采用 RN2 型熔断器用于保护，熔断器额定电流为 0.5A。

⑤ 电源侧装有三相带电指示器，201-2 隔离手车。

⑥ 201 主进柜采用 ZN28 型真空断路器控制，断路器两侧的三相带电指示器用以指示线路有无电压。

⑦ 39 计量柜，计量使用的电流互感器和电压互感器全安装在手车上，确保计量的可靠性。

⑧ 211 出线柜实用 ZN28 型真空断路器，额定电流为 630A。

⑨ 断路器负荷侧的 HY 型氧化锌避雷器，是用于消除因真空断路器分合操作而产生的过电压的。

⑩ 211-7 出线侧接地刀闸，211-7 与 211 之间的联锁装置，保证只有 211 在检修状态时才能操作。

⑪ 变压器为 SG 型干式变压器，容量为 500kV・A。

⑫ GSN1-10/T 为 10kV 三相带电显示器，三相带电显示器指示灯灭可以表示线路无电。

⑬ 低压采用 DW19 型断路器作为电源的总保护。

7. KYN 移开式高压开关柜双电源单母线系统

① KYN 型开关柜为中置式开关柜，本系统有十个开关柜，进线 PT 柜 201-9 和 202-9；主进开关柜 201 和 202；计量柜 49 和 59；出线柜 211、221；高压联络柜 245、245-5。

② 电源分别是从供电系统的电缆派接箱接入的。

③ 进线电缆上接有零序电流互感器 LXK，用于监视高压对地绝缘，表明 10kV 供电系统为中性点经低电阻接地系统，站内高压对地绝缘损坏时能发出跳闸指令。

④ 进线 PT 柜 201-9（202-9）为电源侧电压互感器，接线形式为 V/V 接线，电源侧装有

三相带电指示器。

⑤ 开关柜采用 ZN28 型真空断路器控制，断路器两侧的三相带电指示器用以指示线路有无电压。

⑥ 49、59 计量柜，计量使用的电流互感器和电压互感器安装在手车上，确保计量的可靠性。

⑦ 出线柜断路器负荷侧的避雷器，是用于消除真空断路器分、合变压器操作时过电压的。

⑧ 出线柜断路器负荷侧装有接地刀闸 211-7（221-7），用于在变压器维护检修时使用，接地刀闸只有在断路器拉至检修位置时才可以操作。

⑨ GSN1-10/T 为三相带电显示器。

⑩ ZN28-10/630 为真空断路器，额定电流为 630A。

⑪ 低压断路器为抽插式，型号为 DW913 智能型断路器，具有速断保护、过流短延时、过流长延时、接地和失压保护功能。